普通高等教育"十二五"规划教材
电气工程、自动化专业规划教材

开关电源原理及应用设计

王水平　周佳社
编著
李　丹　孙　柯

U0282748

电子工业出版社
Publishing House of Electronics Industry
北京·BEIJING

内 容 简 介

本书主要讲述了开关电源的原理、设计及其应用电路。全书共分为 4 章。第 1 章是开关电源基础知识，讲述了开关电源的三种最基本的电路类型，即降压、升压和反极性式开关电源的工作原理、电路设计以及有关整流、滤波、驱动、控制和保护电路的原理和设计，并且对磁性材料、磁芯结构、漆包线、功率开关变压器的加工工艺和绝缘处理等进行了较为详细的介绍。另外，还简明扼要地介绍了目前刚刚兴起的同步整流技术。第 2 章、第 3 章和第 4 章分别讲述了单端式、推挽式和桥式开关电源电路的工作原理、电路设计以及应用电路举例。在讲述过程中重点突出了功率开关变压器的设计与计算以及各种电路结构的变形或拓扑技术。

本书具有较强的实用性和可操作性，可作为高等院校、中等专业技校和职业高中等电力电子技术专业师生的教材或教材参考书，也可供从事开关电源设计、开发、生产、调试工作的工程技术人员阅读，还可作为电力电子技术方面的研究所或企业的职工培训教材。

图书在版编目（CIP）数据

开关电源原理及应用设计 / 王水平等编著. —北京：电子工业出版社，2015.2
ISBN 978-7-121-25579-3

Ⅰ. ①开⋯ Ⅱ. ①王⋯ Ⅲ. ①开关电源－高等学校－教材 Ⅳ. ①TM91

中国版本图书馆 CIP 数据核字(2015)第 034003 号

策划编辑：陈晓莉
责任编辑：陈晓莉
印　　刷：北京虎彩文化传播有限公司
装　　订：北京虎彩文化传播有限公司
出版发行：电子工业出版社
　　　　　北京市海淀区万寿路 173 信箱　邮编　100036
开　　本：787×1092　1/16　印张：19.25　字数：495 千字
版　　次：2015 年 2 月第 1 版
印　　次：2025 年 1 月第 9 次印刷
定　　价：45.00 元

前　　言

节约能源、净化环境是建立和谐社会的重要内容之一，而在与电有关的领域，节约能源、净化环境，以及绿色能源开发利用的首选技术就是开关电源技术。

由于本书的读者对象为工程技术人员，仪器仪表、家电维修人员，大专院校、职校师生等，因此作者在编写的过程中力图做到章节的划分更趋合理，工作原理的分析更加简洁明了，电源电路设计的方法更为实用，变压器的计算和设计更加详细准确，应用电路的举例更具有先进性、通用性和广泛性。作者在查阅了大量开关电源方面的论文、资料和书籍的基础上，集多年来从事电源方面教学、科研和产品开发的经验，紧紧围绕开关电源电路的设计、研制与开发者所希望的既实用、通用、明了和简洁的要求来编写本书。

近年来，随着微电子技术和工艺、磁性材料科学以及烧结加工工艺与其他边沿技术科学的不断改进和飞速发展，开关电源技术（DC/DC、DC/AC、AC/DC、AC/AC 等各种非线性高频变换技术）有了突破性的进展，并且由此也产生了许多能够提高人们生活水平和改善人们工作条件的新产品，如电动自行车、自动挡汽车（其中包括自动挡电瓶汽车）、变频空调、逆变焊机、快速充电器、电力机车、电力冶炼设备等。开关电源以其独有的体积小、重量轻、效率高、功率因数大、输出形式多样化（主要指路数和极性）、稳压范围宽等特点已经渗透到了与电有关的各个领域。在这些领域中，原来由线性降压变压器构成的前级线性稳压电源，由晶闸管构成的前级相控开关电源和磁饱和原理构成的各种降压、稳压和升压等交流电子设备，不是体积大、重量重、效率低、功率因数小，就是工作特性受电网频率和电网电压波动影响大，现在都已让位于开关电源，而传统的线性电源只能作为开关电源的末级稳压电源而被使用。另外，开关电源技术和实用化产品的出现，使许多电子产品采用电池供电成为可能，使许多电子产品小型化和微型化后变为便携式产品成为可能。所以开关电源成为各种电子设备和系统高效率、低功耗、安全可靠运行的关键，同时开关电源技术目前已成为电子技术中备受人们关注的领域。

本书内容共分 4 章。第 1 章除了讲述线性电源与开关电源之间的差别以外，还重点讲述了开关电源的三种最基本的电路类型，即降压、升压和反极性式开关电源的工作原理、电路设计以及有关整流、滤波、驱动、控制和保护电路的原理和设计，并且对磁性材料、磁芯结构、漆包线、开关变压器的设计、加工工艺和绝缘处理等进行了较为详细的介绍，最后还简明扼要地介绍了目前刚刚兴起的同步整流技术。第 2、第 3 和第 4 章分别讲述单端式、推挽式和桥式开关电源电路的工作原理、电路设计以及应用电路举例。在讲述过程中除了重点突出变压器的设计与计算以外，还重点突出了各种电路结构的变形、软开关或拓扑技术，特别是单端正激式电路结构。本书第 1、2 章由王水平和周佳社完成，第 3、第 4 章由王水平和李丹完成。

在本书的编写过程中,作者参阅了大量的国内外有关开关电源方面的论文、专著和资料,在此对这些论文、专著和资料的作者和编者们表示谢意。此外,在本书定稿之前,中国电源学会理事、陕西省电源学会理事长侯振义教授和中国电源学会理事、中国电源学会特种电源专业委员会主任史平均高级工程师分别对本书进行了认真详细的审阅,提出了许多宝贵的修改意见,使得本书更加完善,在此也表示诚挚的谢意。

由于作者的文字组织能力和专业技术水平有限,因此书中的不足之处在所难免,恳请广大读者提出宝贵的批评意见。

作 者

2015 年 2 月

目　　录

第1章　开关电源基础知识 ……………………………………………………………………… 1

1.1　线性电源与开关电源 ……………………………………………………………………… 1

　　1.1.1　线性电源概述 ……………………………………………………………………… 1

　　1.1.2　开关电源概述 ……………………………………………………………………… 2

　　1.1.3　开关电源的发展 …………………………………………………………………… 4

　　1.1.4　开关电源的种类 …………………………………………………………………… 7

　　1.1.5　练习题 ……………………………………………………………………………… 13

1.2　脉宽调制器和正弦波脉宽调制器 ………………………………………………………… 13

　　1.2.1　脉宽调制器 ………………………………………………………………………… 13

　　1.2.2　正弦波脉宽调制器 ………………………………………………………………… 14

　　1.2.3　PWM/SPWM 驱动器的种类 ……………………………………………………… 15

　　1.2.4　练习题 ……………………………………………………………………………… 16

1.3　降压型开关电源 …………………………………………………………………………… 17

　　1.3.1　降压型开关电源的电路结构 ……………………………………………………… 17

　　1.3.2　降压型开关电源的工作原理 ……………………………………………………… 18

　　1.3.3　降压型开关电源重要参数的计算 ………………………………………………… 19

　　1.3.4　降压型开关电源的设计 …………………………………………………………… 25

　　1.3.5　练习题 ……………………………………………………………………………… 29

1.4　升压型开关电源 …………………………………………………………………………… 29

　　1.4.1　升压型开关电源的电路结构 ……………………………………………………… 29

　　1.4.2　升压型开关电源的工作原理 ……………………………………………………… 29

　　1.4.3　升压型开关电源的设计 …………………………………………………………… 32

　　1.4.4　功率因数校正电路 ………………………………………………………………… 36

　　1.4.5　练习题 ……………………………………………………………………………… 41

1.5　极性反转型开关电源 ……………………………………………………………………… 41

　　1.5.1　极性反转型开关电源的电路结构 ………………………………………………… 41

　　1.5.2　极性反转型开关电源的工作原理 ………………………………………………… 41

　　1.5.3　极性反转型开关电源重要参数的计算 …………………………………………… 43

　　1.5.4　练习题 ……………………………………………………………………………… 43

1.6　开关电源中的几个重要电路 ……………………………………………………………… 43

　　1.6.1　控制电路 …………………………………………………………………………… 43

　　1.6.2　驱动电路 …………………………………………………………………………… 45

　　1.6.3　保护电路 …………………………………………………………………………… 47

　　1.6.4　练习题 ……………………………………………………………………………… 53

1.7 开关电源中的几个重要问题 ………………………………………………… 53
　　1.7.1 开关功率管的二次击穿问题 …………………………………………… 53
　　1.7.2 开关电源中的电磁兼容（EMC）问题 ……………………………… 56
　　1.7.3 开关电源中的整流和滤波问题 ……………………………………… 58
　　1.7.4 开关电源中的接地、隔离和屏蔽问题 ……………………………… 70
　　1.7.5 开关电源中的 PCB 布线问题 ………………………………………… 87
　　1.7.6 练习题 …………………………………………………………………… 94
1.8 磁性材料、磁芯结构、漆包线、功率开关变压器 的加工工艺和绝缘处理 …… 94
　　1.8.1 共模电感和差模电感 …………………………………………………… 95
　　1.8.2 功率开关变压器的工作状态 ………………………………………… 101
　　1.8.3 磁性材料与磁芯结构的选择 ………………………………………… 104
　　1.8.4 漏感和分布电容的计算 ……………………………………………… 110
　　1.8.5 趋肤效应 ………………………………………………………………… 114
　　1.8.6 磁性材料的磁特性 …………………………………………………… 116
　　1.8.7 功率开关变压器绕组导线规格的确定 ……………………………… 129
　　1.8.8 绝缘材料以及功率开关变压器所选用骨架材料的技术参数 ……… 135
　　1.8.9 功率开关变压器的装配与绝缘处理 ………………………………… 139
　　1.8.10 练习题 ………………………………………………………………… 141
第2章 单端式开关电源实际电路 ……………………………………………… 142
2.1 单端式开关电源实际电路的类型 ………………………………………… 142
　　2.1.1 按激励方式划分 ……………………………………………………… 142
　　2.1.2 按功率开关管的种类划分 …………………………………………… 144
　　2.1.3 练习题 …………………………………………………………………… 147
2.2 单端自激式正激型开关电源电路 ………………………………………… 148
　　2.2.1 单端自激式正激型开关电源的工作原理 …………………………… 148
　　2.2.2 单端自激式正激型开关电源的其他电路 …………………………… 150
　　2.2.3 功率开关变压器的设计 ……………………………………………… 152
　　2.2.4 练习题 …………………………………………………………………… 153
2.3 单端自激式反激型开关电源电路 ………………………………………… 153
　　2.3.1 单端自激式反激型开关电源的三种工作状态 ……………………… 153
　　2.3.2 单端自激式反激型开关电源电路中的几个实际问题 ……………… 157
　　2.3.3 单端自激式反激型开关电源电路中功率开关变压器的设计 ……… 159
　　2.3.4 单端自激式反激型开关电源的启动电路 …………………………… 162
　　2.3.5 单端自激式反激型开关电源的实际应用电路 ……………………… 166
　　2.3.6 练习题 …………………………………………………………………… 171
2.4 单端他激式正激型开关电源电路 ………………………………………… 171
　　2.4.1 单端他激式正激型开关电源的基本电路形式 ……………………… 171
　　2.4.2 单端他激式正激型开关电源电路中的功率开关管 ………………… 173
　　2.4.3 单端他激式正激型开关电源电路的变形 …………………………… 174

2.4.4　单端他激式正激型开关电源电路中的 PWM 电路 ·· 183

2.4.5　单端他激式正激型开关电源电路中功率开关变压器的设计 ························· 184

2.4.6　练习题 ·· 186

2.5　单端他激式反激型开关电源电路 ··· 187

2.5.1　单端他激式反激型开关电源的基本电路结构 ··· 187

2.5.2　单端他激式反激型开关电源电路中的功率开关管 ·································· 189

2.5.3　单端他激式反激型开关电源电路的变形 ·· 190

2.5.4　单端他激式反激型开关电源电路中的 PWM 电路 ·································· 191

2.5.5　单端他激式反激型开关电源电路中功率开关变压器的设计 ·················· 191

2.5.6　练习题 ·· 196

第3章　推挽式开关电源的实际电路 ··· 197

3.1　自激型推挽式开关电源电路 ·· 197

3.1.1　自激型推挽式开关电源电路的构成与原理 ·· 199

3.1.2　自激型推挽式开关电源电路中功率开关变压器的设计 ························· 204

3.1.3　自激型推挽式开关电源电路中功率开关管的选择 ································· 206

3.1.4　自激型推挽式双变压器开关电源电路 ··· 210

3.1.5　自激型推挽式开关电源应用电路举例 ··· 213

3.1.6　练习题 ·· 214

3.2　他激型推挽式开关电源实际电路 ··· 215

3.2.1　他激型推挽式开关电源电路中的功率开关变压器 ································· 216

3.2.2　他激型推挽式开关电源电路中的功率开关管 ··· 216

3.2.3　他激型推挽式开关电源电路中的双管共态导通问题 ······························ 217

3.2.4　他激型推挽式开关电源电路中的 PWM/PFM 电路 ································ 223

3.2.5　他激型推挽开关电源电路设计实例 ·· 228

3.2.6　练习题 ·· 241

第4章　桥式开关电源的实际电路 ··· 242

4.1　自激型半桥式开关电源实际电路 ··· 245

4.1.1　电流控制型磁放大器半桥式三输出开关电源应用电路 ························· 245

4.1.2　300W、12V/24V/36V 幻灯机和投影仪开关电源应用电路 ·················· 248

4.1.3　PS60-2（60W）射灯开关电源应用电路 ··· 251

4.1.4　400W、36V 幻灯机和投影仪开关电源应用 ··· 251

4.1.5　练习题 ·· 252

4.2　他激型半桥式开关电源实际电路 ··· 252

4.2.1　他激型半桥式开关电源电路的工作原理 ·· 252

4.2.2　他激型半桥式开关电源电路的设计 ·· 257

4.2.3　多路他激型半桥式开关电源电路 ··· 269

4.2.4　他激型半桥式开关电源电路中的 PWM 电路 ··· 274

4.2.5　练习题 ·· 274

4.3　全桥式开关电源实际电路 ·· 275

4.3.1 全桥式开关电源电路的工作原理 ·················· 275

4.3.2 全桥式开关电源电路的设计 ····················· 276

4.3.3 全桥式开关电源电路中的 PWM 电路 ·············· 278

4.3.4 练习题 ·································· 296

参考文献 ··· 297

第1章 开关电源基础知识

1.1 线性电源与开关电源

1.1.1 线性电源概述

采用线性电源电路中的调整功率管工作在线性放大区。线性电源的工作过程可简述为：将 220V/50Hz 的工频电网电压经过线性变压器变压以后，再经过整流、滤波和线性稳压，最后输出一个纹波电压和稳定性均能符合要求的直流电压。其原理方框图如图 1-1 所示。

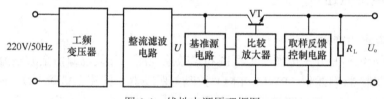

图 1-1 线性电源原理框图

1．线性电源的优点

① 电源稳定度较高。

② 输出纹波电压较小。

③ 瞬态响应速度较快。

④ 线路结构简单，便于理解和维修。

⑤ 无高频开关噪声。

⑥ 成本低。

⑦ 工作可靠性较高。

2．线性电源的缺点

① 内部功耗大，转换效率低，其转换效率一般只有 45%左右。

② 体积大，重量重，不便于微小型化。

③ 滤波效率低，必须具有较大的输入和输出滤波电容。

④ 输入电压动态范围小，线性调整率低。

⑤ 输出电压不能高于输入电压，同时也不能反极性输出。

⑥ 单路输入时，不能多路输出。

3．造成这些缺点的原因

① 从图 1-1 所示的线性电源原理框图中可以看出，调整管 VT 在电源的整个工作过程中一直是工作在晶体管特性曲线的线性放大区。调整管 VT 本身的功耗与输出电流成正比，调整管 VT 集-射极的管压降等于输入与输出电压差。这样一来，调整管 VT 本身的功耗不但随电源输出电流的增大而增大，而且还随输入与输出电压差的增大而增大，使调整管 VT 的温

度急剧升高。为了保证调整管 VT 能够正常的工作，除选用功率大、耐压高的管子外，还必须采取一些必要的散热措施对管子进行冷却，如加散热器或轴流风机等进行风冷，这样就又会导致电源整机体积大、重量重。

② 线性电源电路中使用了 50Hz 工频变压器，通常把这种变压器称之为线性变压器。这种线性变压器的效率一般可以做到 80%～90%。这样不但增加了电源的体积和重量，而且也大大降低了电源的效率。

③ 由于线性电源电路的工作频率较低，为 50Hz，因此要降低输出电压中纹波电压的峰-峰值，就必须增大滤波电容的容量。

④ 由于线性电源电路中的调整管工作在线性放大区，只有在增大调整管集-射极管压降的基础上，才能实现稳压的目的。因此线性稳压器只有一般压差和低压差系列产品，而没有升压和极性反转式系列产品。

1.1.2 开关电源概述

1．开关电源的结构

图 1-2 所示电路是开关电源原理框图和等效原理图。开关电源由全波整流器、开关功率管 VT、脉宽调制/脉频调制（PWM/PFM）控制与驱动器、续流二极管 VD、储能电感 L、输出滤波电容 C 和取样反馈电路等组成。实际上，开关电源的核心部分是一个直流变换器。这里对直流变换器和逆变器做如下介绍。

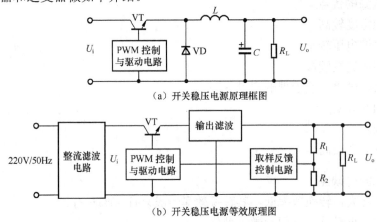

（a）开关稳压电源原理框图

（b）开关稳压电源等效原理图

图 1-2　开关电源原理框图和等效原理图

① 逆变器。它是把直流转变成交流的装置。逆变器通常被广泛应用在由电瓶（又称蓄电池）或电池组组成的备用电源中（UPS 电源就是逆变器中最为常用的实例）。

② 直流变换器。它是把直流转变成交流，然后又把交流转换成具有不同输出的直流的装置。这种装置被广泛应用在开关电源电路中。采用直流变换器可以把一种直流供电电压变换成输出极性、路数和电压数值各不相同的多种直流供电电压，并且输入与输出之间可以是隔离式的，也可以是不隔离式的。

2．开关电源的优点

（1）内部功率损耗小，转换效率高

图 1-2 所示的开关电源原理电路中,开关功率管 VT 在 PWM(PFM)驱动信号的驱动下,交替工作在导通-截止与截止-导通的开关状态,转换速度非常快,频率一般可高达几百 kHz 左右,在一些电子工业发达和先进的国家,可以做到兆赫级。这便使开关功率管 VT 上的功率损耗大为减小,储能电感的电感量大为减小,储能效率大为提高。因此整个开关电源的转换效率可以大幅度提高,其转换效率可高达 95%左右。

(2)体积小,重量轻

从开关电源的原理电路图中可以清楚地看出,这里没有采用笨重的工频变压器。由于开关功率管 VT 工作在开关状态,因此其本身的功率损耗大幅度降低,这样就省去了较大的散热器。另外,由于电路的工作频率比线性稳压电源中的 50Hz 工频高了几个数量级,因此滤波效率大大提高,滤波电容的容量也大为减小。这三方面的原因就使得开关电源具有体积小、重量轻的显著优点。

(3)稳压范围宽,线性调整率高

开关电源的输出电压是由脉宽调制/脉频调制(PWM/PFM)驱动信号的占空比来调节的。输出电压由于输入信号电压的变化而引起的不稳定,可以通过调节脉冲宽度或脉冲频率来进行补偿。这样,在输入工频电网电压变化较大时,开关电源仍能够保证具有非常稳定的输出电压。因此开关电源不但具有稳压范围宽,而且还具有稳压效果好和线性调整率高的优点。此外,改变占空比的方法有脉宽调制型和脉频调制型两种。因此,开关电源不仅具有以上所说的优点,而且实现稳压的方法和技术也较多,设计人员可以根据实际应用的要求和需要,灵活地选用各种类型的开关电源电路。

(4)滤波效率大为提高,滤波电容的容量和体积大为减小

开关电源的工作频率目前成熟技术基本上是在 50kHz 以上,是线性稳压电源工作频率的 1000 倍以上。因此,开关电源整流后的滤波效率也几乎提高了 1000 倍左右。即使采用半波整流后加电容滤波,开关电源的滤波效率也比线性稳压电源高 500 倍左右。在相同输出纹波电压的要求下,采用开关电源时,滤波电容的容量只是线性稳压电源中滤波电容容量的 1/1000～1/500。

(5)电路形式灵活多样,选择余地大

例如,有自激式和他激式,有调宽型和调频型,有单端式和双端式,有升压式、降压式和极性反转式等。设计者可以发挥自己的聪明才智,充分利用各种类型电路的优点,设计出能够满足不同应用场合的开关电源。

3.开关电源的缺点

(1)开关电源存在着较为严重的开关噪声和干扰

开关电源电路中,由于开关功率管工作在开关状态,所产生的高频交流电压和电流将会通过电路中的其他元器件产生尖峰干扰和谐振噪声,这些干扰和噪声如果不采取一定的措施进行抑制、消除和屏蔽,就会严重影响整机的正常工作。此外,由于开关电源电路中的振荡器没有工频降压变压器的隔离作用,这些干扰和噪声就会窜入工频电网,使附近的电子仪器、设备和家用电器等受到严重干扰。另外,这种高频干扰还会通过开关电源电路中的磁性元件(如电感和开关变压器等)辐射到空间,使周围的电子仪器、设备和家用电器等也同样受到严重的干扰。

(2)电路结构复杂,不便于维修

对于无工频变压器的开关电源电路中的高压、高温电解电容,高反压、大电流开关功率

管，高频开关变压器的磁性材料，高反压、大电流、快恢复肖特基二极管等元器件，在我国还处于研究、开发和试制阶段。在一些技术发达的国家，开关电源虽然有了一定的发展，但在实际应用中也还存在着一定的问题，不能令人十分满意。这就暴露出了开关电源的另一个缺点，那就是电路结构复杂，故障率高，维修麻烦。对此，如果设计者和生产者不予以充分重视，将直接影响着开关电源的推广应用。

（3）成本高，可靠性低

目前，由于国内微电子技术、阻容器件生产技术以及磁性材料烧结技术等与一些技术发达国家相比还有一定的差距，因此开关电源的造价和成本不能进一步降低，这也影响到可靠性的进一步提高。这样就导致了我国的电子仪器、仪表以及机电一体化设备中的开关电源还不能得到进一步的普及应用。

1.1.3　开关电源的发展

1．国际发展状况

（1）开关电源的发展史

1955 年美国的科学家罗耶（G·H·Royer）首先研制成功了利用磁芯的磁饱和来进行自激振荡的晶体管直流变换器。此后，世界各地利用这一技术的各种形式的晶体管直流变换器不断地被研制出来，从而取代了早期采用的寿命短、可靠性差、转换效率低的旋转式和机械振子式换流设备。由于晶体管直流变换器中的功率晶体管工作在开关状态，由此制成的稳压电源输出路数多，输出极性可变，转换效率高，体积小，重量轻，因而当时被广泛应用于航海、航空以及军事电子设备上。由于那时的微电子设备和技术十分落后，不能够研制出耐压较高、开关速度较快、功率较大的开关晶体管，因此这个时期的直流变换器只能采用低电压输入，并且转换的速度也不能太高，工作频率仅局限于千赫量级。另外，由于输入电压不能过高，因此当时的直流变换器中还含有工频降压变压器。

20 世纪 60 年代末，随着微电子技术的不断进步，高反压、大电流的功率开关晶体管出现了，从此直流变换器就可以直接由工频电网电压经整流、滤波后输入供电，终于淘汰了体积大、重量重、效率低的工频降压变压器。这迅速扩大了晶体管直流变换器的应用范围，并在此基础上诞生了无工频变压器的开关电源。由于省掉了工频降压变压器，开关电源的体积和重量大幅度减小和降低，开关电源才真正走上了效率高、体积小、重量轻而被推广普及应用的道路。

20 世纪 70 年代以后，与这种技术有关的高频率、高反压、大电流的功率开关晶体管，高频率、高温电容，高反压、大电流、快恢复肖特基二极管，高频变压器磁芯材料等元器件也不断地被研制、生产出来，使无工频变压器开关电源不断得到完善和快速发展，并且被迅速而又广泛地应用于电子计算机、通信、航海、航天、航空、军事电子设备、医疗仪器、分析仪器和家用电器（特别是电视机）等领域中，从而使无工频变压器的开关电源成为各种设备供电电源中的佼佼者。

（2）目前正在克服的困难

随着电力电子技术和微电子技术的高速发展，集成度高、功能强的大规模集成电路（IC）的不断出现，电子设备的体积不断缩小，重量不断减轻，内部功率损耗不断减少。因此，一台电子设备能否小型化、微型化、成为便携式的关键，就是开关电源能否小型化、微型化、模块化。开关电源的小型化、微型化、模块化就成为技术人员研究和探讨的核心和热点。从事开关电源研究和生产的技术人员对开关电源电路中的变压器还感到不是十分的理想，他们正致力于研制出转换效率更高、体积更小、重量更轻的开关变压器或者通过其他的途径和方法来取代电路中的变压器，使之能够满足电子仪器和设备小型化和微型化的需要。这就是从事开关电源研究工作的科技人员目前正在解决的第一个难题。

开关电源的效率是与开关功率管的变换速度成正比的，并且开关电源中采用了开关变压器以后，才能使之由一组输入电压得到极性、大小各不相同的多路输出电压。要进一步提高开关电源的转换效率，就必须提高其工作频率。但是当工作频率提高以后，开关电源对整个电路中的元器件又有了新的要求。例如，高频电容、功率开关晶体管、高频开关变压器、储能电感、快恢复续流二极管、PCB 材料及 PCB 电路设计等都会出现新的问题。进一步研制适应开关电源高频率工作的有关元器件和 PCB 材料及 PCB 电路，就成了从事开关电源研究、设计和生产的科技人员要解决的第二个难题。

工作在线性放大状态的线性稳压电源电路具有稳压和滤波的双重作用，同时工作频率又在较低的工频 50Hz，因而串联线性稳压电源不会产生开关噪声和干扰，并且输出纹波电压也较低。但是开关电源电路中的开关功率管工作在频率较高的开关状态，其高频电压和电流会通过电路中的元器件和 PCB 引线辐射和传播较强的尖峰干扰和谐振噪声。这些干扰和噪声会污染工频电网和周围环境，影响邻近的电子仪器和设备的正常工作。随着开关电源电路和抑制干扰、噪声措施的不断改进和提高，开关电源的这一缺点得到了一定的抑制和克服，可以达到不妨碍一般电子仪器、设备和家用电器正常工作和正常使用的程度。但是，在一些对输出稳定度和输出纹波要求较高的精密电子测量仪器和仪表中，开关电源的这一缺点使它不能得到应用，导致这些高精度仪器和仪表要么采用电池或电瓶供电，要么就不能小型、微型化而成为便携式仪器和仪表。所以克服开关电源的这一缺点，进一步提高它的输出稳定度和降低它的输出纹波电压，扩大它的适用范围，就成了从事开关电源研究、设计和生产的科技人员要解决的第三个难题。

工作在开关状态的开关电源电路中的功率开关晶体管上的损耗主要包括驱动导通的上升时间内的损耗、驱动关断的下降时间内的损耗、导通以后由于管压降不能为零而产生的损耗和关断以后由于漏电流不能为零而引起的损耗这四部分。其中驱动导通的上升时间内的损耗和驱动关断的下降时间内的损耗这两部分损耗可以通过提高开关功率管的工作速度来解决，而导通以后由于管压降不能为零而产生的损耗和关断以后由于漏电流不能为零而引起的损耗这两部分则必须通过寻求新的驱动方式和新的开关功率管来解决。新的驱动方式和新的开关功率管主要指的是开关电源中的开关工作状态应该是零流关断和零压导通，也就是电路中的开关功率管关断时漏电流为零，导通时管压降为零（谐振式或软开关模式）。因此，寻求新的驱动方式和研制新的开关功率管便成了从事开关电源研究、设计和生产的科技人员要解决的第四个难题。

（3）面对难题所出现的新突破和新进展

为了解决开关电源应用中所出现的难题，从事开关电源研究的科技人员，以及与这门学科相关的其他学科的科技人员在不懈地努力和探索着。首先是从事开关电源研究的科技人员设计和研制出了谐振式开关电源，从根本上解决了由于开关功率管上的功耗大而导致开关电源转换效率低的问题，同时也从根本上解决了由于开关功率管上的电流和电压应力大而导致开关电源可靠性和稳定性低的问题。另外，从事半导体技术和工艺研究的科技人员几乎在同一时期也设计和研制出了具有零流关断和零压导通的复合开关功率管 IGBT（其中也包括智能型 IGBT（MCBT））。这种复合开关功率管 IGBT 是把门极关断晶闸管（GTR）和 MOSFET 的优点集于一体，取长补短形成了既具有 MOSFET 输入驱动所需功率非常小的输入特性，又具有 GTR 导通以后管压降非常小的（主要是导通电阻非常小）输出特性。谐振式开关电源电路结构再加上复合开关功率管 IGBT，使开关电源可以拓展到大功率和超大功率的应用场合，如逆变焊机、电瓶汽车、电力机车、磁悬浮列车和直流输电等。

2. 国内发展情况

我国晶体管直流变换器和开关电源的设计、研制和生产开始于 20 世纪 60 年代初期，到 60 年代中期进入了实用阶段。70 年代初期开始设计、研制和生产无工频降压变压器的开关电源。1974 年研制成功了我国的第一台工作频率 10kHz、输出直流电压为 5V 的无工频降压变压器的开关电源。近 10 年来，我国的许多研究所、工厂和高等院校纷纷研制出多种型号和多种用途的工作频率在 20kHz 左右、输出功率在 1000W 以下的无工频降压变压器的开关电源，并应用于电子计算机、通信、电视机等方面，取得了非常好的效果。工作频率为 100～200kHz、无工频降压变压器的高频开关电源是 80 年代初期开始试制，90 年代初期试制成功，目前正在走向实用和进一步提高工作频率的阶段。许多年来，虽然我国的科技人员在无工频降压变压器开关电源方面坚持独立自主、自力更生的道路，历尽千辛万苦，一直在不懈地努力奋斗，并取得了可喜可贺的巨大成果，但是我国的开关电源技术与一些先进的国家相比仍有巨大的差距。此外，这些年来，我国虽然把无工频降压变压器的开关电源的工作频率从数十千赫提高到数百千赫，把输出功率由数十瓦提高到数百瓦甚至数千瓦，但是，由于我国的半导体技术与工艺跟不上时代的发展，导致我们自己研制和生产出的无工频降压变压器的开关电源电路中的关键元器件，如功率开关晶体管、高频开关变压器磁性材料、储能电感、快恢复续流二极管等大部分仍然通过国外进口。因此，我国的开关电源事业要发展，要赶超世界先进水平，最根本的问题是要提高我国的半导体技术、工艺和我国的磁性材料合成、加工工艺。

衡量一个国家开关电源技术发展的先进与落后，除了要看以上所说的开关电源电路中的那些关键性元器件和磁性材料的发展现状以外，还要看开关电源电路中的脉宽调制（PWM）或正弦波脉宽调制（SPWM）控制与驱动集成电路的发展状态。我国目前市场上所出现的各种各样、五花八门的开关电源产品，不论是小功率、中功率输出式，还是大功率、超大功率输出式；不论是单端输入驱动式，还是双端输入驱动式；不论是输出单路式，还是输出多路式；不论是输出正压式，还是输出负压式；不管是自激式、他激式，还是谐振式；不论是散件式，还是模块式等，所有这些开关电源电路中所使用的 PWM（或 SPWM）控制与驱动集成电路芯片几乎全部都是采用进口产品，仅有极个别的是国产的，所谓国产的也只不过是把进口的芯片拿回来进行了一下封装。可以说，我们国家有关开关电源方面的 PWM（或 SPWM）控制与驱动集成电路芯片的微电子工业几乎等于零。因此，要发展我国的开关电源事业，要赶超世界先进水平，要自立于世界强国之林，我们还必须从零做起，从基础做起。

一个净化环境、净化电网、节约能源和电磁兼容的世界性运动已经在各个国家纷纷掀起。我国由政府倡导的这场运动也正在向与电有关的各个领域渗透，也有相关的规范、法规和标准相继出台。为了积极投身于这场运动，为了满足、实现和通过政府有关这方面的规范、法规和标准，为了加快我国赶超世界先进水平的速度，从事电源行业的技术人员应该带头行动起来，应该积极地推广、落实和执行政府有关这方面的规范、法规和标准，应该发挥自己在电源技术方面的聪明才智，设计和研制出越来越多的具有净化环境、净化电网、节约能源和电磁兼容功能的交流供电系统和直流稳压电源产品，应该把好一切与电有关的入口关和出口关。

1.1.4　开关电源的种类

现在，电子技术的迅速发展使人们对电子仪器和设备的要求又有了新的内容。在性能上要求更加安全可靠，在功能上不断增加，在使用和操作上自动化和智能化程度要越来越高，在体积和重量上要日趋小型化和微型化，在功耗和电磁兼容上要功率因数大和转换效率高。这就使得采用具有众多优点的开关电源更显重要了，开关电源在计算机、通信、航海、航空、航天、仪器仪表、微控制器、医疗仪器、传感器、家用电器等方面得到越来越多的应用，发挥了不可取代的巨大作用。同时也大大促进了开关电源的发展，从事这方面研究和生产的人员也在不断增加，开关电源的品种及种类越来越多。常见的开关电源电路的分类方法如下。

1．按激励方式划分

（1）他激式开关电源电路

电路内部专门设置有产生 PWM（或 SPWM）驱动信号的控制与驱动电路。在早期的开关电源产品中，这部分电路均是采用散件电路实现的，但在 20 世纪 80 年代中期以后所生产出来的开关电源产品中，这部分电路均是采用 PWM（或 SPWM）IC 来实现的。该种形式的开关电源电路具有工作稳定、可靠和便于控制的优点，一般都应用于大功率和超大功率输出的场合，其电路结构形式如图 1-3（a）所示。

（2）自激式开关电源电路

电路中的开关功率管既作开关功率管，又兼作 PWM（SPWM）驱动信号产生的振荡管。在有些较为复杂的自激式电路中，开关功率管与其他晶体管构成复合管来一起完成双重任务。具有该种电路结构形式的开关电源一般都工作在谐振状态，为谐振式开关电源电路。因此其具有内部损耗小、转换效率高、成本低等优点和实现条件苛刻、工作可靠性差、不便于控制等缺点，一般都应用于小功率和中功率输出的场合，其电路结构形式如图 1-3（b）所示。

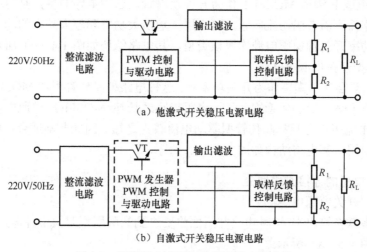

(a) 他激式开关稳压电源电路

(b) 自激式开关稳压电源电路

图 1-3　按激励方式所划分的开关电源电路

2. 按调制方式划分

（1）脉宽调制型开关电源电路

PWM（或 SPWM）驱动信号的频率保持不变，通过改变脉冲宽度（也就是调节占空比）来实现对输出电压的调节和控制。大部分的开关电源电路均是采用由取样电路、耦合电路等构成的反馈闭环回路，来控制 PWM（或 SPWM）驱动信号的脉冲宽度，最后实现稳定输出电压幅度的目的。

（2）脉频调制型开关电源电路

PFM（或 SPFM）驱动信号的占空比保持不变，通过改变振荡器的振荡频率来实现调节和稳定输出电压幅度的目的。一般自激式开关电源电路多半是采用这种方式来调节和稳定输出电压幅度的。

（3）混合型开关电源电路

通过调节驱动信号的频率（PFM 或 SPFM）和脉冲宽度（占空比）（PWM 或 SPWM）来实现调节和稳定输出电压幅度的目的。这种类型的开关电源电路一般均是在重载时工作于 PWM（或 SPWM）模式，在轻载或空载时工作于 PFM（或 SPFM）模式。

3. 按开关功率管的类型划分

（1）晶体管型开关电源电路

采用 NPN 型或 PNP 型晶体管作为开关功率管。这种电路的优点是开关功率管饱和导通以后，集-射极导通电阻非常小，管子的开关损耗较小；缺点是驱动功率与输出功率成正比，不易应用在大功率和超大功率输出的场合。这种电路常被应用在家用电器的供电电源电路中，其电路结构形式如图 1-4（a）所示。

（2）晶闸管（可控硅）型开关电源电路

采用晶闸管作为开关功率管。这种电路的优点是可直接输入工频电网电压，不需要一次整流电路部分，成本低；缺点是对工频电网和周围环境的电磁辐射（EMI）污染较大，目前已划归为被淘汰的系列，其电路结构如图 1-4（b）所示。

（3）MOSFET 型开关电源电路

采用 N 沟道或 P 沟道 MOSFET 作为开关功率管。这种电路的特点是驱动功率小，可直接多管并联工作而不需考虑均流问题，可应用于输出大功率和超大功率的场合。早期的一些大功率和超大功率开关管稳压电源均属该类型，其电路结构如图 1-4（c）所示。

（4）IGBT 型开关电源电路

采用 IGBT 复合功率模块作为开关功率管。这种电路把晶体管型和 MOSFET 型开关电源电路的优点集于一体，取晶体管饱和导通电阻极小之长补 MOSFET 导通电阻较大之短，取 MOSFET 驱动电流极小之长补晶体管型驱动电流较大之短。因此非常适合在中、大和超大功率输出的场合应用，其电路结构如图 1-4（d）所示。

4. 按储能电感的连接方式划分

（1）串联型开关电源电路

储能电感串联在输出端，这种电路与后面将要讲到的降压型开关电源电路结构完全相同，其电路结构如图 1-5（a）所示。

（2）并联型开关电源电路

储能电感并联在输出端，这种电路与后面将要讲到的极性反转型开关电源电路结构完全相同，其电路结构如图 1-5（b）所示。

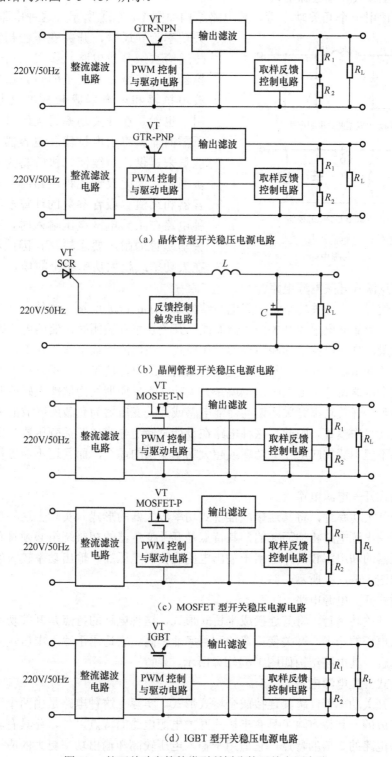

（a）晶体管型开关稳压电源电路

（b）晶闸管型开关稳压电源电路

（c）MOSFET 型开关稳压电源电路

（d）IGBT 型开关稳压电源电路

图 1-4　按开关功率管的类型所划分的开关电源电路

5. 按开关功率管的连接方式划分

（1）单端正激式开关电源电路

电路中仅使用一个开关功率管，其电路结构如图1-6（a）所示。这种电路的特点是开关功率管导通时，开关变压器初级中的能量传递给次级负载电路。负载电路包括滤波电抗器和电容器以及真正的负载系统，其中滤波电抗器和电容器既起滤波又起储能的作用。也就是在开关功率管关闭时，负载系统所需的能量将由电抗器和电容器中所存储的能量来提供，而续流二极管将为这些能量提供回路。因此设计此种电路时，电抗器、电容器和续流二极管参数的计算非常重要。这种电路在工频电网电压输入时，对电路中开关功率管的耐压要求较高，因此不适宜应用在大功率或超大功率输出的场合。

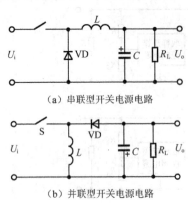

（a）串联型开关电源电路

（b）并联型开关电源电路

图1-5　按储能电感的连接方式划分的
开关电源电路

（2）单端反激式开关电源电路

电路中仅使用一个开关功率管，其电路结构如图1-6（b）所示。这种电路的特点是开关功率管导通时，为储能电感或开关变压器储能；开关功率管关闭时，储能电感或开关变压器为负载释放能量，具有电流连续和不连续工作模式。在电流连续工作模式下，开关功率管和储能电感或开关变压器的利用率都比较高。当输出开路时，便工作于不连续工作模式；当储能电感或开关变压器设计不合理时，也就是开关功率管导通期间为储能电感或开关变压器所储存的能量不等于开关功率管关闭期间储能电感或开关变压器为负载所释放的能量时，也同样工作于不连续工作模式。因此，这种电路在设计时储能电感或开关变压器参数的计算极为关键。该电路不但不适宜应用在大功率或超大功率输出的场合，而且还不能工作于输出端开路的应用场合。

（3）推挽式开关电源电路

使用两个开关功率管，将其连接成推挽式功率放大器的形式。实际上这种电路是由两个单端反激式开关电源电路相加而成的，其特点是开关变压器的初级绕组必须具有一个中心抽头，开关变压器的利用率较高，适用于输出电压比输入电压高、输出功率较大的应用场合，其电路结构如图1-6（c）所示。

（4）半桥式开关电源电路

使用两个开关功率管，将其连接成半桥式形式。这种电路的特点是开关功率管所承受的电压仅为输入电压的一半，开关变压器的利用率非常高。它适用于输入电压较高和输出功率较大的应用场合，其电路结构如图1-6（d）所示。

（5）全桥式开关电源电路

使用4个开关功率管，将其连接成全桥式形式。实际上这种电路是由两个半桥式开关电源电路相加而成的，其特点除了具有半桥式开关电源电路的特点以外，还具有输出功率是半桥式开关电源电路的2倍的特点。它适用于输入电压较高和输出功率更大的应用场合，其电路结构如图1-6（e）所示。

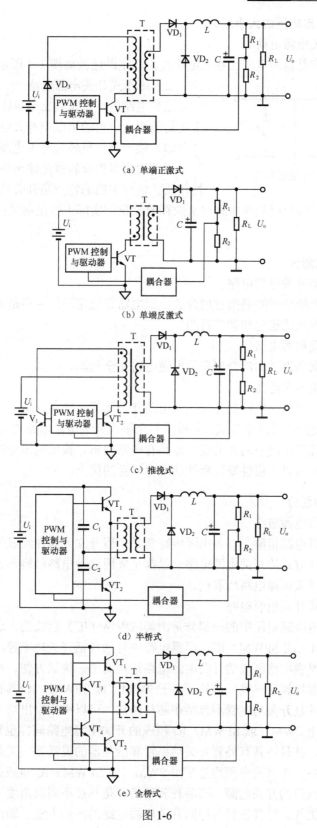

（a）单端正激式

（b）单端反激式

（c）推挽式

（d）半桥式

（e）全桥式

图 1-6

6. 按输入和输出电压的大小划分

（1）升压式开关电源电路

这种电路的特点是输出电压比输入电压高，其电路结构如图 1-7 所示。

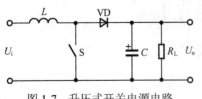

图 1-7　升压式开关电源电路

（2）降压式开关电源电路

这种电路的特点是输出电压比输入电压低，实际上就是前面所讲过的串联型开关电源电路。

（3）输出极性反转式开关电源电路

所谓输出极性反转就是输出电压与输入电压的极性相反。这种电路的特点是开关功率管导通时储能电感储能，开关功率管关闭时储能电感向负载释放能量，实际上就是前面所讲过的并联型开关电源电路。

7. 按工作方式划分

（1）可控整流型开关电源电路

这种电路与前面所讲过的晶闸管型开关电源电路完全相同，主要是靠改变晶闸管的导通角度来实现对输出电压的稳定和调节目的。

（2）斩波型开关电源电路

这种电路与前面所讲过的混合型开关电源电路完全相同。

（3）隔离型开关电源电路

这种电路的特点是输出电路部分与输入电路部分依靠光电耦合器（简称光耦）和开关变压器完全隔离，上面所讲过的推挽式、半桥式和全桥式开关电源电路均属该类型电源。另外，该类型的开关电源凭借电路中的开关变压器具有多路输出、输出电压可以高于或低于或等于输入电压和输出电压可以正极性或反极性或混合极性的优点。

8. 按电路结构划分

（1）散件式开关电源电路

散件式开关电源电路指整个开关电源电路都是采用分立元器件组成的，早期的一些开关电源电路和自激工作方式的开关电源电路一般都是采用这种电路结构形式，这种电路目前已基本被集成电路式开关电源电路所取代。

（2）集成电路式开关电源电路

整个开关电源电路或电路中的一部分是由集成电路（IC）组成的，这种集成电路通常为厚膜电路或者 PWM（或 SPWM）IC。厚膜电路中有的包括开关功率管，有的则不包括开关功率管。这种采用厚膜电路制成的开关电源电路结构简单、调试方便、可靠性高，家用电器中所使用的开关电源均属这一类。另外，由于 PWM（或 SPWM）IC 具有较全面的控制、调节和保护等功能，并且开关功率管不包括在芯片内部，可以根据输出功率和输入电压的高低进行选择性外置。由 PWM（或 SPWM）IC 组成的开关电源电路同样也具有较全面的控制、调节和保护等功能，并且还具有外置开关功率管和散热器的灵活性。工业上所使用的仪器、仪表和各种电子设备中的开关电源均是采用 PWM（或 SPWM）IC 组成的。

以上这些五花八门的开关电源，其品种和种类都是站在不同的角度，以开关电源不同的特点进行命名和分类的。尽管各种各样的开关电源电路的激励方法、输出直流电压的调节和控制手段、储能电感的连接方式、开关功率管的器件种类以及串并联电路结构等各不相同，并且还具有单端式和双端式之分，但是它们最后总可以归结为降压式、升压式和输出极性反转式开关电源电路三大类。这三大类型的开关电源电路也正是作者对开关电源电路的划分方法，本书的重点就是从这三大类开关电源电路入手进行分析和研究的，应用电路的设计方法也是以这三大类型为主的。

1.1.5　练习题

（1）在实际应用中线性电源与开关电源是如何取长补短而构成一种理想的稳压电源的？

（2）在图1-4（b）所示的电路中，从安全的角度考虑零线和火线的位置是否应该有严格的规定？若有，应如何规定？

（3）在图1-4（b）所示的电路中，请画出可控硅控制端、输入端与输出端的时序波形。

（4）试分析一下开关功率管的高频开关损耗与开关频率之间的关系。

（5）研制出转换效率更高、体积更小、重量更轻的开关变压器或者通过其他的途径和方法来取代电路中的变压器，这是目前开关电源所面临的第二大难题。面对这一难题，是谈谈自己的设想。

1.2　脉宽调制器和正弦波脉宽调制器

1.2.1　脉宽调制器

1．脉宽调制器（PWM）的硬件电路结构

PWM驱动信号发生器的硬件电路结构如图1-8所示。从图中可以看出，PWM驱动信号发生器的基本电路由一个方波发生器、RC积分器、比较器以及反馈信号等组成。

2．PWM发生器输入和输出信号时序波形

PWM发生器输入和输出信号的时序波形如图1-9所示。

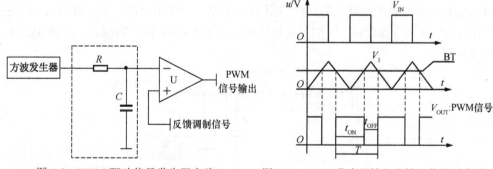

图1-8　PWM驱动信号发生器电路　　　图1-9　PWM发生器输入和输出信号时序波形图

3．PWM发生器的几个重要概念

（1）占空比（D）

PWM驱动信号的占空比D可由式（1-1）确定，式中的t_{ON}为PWM驱动信号高电平的宽

度，也就是开关电源中功率开关的导通时间；t_{OFF} 为 PWM 驱动信号低电平的宽度，也就是开关电源中功率开关的关闭时间；T 为 PWM 驱动信号的周期时间。

$$D = \frac{t_{ON}}{T} = 1 - \frac{t_{OFF}}{T} \tag{1-1}$$

（2）振荡频率（F）

PWM 信号的频率 F 取决于方波信号的频率，因此要实现对 PWM 信号频率的调节，只要改变方波发生器的工作频率即可。

（3）调制深度

从图 1-9 中可以看出，PWM 驱动信号的调制深度主要取决于三角波的幅度，而三角波的幅度又取决于 RC 积分器的时常数 τ，时常数 τ 可由下式给出：

$$\tau = R \cdot C \tag{1-2}$$

式中的 R 为 RC 积分器中的定时电阻，其单位为 Ω；C 为 RC 积分器中的定时电容，其单位为 F；时常数 τ 的单位为 s。

（4）在开关电源中的作用

PWM 发生器是开关电源中的心脏。一般情况下，人们均将驱动、控制、保护、软启动和前沿抑制等功能电路都集成于 PWM 发生器中，形成一个专用集成电路。这种集成电路具有单路输出式、双路输出式、四路输出式和软开关输出式。单路输出式便可构成单端式 DC-DC 变换器电路（单端正激式和单端反激式），如 MC33063A（电压控制模式），UC3842（电流控制模式）。双路输出式便可构成双端式 DC-DC 变换器电路（推挽式和半桥式），如 SG3525（双路输出电压控制模式），UC3846（双路输出电流控制模式）。四路输出式便可构成全桥式 DC-DC 变换器电路（全桥式），如 ISL83202 和 IR2086S （电流控制模式）。软开关输出式便可构成无电压和电流应力的谐振式变换器，如 UCC25600（电压控制模式）和 UC2856-Q1（电流控制模式），等等。

1.2.2　正弦波脉宽调制器

1. 正弦波脉宽调制器（SPWM）信号发生器的硬件电路结构

SPWM 信号发生器的硬件电路结构如图 1-10 所示。由图中可以看出，SPWM 信号发生器与 PWM 信号发生器非常相似，区别只是将比较器反相输入端的反馈调制信号改换成全波整流后的正弦波信号。

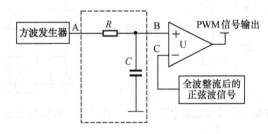

图 1-10　SPWM 发生器硬件结构电路图

在一般的实际应用中，SPWM 信号发生器主要是应用于逆变电源（UPS）、变频器和 D 类功放电路中。因此这里需要重点加以说明的是，图 1-10 中的全波整流后的正弦波信号是由如下部分合成的：一是与输出要求的正弦波频率相同的标准正弦波信号，二是来自于输出端的反馈取样信号。其中反馈取样信号又包括输出的电压、电流、频率和相位等信号。

2．SPWM 发生器输入与输出信号时序波形

SPWM 发生器输入和输出信号时序波形如图 1-11 所示。将 SPWM 信号发生器的硬件电路结构和时序波形与 PWM 信号发生器的硬件电路结构和时序波形进行比较后就可以看出，对于 SPWM 信号发生器来说，若输出信号为 PWM 信号时，图中的正弦波就为稳压电源输出采样的慢变化直流信号；若为 D 类音频功放电路时，图 1-11 中的正弦波就为不全波整流的音频信号，实际上输出的正弦波脉宽调制信号就变成音频信号脉宽调制信号。

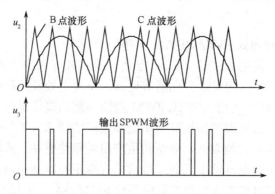

图 1-11　SPWM 发生器输入和输出信号时序波形图

3．用于 D 类功放中的 SPWM 发生器时序波形

用于 D 类功放中的 SPWM 发生器的时序波形如图 1-12 所示。

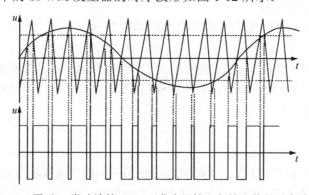

图 1-12　用于 D 类功放的 SPWM 发生器输入与输出信号时序波形图

1.2.3　PWM/SPWM 驱动器的种类

1．单端他激式正激型开关电源电路中的 PWM 驱动器

单端他激式正激型开关电源电路中的 PWM 电路包括 PWM 发生器、PWM 驱动器、PWM 控制器等电路。由于微电子技术的飞速发展，包含有 PWM 发生器、PWM 驱动器、PWM 控制器等电路的 PWM 集成电路在 20 世纪 80 年代末就已问世，并且品种各式各样，五花八门。有电压控制型的，有电流控制型的，还有软开关控制型的。使设计人员在设计单端他激式直流变换器时十分方便和多快好省。另外，由于单端式 PWM 控制与驱动集成电路是单端式开关电源的核心与心脏，也是开关电源技术及应用学术方面的热门话题和讨论的焦点，并且介绍这一方面的书籍和资料也非常多，同时本书后面的参考资料中也列举了许多，因此这里也就不再过多的叙述了。

2．单端他激式反激型开关电源电路中的 PWM 电路

单端他激式反激型开关电源电路中的 PWM 电路与单端他激式正激型开关电源电路中的 PWM 电路一样，也同样包括有包括 PWM 发生器、PWM 驱动器、PWM 控制器等电路。因此，能够构成单端他激式正激型开关电源电路的 PWM 驱动与控制集成电路，也同样能够构成单端他激式反激型开关电源电路，只是控制和驱动的方式、功率开关的位置、功率开关变压器的绕组结构和匝数、功率变换级的结构以及整流、续流和储能等方面有所差异和不同，因此这里就不再重述。

3．半桥/全桥/推挽输出式 PWM/SPWM 电路

全桥/半桥/推挽式开关电源中的 PWM 电路与单端式开关电源电路中的一样，也包括 PWM 发生器、PWM 驱动器、PWM 控制器等电路，不同之处就是把单端驱动输出变为相位相差 180° 的双端驱动输出。由于双端式 PWM 控制与驱动集成电路是双端式开关电源的核心与心脏，为了让从事开关电源产品设计、研制和生产的技术人员使用 PWM 控制与驱动器更直接、更明了、更多快好省地设计、研制和生产出可靠性更高、成本更低、占据市场更有力的开关电源产品，这里简单地给出几种双端输出式电压控制型和电流控制型集成芯片，可供参考和选择。如双端输出式电压控制型集成芯片 UC3525A、UC3527A、TL494 等；双端输出式电流控制型的集成芯片 UC3846、UC3895、LM5030 等，这些都是应用最为广泛的全桥/半桥/推挽式开关电源中的 PWM 电路。

4．SPWM 驱动器的种类

① 单相输出式 SPWM 驱动器：单相输出式 SPWM 驱动器 IC 芯片有 SA8381（DP20）；SA8382（MP20）等。

② 三相输出式 SPWM 驱动器：三相输出式 SPWM 驱动器 IC 芯片有 HEF4752V（DIL-28、SOT117-2、SOT135）；ML4423；ML4428；SA868（DP24；MP24/W）；SA869（DP20；MP20/W）；SA828（DP28；MP28）等。

1.2.4　练习题

（1）在图 1-8 所示的 PWM 发生器的原理电路图中，如何选择积分器中 R、C 的参数值，才能得到图 1-9 所示时序波形图中的正三角形波？给出 R、C、$f(T)$ 之间关系式。

（2）结合 PWM 发生器的原理电路图，自己试设计一款 PFM 发生器原理电路，并给出各点时序波形图。

（3）脉宽调制深度除了与方波的幅度有关以外，还与哪些元器件的参数有关？并加以分析和说明。

（4）SPWM 发生器中，方波或三角波频率与正弦波频率之间的关系是什么？要保证逆变器最后输出的正弦波失真度小，它们之间应满足什么关系？

（5）单端输出式 PWM 驱动器（内含 PWM 发生器）能否作为双端输出式 PWM 驱动器使用？为什么？

1.3 降压型开关电源

1.3.1 降压型开关电源的电路结构

降压型开关电源电路结构如图 1-13（a）所示，各点的时序波形如图 1-13（b）所示。由图中可以看出，降压型开关电源的基本电路由一次整流和滤波、开关功率管 VT、续流二极管 VD、储能电感 L、二次滤波电容 C、PWM 控制和驱动电路以及取样和反馈电路等组成。

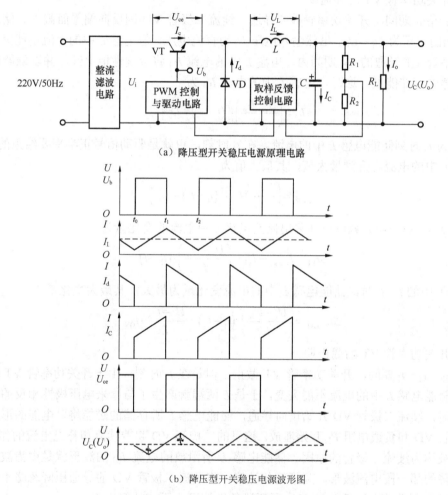

（a）降压型开关稳压电源原理电路

（b）降压型开关稳压电源波形图

图 1-13　降压型开关电源原理电路及波形图

此外，这里仅给出了发射极输出（NPN 型开关功率管）的降压型开关电源的原理框图和各点的输出波形时序图，没有给出集电极输出（PNP 型开关功率管）的降压型开关电源的原理框图和各点的输出波形时序图。这是因为它们的工作原理都是一样的，只是输入和输出的电流、电压极性相反。

1.3.2 降压型开关电源的工作原理

1. 工作原理分析

把图 1-13（b）所示的驱动方波信号施加到图 1-13（a）所示电路中开关功率管 VT 的基极上，这样开关功率管 VT 就会按照驱动方波信号的频率周期性地导通与关闭，开关功率管 VT 的工作周期 $T = t_{ON} + t_{OFF}$，占空比 $D = t_{ON}/T$。其工作过程可以从开关功率管 VT 的导通、关闭以及开关电源实现动态平衡等过程来解说。另外，t_{ON} 和 t_{OFF} 分别为开关功率管的导通时间和关闭时间。

（1）开关功率管 VT 的导通期

在 $t_{ON} = t_1 - t_0$ 期间，开关功率管 VT 导通，续流二极管 VD 因反向偏置而截止。储能电感 L 两端所加的电压为 $U_i - U_o$。虽然输入电压 U_i 为直流电压，但电感 L 中的电流不能突变，而在开关功率管 VT 导通的 t_{ON} 期间内，电感 L 中的电流 I_{L1} 将会线性地上升，并以磁能的形式在储能电感中存储能量。这时，电感 L 中的电流 I_{L1} 为

$$I_{L1} = \left(\frac{U_i - U_o}{L}\right) \cdot \left[\left(t_1 - t_0\right) + I_{L0}\right] \tag{1-3}$$

式中，I_{L0} 为 t_0 时刻储能电感 L 中的电流。在 t_1 时刻，也就是驱动信号正半周要结束的时刻，储能电感 L 中的电流上升到最大值，其最大值为

$$I_{L\,max} = \left(\frac{U_i - U_o}{L}\right) \cdot \left[\left(t_1 - t_0\right) + I_{L0}\right] \tag{1-4}$$

从式（1-3）和式（1-4）就可以计算出储能电感 L 中电流的变化量为

$$\Delta I_{L1} = I_{L\,max} - I_{L1} = \left(\frac{U_i - U_o}{L}\right) \cdot \left(t_1 - t\right) \tag{1-5}$$

当式（1-5）中的 $t = t_0$ 时，储能电感 L 中的电流变化量为最大，其最大变化量为

$$\Delta I_{L\,max1} = \left(\frac{U_i - U_o}{L}\right) \cdot \left(t_1 - t_0\right) = \frac{U_i - U_o}{L} \cdot t_{ON} \tag{1-6}$$

（2）开关功率管 VT 的截止期

在 $t_{OFF} = t_2 - t_1$ 期间，开关功率管 VT 截止。但是在 t_1 时刻，由于开关功率管 VT 刚刚截止，并且储能电感 L 中的电流不能突变，于是 L 两端就产生了与原来电压极性相反的自感电动势。此时，续流二极管 VD 开始正向导通，储能电感 L 所存储的磁能将以电能的形式通过续流二极管 VD 和负载电阻 R_L 开始泄放。这里的二极管 VD 起着续流和补充电流的作用，这也正是它被称为续流二极管的原因。储能电感 L 所泄放的电流 I_{L2} 的波形就是锯齿波中随时间线性下降的那一段电流波形。为了简化计算，将续流二极管 VD 的导通压降忽略不计，因而储能电感 L 两端的电压近似为 U_o，所通过的电流可由下式计算出来：

$$I_{L2} = -\frac{U_o}{L} \cdot \left(t - t_1\right) + I_{L\,max} \tag{1-7}$$

在 $t = t_2$ 时，储能电感 L 中的电流达到最小值 $I_{L\,min}$，其最小值可由下式计算出来：

$$I_{L\,min} = -\frac{U_o}{L} \cdot \left(t_2 - t_1\right) + I_{L\,max} \tag{1-8}$$

由式（1-7）和式（1-8）可以求出在开关功率管 VT 截止期间，储能电感 L 中的电流变化值为

$$\Delta I_{L2} = -\frac{U_o}{L} \cdot (t_2 - t) \tag{1-9}$$

当 $t = t_1$ 时，储能电感 L 中的电流变化值为最大，其最大变化量为

$$\Delta I_{L\,max2} = -\frac{U_o}{L} \cdot (t_2 - t_1) = -\frac{U_o}{L} \cdot t_{OFF} \tag{1-10}$$

（3）开关功率管 VT 导通期与截止期能量转换的条件

只有当开关功率管 VT 导通期间 t_{ON} 内储能电感 L 增加的电流 $\Delta I_{L\,max1}$ 等于开关功率管 VT 截止期间 t_{OFF} 内减少的电流 $\Delta I_{L\,max2}$ 时，开关功率管 VT 才能达到动态平衡，才能保证储能电感 L 中一直有能量，才能保证源源不断地向负载电路提供能量和功率。这就是构成一个稳压电源的最基本的条件，因此下面的关系式一定成立：

$$\frac{U_i - U_o}{L} \cdot t_{ON} = \frac{U_o}{L} \cdot t_{OFF} \tag{1-11}$$

将式（1-11）化简整理后得到输出电压 U_o 与输入电压 U_i 之间的关系为

$$U_o = \frac{t_{ON}}{t_{ON} + t_{OFF}} \cdot U_i = D \cdot U_i = \frac{t_{ON}}{T} \cdot U_i \tag{1-12}$$

从式（1-12）中就可以看出，由于占空比 D 永远是一个小于 1 的常数，因此输出电压 U_o 永远小于输入电压 U_i。这就是降压型开关电源的输出电压 U_o 和输入电压 U_i 之间的关系。

2．结果分析

① 开关功率管的占空比 D 为

$$D = \frac{t_{ON}}{t_{ON} + t_{OFF}} = \frac{t_{ON}}{T} = \frac{U_o}{U_i} \tag{1-13}$$

降压型开关电源的输出电压 U_o 和输入电压 U_i 之间的比值也正好等于这个值。故这种开关电源电路常被称为降压型开关电源。

② 式（1-12）中的占空比 D 与开关功率管 VT 的导通时间 t_{ON} 有关。如保持开关功率管的工作周期 T 不变，则通过改变开关功率管 VT 的导通时间 t_{ON} 就可以实现改变和调节输出电压 U_o 大小的目的。因此，由此原理设计出的开关电源电路通常被称为脉宽调制（PWM）型开关电源电路。

③ 从式（1-12）中可以看出，占空比 D 不但与开关功率管 VT 的导通时间 t_{ON} 有关，而且还与开关功率管 VT 的工作周期 T 有关，也就是与工作频率 f 有关。因此，在保持其他条件不变，仅改变开关功率管 VT 的周期时间 T 或工作频率 f，同样也可以实现改变和调节输出电压 U_o 大小的目的。由此原理设计出的开关电源电路通常被称为脉频调制（PFM）型开关电源电路。

④ 从式（1-12）中又可以看出，同时改变开关功率管 VT 的导通时间 t_{ON} 和工作周期时间 T（或者工作频率 f），同样也可以起到调节和改变占空比 D 或者输出电压 U_o 的目的。根据这样的原理设计出的开关电源电路通常被称为混合型开关电源电路。

1.3.3　降压型开关电源重要参数的计算

1．输出纹波电压 ΔU_o 的计算

从开关电源的原理框图 1-2 中可以看出，输出滤波电容 C 两端的电压实际上就等于开关

电源的输出电压 U_o。那么该滤波电容 C 两端电压的变化量实际上就是所要计算的开关电源的输出纹波电压值 ΔU_o。从图 1-13 所示的电容两端电压 U_C（即输出电压 U_o）的波形图中就可以看出，在开关功率管 VT 导通（$t = t_1 - t_0$）的 $t_{ON}/2$ 到 t_{ON} 的时间内，滤波电容 C 开始充电，充至与输入电压 U_i 相等的值时，开关功率管 VT 截止，滤波电容 C 这段时间内充电电压的变化量应为 ΔU_{o1}；从 t_1 时刻开关功率管 VT 开始截止直到 $t_{OFF}/2$ 这段时间内开关功率管 VT 一直处于截止状态，并且这段时间内储能电感 L 要承担一边向负载提供能量，一边又向滤波电容 C 继续充电的任务。滤波电容 C 不断被充电，两端电压不断上升，最后达到电压最大值。设这段时间内滤波电容 C 两端电压变化量为 ΔU_{o2}，那么就有

$$\Delta U_o = \Delta U_{o1} + \Delta U_{o2} \tag{1-14}$$

（1）ΔU_{o1} 的计算

从图 1-13（b）所示的 I_C、I_L 和 U_C（U_o）的波形中可以看出，设 $t = t_0$ 时，开关功率管 VT 开始导通，滤波电容 C 放电电流开始减小，在经过 $t_{ON}/2$ 时间之后，放电电流等于零，此时滤波电容 C 两端的电压具有最小值。然后滤波电容 C 开始充电，滤波电容 C 两端的电压 U_C 开始上升。当滤波电容 C 的充电一直维持到经过 t_{ON}（$t_{ON} = t_1 - t_0$）时间，开关功率管 VT 开始截止。在这段时间内滤波电容 C 两端电压的变化值 ΔU_{o1} 取决于滤波电容 C 的充电电流 I_C 和充电时间 $t_{ON} - t_{ON}/2$，故 ΔU_{o1} 为

$$\Delta U_{o1} = \frac{1}{C} \int_{t_{ON}/2}^{t_{ON}} I_C \cdot dt \tag{1-15}$$

从图 1-13 中可以得到

$$I_L = I_C + I_o, \quad I_C = I_L - I_o$$

而 $I_L = \frac{1}{L} \int U_L \cdot dt = \frac{1}{L} \int (U_i - U_o) \cdot dt$，所以就有

$$I_C = \frac{1}{L} \int (U_i - U_o) \cdot dt - I_o = \frac{1}{L}(U_i - U_o) \cdot t + I_{L\min} - I_o \tag{1-16}$$

由于流过储能电感 L 的平均电流值就等于负载电阻 R_L 上流过的电流 I_o，因此就有

$$I_o = \frac{I_{L\max} + I_{L\min}}{2} \tag{1-17}$$

把 $I_{L\min}$ 的表达式（1-8）和 I_o 的表达式（1-17）都代入式（1-16）中，可以得到电容的充电电流 I_C 的计算公式为

$$I_C = \frac{1}{L}(U_i - U_o) \cdot t - \frac{U_o}{2L} \cdot t_{OFF} \tag{1-18}$$

然后把式（1-18）代入式（1-15）中便可以求得 ΔU_{o1} 为

$$\Delta U_{o1} = \frac{1}{C} \int_{t_{ON}/2}^{t_{ON}} \left[\frac{1}{L}(U_2 - U_o) \cdot t - \frac{U_o}{2L} \cdot t_{OFF} \right] \cdot dt = \frac{1}{C} \cdot \left[\frac{U_o \cdot t_{ON} \cdot t_{OFF}}{8L} \right] \tag{1-19}$$

（2）ΔU_{o2} 的计算

ΔU_{o2} 也就是滤波电容 C 从原有的电压 U_o 继续向上充电，一直充到经过 $t_{OFF}/2$ 时间，滤波电容 C 上的电压充到最大值。也就是在开关功率管 VT 截止的一半时间内滤波电容 C 上的增量 ΔU_{o2} 为

$$\Delta U_{o2} = \frac{1}{C} \int_{t_{ON}}^{t_{ON}+t_{OFF}/2} I_{C} \cdot \mathrm{d}t \tag{1-20}$$

在开关功率管 VT 截止，即 t_{OFF}（$t_2 - t_1$）期间，负载 R_L 所需的能量由储能电感 L 通过续流二极管 VD 供给，因此可以得到下列方程：

$$U_{o} = -L \frac{\mathrm{d}I_{L}}{\mathrm{d}t} \tag{1-21}$$

由此可以得到

$$I_{L} = -\frac{1}{L} \int U_{o} \cdot \mathrm{d}t = -\frac{U_{o}}{L} \cdot t + I_{L\,max} \tag{1-22}$$

将式（1-22）代入 $I_{C} = I_{L} - I_{o}$ 中就可以得到开关功率管 VT 在截止期间内滤波电容 C 中的电流的表达式为

$$I_{C} = -\frac{U_{o}}{L}t + I_{L\,max} - I_{o} \tag{1-23}$$

同理，把式（1-4）和式（1-17）分别代入式（1-22）中，消去 $I_{L\,max} - I_{o}$ 后得到

$$I_{C} = \frac{U_{o}}{2L}t_{OFF} - \frac{U_{o}}{L}t \tag{1-24}$$

最后将式（1-24）代入式（1-20）就可以算出 ΔU_{o2}：

$$\Delta U_{o2} = \frac{1}{C} \int_{0}^{t_{OFF}/2} \left[\frac{U_{o}}{2L} \cdot t_{OFF} - \frac{U_{o}}{L}t \right] \cdot \mathrm{d}t = \frac{1}{C} \cdot \left[\frac{U_{o} \cdot t_{ON}^{2}}{8L} \right] \tag{1-25}$$

（3）输出纹波电压 ΔU_{o} 的计算

将式（1-19）和式（1-25）代入式（1-14）中就可以计算出滤波电容 C 两端电压的波动值为

$$\Delta U_{o} = \Delta U_{o1} + \Delta U_{o2}$$

$$= \frac{1}{C} \cdot \left[\frac{U_{o} \cdot t_{ON} \cdot t_{OFF}}{8L} \right] + \frac{1}{C} \cdot \left[\frac{U_{o} \cdot t_{ON}^{2}}{8L} \right]$$

$$= \frac{U_{o} \cdot t_{ON} \cdot t_{OFF}}{8C \cdot L} + \frac{U_{o} \cdot t_{ON}^{2}}{8C \cdot L} = \frac{U_{o} \cdot t_{ON}}{8C \cdot L} \cdot \left(t_{OFF} + t_{ON} \right) \tag{1-26}$$

$$= \frac{U_{o} \cdot t_{ON} \cdot T}{8C \cdot L} = \frac{U_{o}^{2} \cdot T^{2}}{8C \cdot L \cdot U_{i}} \tag{1-27}$$

从式（1-26）和式（1-27）中可以看出，开关电源输出纹波电压值除了与输出电压 U_{o} 和输入电压 U_{i} 有关以外，增大储能电感 L 和滤波电容 C 的参数值也可起到将其降低的作用。此外，降低开关功率管 VT 的工作周期时间（即提高开关功率管 VT 的工作频率 f）也能收到同样的效果。当然，在降低开关电源输出纹波电压 ΔU_{o} 的过程中，要利弊兼顾，综合考虑性能价格比。不能一味地追求输出纹波电压 ΔU_{o} 越低越好，应考虑开关电源的使用环境、输入条件和输出要求；还应考虑降低输出纹波电压 ΔU_{o} 以后，开关电源的造价、体积和重量都要相应增加。

（4）实际上真正的输出纹波电压

上面所计算出来的 ΔU_{o} 只是降压型开关电源电路输出纹波电压中由于开关频率所引起的

输出纹波电压值，实际上真正的输出纹波电压除了以上所计算的两部分以外，还应该包括电网工频纹波电压和高频功率转换所产生的寄生纹波电压，如图 1-14 所示。图中 T_1 是电网工频纹波电压的半周期时间（一般为电网工频电压的半周期时间），T_2 是高频功率转换所产生的寄生纹波电压（开关转换纹波电压）的周期时间（一般为开关功率管的周期时间）。

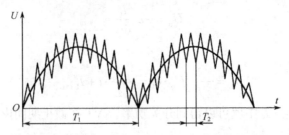

图 1-14　开关电源输出端的工频纹波和开关转换纹波电压波形

① 工频纹波电压。当所设计的开关电源电路直接接 220V/50Hz 的交流电网电压时，经全波整流、滤波后，形成 100Hz 的脉动直流电压作为开关电源的输入供电电压 U_i。该输入直流脉动电压 U_i 中的脉动成分经过稳压调节后，虽然被大大衰减，但仍有少量残留部分在输出电压 U_o 中，因此就在输出电压中形成了电网工频纹波电压。要想减小这种残留在输出电压中的电网工频纹波电压，就必须增大开关电源输入端一次整流滤波电容的容量和提高 PWM 电路以及功率变换电路的负载动态响应速度。

② 开关转换纹波电压。对于任何一种晶体管，从导通到截止或者从截止到导通的转换过程都需一定的转换时间。如图 1-15 所示，当开关功率管 VT 从截止转向导通时，虽然续流二极管 VD 上的电压已经反向偏置，但是由于该二极管 VD 中少数载流子的存储效应，二极管中流动着的电流不可能立即被关断，只有经过一段时间后才能真正处于截止状态。这段时间被称为二极管的反向截止时间。在这段时间内二极管呈现低阻抗，于是输入电压通过开关功率管 VT、续流二极管 VD 可以形成一个非常大的电流，这个电流通过回路中的分布电容就会引起一个较大的高频阻尼振荡，它经过平滑滤波以后寄生在输出电压中的残留部分就形成了所谓的开关转换纹波电压。此外，当开关功率管 VT 从导通转向截止的瞬间，储能电感 L 由于自感作用就会发生极性颠倒，但续流二极管 VD 由于从截止转向导通需要一定的恢复时间，此时储能电感 L 上的反向电动势便会升得很高，反映到输出端同样会形成开关转换纹波电压。减小开关转换纹波电压通常可以采用以下三种方法：

• 采用导通时间快、恢复时间短的肖特基二极管或快恢复二极管作为续流二极管。

• 如图 1-15 所示，在续流二极管 VD 两端并联一个阻容吸收网络，电容 C 的容量主要取决于开关转换频率。一般情况下当开关转换频率在 20～100kHz 的范围内时，电容 C 的取值范围应为 0.0022～0.01μF，电阻 R 的阻值一般取 1～10Ω。这样一来，就可以将由于续流二极管恢复时间所导致的开关转换纹波电压吸收到最小程度。

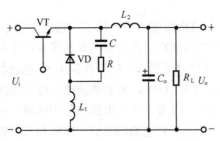

图 1-15　减小开关电源输出端开关转换纹波电压的电路

• 像图 1-15 所示的那样，在续流二极管 VD 的引线中串一电感量很小的电感 L_1（实际应用中有时就在续流二极管 VD 的引脚引线上穿一小磁环或小磁珠即可），利用电感上电流不能突变的特性来抑制和缓冲续流二极管 VD 反向恢复期间内的反向电流。

2. 开关功率管 VT 功率损耗 P 的计算

从开关电源的工作原理可以知道，开关功率管 VT 总功率损耗 P_z 应包括导通期间、截止期间、由导通转向截止的下降期间和由截止转向导通的上升期间所有的功率损耗。开关功率管 VT 的 I_c、U_{ce} 和 P_z 的波形如图 1-16 所示。在开关功率管 VT 导通期间，虽然流过的电流很大，但是由于开关功率管 VT 工作在饱和导通状态，所以集电极与发射极之间的饱和压降 U_{ces} 却很小，故导通期间开关功率管 VT 的功率损耗是很小的；在开关功率管 VT 截止期间，虽然集电极与发射极之间的压降 U_{ce} 很大，但是这时开关功率管 VT 集电极的截止漏电流 I_{co} 接近于零，故截止期间开关功率管 VT 的功率损耗也仍然是很小的。这就是开关电源功率损耗小、转换效率高的原因所在。另外，从图中还可以看出，构成开关电源内部功率损耗的主要部分实际上是由导通转向截止的下降期间和由截止转向导通的上升期间所产生的功率损耗。下面将分别对四个阶段中开关功率管 VT 的功率损耗进行计算，设导通期间的功率损耗为 P_{ON}，截止期间的功率损耗为 P_{OFF}，趋于导通的上升期间的功率损耗为 P_r，趋于截止的下降期间的功率损耗为 P_f。

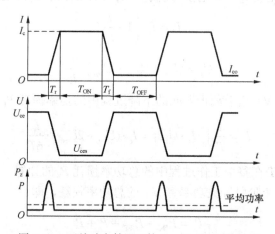

图 1-16 开关功率管 VT 的 I_c、U_{ce} 和 P_z 的波形

（1）导通期间开关功率管 VT 的功率损耗 P_{ON} 的计算

导通期间开关功率管 VT 的功率损耗 P_{ON} 可由下式计算出来：

$$P_{ON} = I_c \cdot U_{ces} \cdot \frac{t_{ON}}{T} \tag{1-28}$$

式中，I_c 为开关功率管 VT 的饱和导通电流；U_{ces} 为开关功率管 VT 的饱和导通管压降。

（2）截止期间开关功率管 VT 的功率损耗 P_{OFF} 的计算

截止期间开关功率管 VT 的功率损耗 P_{OFF} 可由下式计算出来：

$$P_{OFF} = I_{co} \cdot U_c \cdot \frac{t_{OFF}}{T} \tag{1-29}$$

式中，I_{co} 为开关功率管 VT 截止期间集电极的漏电流；U_{ce} 为开关功率管 VT 截止期间集电极与发射极之间的压降。

（3）开关功率管 VT 趋于导通的上升期间的功率损耗 P_r 的计算

假设开关功率管 VT 趋于导通过程所维持的时间为 t_r，利用线性近似方法可以近似得到上升过程中开关功率管 VT 的集电极电流 I_r 和集电极与发射极之间的管压降 U_r 为

$$I_r = I_c \cdot \frac{t}{t_r} \quad （\text{忽略} I_{co}） \tag{1-30}$$

$$U_r = U_{ce} - (U_{ce} - U_{ces}) \cdot \frac{t}{t_r} \tag{1-31}$$

因此，开关功率管 VT 趋于导通期间的上升过程中的功率损耗 P_r 可由下式计算出来：

$$P_r = \frac{1}{T} \int_0^{t_r} I_r \cdot U_r \mathrm{d}t = \frac{1}{T} \int_0^{t_r} I_c \cdot \frac{t}{t_r} \cdot \left[U_{ce} - (U_{ce} - U_{ces}) \cdot \frac{t}{t_r} \right] \mathrm{d}t$$

$$= I_c \cdot (U_{ce} + 2U_{ces}) \cdot \frac{t_r}{6T} \tag{1-32}$$

（4）开关功率管 VT 趋于截止的下降期间的功率损耗 P_f 的计算

同样，先假设开关功率管 VT 趋于截止过程所持续的时间为 t_f，同理可得下降过程中开关功率管 VT 的集电极电流 I_f 和集电极与发射极之间的管压降 U_f 分别为

$$I_f = I_c \cdot \left(1 - \frac{t}{t_f} \right) \tag{1-33}$$

$$U_f = U_{ces} + (U_{ce} - U_{ces}) \cdot \frac{t}{I_f} \tag{1-34}$$

因此，开关功率管 VT 趋于截止期间的下降过程中的功率损耗 P_f 可由下式计算出来：

$$P_f = \frac{1}{T} \int_0^{t_f} I_f \cdot U_f \mathrm{d}t = I_c \cdot (U_{ce} + 2U_{ces}) \cdot \frac{t_f}{6T} \tag{1-35}$$

（5）开关功率管 VT 在整个工作过程中的总功率损耗 P_z 的计算

P_z 是以上所说的 4 个阶段开关功率管 VT 的总功率损耗，即

$$P_z = P_{ON} + P_{OFF} + P_r + P_f \tag{1-36}$$

将式（1-28）、式（1-29）、式（1-32）和式（1-35）全部代入式（1-36），就可以得到开关功率管 VT 在整个工作过程中的总功率损耗 P_z 为

$$P_z = \frac{1}{T} \left[I_{co} \cdot U_{ce} \cdot t_{OFF} + I_c \cdot U_{ces} \cdot t_{ON} + \frac{1}{6} I_c \cdot (U_{ce} + 2U_{ces}) \cdot (t_r + t_f) \right] \tag{1-37}$$

式（1-37）告诉我们，要想提高开关电源的转换效率，降低开关功率管 VT 的功率损耗 P_z，除了改善开关功率管 VT 的转换时间和电源的工作频率以外，选择良好的开关功率管 VT 也是至关重要的，这一点后面的章节中还要进一步介绍。

3. 转换效率 η 的计算

从降压型开关电源的原理图 1-2 中就能看出，在忽略了电容上的功耗以后，输入功率 P_i 与输出功率 P_o 之间具有下面的关系式：

$$P_i = P_o + P_z + P_L \tag{1-38}$$

式中，P_L 为储能电感 L 上的功率损耗。我们又知道

$$P_i = I_i \cdot U_i \tag{1-39}$$

$$P_o = I_o \cdot U_o \tag{1-40}$$

$$P_L = I_L^2 \cdot L \tag{1-41}$$

在忽略了滤波电容 C 上的漏电流的情况下，储能电感 L 上流过的电流 I_L 就等于负载电阻 R_L 上流过的电流，也就是开关电源的输出电流 I_o，因此式（1-40）又可以变成

$$P_L = I_o^2 \cdot L \tag{1-42}$$

开关电源的转换效率 η 为

$$\eta = \frac{P_o}{P_i} = \frac{P_i - P_z - P_L}{P_i} = 1 - \left(\frac{P_z + P_L}{P_i} \right) \tag{1-43}$$

将式（1-37）、式（1-39）和式（1-42）全部代入式（1-43）中，再经过适当整理、计算和化简后就可以得到所要计算的降压型开关电源的转换效率 η，即

$$\eta = 1 - \frac{1}{I_i \cdot U_i \cdot T} \left[I_{co} \cdot U_{ce} \cdot t_{OFF} + I_c \cdot U_{ces} \cdot t_{ON} + \frac{1}{6} I_c \left(U_{ce} + 2U_{ces} \right) \cdot \left(t_r + t_f \right) + T \cdot I_o^2 \cdot L \right] \tag{1-44}$$

由式（1-44）可以得到下面的结论：

① 降压型开关电源的转换效率 η 与开关功率管 VT 的功率损耗 P_z 成反比。提高开关电源的转换效率 η，关键在于降低开关功率管 VT 本身的功率损耗。

② 开关电源的转换效率 η 与储能电感 L 上的功率损耗也有反比的关系，所以在提高开关电源转换效率的过程中，如何选择合适的储能电感 L 也是一个非常重要的环节。这一点在以后的应用电路设计中还要专门进行讨论。

③ 从式（1-44）中还可以看出，输入电流 I_i 和输入电压 U_i 与开关电源的转换效率 η 成正比，因此在设计开关电源电路时，为了得到有效的输入电流 I_i 和输入电压 U_i，一定要选择裕量大、正向管压降低的一次整流二极管和容量大、等效串联电阻小、等效串联电感小的一次滤波电容。

1.3.4　降压型开关电源的设计

1. 开关功率管 VT 的选择

开关功率管 VT 的选择首先应该根据输入条件和输出电压、输出电流、工作场合、负载特性等要求来确定是使用 IGBT，还是 MOSFET，或者是 GTR。一般确定的原则是，输出功率在数十千瓦或更高时，就应该选择 IGBT；输出功率在数千瓦与数十千瓦之间时，就应该选择 MOSFET；输出功率在数千瓦以下时，可选择 MOSFET 也可选择 GTR。但是这个原则不是一成不变的，设计者可根据自己的偏爱和对这些器件的运用熟练程度，以及对价格的要求，在权衡性能、价格等各种因素以后自己选定。一旦开关功率管 VT 的类型选定以后，具体的器件型号的选定就应该遵循以下原则了：

① 开关功率管 VT 的导通饱和压降 U_{ces} 越小越好。

② 开关功率管 VT 截止时的反向漏电流 I_{co} 越小越好。

③ 开关功率管 VT 的高频特性要好。

④ 开关功率管 VT 的开关时间要短，也就是转换时间要快。

⑤ 开关功率管 VT 的基极驱动功率要小。

⑥ 从降压型开关电源的原理电路中可以看出，开关功率管 VT 的输出端连接的是储能电感 L，因此在开关功率管 VT 截止期间，其集-射极之间的反向耐压就等于储能电感 L 上的反向电动势与输出电压值 U_o 之和，近似等于 $2U_o$。因此所选择的开关功率管 VT 的反向击穿电压应该满足下式：

$$U_{ce} = 2 \times 1.3 \times U_i = 2.6 U_i \qquad (1\text{-}45)$$

2. 续流二极管 VD 的选择

由对降压型开关电源工作原理的分析得知，当开关功率管 VT 截止时，储能电感 L 中所存储的磁能是通过续流二极管 VD 传输给负载电阻 R_L 的；当开关功率管 VT 导通时，集-射极之间的压降接近于零，这时的输入电压 U_i 就全部加到续流二极管 VD 的两端。因此续流二极管 VD 的选择一定要符合下列条件：

① 续流二极管 VD 的正向额定电流必须大于或等于开关功率管 VT 的最大集电极电流，即应该大于负载电阻 R_L 上的峰值电流。

② 续流二极管 VD 的反向耐压值必须大于输入电压 U_i 值。

③ 为了减小由于开关转换所引起的输出纹波电压，续流二极管 VD 应选择反向恢复速度和导通速度都非常快的肖特基二极管或快恢复或超快恢复二极管。

④ 为了提高整机的转换效率，减小内部损耗，一定要选择正向导通压降低的肖特基二极管。

3. 储能电感 L 的选择

(1) 储能电感 L 的临界值 L_c

流过储能电感 L 的电流不能突变，这是降压型开关稳压电源所要满足的最基本的条件，也是这种电路的理论基础。该电流只能近似地线性上升和线性下降，而且电感量越大电流的变化起伏越平滑，电感量越小则电流变化起伏越陡峭。图 1-17 所示的波形就是不同容量的储能电感 L 所对应的电感电流 I_L 的关系曲线。当电感量小到一定值时就会发生这样的一种情况：在开关功率管 VT 截止瞬间，电感 L 中存储的能量也刚好释放完毕，这时的 $I_{L\,max} = 0$，此时储能电感 L 的电感量就称为临界电感量 L_c。那么当储能电感 L 的电感量小于这个临界值 L_c 时会发生什么情况呢？从图 1-18 中就可以看出，此时 $t = t_A$，开关功率管 VT 尚处于截止状态，但是储能电感 L 中的电流已变为零，于是电感 L 上的电压也变为零。开关功率管 VT 及储能电感 L 上的电压波形就会发生台阶式突变，此突变在示波器上极易观察到。作为一种稳压电源在有负载时是绝不允许出现这种情况的。因为这种情况将引起电源稳压特性的明显恶化，甚至产生附加的振荡。另外对于负载系统来说，也是绝不允许出现这种情况的，因为这种情况将会使负载电路出现间断性停电，最后引起负载电路丢失信息或工作不正常。所以，在设计降压式开关电源电路时，应该将储能电感 L 的电感量选择得大于临界电感值 L_c。下面我们就来计算一下储能电感 L 的临界电感值 L_c。

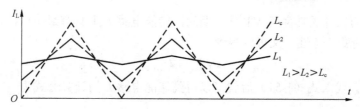

图 1-17　储能电感 L 电感量不同时所对应的不同电流波形

由临界电感量的定义可知，开关功率管 VT 截止的瞬间，能使 $I_{L\min}=0$ 的储能电感 L 的电感量即为临界电感量 L_c。把 $I_{L\min}=0$ 代入式（1-8）得到

$$I_{L\max}=\frac{U_o}{L_c}\left(t_2-t_1\right)=\frac{U_o}{L_c}\cdot t_{OFF} \qquad (1\text{-}46)$$

再把 $I_{L\min}=0$ 代入式（1-17）得到

$$I_{L\max}=2I_o \qquad (1\text{-}47)$$

将式（1-46）和式（1-47）组成二元一次方程组消去 $I_{L\max}$ 后，便可得到临界电感量 L_c 为

$$L_c=\frac{U_o}{2\cdot I_o}\cdot t_{OFF} \qquad (1\text{-}48)$$

式中，$\dfrac{U_o}{I_o}=R_L$，$t_{OFF}=T\cdot(1-D)=\dfrac{(1-D)}{f}$，因而上式可变为

$$L_c=\frac{R_L\cdot(1-D)}{2f} \qquad (1\text{-}49)$$

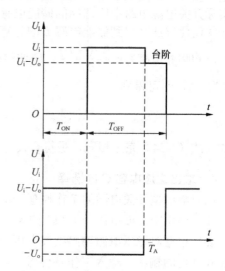

图 1-18　$L<L_c$ 时，开关功率管 VT 及电感 L 的电压波形图

这就是储能电感 L 临界电感量的计算方法。因此降压式开关电源的设计者在设计电源电路时，应该遵照储能电感 L 的电感量必须大于由式（1-49）所确定的临界电感量的原则。

（2）储能电感 L 的计算

在降压型开关电源的等效原理图中，在忽略了开关功率管 VT 的饱和导通压降 U_{ces} 的条件下，可以得到

$$U_L=U_i-U_o=U_o\frac{1-D}{D} \qquad (1\text{-}50)$$

在开关功率管 VT 饱和导通期间，可以近似认为流过储能电感 L 上的电流为平均电流，即为负载 R_L 上的电流 I_o，因而就可以求得在饱和导通期间 t_{ON} 内储能电感 L 上的电压降为

$$U_L=L\cdot\frac{\Delta I_{L\max}}{t_{ON}} \qquad (1\text{-}51)$$

式中 $\Delta I_{L\max}=I_{L\max}-I_{L\min}$，由此可以得到

$$L=\frac{t_{ON}}{\Delta I_{L\max}}\left(U_i-U_o\right)=\frac{U_o\cdot t_{ON}\cdot(1-D)}{\Delta I_{L\max}\cdot D}=\frac{U_o\cdot T\cdot(1-D)}{\Delta I_{L\max}}=\frac{U_o\cdot(1-D)}{f\cdot\Delta I_{L\max}} \qquad (1\text{-}52)$$

式中，$\Delta I_{L\max}$ 为储能电感 L 中流过电流变化量的最大值，它也就是负载 R_L 上流过电流 I_o 变化

量的最大值。因为当开关功率管 VT 截止期间，储能电感 L 上具有最小值，再结合储能电感 L 上的电流不能突变的特性，又可以得到

$$\Delta I_{L \max} < 2 I_{L \min} \tag{1-53}$$

取 $\Delta I_{L \max} = 1.5 I_{L \min}$ 代入式（1-51）后就可以得到储能电感 L 的计算公式为

$$L = \frac{U_o}{1.5 f \cdot I_{o \min}} (1 - D) = \frac{R_{L \max}}{1.5 f} (1 - D) \tag{1-54}$$

式中，$R_{L \max}$ 为负载电阻的最大值，即 $R_{L \max} = U_o / I_{o \min}$。根据式（1-54），所选择的储能电感的电感量 L 应满足大于临界电感值 L_c 的条件。此外，根据临界电感值 L_c 的计算公式（1-50）和实际开关电源电路中所选择的储能电感 L 必须大于临界电感值 L_c 的设计原则，还可以采用下面的简便方法来得到储能电感 L 的计算公式：

已知临界电感 $L_c = \frac{R_L \cdot (1 - D)}{2 f}$，应使储能电感 L 满足 $L > L_c$，若令 $R_L = R_{L \max}$，将公式中的 2 取为 1.5，即可得到

$$L = \frac{R_{L \max} \cdot (1 - D)}{1.5 f} \tag{1-55}$$

此式与式（1-54）完全相同，是符合设计原则的。

4. 输出滤波电容 C 的选择

由对降压型开关电源的工作原理分析便可看出，输出滤波电容 C 的选择直接关系到开关电源输出电压中纹波电压分量 ΔU_o 的大小。在设计降压型开关电源时，输出滤波电容 C 的容量主要应根据对稳压电源输出纹波电压 ΔU_o 的要求来决定。若给定了输出电压中的纹波分量 ΔU_o 和其他的输出、输入工作条件时，就可以根据前面已经推导出来的公式（1-27）计算出输出滤波电容 C 的容量值

$$C = \frac{U_o}{8 \cdot L \cdot f^2 \cdot \Delta U_o} \left(1 - \frac{U_o}{U_i} \right) \tag{1-56}$$

此外，在实际应用中，为了消除输出电压中的开关转换纹波电压分量 ΔU_o，除了给稳压电源的输出端并接一个符合式（1-56）计算出来的滤波电容 C 以外，还应在这个容量较大的滤波电解电容 C 的两端再并接一个无极性的容量范围在 $0.01 \sim 0.47 \mu F$ 的小瓷片电容或锗石电容，用以滤除频率较高的开关转换纹波电压分量。

另外，也可以通过式（1-26），计算出储能电感 L 和输出滤波电容 C 容量的乘积 $L \cdot C$，即

$$L \cdot C = \frac{T \cdot t_{OFF}}{8 \dfrac{\Delta U_o}{U_o}} \tag{1-57}$$

不过，根据式（1-57）选择出来的 $L \cdot C$ 数值中的储能电感 L 必须满足大于由式（1-47）或式（1-49）计算出的临界电感值 L_c。如果储能电感 L 小于临界电感值 L_c 时，储能电感 L 中所通过的电流波动 $\Delta I_{L \max} = I_{L \max} - I_{L \min}$ 将会急剧增大（因为这时 $I_{L \min} \leqslant 0$）。流过开关功率管 VT 的电流增至最大，使其工作状态急剧恶化。因此，储能电感 L 除了起储能和滤波的作用以外，还有限制开关功率管 VT 最大电流的作用。

最后再对储能电感 L 和输出滤波电容 C 的选择原则强调一下，虽然它们容量的乘积满足式 (1-57)，但是在选择时是不能采用利用电容来补偿电感的方法的，必须在满足电感选择原则的基础上，再来利用电容补偿电感或者电感补偿电容的方法进行兼顾，最后达到满足式 (1-57) 即可。

1.3.5 练习题

(1) 在图 1-16 所示的波形图中，请标出功率开关管在功率变换过程中各个阶段的功率损耗 P_{ON}、P_{OFF}、P_r、P_f。

(2) 在如何降低输出纹波电压的讨论中，不管是纹波电压中的工频纹波，还是高频纹波电压其对付的最好办法均是增大输入端的一次滤波电解电容的容量、减小其串联等效电阻的阻值、降低其串联等效电感的电感量和增大输出端的二次滤波电解电容的容量、减小其串联等效电阻的阻值、降低其串联等效电感的电感量。试设计出最简便的和最有效的增大容量、减小串联等效电阻的阻值和串联等效电感的电感量方法来。

(3) 从降压型开关电源临界电感值 L_c 的计算公式 (1-49) 中，你如何选择负载电阻 R_L 和最大负载电阻 $R_{L\,max}$ 的？

(4) 降压型开关电源中的储能电感 L 除了起储能和滤波的作用以外，还有限制开关功率管 VT 最大电流的作用，试分析之。

(5) 为了将降低续流二极管 VD 的导通压降和加快反向恢复时间，是否可以采用 MOSFET 来取代续流二极管 VD？若可以设计器原理电路（同步整流技术）。

1.4 升压型开关电源

1.4.1 升压型开关电源的电路结构

升压型开关电源如图 1-19 所示。它由开关功率管 VT、二极管 VD、储能电感 L、滤波电容 C、驱动电路和反馈控制电路等组成。图 1-19 (a) 为升压型开关电源的基本电路图，图 1-19 (b) 为电路中各点信号波形的时序图。

1.4.2 升压型开关电源的工作原理

1. 升压型开关电源的工作原理

与降压型开关电源的工作原理分析一样，设开关功率管 VT 的转换周期为 T，导通期的时间为 t_{ON}，截止期的时间为 t_{OFF}，占空比为 D（$D = t_{ON}/T$）。其工作原理为：当开关功率管 VT 处于导通期间，输入电压 U_i 加到储能电感 L 的两端（这里忽略了开关功率管 VT 的饱和导通压降），二极管 VD 因被反向偏置而截止。在此期间内流过储能电感 L 上的电流 I_L 为近似线性上升的锯齿波电流，并以磁能的形式存储在储能电感 L 中。在此期间储能电感 L 中流过电流的变化量为

$$\Delta I_{L1} = \frac{U_i}{L} \cdot t_{ON} \tag{1-58}$$

当开关功率管 VT 截止时，储能电感 L 两端的电压极性相反，此时二极管 VD 被正向偏

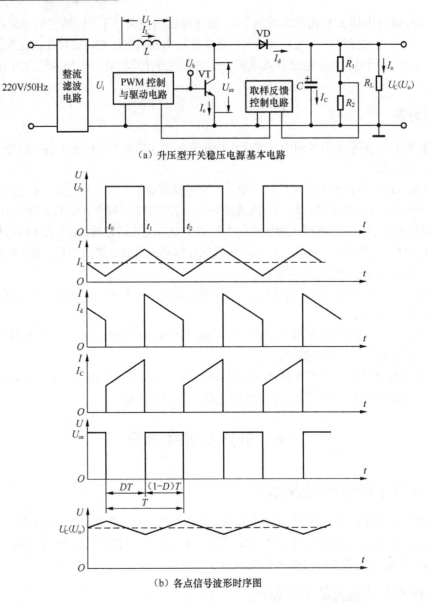

（a）升压型开关稳压电源基本电路

（b）各点信号波形时序图

图 1-19　升压型开关电源基本电路及各点信号波形时序图

置而导通。存储在储能电感 L 中的能量通过二极管 VD 传输给负载电阻 R_L 和滤波电容 C。在此期间储能电感 L 中的泄放电流 I_L 是锯齿波电流的线性下降部分。在此期间储能电感 L 中流过电流的变化量为

$$\Delta I_{L2} = \frac{U_i - U_o - U_d}{L} \cdot t_{OFF} \tag{1-59}$$

同理，当开关功率管 VT 饱和导通期间，在储能电感 L 中增加的电流数值应该等于开关功率管 VT 截止期间在储能电感 L 中所减少的电流数值。只有这样才能达到动态平衡，才能达到一个稳压电源最基本的条件，才能给负载电阻 R_L 提供一个稳定的输出电压。因此就有

$$\frac{U_i}{L} \cdot t_{ON} = \frac{U_i - U_o - U_d}{L} \cdot t_{OFF} \tag{1-60}$$

将 $t_{ON} = T \cdot D$，$t_{OFF} = T(1-D)$ 和 $U_d = 0$（忽略了二极管的正向压降）代入式（1-59）中，再经化简、整理后可得

$$U_o = \frac{t_{ON}}{t_{OFF}} \cdot U_i = U_i \cdot \frac{1}{1-D} \tag{1-61}$$

这就是升压型开关电源输出电压 U_o 和输入电压 U_i 之间的关系式。从这个关系式中可以得到以下结论：

① 该关系式是在忽略了输出整流二极管的正向压降后得到的，并且 $1/(1-D)$ 永远是一个大于 1 的数，因此输出电压 U_o 永远大于输入电压 U_i，这就是为什么称之为升压型开关稳压电源的原因所在。

② 控制开关功率管 VT 基极所加的驱动信号的占空比 D，就可以克服由于输入交流电网电压或输入直流电压或其他参数的变化而引起的对开关电源输出电压的影响，能够起到降低输出电压的波动、稳定输出电压的作用。从后面的开关电源实用电路中也将会看出，它们都是采用取样、放大、比较、反馈、耦合等环节构成闭环控制系统来自动实现对占空比 D 的控制，也就是脉宽调制（PWM）原理。

③ 在前面已经讲过的降压型开关电源电路的工作原理中，有三种方法可以实现改变和调节占空比的目的，而在升压型开关电源电路中同样也可以采用这三种方法来对占空比 D 进行调节。所以，升压型开关电源电路同样也有调宽型、调频型和混合型三种电路形式。

④ 在开关电源电路的工作原理中，不管是降压型还是升压型电路，它们的工作过程均是依靠施加在开关功率管 VT 基极的驱动信号使其启动、导通和关闭，最后实现导通和截止的功率转换状态。这样可以在输出端或功率转换过程中增加一取样电路，将输出的电流 I_o 或电压 U_o 的变化量取出，经过放大、处理和比较后，再形成一个与输出的电流 I_o 或电压 U_o 有关的、也就是能够自动控制和调节驱动信号占空比 D 的驱动信号来控制和驱动开关功率管 VT 的工作状态。如果输出端或者负载电路出现短路而造成过流现象，或者由于其他原因造成输出端过压或功率器件过热等现象时，施加于开关功率管 VT 基极的驱动信号便可将开关功率管 VT 及时关断，并使其处于截止状态，最后使开关电源停止工作。这样既保护了开关电源电路本身免遭损坏，又保护了负载电路系统不被损坏。这就是以后将要讲的过流、过压、过热等保护电路的基本原理。

2．升压型开关电源的三种工作状态

上面仅对开关功率管导通与截止状态下电感中电流变化量相等的状态进行了讨论，从而得出了升压式开关电源输出与输入电压之间的关系式。现在来讨论一下开关功率管导通状态下电感中电流变化量大于或小于截止状态下电感中电流变化量的这两种工作状态。

（1）$\Delta I_{L1} > \Delta I_{L2}$ 的状态

当开关功率管导通状态下电感中电流的变化量大于截止状态下电感中电流的变化量时，就对应输出高阻抗或开路状态，这时电感中所存储的能量仅为输出电容充电。

（2）$\Delta I_{L1} < \Delta I_{L2}$ 的状态

当开关功率管导通状态下电感中电流的变化量小于截止状态下电感中电流的变化量时，

就对应输出过流或短路状态，这时电感中所存储的能量与输出电容中所存储的能量一起为输出负载提供能量。

（3）直通状态

从图 1-19（a）所示的升压型开关电源的原理图中就可以看出，当由于过流、过压或过热而导致电源电路被保护使功率开关 VT 截止时，由于这时的储能电感对于直流供电电源相当于短路，此时续流二极管正处于正向偏置而导通状态。这种情况下，未稳压的、低于输出电压的输入电源电压就会直接施加给负载系统，使负载系统工作于不正常的供电状态。这种状态是最可怕的，也是升压型开关电源不可避免的先天性的缺陷。

1.4.3　升压型开关电源的设计

升压型开关电源的设计与降压型开关电源的设计过程是基本相同的，其主要内容也是讨论对开关功率管 VT、二极管 VD、储能电感 L 和输出滤波电容 C 的计算和选择。

1. 开关功率管 VT 的选择

（1）集电极电压 U_{ceo} 的计算和选择

从图 1-19（a）所示的升压型开关电源的原理框图中可以看出，开关功率管 VT 上所承受的最大电压也就是开关功率管 VT 截止时所承受的电压为 U_i。又从输入电压和输出电压之间的关系式（1-61）可以得到 $U_i = U_o(1-D)$。考虑到输入电压具有 10%的波动，储能电感 L 上的峰-峰尖刺电压为稳定值的 20%。因此，开关功率管 VT 上所承受的电压实际上为 $1.1 \times 1.2 U_i = 1.32 U_i$。通常选择开关功率管 VT 时要留有一定的裕量，所以取其工作电压为 80%的额定电压值，则有 $1.32 U_i = 0.8 U_{ceo}$。这样就可以得到所要选择的开关功率管 VT 集电极电压的额定电压值为

$$U_{ceo} = \frac{1.32}{0.8} U_i = 1.65 U_i = 1.65(1-D) \cdot U_o \qquad (1\text{-}62)$$

式（1-62）就是设计升压型开关电源电路时，选择开关功率管 VT 集电极电压额定值 U_{ceo} 应遵循的原则和计算公式。

（2）集电极电流 I_c 的计算

从升压型开关电源的工作原理分析中可以看出，在开关功率管 VT 导通期间，流过开关功率管 VT 的电流也就是在此期间内流过储能电感 L 中的电流，同时也是输入电流 I_i。如果不考虑电路中的其他功率损耗，那么有

$$I_i = I_o \cdot \frac{U_o}{U_i} = \frac{1}{1-D} \cdot I_o \qquad (1\text{-}63)$$

选择开关功率管 VT 的集电极电流 I_c 和选择集电极电压 U_{ceo} 一样，也要留有一定的裕量。因此应把工作电流取为 80%的额定电流值，这样式（1-63）就应改为

$$0.8 I_c = I_i = I_o \cdot \frac{U_o}{U_i} = \frac{1}{1-D} \cdot I_o$$

所以就有

$$I_c = 1.25 I_o \cdot \frac{U_o}{U_i} = 1.25 I_o \cdot \frac{1}{1-D} \qquad (1\text{-}64)$$

式（1-64）就是设计升压型开关电源电路时，选择开关功率管 VT 集电极电流额定值 I_c 应遵循的原则和计算公式。

（3）集电极功率损耗 P_c 的计算

开关功率管 VT 在导通期间的平均功率损耗 P_{ON} 为

$$P_{ON} = \frac{I_o \cdot U_o \cdot U_{ces} \cdot t_{ON}}{U_i \cdot T} \tag{1-65}$$

在截止期间，由于集电极与发射极之间流过的电流很小，可以近似认为该期间内的功率损耗为零。在导通与截止的转换过程中，各种重叠功率损耗实际上就是直流平均损耗，因此就可以得到开关功率管 VT 的集电极功率损耗为

$$P_c = 2P_{ON} \approx \frac{2I_oU_oU_{ces}t_{ON}}{U_iT} = \frac{2I_oU_oU_{ces}D}{U_i} \tag{1-66}$$

式（1-66）就是设计升压型开关电源电路时，选择开关功率管 VT 集电极功率损耗额定值 P_c 应遵循的原则和计算公式。

2. 二极管 VD 的选择

（1）反向耐压 U_d 的计算

在开关功率管 VT 导通期间，二极管 VD 因反向偏置而截止，此时二极管 VD 上所承受的电压为输出电压 U_o（开关功率管 VT 的正向饱和电压被忽略）。此外，在选择二极管 VD 时，一般应留有 20%的裕量，所以二极管 VD 的反向耐压应为

$$U_d = \frac{1}{1-0.2}U_o = 1.25U_o \tag{1-67}$$

（2）正向导通电流 I_d 的计算

在开关功率管 VT 截止期间，二极管 VD 因正向偏置而导通，此时流过二极管 VD 上的电流 I_d 正好就是电流 I_i，也就是此期间流过储能电感 L 上的电流 I_L，因而就有

$$I_i = I_o\frac{U_o}{U_i} \tag{1-68}$$

考虑到二极管 VD 为发热器件，同时二极管 VD 的发热温度与流过电流的大小关系很大，因此，在选择二极管 VD 的正向工作电流时应留有较大的裕量，通常裕量为 50%，因而就有

$$0.5I_d = I_i = I_o\frac{U_o}{U_i} = \frac{I_o}{1-D} \tag{1-69}$$

由式（1-69）可得出二极管 VD 正向导通电流 I_d 为

$$I_d = \frac{2I_oU_o}{U_i} = \frac{2I_o}{1-D} \tag{1-70}$$

（3）正向导通功率损耗 P_d 的计算

式（1-70）计算出了在开关功率管 VT 截止期间，二极管 VD 因正向偏置而导通的电流 I_d。设二极管 VD 的正向导通管压降为 U_s，那么二极管 VD 正向导通功率损耗 P_d 为

$$P_d = I_dU_s = \frac{2I_o}{1-D} \cdot U_s \tag{1-71}$$

从上式中可以看出，要想降低二极管 VD 正常工作时的热量或温升，除上面所说的在选择正向导通电流 I_d 时要留有足够大的裕量以外，减小二极管 VD 正向导通管压降 U_s 也是一个非常有效的方法。因此，具有非常低正向导通管压降 U_s 的肖特基二极管是首选对象。

3. 输出滤波电容 C 的选择

（1）电容容量的计算

升压型开关电源达到动态平衡后，输出电压稳定在所设计的恒定电压值 U_o 上，这时的输出电流为 I_o。由于在开关功率管 VT 导通期间负载电阻 R_L 上所需的全部电流 I_o 都是由滤波电容 C 提供的，所以这时滤波电容 C 上的电流就等于稳压电源的输出电流 I_o，并且在这期间滤波电容 C 上电压的变化量为输出电压的纹波电压值 ΔU_o，因此有如下的关系式：

$$\Delta U_o = \frac{I_o t_{ON}}{C} = \frac{I_o DT}{C} \qquad (1\text{-}72)$$

从式（1-72）中可以计算出所选择的滤波电容的容量为

$$C = \frac{I_o t_{ON}}{\Delta U_o} = \frac{I_o DT}{\Delta U_o} \qquad (1\text{-}73)$$

把 $D = \dfrac{U_o - U_i}{U_o}$ 代入式（1-73）中可以得到

$$C = \frac{I_o\left(U_o - U_i\right)}{\Delta U_o f U_o} \qquad (1\text{-}74)$$

式（1-74）就是输出滤波电容 C 的容量的计算公式。从该公式中可以看出，输出滤波电容 C 的容量除了与其他的因素有关以外，最主要的是与工作开关频率 f 成反比。因此，要减小输出滤波电容 C 的容量和降低输出滤波电容的体积、重量，提高开关电源的工作频率 f 是最有效的方法，这就是为什么人们一直在努力提高开关电源工作频率 f 的原因。

（2）耐压值 U_C 的计算

在开关功率管 VT 截止期间，加在滤波电容 C 两端的电压为输入电压 U_i；在开关功率管 VT 导通期间，加在滤波电容 C 两端的电压为输出电压 U_o（储能电感 L 上的电压降和二极管 VD 的正向导通管压降 U_s 在这里均被忽略）。另外，对于升压型开关电源电路来说，它的主要特性就是输出电压 U_o 比输入电压 U_i 高，这里就取输出电压 U_o。在确定输出滤波电容 C 的标称值时应留有 50%的裕量，因此输出滤波电容 C 的耐压标称值应由式（1-75）来确定：

$$0.5U_C = U_o \qquad (1\text{-}75)$$

所以就有

$$U_C = 2U_o \qquad (1\text{-}76)$$

（3）电容温度范围的选择

一个好的开关电源，除了具有较高的输入和输出技术指标以外，稳压电源的工作可靠性和无故障工作寿命时间也是一个非常重要的衡量指标。而唯有电路中的电解电容（输入滤波电容和输出滤波电容）是影响开关电源工作可靠性和无故障工作寿命时间的元件。另外大家都知道，影响这些电解电容寿命的关键因素就是其工作的环境温度。当这些电解电容的工作环境温度升高时，其寿命时间与温度的升高成指数关系下降。因此，为了增加所设计开关电源的工作可靠性和无故障工作寿命时间，在成本和造价允许的条件下，应该选用高温电解电容来充当输出滤波电容 C（一般高温电解电容的温度标称值为 125℃，一般电解电容的温度标称值为 85℃）。

4. 储能电感 L 的选择

在分析升压型开关电源的工作原理时已经讲过，在开关功率管 VT 导通的 t_{ON} 期间内储能

电感 L 上电流的增加量应与开关功率管 VT 截止的 t_{OFF} 期间内储能电感 L 上电流的减少量相等，因此有

$$\Delta I_{L(+)} = \Delta I_{L(-)} \tag{1-77}$$

式中下标（+）表示增加量，（−）表示减少量，即在两种工作状态下，储能电感 L 上电流的变化量是相等的，仅变化的方向是相反的。式（1-58）给出了储能电感 L 上电流的增加量，式（1-59）又给出了储能电感 L 上电流的减少量，现在就可以计算出储能电感 L 上的电流在一个转换周期内变化的峰-峰值为（忽略二极管的正向压降，即 $U_d=0$）

$$\Delta I_L = \Delta I_{L(+)} - \Delta I_{L(-)} = \Delta I_{L1} - \Delta I_{L2}$$

$$= \frac{U_i}{L}t_{ON} - \frac{U_i - U_o}{L}t_{OFF} = \frac{U_i t_{ON} - (U_i - U_o)t_{OFF}}{L} \tag{1-78}$$

在实际设计和应用中，储能电感 L 上电流的峰-峰值 $\left(I_i + \dfrac{\Delta I_L}{2}\right)$ 不应大于最大平均电流的 20%，这样就可以避免储能电感 L 的磁饱和，也起到了限制开关功率管 VT 的峰值电流、峰值电压和功率损耗的目的。这里选择 $\Delta I_L = 1.4I_i$ 代入式（1-78）中就可以计算出储能电感 L 的电感量为

$$L = \frac{U_i t_{ON} - (U_i - U_o)t_{OFF}}{1.4I_i} \tag{1-79}$$

为了求得与稳压电源转换效率 η、输出电流 I_o、占空比 D 和工作频率 f 有关的比较实用的计算储能电感 L 的实际公式，现做如下推导。已知稳压电源转换效率 η 与输入功率 $U_i I_i$ 和输出功率 $I_o U_o$ 之间的关系式为

$$I_o U_o = \eta I_i U_i$$

因此就有

$$I_i = \frac{I_o U_o}{\eta U_i} \tag{1-80}$$

将式（1-80）代入式（1-79）中，并将 $t_{ON} = TD$、$t_{OFF} = T(1-D)$ 和 $U_i = U_o(1-D)$ 也一起代入，经过化简和整理便可得到储能电感 L 的实际计算公式为

$$L = \frac{10\eta D U_i^2}{7I_o U_o f} \tag{1-81}$$

$$L = \frac{10\eta D U_o (1-D)^2}{7I_o f} \tag{1-82}$$

这里虽然推导出了升压型开关电源电路中储能电感 L 的较为实用的实际计算公式，但是和降压型开关电源电路一样，在实际的应用和调试中，也存在着储能电感 L 的电感量应大于临界电感量 L_c 的问题。解决这个问题的实际方法，请参考本书所讲的降压型开关电源电路设计中的相关内容。

1.4.4 功率因数校正电路

1. 功率因数校正（PFC）的物理概念

（1）功率因数的定义

功率因数（PF）是有功功率 P 与视在功率 S 的比值，可表示为

$$PF = P/S \tag{1-83}$$

当电压、电流为正弦波，负载为电阻、电容和电感等负载时，由于电压、电流之间存在着相位差，其有功功率为

$$P = U \cdot I \cdot \cos\varphi \tag{1-84}$$

式中的 $\cos\varphi$ 为相移功率因数，即

$$\cos\varphi = P/S = PF \tag{1-85}$$

在非线性负载电路中，当输入电压不是正弦波时，都会导致电流和电压波形的失真和相位的偏差，其功率因数定义为

$$PF = r \cdot \cos\varphi \tag{1-86}$$

式中的 r 为基波因数，有时也称其为输入电流的基波有效值，被定义为：r=电流基波有效值 / 总电流有效值。

（2）功率因数校正

功率因数校正的英文全称为"Power Factor Correction"，缩写为 PFC，功率因数指的是有效功率与总耗电量（视在功率）之间的关系，也就是有效功率除以总耗电量（视在功率）的比值。基本上功率因数可以衡量电力被有效利用的程度，功率因数值越大，电力利用率就越高。交流输入电源经整流和滤波后，非线性负载一方面使得输入电压和电流的相位出现偏差，另一方面使得输入电流波形出现畸变而呈脉冲波形，含有大量的谐波分量，使得功率因数很低。由此带来的问题是：谐波电流污染电网，干扰其他用电设备；在输入功率一定的条件下，输入电流较大，必须增大输入断路器的容量和电源线的线径；三相四线制供电时中线中的电流较大，由于中线中无过流防护装置，有可能过热甚至着火。为此，没有功率因数校正电路的开关电源被逐渐限制应用或禁用。因此，开关电源必须减小谐波分量，提高功率因数。提高功率因数对于降低能源消耗，减小电源设备的体积和重量，缩小导线截面积，减弱电源设备对外辐射和传导干扰都具有重大意义，并且带有功率因数校正电路使其接近于 1 的开关电源迅速得到了发展。功率因数校正实际上就是将畸变的输入电流校正为正弦电流，并使之与输入电压同相位，从而使功率因数接近于 1。

（3）功率因数校正的基本方法

开关电源中功率因数校正的基本方法有无源式功率因数校正和有源式功率因数校正两种，应用最多、效果最好的是后者。

2. 几种功率因数校正（PFC）电路

（1）无源式 PFC 电路

无源式 PFC 电路一般是采用电感或电容补偿的方法使交流输入的基波电流与电压之间相位差减小来提高功率因数。当负载为容性负载时就采用串联电感的方法进行补偿，当负载

为感性负载时就采用并联电容的方法进行补偿，如图 1-20 所示。串联补偿电感和并联补偿电容的大小可由下式确定：

$$2\omega\pi L = \frac{1}{2\pi\omega C_L} \text{ 或 } 2\pi\omega L_L = \frac{1}{2\pi\omega C} \tag{1-87}$$

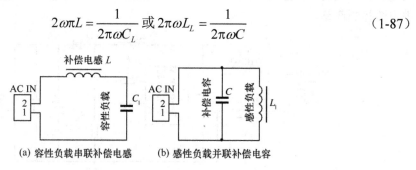

(a) 容性负载串联补偿电感　　　(b) 感性负载并联补偿电容

图 1-20　无源式 PFC 电路

无源式 PFC 只能将功率因数校正到 0.7～0.8，这种 PFC 的电路结构也较为简单。实际上它利用电感上的电流不能突变和电容上的电压不能突变的原理，调节电路中的电压及电流的相位差，使电流和电压趋向于正弦化和同相位，由此提高功率因素。无源式 PFC 的电路结构笨重，相对于有源式 PFC 电路功率因数要低得多。电路也具有下列不可克服的缺点：

① 当欧洲 EN 的谐波规范越来越严格时，电感和电容的质量需提升，而生产的难度将会不断提高，价格将会不断增加。

② 由于补偿电感和电容的重量和体积增大而导致开关电源的重量和体积增大。

③ 功率因数不能被校正得很大，最大只能提高到 70% 左右。

④ 若负载为容性负载而需要采用补偿电感来校正时，补偿电感的结构固定不正确时就容易产生振动噪声。

⑤ 当开关电源输出功率超过 300W 以上时，无源式 PFC 电路所使用的电感或电容的成本将会突出到不可接受的地步。

（2）有源式 PFC 电路

① 有源式 PFC 电路简介：有源式 PFC 电路由高频电感、开关功率管、快恢复续流二极管和电容等元器件构成，实际上也就是升压型开关电源电路（Boost），这种 PFC 电路能将 110V 或 220V 的交流市电转变为 400V 左右的直流高压。有源式 PFC 电路具有体积小、重量轻、输入电压范围宽和功率因数高（通常可达 98% 以上）等特点，其缺点为成本较高和电路结构复杂等。这种 PFC 电路通常都是使用专用的 IC 去调整输入电流和电压的波形和相位，对电流和电压间的相位差进行补偿，其电路拓扑结构如图 1-21（a）所示，典型应用电路如图 1-21（b）所示。此外，有源式 PFC 电路还可用作辅助电源，因此在有源式 PFC 电路中，往往不需要待机变压器，而且有源式 PFC 电路的输出直流电压的纹波很小，这种电源不必采用很大容量的滤波电容。与无源式 PFC 电路类似，有源式 PFC 电路工作时也会产生振动噪声，只不过是高频噪声。相对于无源式 PFC 电路，有源式 PFC 电路结构复杂，成本较无源式 PFC 电路要高得多，主要应用于中高端开关电源产品和 100W 以上的中大功率输出的开关电源中。

② 有源式 PFC 电路的种类：

◀ 平均电流型。工作频率固定，输入电流连续（CCM），波形如图 1-22（a）所示。典型的控制驱动 IC 有 UC3854。这种平均电流控制方式的 PFC 电路的优点是：恒频控制，工作在电感电流连续状态，开关功率管电流有效值小，EMI 滤波器体积小，能抑制开关噪声，输入电流波形失真小。主要缺点是：控制电路复杂，须用乘法器和除法器，需检测电感电流，需电流控制环路。

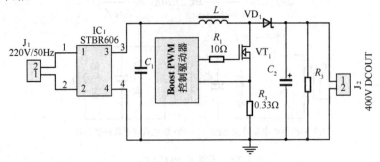

（a）有源式 PFC 电路拓扑结构

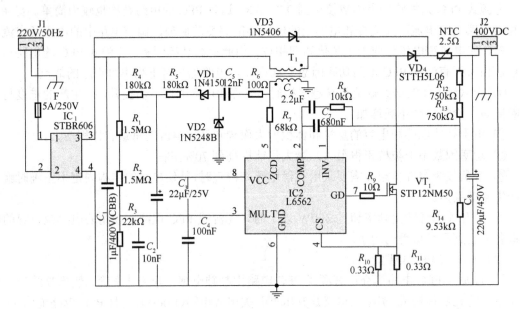

（b）有源式 PFC 典型应用电路

图 1-21 有源式 PFC 电路

◄ 滞后电流型。工作频率可变，电流达到滞后带内发生功率开关通与断操作，使输入电流上升、下降。电流波形平均值取决于电感输入电流，波形图如图 1-22（b）所示。

◄ 峰值电流型。工作频率变化，电流不连续（DCM），波形图如图 1-22（c）所示。典型的控制驱动 IC 有 L6562。DCM 采用跟随器方法具有电路简单、易于实现的优点。其缺点：PF 和输入电压 V_{in} 与输出电压 V_o 的比值有关，即当 V_{in} 变化时，PF 值也将发生变化，同时输入电流波形随 V_{in}/V_o 值的加大而使 THD 变大；开关功率管的峰值电流大（在相同容量情况下，DCM 中通过开关器件的峰值电流为 CCM 的 2 倍），从而导致开关功率管损耗增加。所以在大功率 APFC 电路中，常采用 CCM 方式。

◄ 电压控制型。工作频率固定，电流不连续，采用固定占空比的方法，电流自动跟随电压。这种控制方法一般用在输出功率比较小的场合，另外在单级功率因数校正中多采用这种方法，后面会介绍。波形图如图 1-22 (d)所示。

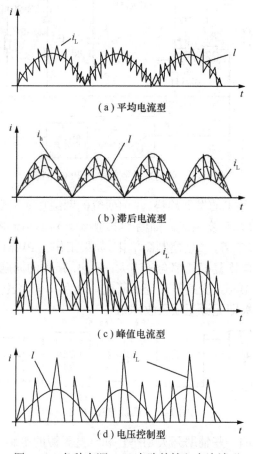

（a）平均电流型

（b）滞后电流型

（c）峰值电流型

（d）电压控制型

图 1-22　各种有源 PFC 电路的输入电流波形

◀ 非线性载波控制技术。非线性载波控制（NLC）不需要采样电压，内部电路作为乘法器，即载波发生器为电流控制环产生时变参考信号。这种控制方法工作在 CCM 模式，可用于 Flyback，Cuk，Boost 等拓扑中，其调制方式有脉冲前沿调制和脉冲后沿调制。

◀ 单周期控制技术。单周期控制原理框图如图 1-23 所示，是一种非线性控制技术。该控制方法的突出特点是，无论是稳态还是暂态，它都能保持受控量（通常为斩波波形）的平均值恰好等于或正比于给定值，即能在一个开关周期内，有效地抑制电源侧的扰动，既没有稳态误差，也没有暂态误差，这种控制技术可广泛应用于非线性系统的场合，不必考虑电流模式控制中的人为补偿。

◀ 电荷泵控制技术。利用电流互感器检测开关功率管的开通电流，并给检测电容充电，当充电电压达到控制电压时关闭开关功率管，并同时放掉检测电容上的电压，直到下一个时钟脉冲到来使开关功率管再次开通，控制电压与电网输入电压同相位，并按正弦规律变化。由于控制信号实际为开关电流在一个周期内的总电荷，因此称为电荷泵控制方式。

① 功率因数校正技术的发展趋势：

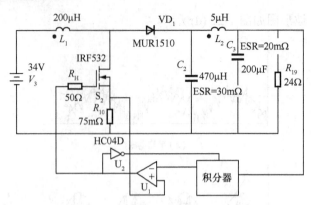

图 1-23　单周期控制技术的 PFC 电路

◀ 两级功率因数校正技术的发展趋势。目前研究的两级功率因数校正，一般都是指 Boost PFC 前置级和后随 DC/DC 功率变换级。如图 1-24 所示。对 Boost PFC 前置级研究的热点有两个，一是功率电路进一步完善，二是控制简单化。如果工作在 PWM 硬开关状态下，MOSFET 的开通损耗和二极管的反向恢复损耗都会相当大，因此，最大的问题是如何消除这两个损耗，相应就有许多关于软开关 Boost 变换器理论的研究，现在具有代表性的有两种技术，一是有源软开关，二是无源软开关即无源无损吸收网络。

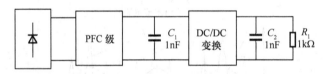

图 1-24　两级 PFC 电路

有源软开关采用附加的一些辅助开关功率管和一些无源的电感、电容以及二极管，通过控制主开关功率管和辅助开关功率管导通时序来实现 ZVS 或者 ZCS。比较成熟的有 ZVT-Boost，ZVS–Boost，ZCS–Boost 电路等。虽然有源软开关能有效地解决主开关功率管的软开关问题，但辅助开关功率管往往仍然是硬开关，仍然会产生很大损耗，再加上复杂的时序控制，使变换器的成本增加，可靠性降低。

无源无损吸收则是采用无源元件来减小 MOSFET 的 dV/dt 和二极管的 dV/dt，从而减小开通损耗和反向恢复损耗。它的成本低廉，不需要复杂的控制，可靠性较高。

除了软开关的研究之外，另一个人们关心的研究方向是控制技术。目前最为常用的控制方法是平均电流控制，CCM / DCM 临界控制和滞后控制三种方法。但是新的控制方法不断出现，其中大部分是非线性控制方法，比如非线性载波技术和单周期控制技术。这些控制技术的主要优点是使电路的复杂程度大大降低，可靠性增强。现在商业化的非线性控制芯片有英飞凌公司的一种新的 CCM 的 PFC 控制器，被命名为 ICElPCSOI，是基于一种新的控制方案开发出来的。与传统的 PFC 解决方案比较，这种新的集成芯片（IC）无须直接来自交流电源的正弦波参考信号。该芯片采用了电流平均值控制方法，使得功率因数可以达到 1。另外，还有 IR 公司的 IRIS51XX 系列，基于单周期控制原理，不需要采集输入电压，外围电路简单。最后，怎样提高功率因数校正器的动态响应是当前摆在我们面前的一个难题。

◀ 单级功率因数校正技术的发展趋势。在 20 世纪 90 年代初提出了单级功率因数校正技术，主要是将 PFC 级和 DC / DC 变换级集成在一起，两级共用开关功率管，如图 1-25 所示。
它与传统的两级电路相比省掉了一个 MOSFET，增加了
一个二极管。另外，其控制采用一般的 PWM 控制方式，
电路结构相对简单多了。但是单级功率因数校正存在一
个非常严重的问题，那就是当负载变轻时，由于输出能
量迅速减小，但占空比瞬时不变，输入能量不变，使得
输入功率大于输出功率，中间储能电容电压升高，此时

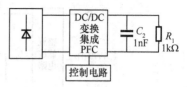

图 1-25 单级 PFC 电路

占空比减小以保持 DC / DC 级输出稳定，最终达到一个新的平衡状态。这样中间储能电容的
耐压值需要很高，甚至达到 1000V。当负载变重时，情况相反。怎样降低储能电容上的电压
是现在单级功率因数校正研究的热点。

（3）常用的功率因数校正芯片：

非连续电流模式 PFC 芯片有 TDA4862、TDA4863、L6561、L6562、FAN7527、UC3852、
UCC38050、SG6561、MC33262、MC34262、MC33261 等。

连续电流模式 PFC 芯片有 TDA16888（PFC+PWM）、1PCS01（PFC）、L498I、FA4800
（PFC+PWM）、UC3854、UCC3817、UCC3818、L6562 等。

1.4.5 练习题

（1）使用 UC3842 PWM 驱动芯片试设计一款升压式开关电源应用电路。

（2）为了提高升压型开关电源的可靠性和无故障工作时间（寿命），除了应选用高温电
解电容来充当输出滤波电容 C 以外，还应注意哪些问题？

（3）在图 1-21（b）所示的 PFC 应用电路中，认真阅读 L6562 的 PDF 资料后，请回答下
列问题：

① 储能变压器 T_1 中副绕组的作用是什么？

② 芯片 L6562 的 3 脚为乘法器的输入端，它为什么要采集输入电压的波形？

③ 请在该电路中找出软启动电路来，并且说出如何改变软启动时间？

（4）无源功率因数校正的理论基础是什么？

（5）并联 LC 谐振与串联 LC 谐振在实际应用中有什么区别？请举例说明之。

1.5 极性反转型开关电源

1.5.1 极性反转型开关电源的电路结构

极性反转型开关电源的基本电路与工作时序波形如图 1-26（a）和（b）所示。所谓极性
反转型就是输出电压与输入电压的极性相反。极性反转型开关电源由开关功率管 VT、二极
管 VD、储能电感 L、滤波电容 C、驱动电路和反馈控制电路等组成。

1.5.2 极性反转型开关电源的工作原理

极性反转型开关电源电路中的开关功率管 VT 导通时，储能电感 L 上所产生的电动势上
正下负，二极管 VD 反向偏置而截止，此时在储能电感 L 中储存的能量为

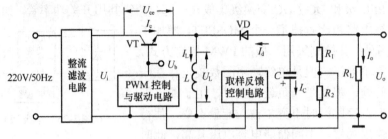

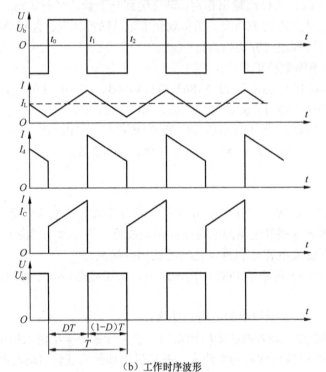

（a）极性反转型开关稳压电源基本电路

（b）工作时序波形

图 1-26　极性反转型开关电源基本电路及工作时序波形

$$P_{\mathrm{L}} = \frac{LI_{\mathrm{L}}^{2}}{2} = \frac{U_{\mathrm{o}}^{2}t_{\mathrm{OFF}}^{2}}{2LT} \qquad (1\text{-}88)$$

开关功率管 VT 截止时，由于电感 L 上的电流不能突变，因此其电动势反向上负下正，使二极管 VD 正向偏置而导通，此时在储能电感 L 中所存储的能量将会通过二极管 VD 传输给负载和储能电容 C。同样，功率开关导通期间电感中电流的增加量等于功率开关截止期间电感中电流的减小量，因此输出电压与输入电压之间的关系为

$$U_{\mathrm{o}} = -U_{\mathrm{i}}\frac{D}{1-D} \qquad (1\text{-}89)$$

从式（1-89）中可以得出如下的结论：

① 输出电压与输入电压的极性相反。

② 控制开关功率管 VT 基极所加的驱动信号的占空比 D，就可以克服由于输入交流电网电压或输入直流电压或其他参数的变化（特别是负载的变化而引起的输出电流的变化）而引

起的对开关电源输出电压的影响，能够起到降低输出电压的波动、稳定输出电压的作用。从后面的开关电源实用电路中也将会看出，它们都是采用取样、放大、比较、反馈、耦合等环节构成闭环控制系统来自动实现对占空比 D 的控制，也就是脉宽调制原理。

③ 当 $D > (1-D)$ 或者 $D > 0.5$ 时，除极性相反以外，输出电压大于输入电压，即为极性反转式升压型开关电源电路；当 $D < (1-D)$ 或者 $D < 0.5$ 时，除极性相反以外，输出电压小于输入电压，即为极性反转式降压型开关电源电路。

1.5.3　极性反转型开关电源重要参数的计算

把图 1-19 所示的升压型开关电源的基本电路与图 1-26 所示的极性反转型开关电源的基本电路进行比较，可以看出升压型开关电源电路实际上是发射极输出式并联型开关电源电路，而极性反转型开关电源电路实际上是集电极输出式并联型开关电源电路。从形式上看，它们之间的差别只是把开关功率管 VT 与储能电感 L 的位置进行了调换；从输出特性上看，它们输出电压的极性刚好相反。因此，有关极性反转型开关电源电路中各重要元器件参数的计算和选择与 1.3 节中所介绍的升压型开关电源电路中各重要元器件参数的计算和选择除极性相反以外，其他的基本相同。请读者参见 1.3 节的相关内容，这里就不再重述。

1.5.4　练习题

（1）试设计一款极性反转型开关电源应用电路。并写明功率开关管 VT 选择过程和储能电感 L 的计算步骤。

（2）试推到出功率开关管 VT 导通期间储能电感 L 中电流的增加量等于功率开关管 VT 截止期间储能电感 L 中电流的减小量的等式，并推导出式（1-89）来。

（3）对于极性反转型开关电源是否也存在临界电感值的问题？若存在，那么在设计实际应用电路时应如何应对？

（4）在图 1-26（b）所示的极性反转型开关电源电路各点的波形图中，请补画输出滤波电容 C 两端的电压时序波形图。

（5）在图 1-26（a）所示的极性反转型开关电源电路框图中，我们可以看出功率开关管 VT 的集电极与地之间连接了储能电感，那么基极所施加的驱动信号如何解决悬浮问题？并写出解决方案。

1.6　开关电源中的几个重要电路

为了能够更清楚、更明了和更直观地使开关电源的初学者认识、了解和掌握开关电源中的控制、驱动和保护电路，这一节将从最基本的散件电路出发，对其进行分析、讨论和叙述。有关开关电源中控制、驱动和保护电路的集成电路的使用和选择将在第 2 章中进行重点叙述、介绍和讨论。

1.6.1　控制电路

从前几节对开关电源工作原理的分析与讨论中可以看出，不论是降压型开关电源、升压型开关电源，还是极性反转型开关电源电路，要能够保证其正常工作，都需要有相应的、要求非常严格的控制信号来控制和调节驱动器所产生的驱动信号,从而使电路中的开关功率管能够安全、可靠地按照我们对输出电压的要求所对应的脉冲宽度或脉冲频率来导通或者截止。产生这种控制信号的电路即为开关电源电路中的控制电路。常用的控制电路包括取样、比较、基准源、振荡器、脉宽调制器(PWM)或脉频调制器(PFM)等电路。目前,新型的较为先进的开关电源电路中还包括有误差检测和误差放大电路部分。它们均是把输出端的不稳定因素(其中包括过流、过压、欠压、过热等现象)检测出来并放大后输送给控制电路,最后使控制电路通过调节驱动信号的脉冲宽度或者频率来消除这些不稳定因素而维持输出电压或电流的稳定的,整个电路形成一个具有自适应能力的自动控制反馈闭合环路,其等效原理框图如图 1-27 所示。

对于自激式开关电源电路来说,控制电路起着从主电路中取出驱动信号的任务;对于他激式开关电源电路来说,控制电路则起着要产生控制信号的任务;对于双端式开关电源电路来说,则要求控制电路能够产生两路相位差为 180°、并具有一定死区间隔、脉冲宽度可以调节的控制脉冲信号。

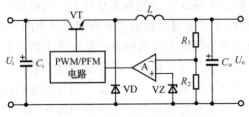

图 1-27　控制电路的等效原理框图

因此,不同类型的开关电源电路对控制电路的要求是各不相同的。图 1-28 所示的开关电源电路就是一个采用分立元器件组成的脉冲宽度固定、脉冲频率可调的控制电路。图中的二极管 VD_4 在电路中起增大开关功率管 VT_1 反向耐压的作用。图 1-29 所示的开关电源电路却是一个采用分立元器件组成的脉冲频率固定、脉冲宽度可调的控制电路。

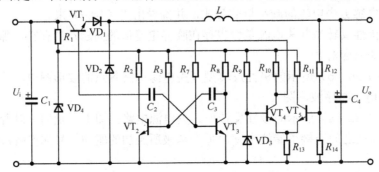

图 1-28　采用分立元器件组成的脉冲宽度固定、脉冲频率可调的控制电路

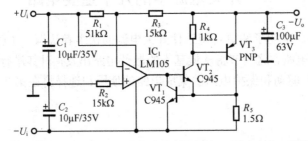

图 1-29　采用分立元器件组成的脉冲频率固定、脉冲宽度可调的控制电路

1.6.2 驱动电路

前面已经指出，开关电源电路中的开关功率管要求在关断时能够迅速地关断，并能维持关断期间的漏电流近似等于零；在导通时要能够迅速地导通，并能维持导通期间的管压降近似等于零。开关功率管趋于关断时的下降时间和趋于导通时的上升时间的长短是降低开关功率管损耗功率、提高开关电源转换效率的主要因素。要缩短这两个时间，除选择高反压、高速度、大电流开关功率管以外，主要还取决于加在开关功率管控制端的驱动信号。

1. 对驱动信号波形的要求

① 驱动信号波形的上升沿一定要陡，幅度要大，驱动能力要强，尽量过驱动，以便减小开关功率管趋于导通的上升时间。

② 驱动信号要具有一定的驱动功率。在维持导通期间内，要能够保证开关功率管处于饱和导通状态，以减小开关功率管的正向导通管压降，从而降低导通期间开关功率管的集电极功率损耗。

③ 正向驱动结束时，驱动信号幅度的减小一定要快，以便使开关功率管能够很快脱离饱和区，以减小关闭存储时间。

④ 驱动信号波形的下降沿一定要陡，幅度要大，尽量过驱动，以便减小开关功率管趋于截止时的下降时间。

⑤ 最为理想的基极驱动信号波形如图 1-30 所示。

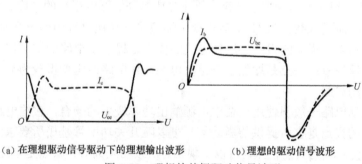

(a) 在理想驱动信号驱动下的理想输出波形　　(b) 理想的驱动信号波形

图 1-30　理想的基极驱动信号波形

2. 驱动电路的种类

（1）单端式脉冲变压器驱动电路

单端式脉冲变压器驱动电路实际上是一个单端正激式逆变器电路，其原理电路如图 1-31 所示。这种电路的优点是电路结构简单，所用元器件少，电路中的脉冲驱动变压器可以与功率开关变压器合用一个。缺点是它所提供的反向偏压幅度和持续时间的长短与正向驱动电流的大小和持续时间有关，仅依靠反向激励能量有时不易得到满意的效果。因此，这种电路仅适宜在较小功率的条件下使用。

（2）抗饱和驱动电路

抗饱和的目的是防止开关功率管在导通期间进入饱和区太深，以致造成当开关功率管退出导通状态而进入截止状态时的下降时间太长，从而造成开关功率管的功耗增大。为了实现这一目的，从图 1-32 所示的抗饱和驱动原理电路中可以看出，基极始终比集电极多一个二极管的正向管压降 0.75V（选硅管），因此就可以防止开关功率管进入深饱和区状态。这种电路的特点是减小了关断存储时间，即关断功耗，提高了开关功率管的工作频率；缺点是略微增加了开关功率管的导通功耗。

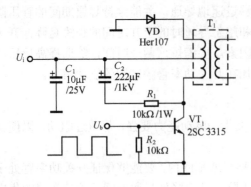

图 1-31 单端式脉冲变压器驱动电路原理图

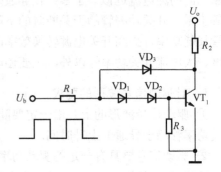

图 1-32 抗饱和驱动电路原理图

（3）固定反偏压驱动电路

图 1-33 所示的电路就是一个固定反偏压驱动电路的原理电路图。从图中可以看出，基极驱动电路中加进去了一个固定反偏压$-E_b$，这就要求正向驱动脉冲信号的幅度和能量足够大，开关功率管正向导通时，除了要有一部分电压和能量来抵消掉反偏压$-E_b$以外，还要能够维持开关功率管处于饱和导通状态。当正向驱动脉冲信号结束后，反偏压$-E_b$通过一个阻值较小的电阻R_1立即加到开关功率管的基极，使开关功率管能够以很快的速度、在很短的时间内迅速退出导通状态而进入截止状态。最后实现了缩短状态转换过程中的上升时间和下降时间，达到了降低开关功率管损耗的目的。这种电路的优点是提高了电路的抗干扰能力，避免了开关功率管的误导通现象；缺点是增加了一组负电源，使电路结构变得较为复杂。

（4）比例驱动电路

这种比例驱动电路一般都使用于要求电源输出功率较大的场合，它的电路原理如图 1-34 所示。这种电路的优点是它所提供的驱动信号可以随开关功率管基极所要求的驱动频率和驱动电流而变化，使用较为灵活，并且可以实现初、次级的隔离等；缺点是电路结构较为复杂，若不采用光电耦合器进行耦合或隔离，就得采用变压器进行耦合或隔离。

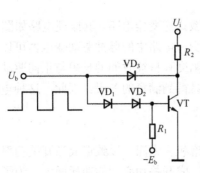

图 1-33 固定反偏压驱动电路原理图

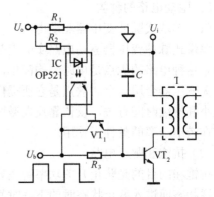

图 1-34 比例驱动电路原理图

（5）互补驱动电路

互补驱动电路实际上是一个互补推挽式射极跟随器电路，其最基本的电路原理如图 1-35 所示。它由两个极性相反的晶体管 VT_1 和 VT_2 构成推挽式射极跟随器电路。这种电路特别适应容性负载的场合，能使电源电路中开关功率管的上升沿和下降沿的特性变好，能降低开关功率管的功率损耗；缺点是构成电路的这两个极性相反的晶体管要求较为严格，必须配对。

（6）发射极开路式驱动电路

发射极开路式驱动电路的原理电路如图 1-36 所示。这种驱动电路主要是为了消除固定反偏压驱动电路所存在的反偏二次击穿的潜在危险而设计的。其缺点是对元器件选择和要求较为苛刻，也就是要求电路中的晶体管 VT_1 放大倍数足够大，必须满足 $\beta > 80$。

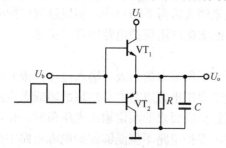

图 1-35　互补驱动电路原理图

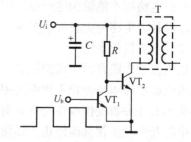

图 1-36　发射极开路式驱动电路原理图

3. 驱动电路的设计

① 所设计的驱动电路的输出驱动信号必须满足上面所讲过的对驱动信号波形的要求，特别是对上升沿和下降沿的要求。

② 根据对所设计的开关电源输出功率大小的要求，在以上所介绍的各种驱动电路中选择最合适的驱动电路。对输出功率要求较大的开关电源来说，则要选择输出的驱动信号具有一定推动能力的驱动电路。

③ 固定反偏压驱动电路虽然能够提高开关功率管的关闭速度，但却存在着反偏二次击穿的潜在危险，尤其是集电极呈现感性负载的情况。因此，目前人们都不采用这种基极固定反偏压驱动电路，而均采用发射极开路式驱动电路。这种驱动电路不但能够大大提高开关功率管的关闭速度，而且还可以消除反偏二次击穿的潜在危险。

1.6.3 保护电路

1. 对保护电路的要求

① 软启动自动保护电路的延迟时间一定要大于开关电源电路中一次整流和滤波电路的恢复时间，主要是指一次整流后的滤波电容的充电时间。

② 过流、过压、欠压和过热等保护电路中的取样处理、反馈控制和关断开关功率管等过程所用的时间总和要小于功率转换周期时间，也就是这些保护电路的控制关断速度一定要快。只有这样才能够做到既保护了负载系统，又保护了开关电源电路本身免遭破坏。

③ 对于过流保护电路来说，当导致产生过流现象的故障被排除后，或过流现象恢复后，开关电源电路要能够自动恢复正常工作。另外对于一些较为先进的电子设备和机电产品中的电源系统，不但要求具有各种保护电路，而且还要求具有各种保护状态显示以及自诊断功能。

2. 保护电路的种类

（1）过流保护电路

当负载电路系统出现故障或短路现象而引起开关电源电路输出电流超过额定值时，能够在很短的时间内将电源电路关闭，保证电源电路本身和负载系统电路不受损坏的一种电路称为过流保护电路。早期的过流保护电路只能保护电源电路的自身或电源电路的一部分，不能保护负载电路系统。随着电子控制技术和微电子技术的飞速发展，目前所出现的一些电流控制型的 PWM 集成电路芯片不但具有能够保护开关电源电路本身，而且还具有能够保护负载电路系统，同时保护速度快、无误动作等优点。过流保护电路可分为限流式保护和截止式保护两种形式。限流式保护电路在过流现象消失后，可自动地让电源电路恢复启动和工作；截止式保护电路则不能做到这一点，而必须等过流现象消失后再手动启动。实现过流保护的方法有许多种，电路种类也灵活多样，这一点将在后面实际应用保护电路中进行讲述。

（2）过压保护电路

过压保护电路有两个保护任务，一是输入电压高于所要求的门限（输入过压门限）时，使稳压电源电路本身停止工作而关闭输出；二是由于稳压电源电路本身出现故障或者电路中的某些元器件参数变值或性能变差而导致输出电压超出所要求的额定输出电压值时，使电源电路中的开关功率管立即停止工作而关闭输出。过压保护电路不但能够保护电源电路中的开关功率管或其他元器件，而且还能够避免由于输出电压过高而使负载系统免遭损坏。实现过压保护的电路多种多样，可由设计者们根据实际条件和要求选择设计。最常用的一种电路是采用稳压值与电源输出额定值相符的稳压二极管直接并接于稳压电源的输出端而形成的。这种形式的过压保护电路结构简单、安全可靠、成本较低，但不适用于在输出电压较高和输出功率较大的稳压电源电路中使用，并且这种保护电路还存在着不能保护电源电路自身的缺点。早期的开关电源电路中的过压保护电路只能完成输出过压保护，而不能完成输入电压的过压保护功能。

（3）欠压保护电路

欠压保护电路与过压保护电路一样，也同样具有两个保护任务，一是输入电压低于所要求的门限（输入欠压门限）时，使稳压电源电路本身停止工作而关闭输出；二是由于稳压电源电路本身出现故障或者电路中的某些元器件参数变值或性能变差而导致输出电压低于所要求的额定输出电压值时，使电源电路中的开关功率管立即停止工作而关闭输出。要完成这两个任务，就必须对输入电压和输出电压分别进行采样，再分别输送给控制电路进行合成和处理，最后实现统一保护的目的。早期的开关电源电路中的欠压保护电路只能完成输出欠压保护，而不能完成输入电压的欠压保护功能。

（4）过热保护电路

过热保护电路主要是用来保护开关电源电路中的开关功率管和续流二极管的，也就是由于开关电源满负荷工作时间太长，或超负荷工作，或开关功率管和续流二极管的散热面积不足，或散热条件变差等原因而导致开关功率管和续流二极管的温度迅速上升，并且超过所规定的最大温度限度时，能够将开关功率管关断而使开关电源停止工作无输出的一种电路。最常用的过热保护电路是采用一个具有一定阈值温度的温度继电器串接在开关电源的输入回路中，将其感温面接触良好地固定于开关功率管和续流二极管所固定的散热器上。当散热器的温度上升到超过所选定的阈值温度时，该温度继电器就会将开关电源电路的输入电源断掉，使其停止工作。当温度降低到这个阈值温度以下时，它又会使电源恢复自动工作。这种形式

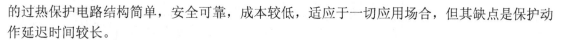

的过热保护电路结构简单，安全可靠，成本较低，适应于一切应用场合，但其缺点是保护动作延迟时间较长。

（5）开机软启动保护电路

开机软启动保护电路实际上就是一种在开机的瞬间能够产生一个延迟时间，等开关电源输入端的一次整流和滤波电路工作稳定以后，再让功率变换级启动工作的延迟启动电路。这种开机软启动保护电路的保护对象有两个，一个是开关电源输入端的一次整流二极管，另一个就是负载电路系统。从前面已经讲过的开关电源电路工作原理分析中可以看出，在开关电源电路开机上电的瞬间，输入端的一次整流二极管不但要给大容量的滤波电解电容提供充电电流，而且还要为功率变换级提供启动电流和负载系统所需的各种电流。如果不外加一个开机软启动保护电路，在开关电源电路开机上电的瞬间从输入端一次整流二极管中所抽去的电流就会趋于无穷大，这样就会导致输入端的一次整流二极管很快被电流击穿。另外，即使一次整流二极管没有被电流击穿，但由于这时开关电源输入端一次整流和滤波电路的工作没有趋于稳定，也就是功率变换级的供电电压还没有稳定，这时功率变换级就开始启动工作的话，那么次级输出的为负载电路系统供电的各路电压也将不稳定，并且为不确定值，就会导致负载电路系统工作不正常或产生故障现象。这种现象在计算机电源和具有灯丝的灯电源电路中尤为突出。开机软启动保护电路结构形式多种多样，灵活多变，但是最简单、最常用和最有效的一种方法就是在开关电源输入端的一次整流和滤波电路的输出端与功率变换级供电电压的输入端之间串接一个具有负温度系数的热敏电阻，便可收到较好的效果。

3．实际应用中的保护电路

下面将对以上所提到的 5 种保护电路一一举例说明，这些实际应用中保护电源的电路分别在家用电器、计算机、照明灯具等开关电源中起着重要的、不可低估的作用，现在将这些不同类型的保护电路提供给读者，以供读者在设计新的具有各种保护功能的开关电源电路时作为参考。

（1）实际应用中的过流保护电路

图 1-37 所示的电路就是 MT230SE 计算机开关电源中的过流保护电路。该保护电路具有过负荷保护功能，以避免发生包括各路输出端短路在内的过负荷输出而造成的对电源电路本身和负载电路系统的损坏。计算机开关电源的过流阈值一般都规定在其额定输出电流值的 110%～130%范围内。从图中可以看出串联在半桥式功率变换器电路中的电流互感变压器 T_1 所检测到的过流信号经电容 C_1、电阻 R_1～R_3、二极管 VD_1、电容 C_2 及电阻 R_4 和 R_5 所组成的降压、整流和滤波电路后，直接送到 PWM 控制与驱动集成电路芯片 TL494 的内部控制放大器的同相端 16 脚。正常工作时，该脚的信号电压约为 1.4V。由于出现了过流现象，TL494 的 16 脚电压超过来自 TL494 内部误差放大器的输出信号。按照本电路的设计值，当输出电流达到它的额定输出电流值的 130%时，就会使 TL494 两路 PWM 输出驱动信号的脉冲宽度迅速变窄，这种变化的结果就会迫使计算机开关电源的所有直流输出电压迅速下降。我们正是利用这种降低输出电压的方法来实现自动限流的目的。当然，如果计算机开关电源在工作过程中出现较为严重的过流现象时，如负载电路系统出现短路等，通过检测和降压以及整流、滤波电路而输送到 TL494 的 16 脚的电压就会变得较大，这样就会导致 TL494 两路 PWM 输出驱动信号的脉冲宽度迅速变为零，从而使计算机开关电源进入过流保护状态。当过流现象

消除后,TL494 的 16 脚的电压变为正常值,计算机开关电源又会自动恢复到正常的工作状态。

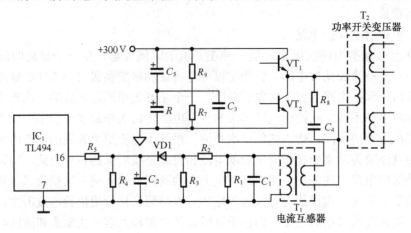

图 1-37　MT230SE 计算机开关电源中的过流保护电路

（2）实际应用中的过压保护电路

图 1-38 所示的电路就是彩电开关电源中的过压保护电路。其中 T_1 为行输出变压器（高压包）中的一个次级绕组，T_2 为开关电源电路中的功率开关变压器，VT_1 为开关功率管，VT_3 为场输出功率管，IC 为厚膜电路。当高压升至比所要求的额定值高时，行输出变压器（高压包）3 脚输出的行逆程脉冲幅度就会相应升高，通过二极管 VD_1 和 VD_2、电容 C_2 组成的倍压整流检波器检波后，就会使厚膜电路 IC 的 1 脚的直流电压升高。电阻 R_1 和 R_2 组成分压电路，当分压值升高到足以使稳压二极管 VD_3 击穿时，晶闸管 VT_2 的控制栅极电压就会变化为正值，使其导通。晶闸管 VT_2 经电阻 R_6 连接到 54V 的输出端，导致该 54V 直流输出端被短路，108V 直流输出电压也相应下降，使二极管 VD_4 导通。这样一来就会使开关功率管 VT_1 的基极无偏置电压，开关电源停止工作，无直流电压输出，起到了过压保护的作用。

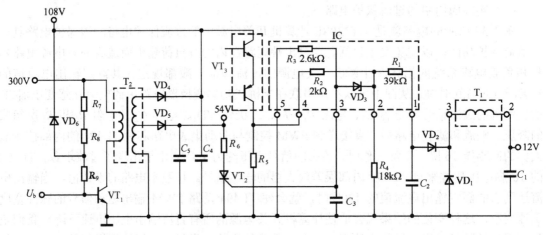

图 1-38　彩电开关电源中的过压保护电路

当彩电中接成 OTL 功率放大电路形式的场输出电路（图中的 VT_3）部分短路时，在电阻 R_5 上的电流就会增大，从而引起电阻 R_5 上的直流电压也相应增大，经厚膜电路 IC 第 4 脚的稳压二极管 VD_3 就会反向击穿导通，同样也可以触发晶闸管 VT_2 使其导通，从而使开关功率

管 VT_1 无直流偏置电压，开关电源也会停止工作，起到了过压保护的作用。

（3）实际应用中的欠压保护电路

图 1-39 所示的电路就是 MT230SE 计算机开关电源中的-12V 和-5V 直流输出电压的欠压保护电路。

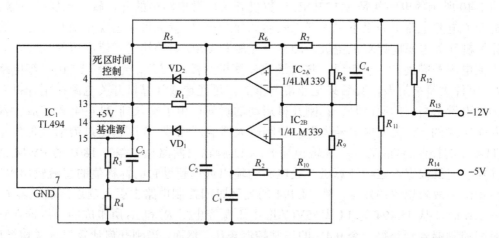

图 1-39　MT230SE 计算机开关电源中的-12V 和-5V 直流输出电压的欠压保护电路

-5V 直流输出电压的欠压保护电路由 IC_{2A}（1/4LM339）电压比较器构成。来自于由 TL494 组成的 PWM 驱动和控制电路 14 脚的 5V 基准电压经电阻 R_1、R_2 和电容 C_1 组成的滤波和分压电路为比较器的反相端 8 脚提供一个 2.4V 的基准电压。-5V 直流输出电压通过取样电路为该比较器的同相端 9 脚提供一个 2.2V 的取样电压。因此，计算机开关电源正常工作时，该比较器输出端 14 脚将输出为 0V 的低电平信号，此时连接于 TL494 死区时间控制端 4 脚的二极管 VD_1 处于反向偏置的截止状态。因而该比较器的输出将不会影响 TL494 输出的 PWM 驱动信号，电源也保持在正常的工作状态。然而，当由于某种原因导致计算机开关电源中的-5V 直流输出电压处于欠压状态时，也就是-5V 直流输出端的电压低于-4.2V 时，比较器的同相端 9 脚的取样电压将会高于反相端的 2.4V 基准电压，比较器输出端 14 脚就会输出一个 4V 左右的欠压故障电平，使二极管 VD_1 处于正向偏置的导通状态，将这个 4V 左右的欠压故障电平直接传输给 TL494 PWM 驱动和控制集成电路的死区时间控制端 4 脚。由 TL494 PWM 驱动和控制集成电路的工作原理可知，一旦它的死区时间控制端 4 脚的电平为 4V 左右时，两路 PWM 输出驱动信号的脉宽将全部关闭为零，迫使稳压电源停止工作，关闭输出，进入欠压保护状态。

-12V 直流输出电压的欠压保护电路由 IC_{2B}（1/4LM339）电压比较器构成。其工作过程和原理与-5V 直流输出电压的欠压保护电路完全相同，也是通过控制 TL494 PWM 驱动和控制集成电路的死区时间控制端 4 脚的电平来实现欠压保护功能的，因此这里就不再重述。

（4）实际应用中的过热保护电路

实际应用中过热保护电路的最简单形式实际上就是一个温度继电器，其温度阈值有各种不同系列，生产厂家还可以根据用户的不同要求进行定制。由于电路结构十分简单，因此这里就不再多述。

（5）实际应用中的开机软启动保护电路

开机软启动保护电路对于不同的负载电路系统所采取的电路结构完全不同。如计算机开关电源电路中的开机软启动保护电路就与具有灯丝的灯开关电源中的开机软启动保护电路完全不同。下面就这两种开关电源电路中的开机软启动保护电路分别举例进行说明。

图 1-40 所示的电路就是 MT230SE 计算机开关电源电路中的开机软启动保护电路。在计算机开关电源电路中如果不引入开机软启动保护电路，就有可能出现在刚开机启动的瞬间，计算机开关电源向计算机主板、硬盘、光驱和 USB 口等输送直流高压的危险。如果 +5V 直流电压升高到 +7V 以上时，将会造成计算机主板、硬盘、光驱和 USB 口等电路中的 TTL 组件大量被烧毁，其后果是非常严重的。可能造成计算机开关电源在刚开机启动的瞬间输出瞬态高压的原因是，在刚开机启动的瞬间，由于输入到 TL494 误差放大器同相输入端 1 脚的 5V 负反馈信号为零，控制放大器的同相端 16 脚输出过流信号也为零。根据 TL494 的控制特性，TL494 的输出端 8 和 11 脚输出两路相位差为 180°的 PWM 信号的脉冲宽度变得很宽，这样计算机开关电源的输出远远超过它的标称值的直流输出电压。为了防止此类故障现象的发生，在 TL494 的死区时间控制电路中引入延迟启动电容 C_1。当正常工作时，从 TL494 的 14 脚 +5V 基准电压源经电阻 R_1 和 R_2 所组成的分压器在它的死区时间控制端 4 脚获得一个 0.4V 的正常控制电压。然而，当刚开启计算机开关电源时，利用出现在电容 C_1 两端的电压不能突变的特性，就会在 TL494 的死区时间控制端 4 脚产生一个约为 2.4V 的瞬态封锁电压信号，该死区时间控制端的控制电平越高，则 TL494 输出的 PWM 驱动信号的脉冲宽度越窄。一般来说，当出现在 TL494 死区时间控制端 4 脚的控制信号幅度超过 3.4V 时，就会使其输出的两路 PWM 驱动信号的脉冲宽度变为零。基于上述原因，由于软启动电容 C_1 的引入，用户在刚开机的瞬间从计算机开关电源输出的各路直流电压就不会很高。随着 +5V 基准电压源对电容 C_1 的充电过程的继续，从计算机开关电源输出的各路直流电压就会不断上升到它们各自的标称输出值。

图 1-41 所示的电路就是投影仪溴钨灯开关电源电路中的开机软启动保护电路。由于溴钨灯灯丝在冷状态下所呈现的电阻要比在炽热状态下所呈现的电阻小得多，在开机的瞬间，为了保护溴钨灯灯丝不至于由于电流过大而被烧断，也为了防止由于负载从开关功率管中抽取的电流过大而被电流击穿，对于这一类开关电源电路中的开机软启动保护电路的软启动延迟时间就要求较长，有时可长达数十秒。电路由电阻 R、电容 C_1 和双向触发二极管 VD 等组成。

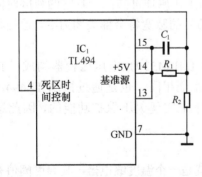

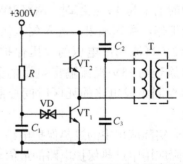

图 1-40　MT230SE 计算机开关电源电路中的
开机软启动保护电路

图 1-41　投影仪溴钨灯开关电源电路中
的开机软启动保护电路

当开机加电的瞬间，+300V 直流通过电阻 R 为电容 C_1 开始充电。当电容 C_1 上的电压充到大于双向触发二极管 VD 的触发电压时，双向触发二极管 VD 就被触发，开关功率管 VT_1 的基极得到正向偏置而被导通，开关电源电路进入正常的工作状态。开机软启动保护电路的软启动延迟时间可以通过改变电阻 R 的阻值和电容 C_1 的容量，或者通过选择双向触发二极管 VD 的触发电压值来进行调节。

1.6.4 练习题

（1）在图 1-31 所示的单端式脉冲变压器驱动电路原理图中，试回答下列问题：

① 二极管 VD 的作用是什么？

② 电容 C_2 和电阻 R_1 组成的 RC 串联电路的作用是什么？

（2）在图 1-34 所示的比例驱动电路原理图中，请回答下列问题：

① 输出电压 U_o 的采样反馈信号通过光电耦合器 IC 耦合到初级的与电阻 R_3 并联的晶体管 VT_1，其作用是什么？

② 要提高采样反馈信号对输出电压的控制灵敏度，应改变电路中的哪些元器件？

（3）在图 1-35 所示的互补驱动电路原理图中，电阻 R 和电容 C 的作用是什么？

（4）在图 1-37 所示的 MT230SE 计算机开关电源的过流保护电路中，请回答下列问题：

① 电阻 R_8 和电容 C_4 组成的串联电路的作用是什么？

② 如何改变过流采样反馈信号的大小，以适应 TL494 16 脚过流门限？

（5）在图 1-41 所示的投影仪溴钨灯开关电源电路的开机软启动保护电路中，改变软启动时间除了改变电阻 R 和电容 C_1 的参数值以外，还有什么较好的方法？

1.7 开关电源中的几个重要问题

1.7.1 开关功率管的二次击穿问题

1. 二次击穿现象

在开关功率管的使用中还会遇到这样一种现象，在雪崩击穿之后，当电流增大到某一值时，如图 1-42 所示的 C 点，集电极与发射极之间的电压 U_{ce} 突然下降，而集电极电流剧增，如图中的 CDE 段，这种现象就叫做开关功率管的二次击穿现象。为了区别起见，通常把雪崩击穿称作为开关功率管的一次击穿现象。产生二次击穿现象的原因至今尚未被完全掌握，由对大量因二次击穿所损坏开关功率管的解剖和分析中可初步知道，二次击穿现象是由于开关功率管电流局部集中产生"热点"而造成的。

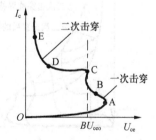

图 1-42 开关功率管的击穿特性曲线

由于半导体制造工艺和结构本身的原因，开关功率管本身内部的电流分布不均匀，有时这种不均匀现象十分严重，以致使 PN 结上某点上的电流密度特别大，电流密度大的地方功率损耗就大，温度也相应增高。温度的上升使该处 PN 结起始电压减小，从而注入电流增大，导致电流更进一步向这一点集中，促使该处温度继续上升。这种恶性循环可以发生在很短的时间内（微秒级），即可将电流集中到面积很小的一点上，而在这么短的时间内又来不及将产生的热量散走，就产生了以上所说的"热点"。当"热点"的温度高于集电结的本征温度时，则电阻率就会大大下降，PN结相当于短路，因而使开关功率管的管压降下降到很低处（图中的CDE段），此时开关功率管便进入了二次击穿状态。如果开关功率管在二次击穿状态上停留的时间稍长一点（1s以上）时，则由"热点"功率损耗所产生的热量足以使该点的半导体材料和引出电极材料熔融，从而产生穿通通道，即集电极与发射极之间形成短路，使开关功率管产生永久性的损害。

由于是局部过热，因此二次击穿的开关功率管本身并不发烫。有时开关功率管进入二次击穿区域的时间虽然并不长，尚未完全击穿，但也留下了局部破坏的"伤痕"。这个过程的不断重复，就会导致开关功率管完全的损害。这与一次击穿是完全不同的，一次击穿后，只要功率损耗不超过所能承受的极限值，开关功率管并不会完全损坏，而且开关功率管的特性也不会变差。所以一次击穿过程是可逆的，而二次击穿过程是不可逆的。因此在开关功率管的使用过程中，一定要认真了解和掌握二次击穿的本质，应极力避免让开关功率管进入二次击穿区域。

电流的集中现象不论是在$I_b>0$或者在$I_b<0$时都可以发生，即所谓的正偏二次击穿和反偏二次击穿。正偏二次击穿是NPN型开关功率管中，基极与发射极之间为正向偏置，发射极周围比中心区具有较高的电流密度和较高的电位，集电极电流穿过发射结较多集中在发射极的周围，在电流和电压足够高时，发射极周围集中的较多的电流将形成局部的"热点"，就足以损坏开关功率管，即使此时总的功率损耗没有超过所能承受的极限值时，开关功率管也照样被损坏。反偏二次击穿现象是指在PNP型开关功率管中，基极与发射极之间为反向偏置时，发射极的中心处比周围的电位稍正些，若有电流流过集电极、基极，这些电流则较多集中在发射极的中心处。在反偏状态下，一般基极是阻止集电极电流流动的，但是若集电极负载为感性负载时，开启期间的能量将存储在电感里。在关断时间内电感反冲将使集电极电压上升，一直升高到它的雪崩击穿电压值BU_{cbo}时，开关功率管被一次击穿，并将存储在电感中的能量释放给开关功率管。尽管基极反偏，仍有电流流动，这些能量将集中到发射极最正的中心区。由于这个中心区的面积小于周围的面积，反偏时发射极中心处的平均电流密度反而会比正偏时大。若开启时存储在电感中的能量足够大，这些能量将会以电流的形式都集中在很窄的发射极中心区域处，引起局部"热点"。当局部"热点"的温度足够高时，就会导致开关功率管损坏。在图1-43中，把进入二次击穿的临界点C、G、F、H连接起来就构成了二次击穿的临界特性曲线，如图中虚线所示。

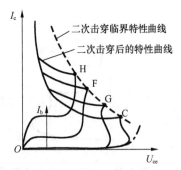

图1-43 二次击穿的临界特性曲线

我们知道，一次击穿取决于加在开关功率管上反压的大小；而二次击穿则不同，它的产生是由于开关功率管内的局部"热点"而引起的，而局部"热点"的产生是该点局部热量积累的结果。局部"热点"的产生要供给一定的能量，而能量的作用又要持续一定的时间，因此从工作点到达二次击穿临界特性，直至产生二次击穿要有一段滞后时间。如果在开关功率管的集电极与发射极之间加一脉冲信号电压,只要保证脉冲信号电压的宽度小于滞后时间,开关功率管就不会二次击穿而被损坏。也就是说,当开关功率管的驱动信号脉冲宽度越窄时,发生二次击穿所需要的电流和电压就越大。这正是为何要提高开关电源工作频率的原因。图 1-44 所示的曲线就表示出了在不同的驱动信号脉冲宽度时的二次击穿特性。

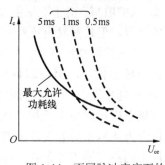

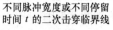

图 1-44　不同脉冲宽度下的
二次击穿特性曲线

2. 一次击穿与二次击穿的区别

① 从开关功率管的二次击穿特性曲线上可以看出,二次击穿后的集电极电压比一次击穿后的集电极电压要低得多。

② 一次击穿是可逆的,二次击穿则是不可逆的。

③ 一次击穿取决于给开关功率管所加电压的高低,而二次击穿则取决于给开关功率管上所加的能量的大小和积累时间的长短。

④ 产生一次击穿的原因是明确的,但产生二次击穿的原因尚未被完全掌握。

3. 开关功率管的安全工作区

在考虑了开关功率管的各种特性以及各种极限参数值以后,就可以画出开关功率管的安全工作区,如图 1-45 中斜线所包括的区域所示。由图可见,当电压很低而电流达到最大时,受最大允许电流 I_{cm} 的限制;当电压和电流都较大时,受等功率损耗 P_{cm} 的限制;当电压较大而电流较小时,受二次击穿临界线的限制;当电流很小而电压很高时,受一次击穿 BU_{ceo} 的限制。在开关功率管的整个工作过程中,都不能超越上述所叙述的安全工作区。因此,在设计开关电源电路而选用开关功率管时,必须注意以下几点:

① 设计时要在开关功率管额定值的基础上留有一定的裕量。

② 要选择不易产生二次击穿的合金型开关功率管,而不能选择较易产生二次击穿的扩散型漂移开关功率管。

③ 一定要采取较好的散热措施,创造良好的散热条件和环境,使开关功率管的温升不能太高。

④ 电流和电压波动幅度不能太大,并且要极力避免基极开路工作现象。

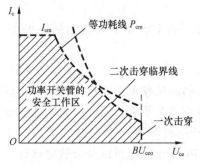

图 1-45　开关功率管的安全工作区

⑤ 在开关功率管的工作过程中,要严格避免突然加很大的输入信号和负载短路现象。

⑥ 在开关电源电路中,一定要彻底消除寄生振荡和开路时所产生的过流、过压现象。

⑦ 采用多个开关功率管串联负荷的方法来增大 BU_{ceo} 时,一定要采取措施来限制基极正偏压和反偏压的幅度,以防止产生开关功率管的正偏和反偏二次击穿现象。

⑧ 采用多个开关功率管(对于 MOSFET 来说)并联的方法以及采取加入缓冲电路的方法来减小开关功率管的功率损耗,尽量避免二次击穿现象的发生。

4．开关功率管管芯的结构

① 单扩散型：通常单扩散型开关功率管具有正偏二次击穿电压高、饱和管压降低的特点，但却具有集电极反向耐压较低、开关速度较慢的缺点。

② 双扩散型：对于双扩散型开关功率管来说，具有二次击穿电压较高、集电极反向耐压较高的优点，但是却具有饱和管压降大、开关速度较慢的缺点。

③ 三重扩散型：三重扩散型开关功率管具有开关速度较快、集电极反向耐压较高和饱和管压降低的优点，但是却具有二次击穿耐量比前两种稍差的缺点。

④ 外延平面型：外延平面型开关功率管具有开关速度较快、饱和管压降低的优点，但是却具有集电极反向耐压低和二次击穿耐量差的缺点。

以上为 4 种不同开关功率管管芯结构的优缺点，在实际应用中选择开关功率管时，应根据使用中的不同要求和条件，尽量发挥各种不同管芯结构的优点，克服其缺点。对于一般要求的功率变换器电路，可以采用价格低的双扩散型开关功率管。另外在实际应用中，为了防止和避免产生二次击穿现象，一般都是在示波器上观察开关功率管基极的驱动信号波形和集电极输出电压的波形后，找出产生二次击穿的真正原因，然后再采取相应的解决方法。

1.7.2 开关电源中的电磁兼容（EMC）问题

1．开关电源中的电磁辐射（EMI）源

开关电源的 EMI 干扰源集中体现在开关功率管、整流二极管、高频变压器等，外部环境对开关电源的干扰主要来自电网的抖动、雷击、外界辐射等。

（1）功率开关管

开关功率管工作在导通-截止快速循环转换的状态，dv/dt 和 di/dt 都在急剧变化中相互转换，因此，开关功率管既是电场耦合的主要干扰源，也是磁场耦合的主要干扰源，同时也是热噪声的产生源。

（2）高频变压器

高频变压器的 EMI 来源集中体现在漏感和分布电容所对应的 di/dt 和 dv/dt 快速循环变换，因此高频变压器是电、磁场耦合的重要干扰源。

（3）整流二极管

开关电源中的整流主要包括输入级的低频整流和输出级的高频整流，而输出级的高频整流有时是由快恢复二极管来承担，有时又由可控的同步整流技术来承担。输入级的低频整流二极管由于发热而带来的 EMI 主要体现在低频段，而输出级的高频整流的 EMI 来源集中体现在反向恢复特性上，反向恢复电流的断续变化点会在引线/PCB 布线电感以及杂散电感等电感上产生较高的 dv/dt，从而导致极强的电磁干扰。

（4）PCB

实际上 PCB 布局和布线是上述干扰源的耦合和传输通道，PCB 布局和布线，以及连线的长短和粗细的优劣，直接影响着对上述 EMI 源所产生的 EMI 抑制的好坏。因此，开关电源设计过程中 PCB 设计也是至关重要的。

2．开关电源 EMI 传输通道分类

（1）EMI 传导干扰的传输通道

① 容性耦合。

② 感性耦合。

③ 电阻耦合：

a.公共电源内阻产生的电阻传导耦合；

b.公共地线阻抗产生的电阻传导耦合；

c.公共线路阻抗产生的电阻传导耦合。

（2）辐射干扰的传输通道

① 在开关电源中，能构成辐射干扰源的元器件和导线均可以被假设为天线，从而利用电偶极子和磁偶极子理论进行分析。二极管、电容、开关功率管可以假设为电偶极子，电感线圈可以假设为磁偶极子。

② 没有屏蔽体时，电偶极子、磁偶极子产生的电磁波传输通道为空气（可以假设为自由空间）。

③ 有屏蔽体时，考虑屏蔽体的缝隙和孔洞，应按照泄漏场的数学理论和模型进行分析处理。

3．开关电源 EMI 抑制的 9 大措施

在开关电源中，电压和电流的突变 dv/dt 和 di/dt，是其 EMI 产生的主要原因。实现开关电源的 EMC 设计技术措施主要基于以下两点：

一是尽量减小电源本身所产生的干扰源，利用抑制干扰的方法或产生干扰较小的元器件和电路，并进行合理 PCB 设计。

二是通过接地、滤波、屏蔽等技术抑制电源的 EMI，从而提高电源的 EMC。

① 减小 dv/dt 和 di/dt（降低其峰值、减缓其斜率）；

② 压敏电阻的合理应用，以降低浪涌电压；

③ 阻尼网络和热敏电阻的合理应用，以抑制过冲和浪涌电流；

④ 采用具有软恢复特性的二极管,或可控的同步整流技术以降低高频段 EMI；

⑤ 前级采用有源功率因数校正（PFC）技术，以及其他谐波校正技术；

⑥ 输入端采用合理设计的共模和差模滤波器；

⑦ 合理的接地处理；

⑧ 有效的屏蔽措施；

⑨ 合理的 PCB 设计。

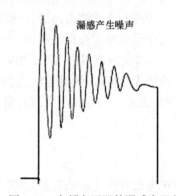

漏感产生噪声

图 1-46 高频变压器的漏感在开关功率管上所产生振荡干扰波形

4．高频变压器漏感的控制

高频变压器的漏感是开关功率管关断尖峰电压产生的重要原因之一，如图 1-46 所示。因此控制漏感成为解决高频变压器带来的 EMI 首要面对的问题。减小高频变压器漏感两个切入点是电气设计、工艺设计。

（1）选择合适磁芯，降低漏感。漏感与原边匝数平方成正比，减小匝数会显著降低漏感。

（2）减小绕组间的绝缘层，以提高初级与其它次级绕组间耦合。

（3）次级绕组夹在初级绕组之间，以增加绕组间的耦合度，从而减小漏感。

5．高频变压器的屏蔽

为防止高频变压器的漏磁对周围电路产生干扰，可采用屏蔽带来屏蔽高频变压器的漏磁场。屏蔽带一般由铜箔制作，绕在变压器外部一周，并进行良好的接地，屏蔽带相对于漏磁场来说是一个短路环，从而抑制漏磁场更大范围的泄漏。

高频变压器，磁芯之间和绕组之间会发生相对位移，从而导致高频变压器在工作中产生噪声（啸叫、振动）。为防止该噪声，需要对变压器采取下列的加固措施：

（1）用环氧树脂将磁芯（如 EE、EI 磁芯）的三个接触面进行粘接，抑制相对位移的产生。

（2）用"玻璃珠"胶合剂粘结磁芯，效果更好。

（3）把初级绕组分成两部分绕，一部分绕制在最里边，另一部分绕制在最外边，次级绕组绕制在中间，使它们之间形成完全耦合，从而减小漏感。

6．EMC 常用标准

（1）EMC 通用系列标准：IEC61000-4-X；

（2）工业环境抗扰度通用标准：EN50082-2；

（3）脉冲电流谐波测试标准：IEC61000-3-2；

（4）交流电源闪烁测试标准：IEC61000-3-3。

1.7.3 开关电源中的整流和滤波问题

1．一次整流和一次滤波电路

（1）一次整流电路

开关电源电路中输入电路部分的工频整流电路就称为开关电源的一次整流电路，如图 1-47 所示。图（a）是由 4 个整流二极管 $VD_1 \sim VD_4$ 组成的全桥式一次整流电路，图（b）是由一个全桥整流集成电路组成的桥式一次整流电路。这两种电路都是把 220V/110V、50Hz/60Hz 的工频电网电压或其他形式的交流输入电压直接引入，进行全波整流，然后输送给下一级的一次滤波电路进行滤波，最后变成直流输出供电电压，为后级的功率变换器供电。在开关电源电路的设计过程中，一般 4 个整流二极管或全桥整流器的反向耐压值的选择原则为，在输入交流电网电压为 220V/50Hz 时，应该为 600V；在输入交流电网电压为 110V/60Hz 时，应该为 300V。导通电流 I_d 的选择原则要根据所设计的开关电源输出功率 P_o 和转换效率 η 的要求而定，可根据下式来计算：

$$I_d = \frac{P_o}{220\sqrt{2\eta}} \ \text{或} \ I_d = \frac{P_o}{110\sqrt{2\eta}} \tag{1-90}$$

通常在考虑开关电源的转换效率时，均要留有一定的裕量。一般转换效率为 85%以上时，应取 $\eta = 75\%$，代入式（1-90）中可得

$$I_d = \frac{P_o}{231} \ \text{或} \ I_d = \frac{P_o}{115} \tag{1-91}$$

（2）一次滤波电路

如图 1-47 所示，开关电源电路中的一次滤波电路即为一次整流电路后面的由电感 L_1 和电容 C_1 组成的 L 形滤波电路。它的主要功能是将一次全波整流电路输出的直流波动电压滤波成

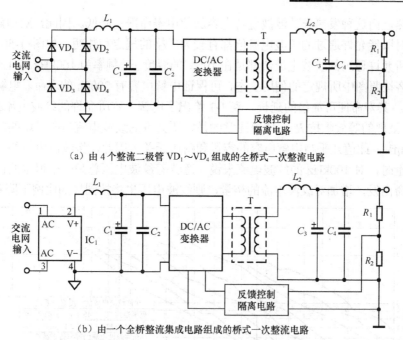

（a）由 4 个整流二极管 $VD_1 \sim VD_4$ 组成的全桥式一次整流电路

（b）由一个全桥整流集成电路组成的桥式一次整流电路

图 1-47　一次整流和一次滤波电路

纹波电压符合设计要求的直流电压。对于一次滤波电路中的电容 C_1 的容量，如果想从所要求的输出纹波电压值来确定是非常困难的，其原因在于一次滤波电路中所用的滤波电解电容从其等效电路上看并不是一个纯电容，而是包含有串联等效电阻 R_C 和串联等效电感 L_C 的复合电路，如图 1-48 所示。而从输出直流电压中的纹波幅值来确定滤波电容的容量时，就要受其等效串联阻抗的温度和频率特性的影响，而这些参数的数值随温度的变化非常大，如图 1-49 所示。不过根据滤波电容所能允许的纹波电流值来确定该滤波电容的容量比较简单。当滤波电容中有电流流过时，电容会因内部耗

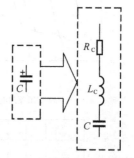

图 1-48　电解电容的等效电路

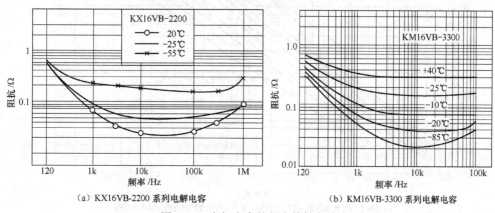

（a）KX16VB-2200 系列电解电容　　　　（b）KM16VB-3300 系列电解电容

图 1-49　电解电容的频率特性曲线

散功率而发热，而这种发热导致滤波电解电容的使用寿命严重降低。因此，对电解电容来说，在出厂之前对所能允许通过的纹波电流值都有较为严格的规定和注明，如图 1-50 所示。在该图中表示的所允许通过的纹波电流值都是在 105℃的温度下、频率为 100kHz 或 120kHz 时的数值。如果严格按照图中所规定的使用状态，可保证电解电容有 2000h 的寿命。电解电容的温度每下降 10℃，其寿命便可加倍的延长。表 1-1 给出了电解电容所允许的纹波电流 $\Delta I_{C\,rms}$ 以及在 100kHz 时所呈现的等效阻抗 R_C。值得注意的是，所允许的纹波电流与所呈现的等效阻抗的乘积在 70～90mV，此值几乎与电解电容的容量和耐压无关。因此，按纹波电流的允许值决定电解电容的容量时，对 100kHz 的纹波电流来说，意味着纹波电压总是一个恒定的值。从延长电解电容的寿命出发，增加对纹波电流的裕量，则纹波电压也将按同样的比例下降和减小。

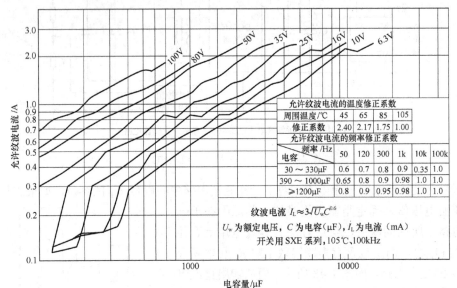

（a）SXE 系列电解电容在 105℃、100kHz 条件下所能允许通过的纹波电流曲线

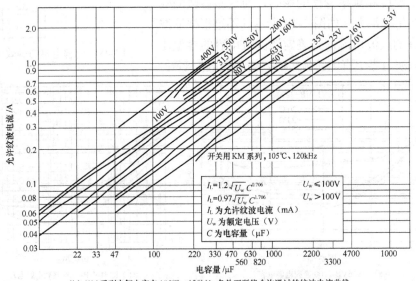

（b）KM 系列电解电容在 105℃，120kHz 条件下所能允许通过的纹波电流曲线

图 1-50　电解电容所能允许通过的纹波电流曲线

表1-1   电解电容的纹波电流与等效阻抗值

额定电压/V	电容量/μF	等效阻抗/Ω (20℃/100kHz)	允许纹波电流/ mA(100kHz)	$\Delta I_{C\,rms}\,R_C$ /mV
6.3	320	0.61	148	90.3
	330	0.40	163	65.2
	470	0.28	361	101.1
	1200	0.14	591	82.7
	2200	0.095	829	78.7
	3300	0.061	1110	80.8
	4700	0.063	1290	68.4
	10000	0.039	2120	82.5
16	220	0.33	295	97.4
	330	0.23	370	89.1
	470	0.18	480	85.4
	1000	0.091	844	76.8
	2200	0.063	1130	71.2
	3300	0.045	1400	63.0
	4700	0.046	1880	86.5
25	220	0.23	372	85.6
	470	0.14	605	64.7
	1000	0.71	991	70.3
	2200	0.044	1410	62.0
	4700	0.036	2330	83.8
35	220	0.18	487	87.7
	330	0.13	611	79.4
	470	0.089	856	76.2
	1000	0.071	1230	87.3
	2200	0.044	1910	84.0
	3300	0.035	2360	82.6

注：这是日本SXE系列电解电容的典型数据，除表中所列的规格外，还有各种规格，直到额定电压630V为止。如读者感兴趣可登录日本SXE系列电解电容的相关网站进行查询和检索，这里就不再罗列。

以上讲述了根据电解电容所允许通过纹波电流值的大小来确定一次滤波电解电容容量的原理和方法。也可以直接引用有关资料，根据已知条件求出所允许通过的纹波电流值。下面分两种情况，分别给出一次滤波电解电容所允许通过的纹波电流有效值 $I_{C\,rms}$ 的计算公式。

① 输入稳压电源的交流阻抗非常高，DC/AC 变换器的纹波电流全部由输入一次滤波电容 C_1 提供的情况下，一次滤波电解电容所允许通过的纹波电流有效值 $I_{C\,rms}$ 的计算公式为

$$I_{C\,rms} = \frac{2I_{avg}}{(1+k)\sqrt{D}} \cdot \sqrt{\frac{k^2+k+1}{3} - \frac{D(k+1)^2}{4}} \qquad (1\text{-}92)$$

式中，$k = \dfrac{I_v}{I_p}$；$I_{avg} = \dfrac{D(I_p+I_v)}{2}$；$I_p$ 为电流的峰值，I_v 为电流的谷值。

② 一次滤波电容 C_1 既要负担一次整流电路的纹波电流，又要负担 DC/AC 变换器的高频电流。通常情况一次滤波电解电容所允许通过的纹波电流 $I_{C\,rms}$ 的计算公式为

$$I_{C\,rms} = \frac{100P_o}{\eta U_1}\sqrt{1.1\times\left(\frac{I_1 R_C}{E_m}\right)^{-0.338}+\frac{I_{rms}}{I_{avg}}-1} \qquad (1\text{-}93)$$

式中，E_m 为输入交流电网电压的振幅值；U_1 为一次整流后的直流输出电压值；I_1 为 DC/AC 变换器的输入电流值；R_C 为一次滤波电容的等效串联电阻。式（1-92）和式（1-93）是在不同情况下，设计开关电源时确定一次滤波电容所允许通过的纹波电流有效值的计算公式。在实际应用中，要根据具体情况灵活运用这两个计算公式，计算出最合适的纹波电流有效值，最后在图 1-50 所示的电解电容所能允许通过的纹波电流曲线上，查出相对应的一次滤波电容的容量。另外，为了让设计者在设计开关电源电路时，能够多快好省、且方便准确地计算出输入和输出纹波电流有效值，表 1-2 给出了在不同电路结构形式的开关电源电路中，输入和输出纹波电流的示意图及计算公式，可供设计者参考。

在设计一般的整流电路时，整流电路的滤波电容容量是根据对输出所要求的纹波电压来计算和设计的。但在开关电源电路中，则是按滤波电容中所允许通过的纹波电流有效值来计算和确定滤波电容容量的，这样做是比较合理和安全的。由滤波电容的容量来计算输出纹波电压的方法是：设输出纹波电压的峰–峰值为 ΔU，输入交流电网电压的振幅值为 E_m，频率为 f，输出功率为 P_o，效率为 η，则在全波整流电路满足 $\dfrac{I_o r}{E_m}=0.01$ 的条件时，输出纹波电压的近似计算公式为

$$\Delta U \approx 0.003E_m + 0.3\frac{100P_o}{fC\eta E_m} \qquad (1\text{-}94)$$

2．二次整流与二次滤波电路

（1）二次整流电路

开关电源中的二次整流电路是出现在功率开关变压器次级回路中的整流电路，二次整流电路一般都为高频整流电路，整流二极管必须采用高频快恢复开关二极管。肖特基二极管不但具有高频快恢复开关二极管的特性，而且还具有正向管压降特别低的优点，因此特别适合用作开关电源电路中的二次整流二极管。开关电源电路中的二次整流二极管必须具有开关速度快、正向管压降低、截止时反向漏电流小和恢复速度快等特点。这些特点的优势在高频大功率输出的开关电源电路中表现得尤为突出。在无工频变压器和功率开关变压器的开关电源电路中，开关二极管或续流二极管即为二次整流部分的整流二极管。在设计和研制开关电源的过程中，选择整流二极管时，请读者参考本章"降压型、升压型和极性反转型开关电源的设计"中的续流二极管的选择部分。在有高频开关变压器的多组输出的开关电源电路中，有几组直流电压输出，就会有与之相对应的几组二次整流电路。每个实现二次整流的电路可以是半波整流电路、全波整流电路，也可以是倍压整流电路。另外，在一些输出电流大，要求功率转换效率极高的稳压电源中，还可以采用自驱动型同步整流技术、外驱动型同步整流技术，也可以采用混合驱动型同步整流技术。根据不同的需要和要求，可以选择不同形式的整流电路。图 1-51 所示的电路即为各种不同形式的整流电路，下面对其优缺点分别进行叙述。

表 1-2　不同电路结构形式开关稳压电源中的输入和输出纹波电流表

电路类型	等效电路	电容电流波形 输入侧	电容电流波形 输出侧	储能电感纹波电流有效值 $\Delta I_{L\,\mathrm{rms}}$ 计算公式	电容的纹波电流有效值 $I_{C\,\mathrm{rms}}$ 计算公式
降压型				$\dfrac{U_i - U_o}{L}$	$\dfrac{1}{2\sqrt{3}L}(U_i - U_o)t_{\mathrm{ON}}$
升压型				$\dfrac{U_i}{L}t_{\mathrm{ON}}$	$\dfrac{U_i t_{\mathrm{ON}}}{2\sqrt{3}L(t_{\mathrm{ON}} + t_{\mathrm{OFF}})}$
反转型				$\dfrac{U_i}{L}t_{\mathrm{ON}} - \dfrac{U_o}{L}t_{\mathrm{OFF}}$	$\dfrac{U_i t_{\mathrm{ON}}}{2L\sqrt{3}}$
顺向型				$\dfrac{1}{L}\left(\dfrac{N_s}{N_p}U_i - U_o\right)t_{\mathrm{ON}}$	$\dfrac{1}{2L\sqrt{3}}\left(\dfrac{N_s}{N_p}U_i - U_o\right)t_{\mathrm{ON}}$

续表

电路类型	等效电路	电容电流波形 输入侧	电容电流波形 输出侧	储能电感纹波电流有效值计算公式 $\Delta I_{L\,rms}$	电容的纹波电流有效值计算公式 $I_{C\,rms}$
回扫型				$\dfrac{N_s}{N_p}\left(\dfrac{U_i}{L_s}-\dfrac{U_o}{L_s}\right)t_{ON}$	$\dfrac{N_s U_i t_{ON}}{2LN_p T\sqrt{3}}$
推挽式				$\dfrac{1}{L}\left(\dfrac{N_s}{N_p}U_i-U_o\right)t_{ON}$	$\dfrac{1}{2L\sqrt{3}}\left(\dfrac{N_s}{N_p}U_i-U_o\right)t_{ON}$
半桥式				$\dfrac{1}{L}\left(\dfrac{N_s}{N_p}U_i-U_o\right)t_{ON}$	$\dfrac{1}{2L\sqrt{3}}\left(\dfrac{N_s}{2N_p}U_i-U_o\right)t_{ON}$
全桥式				$\dfrac{1}{L}\left(\dfrac{N_s}{N_p}U_i-U_o\right)t_{ON}$	$\dfrac{1}{2L\sqrt{3}}\left(\dfrac{N_s}{N_p}U_i-U_o\right)t_{ON}$

① 如图 1-51 （a）所示，半波整流电路的优点是高频开关变压器不需要中心抽头，仅使用一个整流二极管，电路结构简单，成本低；缺点是变压器输出功率的利用率仅有 50%，输出直流电压中的纹波电压较高。这种电路一般被应用在变压器没有中心抽头，而且频率较高，输出功率不是太大的开关电源电路中。

② 如图 1-51 （b）所示，全波整流电路的优点是变压器输出功率的利用率为 100%，输出直流电压中的纹波电压较低；缺点是高频开关变压器必须有中心抽头。这种电路一般被应用在要求输出功率大，功率转换效率高的开关电源电路中。

③ 如图 1-51 （c）所示，倍压整流电路的优点是可以得到非常高的输出电压，输出直流电压中的纹波电压非常低；缺点是输出电流较小，电路结构较复杂。这种电路一般被应用在要得到数千伏甚至数万伏电压的加速场电路、高压放电电路以及高压静电除尘电路中。

④ 自驱动型同步整流电路是电压驱动型同步整流电路的一种。如图 1-51 （d）所示，该电路的优点是不需要外加驱动源和驱动电路，结构简单，非常容易实现。其缺点是两个 MOSFET 开关功率管的驱动时序不够精确，MOSFET 开关功率管不能在整个周期内像二极管那样进行整流，使得负载电流流过寄生二极管的时间过长，造成了较大的功率损耗，使得功率转换效率的提高受到一定的限制；并且在输出电压较低时，功率开关变压器次级绕组的输出电压也要相应降低，这样一来就无法起到完全驱动同步整流管 MOSFET 的作用。

⑤ 外驱动型同步整流电路也是电压驱动型同步整流电路的一种，也可以被称为控制驱动型同步整流电路。如图 1-51 （e）所示，为了实现驱动的同步，外加的驱动源和驱动电路必须由主变换器开关功率管的驱动信号来控制。这种电路的优点是可使电源的功率转换效率达到最高；缺点是驱动电路的结构过于复杂，调试和维护较为困难。

⑥ 混合驱动型同步整流电路所采用的技术也是电压驱动型同步整流技术中刚发展起来的一种技术。如图 1-51 （f）所示，这种同步整流电路既能够按精确的时序为同步整流管 MOSFET 提供驱动电压信号，外加的驱动源和驱动电路又较外驱动型同步整流电路简单。因此，在输出电流较大，功率转换效率又要求非常高的开关电源电路中该电路被广泛采用。

为了让读者了解更多形式的二次整流电路，使其在设计二次整流电路时得心应手，运用自如，下面特将各种各样的、五花八门的二次整流电路收编于图 1-52 中，可供读者朋友们查阅和参考。

一些需要产生很高输出直流电压的开关电源电路，在电路组成上要求有所不同。例如，为了产生一个很高加速场直流电压，要在整流电路中加入多级倍压整流电路，相应地还要增多开关变压器输出绕组的匝数。图 1-51 （c）所示的倍压整流电路就是 TSM-1 型扫描电子显微镜中电子枪加速极−20kV 高压的产生电路。它使用了 8 倍压的整流电路，最后得到−20kV 的高压。在该电路中，整流二极管的反向耐压 U_d 一般要满足下式：

$$U_d > \frac{U_o}{n} \tag{1-95}$$

式中，U_o 为输出直流高压；n 为倍压的级数。由于电路中的工作电流较小，因此对整流二极管正向导通电流的要求不是太严格。另外对所配对的倍压电容的耐压的要求与整流二极管的反向耐压的要求和计算方法基本相同。

（2）二次滤波电路

开关电源电路中的高频滤波电路部分就被称为二次滤波电路。这部分电路中滤波电容的取值与开关电源输出直流电压中纹波电压的高低有着密切的关系，在降压式、升压式和极性

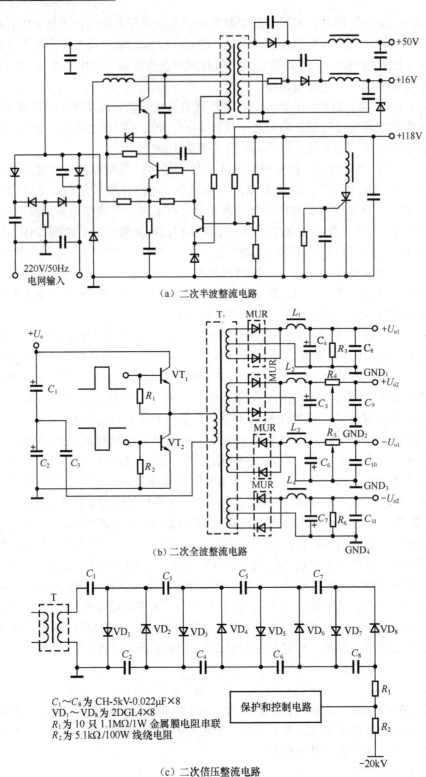

（a）二次半波整流电路

（b）二次全波整流电路

$C_1 \sim C_8$ 为 CH-5kV-0.022μF×8
$VD_1 \sim VD_8$ 为 2DGL4×8
R_1 为 10 只 1.1MΩ/1W 金属膜电阻串联
R_2 为 5.1kΩ/100W 线绕电阻

（c）二次倍压整流电路

图 1-51　各种不同形式的二次整流电路

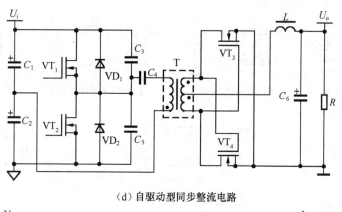

（d）自驱动型同步整流电路

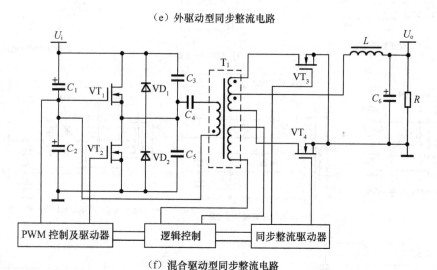

（e）外驱动型同步整流电路

（f）混合驱动型同步整流电路

图 1-51　各种不同形式的二次整流电路（续）

反转式开关电源原理分析和电路设计中已经讲述过了它们容量的选择方法，这里就不再重述。以下着重讨论一下有关有源滤波技术方面的内容和问题。

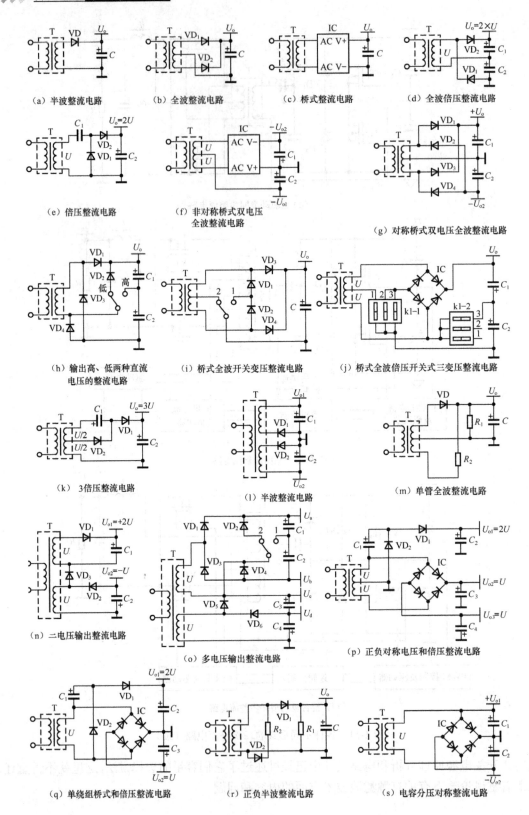

（a）半波整流电路　　　　（b）全波整流电路　　　　（c）桥式整流电路　　　　（d）全波倍压整流电路

（e）倍压整流电路　　　　（f）非对称桥式双电压
　　　　　　　　　　　　　　全波整流电路　　　　　　　　　（g）对称桥式双电压全波整流电路

（h）输出高、低两种直流
　　　电压的整流电路　　　（i）桥式全波开关变压整流电路　　（j）桥式全波倍压开关式三变压整流电路

（k）3倍压整流电路　　　　（l）半波整流电路　　　　（m）单管全波整流电路

（n）二电压输出整流电路

（o）多电压输出整流电路　　　　　（p）正负对称电压和倍压整流电路

（q）单绕组桥式和倍压整流电路　　　（r）正负半波整流电路　　　（s）电容分压对称整流电路

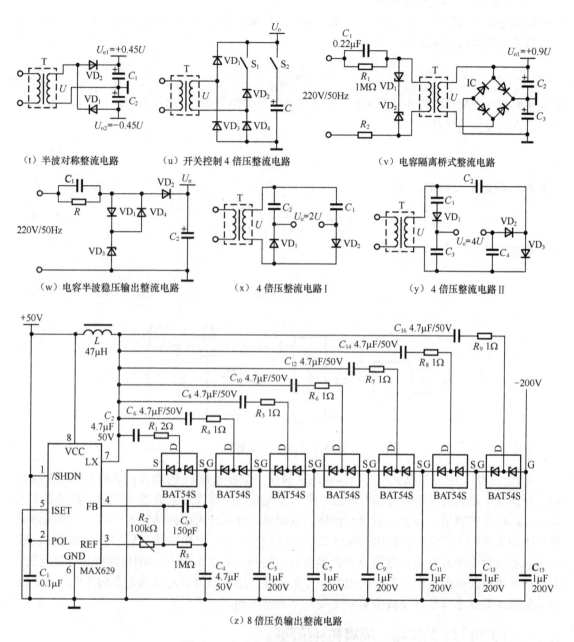

（t）半波对称整流电路　　（u）开关控制 4 倍压整流电路　　　　（v）电容隔离桥式整流电路

（w）电容半波稳压输出整流电路　　　　（x）4 倍压整流电路Ⅰ　　　　（y）4 倍压整流电路Ⅱ

（z）8 倍压负输出整流电路

图 1-52　各种各样的二次整流电路（续）

在开关电源电路中，一般都是采用由电阻、电感和电容等无源元器件组成的无源滤波电路。但是要满足更高的要求，要进一步减小稳压电源输出直流电压中的纹波电压，要进一步提高稳压电源输出直流电压的精度，就需要滤波电容的容量越大越好。而滤波电容的容量过大，会导致其体积、重量和价格的相应增加和提高，这是设计开关电源中所不希望的，也是开关电源电路设计者们最为头疼的问题。采用放大器构成的有源滤波器电路，就可以解决这个问题，就可以利用较小滤波电容收到较大滤波电容的滤波效果，其电路如图 1-53 所示。图中的滤波电容 C_2 接在晶体管 3AX63 的基极回路中，由它所引起的滤波效果相当于在晶体管的发射极与地之间接一个$(1+\beta)C_2$的电容。如果基极输入的交流纹波电流为I_b，那么在滤波电容上所建立的纹波电压就为

$$U_b = I_b \frac{1}{\omega C_2} \tag{1-96}$$

若滤波电容C_2不连接在晶体管基极，而是接在晶体管的发射极，并用C_2'表示，那么在发射极所建立的纹波电压就为

$$U_e = I_e \frac{1}{\omega C_2'} \tag{1-97}$$

由于$U_b = U_e$，$I_e = (1+\beta)I_b$，则

$$\left(1+\beta\right)I_b \frac{1}{\omega C_2'} \approx I_b \frac{1}{\omega C_2} \tag{1-98}$$

所以就可以得到

$$C_2' = \left(1+\beta\right)C_2 \tag{1-99}$$

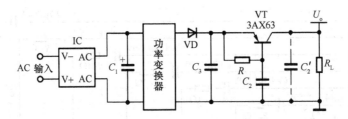

图 1-53　有源滤波器电路

从式（1-98）中可以看到，在晶体管的基极接一个容量为C_2的电容，就可以在发射极得到（1+β）C_2这么大容量的电容的滤波效果。因此利用晶体管的电流放大作用，就可以大大减小滤波电容的容量、体积、重量和价格。有源滤波器在开关电源的输入回路（一次滤波回路）中不太常用，而常用在输出回路（二次滤波回路）中，一般是在对输出直流电压中的纹波电压要求较小的开关电源电路中才会被使用。此外，从图 1-53 所示的电路中还可以看到，有源滤波器电路除能使小电容起大电容的作用以外，还可以降低对滤波电容耐压的要求，这对降低成本和缩小体积以及减少重量无疑都是非常好的。

1.7.4　开关电源中的接地、隔离和屏蔽问题

1．接地问题

在开关电源电路中，一般都是输入工频整流、滤波和功率变换部分共用一个地，二次整流、滤波、电压取样和负载电路共用一个地。也就是功率开关变压器的初级以前的电路部分为一个地，次级以后的电路部分为一个地。这两个地是相互独立的，它们之间通过功率开关变压器进行能量交换、传输和耦合。而反馈控制信号可通过光电耦合器或变压器把过压、过流和欠压等取样信号耦合给控制、保护和驱动电路，最后实现控制和各种保护功能。但在某些开关电源电路中，设计者又将它们合为一个地。因此，开关电源电路中输入工频电路部分与负载电路部分不共地的问题，虽然给减小开关电源的噪声和降低开关电源对工频电网的干扰和影响方面

带来了一定的好处，但是却给调试安装和使用维修人员带来了不可忽视的人身触电危险和增加了烧坏测量和调试所用的仪器仪表的有害因素。因此，在实际应用中一定要想方设法利用和发挥开关电源有利的长处和优点，避开和克服其有害的短处和缺点，使其安全可靠地工作。

开关电源的使用者通常都希望输出地电位端与电源机壳隔离，而开关电源技术和产品的研究和设计人员通常都是采用在开关电源电路系统外的某一处将输出地电位端与机壳进行只有单点的直接连接。开关电源的直接使用者们一直都认为，将输出接地端同开关电源的机壳进行单点连接后，就能够更好地控制接地回路的各个电流环流，从而使输出接地端的杂波和噪声电压的幅值降低到最小的程度。但是，通常开关电源的输出接地端同机壳公共连接的单端接点是在电源本身的外面输出引出线的末端处，这就导致了稳压电源输出端同机壳或机壳接地点的直流和交流阻抗均不为零。此外，由于这些引线不但长而且线间的距离也不规则，所以交流阻抗就更显突出，交流尖峰噪声就会随之而产生。在大功率输出的情况下，这些问题就表现得更为明显。在开关电源电路中，通常会在开关功率管上出现尖峰噪声或变压器次级输出接地端和开关电源机壳间出现尖峰噪声电压。产生这些尖峰噪声电压的原因是在内部 PWM 发生器上始终跨接着一个电容性分压器，产生这个容性分压器的电容有：

① 信号源至机壳之间的分布电容。

② 机壳至输出接地端之间的分布电容。

③ 输出端接地点到信号源另一端之间的分布电容。

④ 功率开关变压器初级单元电路与次级单元电路交叉引线之间的分布电容。

⑤ 取样电路与 PWM 电路布线之间的分布电容。

这些分布电容将会引起开关电源输出端与机壳接地端之间产生较大的尖峰方波噪声，要想减小这些分布电容的分量，从而达到降低开关电源输出端与机壳接地端之间的尖峰方波噪声的目的，必须从以下三个方面采取措施。

（1）接地措施

在开关电源的电路设计和实际调试过程中，应尽量使输出端与机壳或与机壳的接地点之间的直流阻抗和交流阻抗都等于零。

（2）布线措施

稳压电源电路一旦设计定型后，在进行 PCB 的设计和布线的过程中，应尽量避免功率开关变压器的初级单元回路与次级单元回路有交叉线条出现。控制和保护电路的取样电路、PWM 电路也应尽量避免有交叉线条出现。有关 PCB 的布线原则在以后的实际开关电源电路设计中还将进一步讲述。

（3）开关电源与负载电路系统的连接措施

一旦开关电源电路及 PCB 均已设计定型完毕，为了避免把开关电源输出端已经被减小到最小值的尖峰方波噪声再引入负载电路系统，一般都采用图 1-54 所示的连接方法把开关电源与负载电路系统连接起来。也就是在开关电源的输出端与接地端之间跨接一个串联等效电阻和串联等效电感都很小的无极性滤波电容，容量范围为 $0.1 \sim 0.47\mu F$。在负载电路系统的引入端与负载电路系统的接地端之间除了要跨接一个串联等效电阻和串联等效电感都很小的无极性滤波电容，容量范围为 $0.1 \sim 0.47\mu F$ 以外，还要并联一个 $10\mu F$ 的电解电容进行滤波。这样不但可以将开关电源输出端的尖峰方波噪声滤除掉，而且还可以将由于连接线过长而感应的环境噪声滤除掉。

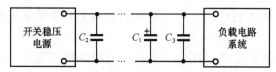

图 1-54 开关电源与负载电路系统的连接图

如果不采取这些措施降低那些尖峰方波噪声和所感应的环境噪声，就会使负载电路系统中的高增益放大器和 5V TTL 逻辑电路的正常工作出现问题，使整机系统工作不正常。这些噪声信号从公共接地点的输出接地线上传输到开关电源机壳上，从而使输出接地母线不同的点上出现的噪声信号的相位和电位各不相同。因此，输出接地母线上相隔一定距离的两点之间就会出现一个噪声电压。如果这两点分别位于接收放大器的输入端和发射机的输出端时，则这个接地母线上的噪声电压将与发射机输出电压混合而被发射出去。如果有高增益放大器或计算机数字逻辑电路存在时，这样一来就会使输出结果出现错误，造成整机工作不正常。通常这个噪声电压信号是以开关电源内部电路本身产生的方波信号的前沿和后沿上所出现的尖峰或高频阻尼振荡波形的形式出现的。噪声电压信号的幅度和持续时间的长短取决于到公共接地点与开关电源机壳之间引线所导致的电感值的大小。如果开关电源电路的接地点不与机壳连接时，输出接地点与开关电源机壳之间的噪声就有可能为方波。在开关电源的总接地端和开关电源机壳之间接入一个串联等效电阻和串联等效电感都很小的无极性滤波电容，容量范围为 0.01～0.068μF 是非常必要的。如果不采取接入一个高频小容量电容的方式时，则开关电源输出电压的接点与接地点之间的纹波和杂波噪声就会对负载电路系统造成不可忽视的干扰和影响。

2. 隔离与耦合技术

在讲述、分析和讨论接地问题时，曾提到了开关电源电路中，从功率开关变压器算起以初级电路以前的部分为一个公共接地单元，以次级电路以后的部分为一个接地单元。而开关电源要保证能够安全可靠、稳定正常地工作，还必须加上控制电路、驱动电路、保护电路、取样比较放大电路等。而这些电路的最后目的还是要将功率开关变压器次级以后电路的输出电压和电流的不稳定因素经取样放大、比较和整形后形成一个反馈信号，输送给控制电路和保护电路，使其激励和控制驱动电路输出的 PWM 信号的脉冲宽度或频率，使驱动电路能够及时地控制开关功率管的工作状态。此外，在有些开关电源电路中，把输出过流、过压、欠压和过温度等保护功能都综合为控制驱动电路输出的 PWM 信号的脉宽或频率。

开关电源电路中的功率开关变压器的初级单元电路和次级单元电路要通过以上环节构成一个反馈闭环控制回路，在对开关电源实现稳压、控制和保护的过程中，就出现了这两个不共地的独立单元如何隔离，又如何耦合的问题。在解决既要隔离，又要耦合问题的过程中，就出现了各种各样不同类型的耦合技术和隔离技术。

（1）光电耦合技术

在讲述这种耦合技术之前，先来看一下光电耦合器的特性。光电耦合器中的光电三极管（又称光敏三极管）的内部结构和特性曲线如图 1-55 所示。从其特性曲线中可以看出，当发光二极管两端所加的电压达到 U_{ps} 时，通过光电接收管中的电流便可达到最大值 I_{pm}。因此当加在发光二极管两端的电压信号在 $U_o \sim U_{ps}$ 发生变化时,光电接收管中流过的电流就会从 $0 \sim I_{pm}$ 近似于成正比关系变化。

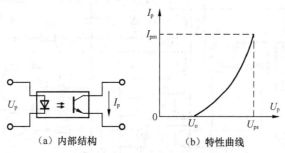

图 1-55　光电三极管的内部结构和特性曲线

图 1-56 所示的电路是一个为了提高开关电源稳定度而采取的一组光电耦合器构成的反馈闭环控制回路的完整电源电路。该电路的工作原理为,当输出电压升高时,流过光电耦合器中发光二极管的电流就会增加,因而发出的光强度也会相应地增加,使光电耦合器中光电接收器的电流随之增加,最后就会导致光电三极管的集电极电流增加,开关功率管 VT 基极的电流随之相应下降,这样就缩短了开关功率管 VT 的导通时间,使输出电压降低,实现了稳定输出电压的目的。

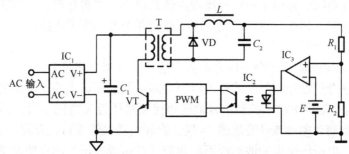

图 1-56　具有一路光电耦合器的开关电源电路

图 1-57 所示的电路是一个为了提高开关电源稳定度而采取两组光电耦合器构成的反馈闭环控制回路的完整电源电路。由于该电路的负载是一个具有冷态电阻特别小的灯丝的溴钨灯供电电源,因此具有特殊的要求。其中光电耦合器 IC_2 主要是把经放大器 IC_4 放大了的输出过流信号耦合给控制和驱动电路,从而关断开关功率管的工作状态,最后实现过流保护的目的。光电耦合器 IC_3 主要是把经放大器 IC_5 放大了的输出过压和欠压信号耦合给控制和驱动电路,使控制和驱动电路输出给开关功率管 VT 的 PWM 驱动信号的脉冲宽度或频率随着输出过压和欠压信号的幅度成反比关系变化,也就是输出电压过高时,通过耦合和控制以后控制和驱动电路输出给开关功率管 VT 的 PWM 驱动信号的脉冲宽度变窄或频率变低,从而使开关功率管 VT 的工作状态发生变化,最后实现了稳定电源输出电压的目的。另外,该开关电源的过压和欠压保护也是通过光电耦合器 IC_3 这一路来实现的。也就是当过压和欠压值超限时,光电耦合器 IC_3 所耦合给控制和驱动电路的信号就会将输出给开关功率管 VT 的 PWM 驱动信号的脉冲宽度和频率降至零,使开关功率管 VT 停止工作,最后同样实现了过压和欠压保护功能。

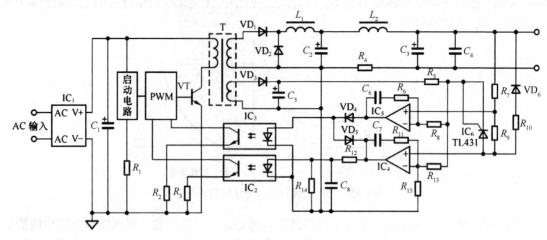

图 1-57　具有两路光电耦合器的开关电源电路

（2）变压器磁耦合技术

与光电耦合技术相比较，变压器磁耦合技术的优点是可以采用单独的磁耦合变压器来实现，也可以采用与功率开关变压器加工在一起的混合方法来实现，而且不需要像光电耦合电路那样要另设偏置电源。它的电路形式比较灵活，电路可以自行设计。其缺点是加工起来比较麻烦，一致性较差，体积和重量较大。下面通过几个实际应用电路对各种不同的变压器磁耦合技术加以说明和分析。

图 1-58 所示的电路就是一个不用光电耦合技术进行耦合和隔离，而采用变压器磁耦合技术来实现传输和耦合反馈控制信号的开关电源电路的原理图。当稳压电源的输出端电压恒定不变时，PWM 电路就将 PWM 驱动信号输送给控制晶体管 VT_2 的基极，晶体管 VT_2 将其放大到具有一定的驱动功率后通过变压器 T_2 耦合给开关功率管 VT_1 的基极，驱动器正常工作。一旦输出端的输出电压所出现的波动或不稳定值（过压或欠压）超出所要求的额定值时，取样、比较、控制等反馈电路就会将其取出进行处理后输送给 PWM 电路，PWM 电路就会输出一个脉冲宽度或脉冲频率与反馈控制信号成反比关系的 PWM 驱动信号，该信号通过 VT_2 放大后再通过变压器 T_2 耦合给开关功率管 VT_1 的基极，使其工作的脉冲宽度或脉冲频率发生变化，最后实现了稳定开关电源输出电压和各种保护的目的。

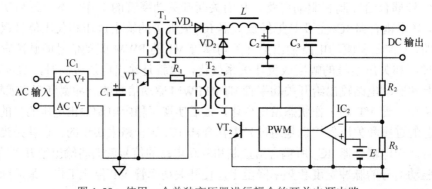

图 1-58　使用一个单独变压器进行耦合的开关电源电路

图 1-59 所示的电路为既有单独的耦合变压器，又在功率开关变压器中增加了一个副激励绕组的开关电源电路。当启动电路将开关功率管 VT_1 启动后，在功率开关变压器中就有一个电流流过，这样就会在副激励绕组中感应出一个电压，这个电压就会在耦合变压器的初级绕组之一 T_2 的 4 端中感应出一个电流，与此同时在耦合变压器的初级绕组之一 T_2 的 1 端中也同样感应出一个电流，这两个电流的相位是相同的。通过变压器的耦合作用，在开关功率管 VT_1 的基极就会产生一个反偏压，使其截止。与此同时，在开关功率管 VT_2 的基极就会产生一个正偏压，使其导通。这样就形成了一个完整的功率周期。另外，过流和过压信号也是通过功率开关变压器中的副激励绕组感应出来以后又通过耦合变压器 T_2 耦合到两个开关功率管 VT_1 和 VT_2 的基极，使其停止工作，完成过流和过压的保护功能。

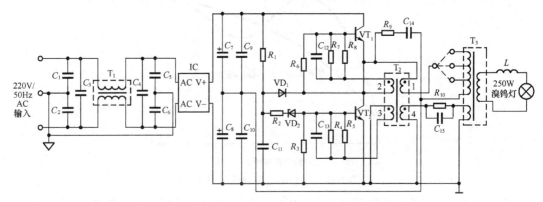

图 1-59 具有耦合变压器，又具有副激励绕组的开关电源电路

图 1-60（a）所示的电路是一个使用磁耦合技术的典型应用电路，它解决了开关电源加电启动的瞬间，次级控制电路的电源电压太低，达不到控制电路充分动作的电平而致使输出电压出现快速上冲的问题。图 1-60（b）所示的曲线为具有软启动电路和不具有软启动电路的开关电源输出电压波形。在图 1-60（a）所示的电路中可以看出，软启动电路由一个单向晶闸管 VT 和一个附加在磁耦合变压器中的副激励绕组 T_{2-5} 组成。结合图 1-59 所示的电路，其软启动的工作过程为：在开关功率管 VT_2 导通、VT_1 截止的同时，在磁耦合变压器的副激励绕组 T_{2-5} 中也会感应出一个电压信号，该电压信号直接被加到单向晶闸管 VT 的控制端，使单向晶闸管 VT 被触发而导通。当单向晶闸管 VT 导通后，已经经过了 $t = R_5 \cdot C_9$ 这么长的时间，供电电源的输出电压都已完全建立并稳定。开关电源的输入端直接与 220V/50Hz 的市电电网相连，经过一次整流和一次滤波以后成为开关电源电路的供电电源。通常为了提高稳压电源的输出稳定度和转换效率，一般都是采用容量大、耐压高的高温度电解电容滤波。在稳压电源加电瞬间会产生很大的充电电流，再加上开关功率管的启动电流，就会导致加电瞬间的最大峰值电流可能为稳态电流的几十倍。这么大的冲击电流，就容易导致一次整流全桥的损坏和造成输入端的一次滤波电解电容的损伤，也会给市电电网中带来尖峰噪声干扰，使正弦波产生畸变，功率因数降低。因此，在开关电源电路中均加有软启动电路，特别是在大功率输出的开关电源电路或负载为具有灯丝的灯电源电路中，这一点尤为突出。

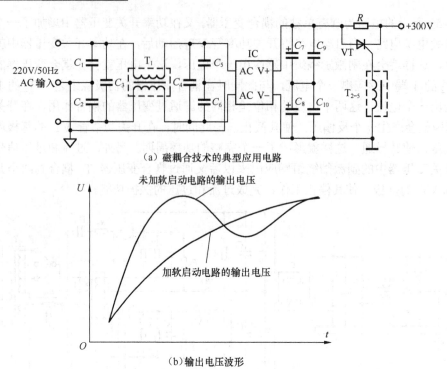

（a）磁耦合技术的典型应用电路

（b）输出电压波形

图 1-60　软启动电路及输出电压波形

在图 1-61 所示的开关电源电路中，不但采取了单独的磁耦合变压器 T_2，而且主功率开关变压器中又增加了辅助的绕组 N_c。辅助绕组 N_c 将初级上升速率变化非常快的保护信号耦合给次级的保护电路，而次级输出端所加的取样电阻 R_1 和 R_2 将输出电压中的不稳定因素或过压、过流信号通过独立的耦合变压器 T_2 耦合到初级的 PWM 电路，用以控制开关功率管 VT_1 的工作状态。这样交叉耦合，相互配合使初、次级的保护电路不但减慢了开关电源输出电压的上升速率，而且也确保了开关电源能够稳定、安全、可靠地工作，同时又简化了开关电源的电路结构。

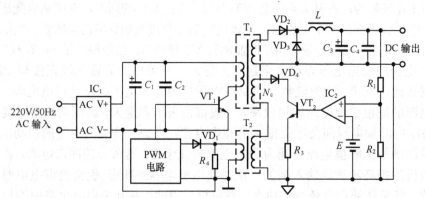

图 1-61　既有耦合变压器又有辅助绕组的开关电源电路

（3）光电与磁混合耦合技术

在开关电源电路中，通过对应用光电耦合技术和变压器磁耦合技术的分析和讨论可以明显地看出，它们各自的特点如下：

① 光电耦合器的优点是体积小，市场上就能直接购买到性能较好的产品，不需要重新设计和加工，体积和重量又非常小；缺点是驱动能力差，需要另设一组供电电源和对信号进行再次放大和处理。

② 变压器磁耦合技术的优点是它既可以加工在主开关功率变压器中，又可以独立为一个单独的耦合变压器，同时也可以采用二者兼得的方法，因此它的加工成本低，形式灵活多样，不需要另设供电电源；缺点为市场上不会出现恰好符合设计者要求的现成产品，需要另外设计和加工，体积和重量也较大。

光电与磁混合耦合技术是分别取其各自的优点而构成的可靠、方便、有效的一种耦合技术。在图 1-62 所示的开关电源电路中，N_1 和 N_2 是加工在主功率开关变压器中的两个辅助绕组，从而构成磁耦合电路。将输入回路中主功率开关变压器的初级控制输出电压上升速率的快变化信号耦合给次级输出回路的控制电路，从而实现减慢输出电压上升速率的目的。另外这两个辅助绕组同时还起着为初级控制电路、PWM 电路和次级比较电路、控制电路产生辅助电源的作用。光电耦合器 IC_1 把输出端的过流、过压和欠压等不稳定因素通过比较放大器 IC_2 比较和放大后耦合给初级的控制电路、PWM 电路，从而控制和改变开关功率管的工作状态，最后实现开关电源的稳定输出电压和各种保护功能的目的。

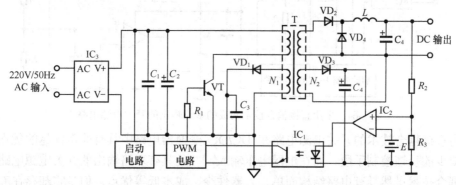

图 1-62　具有光电和磁混合耦合技术的开关电源电路

（4）直接耦合技术

在开关电源电路中，经常会遇到采用直接耦合技术的情况，也就是功率开关变压器的初级单元电路与次级单元电路共用一个地。另外，在绝大部分的 DC/DC 变换器电路中，由于仅采用一个储能电感来代替功率开关变压器，因此反馈控制环路就只能采用直接耦合的方法来实现。设计者采用这种直接耦合的方法来构成开关电源电路，主要是为了降低成本，简化电路结构，减少电路中的元器件个数。

图 1-63 所示的电路是一个采用直接耦合技术构成的 DC/DC 变换器电路。电路中的取样电阻 R_1 和 R_2 将输出电压中的不稳定因素以及过压、过流和欠压信号取样到后直接馈送给 LM2576 的反馈控制端，使其控制和改变开关功率管 VT 的工作状态，最后实现稳压和各种保护的目的。

图 1-64 所示的电路是一个采用直接耦合技术构成的多路输出的开关电源电路。电路中的取样电阻 R_1 和 R_2 将输出电压中的不稳定因素以及过压、过流和欠压信号取样到后送给比较放大器 IC_2，经过比较和放大后直接用以控制初级的 PWM 电路，最后实现稳压和各种保护的目的。

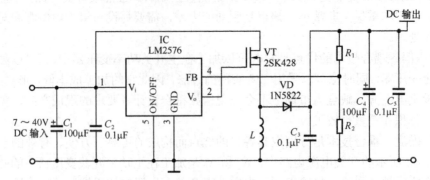

图 1-63 采用直接耦合技术的 DC/DC 变换器电路

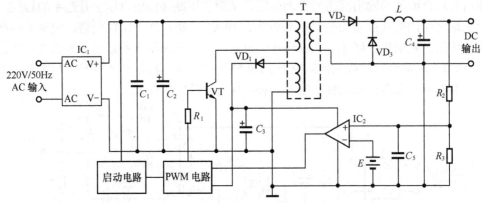

图 1-64 采用直接耦合技术构成的多路输出的开关电源电路

　　采用直接耦合技术的开关电源电路在 DC/DC 变换器电路中具有非常优越的优点，是一种不可缺少的反馈控制手段。而在电网电压输入，并且具有多路输出的开关电源电路中，这种直接耦合技术虽然具有电路结构简单、元器件少、成本低等优点，但是它却存在着下面几个致命的缺点：

　　① 在同一个电网供电的情况下，不能直接使用检测和调试仪器仪表进行检测和调试，必须使用一个隔离变压器进行隔离后，才能使用这些检测和调试仪器仪表进行检测和调试，否则就会烧坏这些贵重的检测和调试仪器仪表。

　　② 机壳有可能带电，容易造成人身触电的危险。

　　③ 干扰大，特别是对计算机系统或数字控制系统供电时，容易造成计算机或数字控制电路死机和出错，甚至丢失数据和信息。

　　④ 在需要输出多路电源电压或者对于具有数字电路和模拟电路的负载系统来说，由于负载电路系统的特殊性和多路输出的特殊要求，所以在这些应用场合就不能使用直接耦合技术，而必须使用功率开关变压器；必须使功率开关变压器的初级单元电路与次级单元电路隔离开，使其不能共地；必须使用光电耦合、磁耦合或混合耦合技术构成反馈控制回路。

　　3. 屏蔽技术

　　屏蔽技术通常包含着两层意思：一是把环境中的杂散电磁波和其他干扰信号（其中包括工频电网上的杂散电磁波）阻挡在被屏蔽的用电系统的外面，以防止和避免这些杂散电磁波和其他干扰信号对该用电系统的干扰、影响和破坏；二是把本用电系统内的振荡信号源或交变功率变换辐射源通过电路中的各个环节和各种途径向外辐射或传播的电磁波阻挡在本用电系统内部，以防止和避免传播和辐射出去而污染环境和干扰周围的其他用电系统。这就像冬天里人们穿一件皮大衣一样，一方面是为了防止和避免体外的寒流侵入体内，另一方面是为了防止和避免体内的热量散发到体外。

开关电源电路中的屏蔽技术主要是屏蔽开关电源内部的振荡器和功率变换器所产生的高频电磁波，使它不要通过开关电源电路中的变压器、电感、电容、电阻、引线以及 PCB 等环节传播和辐射出去，从而污染环境和干扰周围的其他用电系统的正常使用。为了使人们对开关电源电路中的屏蔽技术有一个清楚的认识和明确的了解，现在从以下几个方面分别进行分析和讨论：

（1）软屏蔽技术

① 输入端的滤波技术。所谓软屏蔽技术就是开关电源电路的设计者们在进行电路设计时，采取有效的电路技术（如共模滤波器技术、差模滤波器技术、双向滤波器技术、低通滤波器技术等各种滤波器技术），一方面将开关电源电路内部的高频电磁波对外部的传播和辐射抑制和滤除到最小程度，以不影响周围的其他电子设备、电子仪器和电子仪表的正常工作，同时也不污染工频电网；另一方面将输入工频电网上的杂散电磁波也抑制和滤除到最小程度，以不影响开关电源电路的正常工作。

通常采用如图 1-65 所示的线性滤波器或者称为双向滤波器的电路加在开关电源电路的工频 220V/50Hz 或 110V/60Hz 的输入端，只允许 400Hz 以下的低频信号通过，对于 1～20kHz 的高频信号具有 40～100dB 的衰减量，实现了开关电源电路中的高频辐射不污染工频电网和工频电网上的杂散电磁波不会窜入开关电源电路而干扰和影响其工作的软屏蔽作用。这种理想的双向滤波器对于高频分量或工频的谐波分量具有急剧阻止通过功

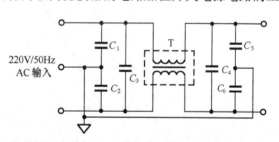

图 1-65　单级双向滤波器的电路结构

能，而对于 400Hz 以下的低频分量近似于一条短路线。在图 1-65 所示的连接于开关电源电路输入端的双向滤波器电路中，电容 C_1、C_2、C_5 和 C_6 用以滤除从工频电网上进入开关电源和从开关电源进入工频电网的不对称的杂散干扰电压信号，电容 C_3 和 C_4 用以滤除从工频电网上进入开关电源和从开关电源进入工频电网的对称的杂散干扰电压信号，电感 L 用以抑制从工频电网上进入开关电源和从开关电源进入工频电网的频率相同、相位相反的杂散干扰电流信号。电容 C_1、C_2 和电容 C_5、C_6 的公共接地端应该与机壳和实验室或机房等的联合接地极（≤1Ω）相连；电感在加工时应具有较小的分布电容，应均匀地绕制在圆环骨架上，铁芯应选用与骨架和原频率相一致的铁钼合金材料，有关铁芯材料使用频率的极限值如下。

- 叠层式铁芯：约为 10kHz。
- 粉末状坡莫合金：$1～1×10^3$kHz。
- 铁氧体铁芯：10～150kHz。

在实际应用中，为了使加工工艺简便，双向滤波器中的电感可不采用圆环状铁芯，而常采用 C 形材料的铁芯来加工。滤波器中的所有电容也应采用高频特性较好的陶瓷电容或聚酯薄膜电容，C_1、C_2、C_5 和 C_6 的容量应为 2200pF/630V，C_3 和 C_4 的容量应为 0.1μF/630V，电

容的连接引线应尽量短，以便减小引线电感。

在实际应用中，这种双向滤波器的滤波特性不是那么理想，同时在频率继续上升时，特性就会继续下落，这时滤波效果就会变差。因此，采用单级双向滤波器就不能够得到较好的滤波效果。为了弥补这一点，在实际应用中对于一些要求较高的应用场合，人们就采用多级双向滤波器串联的方式，如图 1-66 所示。但是在对成本和造价具有较严格的要求时，为了降低成本和减少造价，在一般的开关电源电路中，只使用一级 LC 线性滤波器是比较经济合算

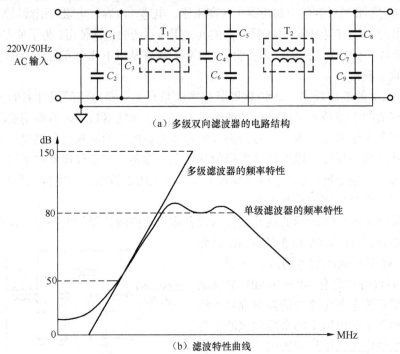

（a）多级双向滤波器的电路结构

（b）滤波特性曲线

图 1-66　多级双向滤波器的电路结构与滤波特性曲线

的，如图 1-67 所示。该电路的特点是每一个整流二极管上并接一滤波电容，这样就可以使每个滤波电容的耐压值只是图 1-65 所示双向滤波器电路中电容耐压值的 1/2，虽然电容的数量增加了，但是实际总成本却降低了。

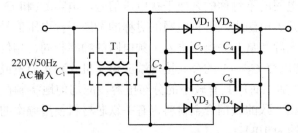

图 1-67　成本降低了的开关电源滤波电路

将开关电源电路中产生的高频辐射干扰信号从稳压电源的输入端就堵塞住，这对防止和避免工频市电网的干扰和污染是非常重要的。而能否将开关电源从输出端朝外辐射和传播的高频干扰信号抑制和滤除掉，以防止和避免对邻近其他的电子设备、测量仪器仪表、家用电器等的正常工作造成干扰和影响，也是开关电源能否被推广应用到实际中的一个不可忽视的重要环

节。前面已经叙述和讨论了输入端的滤波技术，现在就对输出端的滤波技术进行讨论和论述。

② 输出端的滤波技术。为了防止和减小开关电源将内部的高频信号叠加到输出的直流电压上形成杂波噪声，从而影响负载电路系统的正常工作，另一方面还要防止负载电路系统中的高频信号窜入开关电源电路影响其正常工作，需要在输出端加入滤波电路。常用的滤波电路是由电容或电感或电容和电感混合组成的。图 1-68 所示的电路就是电感式、电容式和电容与电感混合式三种类型的滤波电路。

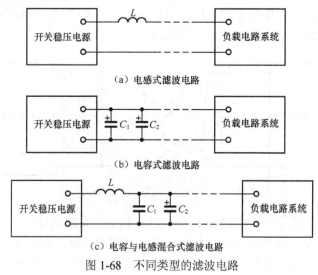

图 1-68　不同类型的滤波电路

图 1-68（a）所示的电路是电感式滤波电路。电感 L 通常是采用单根漆包线（漆包线的线径可根据输出电流的大小而定）绕制在 $\phi 6 \times 30$ 的铁氧体磁棒上，匝数可在 4～7 匝选定。有时为了得到较好的滤波效果，还可以将磁棒改为同样材料的磁环。这种滤波电路的特点是所用元器件少，结构简单，并且对高频尖脉冲干扰信号具有较好的滤除和抑制效果。

图 1-68（b）所示的电路是电容式滤波电路。电路中的电容 C_1 一般应选择 10μF 的电解电容，耐压可根据输出电压的高低而定，该电容主要用来滤除输出电压上的低频波动信号。电路中的电容 C_2 一般应选用 0.01～0.1μF 的高频特性和温度特性较稳定的陶瓷或聚酯薄膜电容，耐压同样要根据输出电压的高低而定，该电容主要用来滤除叠加在输出电压上的高频尖脉冲干扰信号。

图 1-68（c）所示的电路是电容与电感混合式滤波电路，它由电感 L 和电容 C_1、C_2 组成。从电路形式上看，实际上就是图 1-68（a）和（b）所示电路加起来而组成的。该电路结构虽然比这两种电路要复杂一些，但是滤除和抑制噪声和干扰的效果要比它们好得多，所以它是实际应用中经常采用的滤波电路。

以上三种滤波电路虽然能够滤除和抑制低频和高频干扰信号，但是却对共模干扰噪声无能为力。为了滤除和抑制稳压电源传输到负载电路系统或负载系统传输到稳压电源的共模干扰噪声，就必须采用图 1-69 所示的滤波电路。该滤波电路是在以上三种滤波电路的基础上引进了一个共模滤波电感，共模滤波电感中的 L_1 和 L_2 是在同一个磁环上分别采用漆包线各绕制 7 匝而成的。滤波器的输入端和输出端与前面已经讲过的双向滤波器电路完全相同，这种引进了共模电感的滤波电路的等效阻抗可以表示为

$$Z - \sqrt{R^2 + \left(2\pi f L\right)^2} \qquad （1\text{-}100）$$

式中，Z 为滤波电路的等效阻抗；R 为滤波电路的等效电阻；L 为滤波电路的等效电感；f 为干扰噪声信号的频率。该关系式说明，干扰噪声信号的频率越高共模电感滤波电路对其所呈现的阻抗就越大。因此，这种加入了共模电感的滤波电路对高频干扰噪声信号，特别是尖峰干扰脉冲噪声具有较好的滤除和抑制作用。但是，由于这种滤波电路中采用了共模电感，并且这种电感是带有磁环的，所以不但电路结构复杂，加工难度大，而且造价高。因此，这种滤波电路只适用于对屏蔽要求较为严格的应用场合。

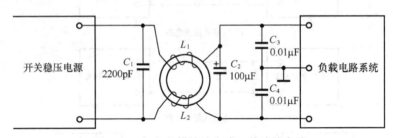

图 1-69　加入共模滤波电感 L 的滤波电路

③ 输出端配线技术。开关电源在将能量供给负载电路系统的过程中，当引线长而且配线不合理时，线间所产生的寄生电容就会增加到不可忽视的程度，共模噪声信号就会通过这些寄生电容传播和导入到负载电路系统，使负载电路系统的正常工作受到影响，严重时就会使负载电路系统不能正常工作或损坏其中的一些元器件。

实际测量和实验证明，采用绞扭线比采用平行线传输效果要好得多。图 1-70 给出了采用线间距离较大的平行线传输和采用线间距离较小的绞扭线传输时，在负载端用示波器分别观察到的噪声信号波形。当采用 1m 长并且线间的距离为 5cm 的平行线传输时，在负载端所观察和测量到噪声电压信号的幅值为 60mV；如改用 1m 长并且线间的距离为 1cm 的绞扭线传输时，在负载端所观察和测量到的噪声电压信号的幅值就降低为 14mV。表 1-3 中就列举了平行线和绞扭线在线间距离不同时对杂波噪声信号的抑制、滤除和衰减量。从这些实验数据中可以看到，绞扭线比平行线对杂波噪声信号的抑制、滤除和衰减要好得多；并且绞扭得越紧，对杂波噪声信号的抑制、滤除和衰减的效果越好。当然，采用绞扭线传输时，绞扭线应该自始至终都均匀地绞扭在一起，如果在中间有一部分线没有绞扭，形成了一个环路，两线间包含了一定的面

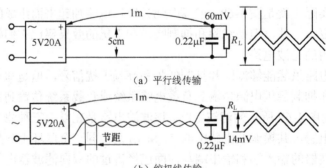

（a）平行线传输

（b）绞扭线传输

图 1-70　平行线和绞扭线传输效果的比较

积，同样也会使负载端的杂波噪声信号增大。此外，在稳压电源的输出端附近若加上滤波电路，再采用绞扭线进行传输，则对杂波噪声信号的抑制、滤除和衰减的效果就会更好。

表 1-3　平行线、绞扭线和杂波噪声信号的关系

编　号	线　型	节距/cm	对杂波噪声信号的衰减量	
			比　率	衰减量/dB
1	平行线	—	1∶1	0
2	绞扭线	10.10	14∶1	23
3	绞扭线	7.62	71∶1	37
4	绞扭线	5.08	112∶1	41
5	绞扭线	2.54	141∶1	43

图 1-71 所示的电路说明了采用不同的绞扭线传输，并且所加滤波器的位置不同时，所得到的对杂波噪声信号的抑制、滤除和衰减的效果也不同。实验结果表明，采用图 1-71（c）所示的传输方法，也就是将稳压电源输出端的+、–两根传输线直接绞扭起来，信号通过该绞扭线再通过滤波电路滤波后传输给负载电路系统，就能得到对杂波噪声信号抑制、滤除和衰减较为满意的效果。这种传输方法既经济，效果又好，因此这种传输方法是实际应用中采用得最多的一种方法。

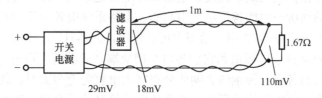

（a）滤波器位置在开关电源的输出端，电源输出引线两两绞扭

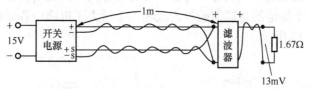

（b）滤波器位置在负载电路系统的输入端，电源输出引线两两绞扭

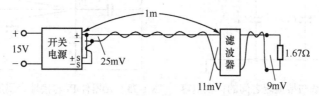

（c）滤波器位置在负载电路系统的输入端，电源输出引线直接绞扭

图 1-71　绞扭线不同、滤波器位置也不同时对噪声的影响

除了采用这些配线技术能对杂波噪声信号具有一定的抑制、滤除和衰减作用以外，地线的选择位置、连接方法、长短、粗细等都与杂波噪声信号的大小有着密切的关系。实践证明，地线一端接地比两端接地的效果要好，接地点应选择在负载电路系统端，地线应尽量短而粗。

在有些不能采用绞扭线的场合，若要使用平行线传输，则线间的距离应尽量加大，以减

小线间所形成的分布电容和寄生电容。

④ 初、次级之间安全电容的要求。在绝大部分开关电源电路中，为了将由于高频功率变换而引起的电磁波杂散干扰和噪声抑制到最小程度，初级侧电路部分与次级侧电路部分应连接一个安全电容，有时也叫去耦电容，常用符号 Y 来表示。在有些电源电路中，去耦电容应直接从输入滤波电容的正端连接到开关变压器次级的公共端或功率接地端。在有些电源电路中，如果从初级的地到次级的地之间需要一个去耦电容时，就应该把初级侧的地直接连接到输入滤波电容的负端，这样布局就会使较大的浪涌电流远离 PWM 控制电路。在有些电源电路中，为了得到较好 EMI 去耦的效果，还可以使用一个π形滤波器，滤波器中的电感应放置在输入滤波电容的负端之间。在有些电源电路中，去耦电容应该放置在靠近变压器次级输出回零端与初级滤波大电容正极之间，才能将 EMI 的耦合限制到最小。

（2）硬屏蔽技术

所谓硬屏蔽技术就是开关电源的设计者在将开关电源设计和调试完成后，设计一个屏蔽罩，一方面将软屏蔽后开关电源所残留的电辐射和磁辐射的杂散电磁波噪声对环境以及周围的用电系统的影响和干扰尽可能地屏蔽掉，另一方面使外部的杂散电磁波不至于辐射到开关电源电路中，影响和干扰开关电源电路的正常工作。现在从几个方面分别进行论述和讨论：

① 对电场的屏蔽技术。对电场的屏蔽技术就是把一个电路系统与另一个电路系统之间所产生的电场耦合消除和抑制到最小程度。电场耦合主要是通过电路系统内部各元器件和连接线对机壳或者对接地端所产生的寄生电容引起的。电路系统中各元器件及引线与接地端所产生的寄生电容分别表示于图 1-72 中。由图中可以看出，元器件 P_1、P_2 和引线 Q_1、Q_2 分别与接地端之间所感应的高频电压幅值和它们各自与接地端之间的寄生电容 $C_1 \sim C_4$ 的大小成反比。也就是说，当它们各自与接地线之间的分布寄生电容为无穷大时，就对所感应的高频电压信号呈现短路状态，可以将这些所感应的高频电压信号几乎全部旁路到地。换一句话说，也就是当它们各自与接地线之间的分布寄生电容为无穷大时，就不会感应高频电压信号。对整个电路系统加工一个接地的金属屏蔽罩，就相当于增大了电路中各元器件和引线与接地端的寄生电容，如图 1-73 所示。

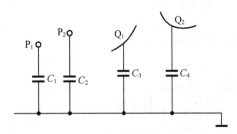

图 1-72 元器件和引线与接地端之间的寄生电容

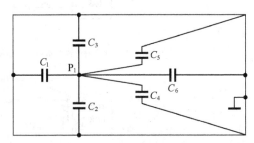

图 1-73 元器件 P_1 与接地金属屏蔽罩之间的寄生电容

为了便于说明问题，图 1-73 中只表示出了元器件 P_1 在二维平面内与接地金属屏蔽罩之间的寄生电容的分布情况，其他元器件以及引线在二维平面内与接地金属屏蔽罩之间的寄生电容的分布情况便可依此类推，这些元器件在三维平面内与接地金属屏蔽罩之间的寄生电容的分布情况也同样可依此类推。从图中可以看到，给电路系统加上接地良好的金属屏蔽罩后，元器件 P_1 与接地端之间的寄生电容 C 就等于各个方向与接地端之间寄生电容的并联值，可由下式表示：

$$C = C_1 + C_2 + C_3 + C_4 + C_5 + C_6 + \cdots + C_n \qquad (1\text{-}101)$$

因此，给电路系统外加了接地良好的金属屏蔽罩以后，就可以将电路中各元器件和引线与接地端之间所感应的高频电压信号降低到最小程度，甚至就不会感应出高电平电压信号。这也就是电路设计工程师们在 PCB 布线过程中，尽量增大接地线的面积，尽量缩短其他元器件的引线，尽量避免出现高频与低频交叉走线的机会，有时甚至将无用的空闲地方也制作成接地线的原因所在。实验证明，金属屏蔽罩的材料选择铝板和铁板，其屏蔽效果是一样的，并且与屏蔽罩的金属厚度没有关系。金属屏蔽罩上所开的过线狭缝和调节圆孔的尺寸只要满足比高频信号的波长小得多时，对电场的屏蔽效果基本上是没有什么影响的。但是，外加的金属屏蔽罩接地的好坏却对屏蔽效果的影响非常大，因此要得到良好的屏蔽效果，就必须保证所外加的金属屏蔽罩具有良好的接地。

② 对磁场的屏蔽技术。由于开关电源电路是一种具有较大功率变换和较大功率输出的电路，所以它的载流电路的周围空间都会产生杂散磁场，特别是电路中的功率开关变压器。这种杂散磁场是静磁场还是交变磁场，取决于载流电路中流过的电流是直流还是交流。静磁场对处于周围的任何导体不产生任何电动势，而交变磁场则对处于其中的导体产生交变电动势，这种交变电动势是由于各元器件和引线与接地端之间的寄生电感而引起的。它的幅值是由开关电源中载流电路和引线上流过的交流电流的大小和频率来决定的，并且与其成正比关系。开关电源电路中载流元器件和引线与接地端之间的寄生电感可用图 1-74 来表示。磁场屏蔽技术的任务和目的就是消除和减小由于寄生电感的存在所产生的电

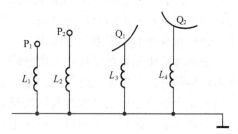

图 1-74　载流元器件和引线与接地端之间寄生电感的分布情况

路与电路之间、用电系统与用电系统之间通过磁耦合而产生的相互干扰和影响，也就是抑制和削弱上面所说的那种感应交变电动势。由此可见，只有把载流电路、载流元器件和载流引线与接地端之间的寄生电感减小到最小值，才能把通过磁耦合所感应的高频电动势也就是高频干扰信号的幅度降低到最小程度。我们仍然采用电场屏蔽技术讨论中所采用的外加接地金属屏蔽罩的方法来对付磁屏蔽问题，只是将所加工的金属屏蔽罩的材料规定为顺磁材料，如铁合金、坡莫合金等，并使之与接地端具有良好的连接。这样，磁力线就会沿顺磁材料加工而成的屏蔽罩壁通过。因为屏蔽罩是采用顺磁材料加工而成的，其磁阻要比空气的磁阻小得多，因此载流电路、载流元器件和载流引线与接地端的寄生电感就会减小。图 1-74 中仅表示出了其中一个载流体 P_1 在二维平面内与接地端之间的寄生电感的分布情况，其他载流体在三维平面内与接地金属屏蔽罩之间的寄生电感的分布情况也同样可依此类推。从图中不难看出，该载流体 P_1 与接地端之间的总寄生电感 L 等于各个方向上寄生电感的并联值，因此总的寄生电感减小了许多。可用下面的关系式表示为

$$\frac{1}{L} = \frac{1}{L_1} + \frac{1}{L_2} + \frac{1}{L_3} + \frac{1}{L_4} + \frac{1}{L_5} + \frac{1}{L_6} + \cdots + \frac{1}{L_n} \qquad (1\text{-}102)$$

当寄生电感 L 被减少到最小程度后，开关电源电路中载流体周围的交变磁场也就被降低了，这时感应交变电动势也就被降低到最低程度，从而完成了对磁场屏蔽的任务。实验证明，在其他条件都不变的情况下，要得到效果较好的磁场屏蔽，降低采用顺磁材料加工而成的屏蔽罩的磁阻是一个关键的因素。但要降低屏蔽罩的磁阻除了要选用磁导率较高的铁磁材料以外，加厚屏

蔽罩的厚度、减少与磁感应线方向垂直的接头、开孔和缝隙也是一个非常有效的方法。在实际应用中，除了给开关电源单独加工一个接地良好的屏蔽罩以外，对电路中的功率开关变压器也要采取必要的屏蔽措施，以降低和缩小功率开关变压器由于在加工时的不合理布线而产生的漏磁现象，并将朝外辐射的高频杂散电磁波对周围环境的影响和污染降至最小程度。

③ 对电磁场的屏蔽技术。由以上对电场和磁场屏蔽技术的讨论与分析中可以看到，静电场和静磁场对周围的环境不会产生污染，对邻近的其他电子设备、电子仪器和电子仪表以及负载电路系统不会产生干扰和影响，而只有交变的电场和磁场才能由一个电路系统辐射和传播到其他的电路系统，才能对周围的环境造成污染，才能对邻近的其他电子设备、电子仪器和电子仪表以及负载电路系统产生干扰和影响。但是，在实际应用中，纯粹的交变电场和交变磁场是不存在的，在有交变电场出现的地方就会伴随有交变磁场出现，同样在有交变磁场出现的地方就会伴随有交变电场出现，它们的传播和辐射是以电磁波的形式同时出现和同时消失的。这就像物理力学中所学到的作用力与反作用力一样，是不会单独存在的。因此纯粹的电场屏蔽技术和措施与单纯的磁场屏蔽技术和措施在开关电源的实际应用中是没有意义的，但是通过对它们的分析与讨论，可以归纳出对由于交变电磁场而引起的杂散电磁波的滤除、抑制和衰减非常有效的方法来。

磁场屏蔽中磁场在屏蔽罩内所感应的电流流过电阻值很小的屏蔽物体本身的短路表面；而电场屏蔽时，在电流流过的电路中，被屏蔽的各点与屏蔽物之间总存在有容抗，电场屏蔽的效果完全取决于屏蔽物本身与系统机壳或接地端之间的短路情况。在对磁场进行屏蔽时，把屏蔽物本身连接到系统的机壳或接地端，完全不会改变屏蔽物激励电流值的大小，因而对改变磁场屏蔽的效果和作用不大。

在电场屏蔽中，频率的高低对屏蔽的效果和作用影响不是很明显，屏蔽物的电阻率对电场屏蔽的效果和作用也很小。而磁场的屏蔽则完全取决于频率的高低，频率越高，则磁场屏蔽的效果和作用越强。屏蔽的效果和作用一旦确定以后，也就是屏蔽的参数一旦选定以后，对于同频率的磁场，则屏蔽物的厚度要求也不一样。对于频率较低的磁场，选定屏蔽物的厚度就要较厚。电场屏蔽时，可以允许屏蔽物上有长狭缝。但磁场屏蔽时，屏蔽物中长狭缝的方向如果与涡流的方向刚好垂直，那么就会使屏蔽的效果和作用变得很差。因为所要屏蔽的电路是开关电源这个较为复杂的电路，其中磁通的方向是杂乱无章的。因此在对磁场进行屏蔽时，屏蔽罩上应尽量避免出现长狭缝。金属盖与屏蔽罩之间、屏蔽罩与机壳之间、屏蔽罩与引出线插头之间等接缝处的狭缝都要严格焊接好或保持良好的接触。

通风孔是机箱等屏蔽体中数量较多且电磁泄漏量最大的一类孔缝，屏蔽通风部件既能屏蔽辐射干扰，又能通风，目前已广泛应用于雷达、计算机、通信设备、电子方舱以及屏蔽室等中。了解并掌握屏蔽通风部件的屏蔽机理、关键的性能参数、各类屏蔽通风部件的性能特点以及相关的应用技术，对于正确选择屏蔽通风部件，进行通风孔的屏蔽设计是至关重要的。

通过上面对电场和磁场屏蔽技术和方法的分析和讨论，可以得到对电磁场的屏蔽技术和方法。电磁场的屏蔽技术和方法为：首先，完全以对磁场屏蔽的要求来加工屏蔽罩，然后将整个屏蔽罩与电路系统的机壳和接地端进行良好的短路，这样就可以对电磁场进行有效的屏蔽。采用这种屏蔽罩，不但可以把开关电源电路本身朝外传播和辐射的杂散电磁波屏蔽、抑制和滤除到最小程度，而且还可以将外界环境中的杂散电磁波阻挡住，不会对开关电源的正常工作造成影响和干扰。如果每一种电子设备和用电系统都能够这样做的话，我们周围的环境将变得十分洁净。

1.7.5　开关电源中的 PCB 布线问题

在任何开关电源设计中，PCB 的布线问题都是最后一个环节，也是开关电源能否调试成功的关键环节。如果 PCB 布线不当，不但会导致产生过多的电磁干扰（EMI），而且还可造成开关电源的工作不正常或不稳定。

1. PCB 布线的设计流程

PCB 布线的设计流程为：在 SCH 界面中输入元器件参数（元器件编号、元器件数值、元器件封装）→建立原理电路网络表→在 PCB 界面中输入原理电路网络表→建立设计参数设置→元器件手工布局→手工布线→验证设计→复查→CAM 输出。

2. 参数设置

相邻导线间距必须能满足电气安全要求，而且为了便于操作和生产，间距也应尽量宽些。最小间距至少要能适合承受的电压，在布线密度较低时，信号线的间距可适当加大，对高、低电平悬殊的信号线应尽可能短且加大间距，一般情况下将走线间距设为 0.3mm。焊盘内孔边缘到 PCB 边缘的距离要大于 1mm，这样可以避免加工时导致焊盘缺损。当与焊盘连接的走线较细时，要将焊盘与走线之间的连接设计成水滴状，这样的好处是焊盘不容易起皮，而且走线与焊盘不易断开。另外，焊盘一般设计成圆形或椭圆形，特别是集成电路的引出端焊盘设计成椭圆形，不但可以增加焊接强度，而且还可满足相邻引脚之间的绝缘距离。

3. 元器件布局

实践证明，即使开关电源原理电路图设计正确，PCB 布线设计不当也会对电子设备的可靠性产生不利影响，严重时可使电源电路不能工作。PCB 布线设计中应遵循的最基本要求为：

① 携带脉冲电流的所有连线应尽可能短而窄，线间距离尽量大，最好采用地线隔离开。

② 由于在高频功率变换级的电流具有较高的变化率，因此这些携带脉冲电流的所有连线应保证具有最小的分布电感。

③ 在任何层面上的电流环路必须分布合理，所包围的面积应最小，以减小电磁干扰。

为了满足这个要求，元器件的布局至关重要。对于每一个开关电源电路均具有下列四个电流回路：

- 功率变换级交流回路；
- 输出整流交流回路；
- 输入信号源电流回路；
- 输出负载电流回路。

来自于双向共模滤波器的电网电压通过一个全波整流器以后，输出一个近似于直流的波动电流对输入滤波电容充电，滤波电容主要起到一个宽带储能作用；与之类似，输出滤波电容也同样用来存储来自输出快速整流器的高频能量，同时对输出负载回路进行直流能量补充。因此，输入和输出滤波电容与其他元器件之间的连线十分重要，输入和输出电流回路应分别只将滤波电容的连线端作为源头。如果输入回路中的滤波电容与开关功率管（双端式电路结构）/开关变压器（单端式电路结构）和整流回路之间的连接线无法从输入滤波电容的接线端直接发出时，或输出回路中的滤波电容与快速整流器和输出端/输出滤波电感端之间的连接线无法从输出滤波电容的接线端直接发出时，交流能量将由输入或输出滤波电容辐射到环境中去。功率变换级的高频交流回路包含高幅度快变化梯形电流，这些电流中的谐波成分很高，其频率远大于功率转换开关基波频率，峰值幅度可高达持续输入/输出直流电流幅度的 5 倍，过渡时间通常约为 50ns；输入整流器的低频交流回路包含高幅度慢变化梯形电流，这些电流中的谐波成分很高，其频率远低于功率转换开关基波频率，峰值幅度可高达持续输入/输出直流电流幅度的 5 倍，过渡时间通常约为 50ms。这两个回路最容易产生电磁干扰，因此必须首先布好这两个交流回路。输入回路中的三种主要元器件为整流器、滤波电容、开关功率管或储能电感或功率开关变压器。这三个主要元器件应彼此相邻地进行放置，调整元器件之间的位置使它们之间的连线最短，以保证电流环路所围成的面积最小。输出回路中的三种主要元器件为整流器、滤波电容、输出接线端子或滤波电感。这三个主要元器件也应彼此相邻地进行放置，调整元器件之间的位置使它们之间的连线最短，以保证电流环路所围成的面积同样最小。开关电源布局的最好方法与其电气设计相类似，最佳设计流程为：放置开关变压器→布局功率变换级电流回路→布局输出整流器电流回路→布局控制电路→布局输入整流器和滤波器回路。

4．PCB 设计原则

设计输出负载回路和输出滤波器电路的 PCB 时应根据电源电路的所有功能单元，对电源电路的全部元器件进行综合考虑，要符合以下原则。

（1）PCB 尺寸的考虑

PCB 尺寸过大时，印制线条长，阻抗增加，抗噪声能力下降，成本也增加；过小则散热不好，且邻近线条细而密集，易受干扰。电路板的最佳形状为矩形，长宽最佳比例应为 3∶2 或 4∶3，位于电路板边缘的元器件离电路板边缘一般不小于 2mm。

（2）方便装配

放置器件时除了要考虑以上所叙述的元器件布局要求以外，还要考虑方便以后的装配与焊接，特别是要便于自动化生产线的装配与焊接，不要太密集。

（3）元器件的布局

以每个功能电路的核心元件为中心，围绕它来进行布局。元器件应均匀、整齐、紧凑地排列在 PCB 上，尽量减少和缩短各元器件之间的引线和连接，去耦电容尽量靠近器件的电源端。按照电路的流程安排各个功能电路单元的位置，使布局便于信号流通，并使信号尽可能保持一致的方向。布局的首要原则是保证布线的布通率，移动器件时应注意飞线的连接，把具有连线关系的元器件放置在一起。同时尽可能减小以上所说的四个电流回路的面积，在开关电源正常工作的基础上尽可能抑制和减小开关电源电路的电磁干扰。

（4）分布参数的考虑

在高频下工作的电路，要考虑元器件之间的分布参数。一般电路应尽可能使元器件平行排列。这样不但美观好看，而且装配与焊接也容易方便，易于批量生产。开关电源中的功率变换级不但工作频率较高，而且功率也较大，因此分布参数的考虑就显得更重要了。

5．散热问题的解决

（1）PCB 材料的选择

为了将功率开关变压器和开关功率管以及其他功率元器件工作时的最大热量散发掉，从而使其温升不会超过限值，建议采用具有专门热传导的 PCB 材料（如铝基 PCB 材料）。这种铝基 PCB 材料是在生产的过程中将一层铝箔与 PCB 胶合在一起，这样不但可以直接吸收热量，而且还可将外部的一个散热器与其紧密地接触。如果采用常规的 PCB 材料（如 FR4）时，把铜皮制作在板材的两侧，利用这些铜皮便可改善散热效果。如果采用了铝基 PCB 材料，那么就建议对开关节点进行屏蔽。这种在开关节点（如漏极、输出整流二极管等的节点）下面直接采用铜皮来代替的结构，为防止直接耦合到铝基板上提供了一种较好的静电屏蔽。这些铜皮面积若在初级侧就应连接到输入 DC 电源电压的负端，若在次级侧则应连接到输出端的公共接地上。这样就会减小与隔离铝基板之间耦合电容的容量，从而起到降低输出纹波和减小高频噪声的效果。

（2）功率元器件封装形式的选择

开关电源中的功率元器件包括输入低频整流器、开关功率管和输出高频整流器。这些功率元器件封装形式的选择主要取决于电源电路的输出功率，在满足输出功率要求的基础上，优先选择 TO–220 型封装，再考虑表贴型封装，最后考虑 TO–3 型金属封装。这是因为 TO–220 型封装的功率器件在自带的散热器不满足输出功率要求时，既可外加散热器，又可直接焊接在 PCB 上利用敷铜部分所制作好的散热板上；而表贴型封装的功率器件只可直接焊接在 PCB 上利用敷铜部分所制作好的散热板上，不能外加散热器。在输出功率要求非常大的开关电源电路的 PCB 设计中，而功率器件又只能选择 TO–3 型金属封装时，最好选用配套的自带式散热器。这样便可将功率器件与其配套的散热器直接焊接和固定在 PCB 上，不会导致由于过长的引线而引起的噪声，但是这种设计将会导致 PCB 尺寸过大。另外，若由于 PCB 尺寸的要求过小而只能选用外加散热器的方式时，开关功率管与 PCB 的引线应采用绞扭式连接，尽量将分布电容和电感降低到最小。若选用 TO–220 型封装的功率器件，而又要外加散热器时，情况也应该如此。由于 TO–220 型封装自带的金属散热片被内部连接到源极、发射极引出端，为了避免循环电流，自带的金属散热片不应与 PCB 有任何节点。当使用 DIP-8B/SMD-8B 型封装的功率器件时，在功率器件肚子下面应制作出较大的 PCB 敷铜部分，并直接连接于源极、发射极端，作为散热片来有效散热。

（3）输入和输出滤波电容的放置位置

从电源整体可靠性的角度出发会发现电解电容是一个电源电路中最不可靠的元件，可以说电源电路中的电解电容的寿命就决定了电源的寿命。而前面也讲过电解电容的寿命受温度的影响非常大，因此输入和输出滤波电容的放置位置在 PCB 布线设计中非常重要。连接到输入和输出滤波电容的 PCB 引线宽度应尽量压缩，压缩的原因有两个：一是让所有的高频电流强制性地通过电容（若较宽时，则会绕过电容），二是把从 PWM/PFM 控制芯片到输入滤波电容和从次级整流二极管到输出滤波电容的传输热量减到最小。输出滤波电容的公共接地端/回零端到次级的连线应尽量地短而宽，以保证具有非常低的传输阻抗。另外，这两个滤波电容应远离发热的功率器件放置。

（4）功率开关变压器的放置要求

为了限制来自于开关功率管节点的 EMI 从初级耦合到次级或 AC 输入电网上，PWM/PFM 控制芯片应尽量地远离功率开关变压器的次级和 AC 电网输入端。连接到开关功率管节点的连线长度或 PCB 敷铜散热面积应尽量减小和压缩，以降低电磁干扰。由于功率开关变压器不但是开关电源中的发热源，而且还是一个高频辐射源，因此在 PCB 布线设计中应重点考虑这两点。

（5）输出快速整流二极管的放置要求

要达到最佳的性能，由功率开关变压器次级绕组、输出快速整流二极管和输出滤波电容所连接成的环路区域面积应最小。此外，与轴向快速整流二极管阴极和阳极连接成的敷铜区域面积应足够大，以便得到较好的散热效果。最好在安静的阴极（负压输出时应在阳极）留有更大的敷铜区域。阳极敷铜区域面积过大会增加高频电磁干扰。在输出快速整流器和输出滤波电容之间应留有一个狭窄的轨迹通道，可作为输出快速整流器和输出滤波电容之间热量的一个化解通道，防止电容过热现象的出现。

6. 接地极的设计

（1）PCB 中的接地原则

由于开关电源的所有 PCB 引线中包含有高频信号引线，因此这些高频信号引线便可起到天线的作用，引线的长度和宽度均会影响其阻抗和感抗，从而影响频率响应。即使是通过直流信号的引线也会从邻近的引线上耦合到高频信号噪声，并造成开关电源电路出现问题（甚至再次辐射出干扰信号）。因此应将所有通过交流电流的引线设计得尽可能短而宽，这就为元器件的排列和布局带来新的更为严格的要求。引线的长度与其表现出的电感量和阻抗成正比，而宽度则与引线的电感量和阻抗成反比。长度反应出引线响应的波长，长度越长，引线能发送和接收电磁波的频率越低，它就能辐射出更多的射频能量。根据引线中电流的大小，尽量加大电源引线的宽度，压缩电源引线的长度，以达到减少环路电阻的目的，使电源引线、接地线的走向和电流的方向一致，这样有助于增强抗噪声能力。接地是开关电源 4 个电流回路的底层支路，作为电路的公共参考点起着很重要的作用，它是抑制干扰和消除噪声的重要途径。因此，在 PCB 布线中应仔细考虑接地引线的放置位置，将各部分接地引线混合会造成电源工作不稳定，或造成过多的高频噪声辐射。PCB 中的接地原则如下。

① 正确选择单点接地。通常滤波电容的公共连接端应该是其他接地点耦合到交流大电流地线的唯一连接点，同一级电路的接地点应尽量靠近，并且同一级电路中的电源滤波电容也应接在该级接地点上。这是因为电路中各部分回流到地的电流是变化的，实际流过线路的阻抗会导致电路中各部分地电位的变化而引入干扰。在开关电源电路中，接地引线和器件间的电感影响较小，而接地引线所形成的环流对干扰影响较大，因此应采用单点接地的方法布线。

② 尽量加粗接地引线。若接地引线较细，接地电位则随电流的变化而变化，致使电子设备的定时信号电平不稳，抗噪声性能变坏，因此就必须使每一个大电流的接地引线尽量短而宽，尽量加宽电源、接地引线的宽度，最好是接地引线比电源引线宽，它们之间宽度的关系是：接地引线＞电源引线＞信号引线。如有可能，接地引线的宽度应大于 3mm，也可用大面积敷铜层作接地引线用。在 PCB 上把未被利用的地方都设计成接地引线，但要注意不能形成闭环。另外，进行全局布线时还须遵循以下原则：

• 考虑布线方向时，从焊接面看，元器件的排列方位尽可能保持与电路图的方位相一致，布线方向最好与电路图走线方向相一致。这是因为生产过程中通常需要在焊接面进行各种参数的检测，这样做便于生产中的检查、调试及检修，同时还可满足接地布线的要求。

• PCB 布线时，引线应尽量少拐弯，信号引线的线宽不应突变，所有引线拐角应大于 45°，力求线条简单、短粗、明了。

• 所设计的电路中不允许有交叉电路，对于可能交叉的线条，可以用"钻"、"绕"两种办法解决，即让某引线从别的电阻、电容、晶体管引脚下的空隙处"钻"过去，或从可能交叉的某条引线的一端"绕"过去。在特殊情况下如果电路很复杂，为简化设计也可采用飞线跨接，解决交叉电路问题。如果采用单面板时，由于直插元器件位于 top（顶）面，而表贴器件位于 bottom（底）面，因此在布线时直插元器件可与表贴元器件交叠，但要避免焊盘重叠。

③ 输入接地引线与输出接地引线的去耦。在初级与次级要求隔离的开关电源电路的 PCB 设计中，输入接地引线与输出接地引线之间的去耦主要是依靠去耦电容，这在以后还要进行讲述。在初级与次级不要求隔离的开关电源电路的 PCB 设计中，欲将输出电压反馈回开关变压器的初级，两边的电路应有共同的参考地，因此在对两边的地线分别铺铜之后，还要采用单点连接在一起，形成共同的接地系统。

（2）初级侧接地问题

绝大部分开关电源的初级电路一般均要求要具有分离的功率地和控制信号地，并且这两个分离地在 PCB 设计时应采用单点相连。对于一些 DC/DC 变换器控制芯片，由于没有分离的功率地和控制信号地引出端，因此在 PCB 设计时就应该将低电流的反馈信号与 IC 之间的耦合设计为一个地，将开关功率管的大电流与附加在开关变压器初级的偏置绕组设计为一个地，最后再采用 PCB 铜皮将其单点连接。开关变压器的偏置绕组虽然携带较低的电流，但是也应分离出来与功率地合用一个地。当输入电源服从线性浪涌动态变化时，为了使大电流的功率地线远离控制芯片，开关变压器附加绕组的接地线可直接连接到输入端的大电解电容的接地上。如果开关电源在输出功率更大的变换器中作为辅助电源使用时，建议使用一个直流总线去耦电容，通常数值为 100nF。偏置绕组的地线应直接连接到输入端或去耦电容上，这样走线便可使共模浪涌电流远离 PWM 控制芯片。

（3）次级侧接地问题

输出侧所连接的公共接地端/回零端应直接连接于开关变压器次级绕组引出端，而不能连接于去耦电容的连接点上。

（4）初级侧与次级侧去耦电容的放置要求

在绝大部分开关电源的初级电路中，初级侧与次级侧应连接一个去耦电容。在有些电源电路中，去耦电容应直接从输入滤波电容的正端连接到开关变压器次级的公共端或功率接地端。在有些电源电路中，如果从初级的地到次级的地之间需要一个去耦电容时，就应该把初级侧的地直接连接到输入滤波电容的负端，这样布局就会使较大的浪涌电流远离 PWM 控制芯片。在有些电源电路中，为了得到较好的效果，还可以使用一个 π 形滤波器，滤波器中的电感应放置在输入滤波电容的负端之间。在有些电源电路中，去耦电容应该放置在靠近变压器次级输出回零端与初级滤波大电容正极之间，这样才能将电磁干扰的耦合限制到最小。

（5）初级与次级光电耦合器的放置要求

从物理的角度考虑，光电耦合器也可分为初级和次级两部分，主要是起耦合和隔离的作用。因此，光电耦合器的初级侧应尽量靠近 PWM 控制芯片，以减小初级侧所围成的面积；使大电流高电压的漏极引线与钳位电路引线远离光电耦合器，以防止噪声窜入其内部。另外，为了达到初级与次级的隔离强度，光电耦合器的初、次级之间的绝缘距离应与开关变压器初、次级之间的绝缘距离保持在一条线上，这一点在以后的设计实例中还要讲述。

7. PCB 漏电流的考虑

开关电源在整个额定功率范围内可获得较高的功率转换效率，尤其是在启动/无负载条件下耗散电流能够被限制到最小。例如，在有些电路中所具有的 EN/UV 端的欠压检测功能，欠压检测电阻上的电流极限仅为 1μA 左右。假定 PCB 的设计能够较好地控制传导，实际上进入 EN/UV 端的漏电流正常情况下仅为 1μA 以下。潮湿的环境再加上 PCB 和/或 PWM 控制芯片封装上的一些污染物将会使绝缘性能变差，从而导致实际进入 EN/UV 端的漏电流＞1μA。这些电流主要是来自于距离 EN/UV 端较近的高电压大焊盘，例如 MOSFET/GTR 开关功率管的 D/C 端焊盘在上电启动时泄漏到 EN/UV 端的电流等。如果采用把一个欠压取样电阻从高电压端连接到 EN/UV 端而构成欠压封锁功能的设计时，将不会受到影响或影响很小。如果不知道 PCB 的污染程度、工作在敞开条件或者工作在较容易污染的环境中，以及不使用欠压封锁功能时，就应该使用一个 390Ω 的常规电阻从 EN/UV 端连接到 D/C 端，便可保证进入 EN/UV 端的漏电流＜1μA。在无潮湿、无污染条件下开关电源 PCB 的表面绝缘电阻应满足≫10MΩ。

8. 开关电源中几种基本电路的布线方法

（1）输入共模滤波器的布线方法

图 1-75（a）是一个开关电源输入电路中常用的共模滤波器原理电路，图 1-75（b）是其 PCB 电路。从图中便可看出该电路的 PCB 布线要点为：

① 电流的流动方向应该是从总电源的输入端到全波整流器的输入端，不应该有环流回路。

② 电路中的安全接地的连接方法。电路中的安全接地的连接除了不能有环流回路以外，还要求机壳、散热器和人能够触摸到的金属部分均要采用单点连接，另外更重要是 Y 电容和 X 电容以及与安全地之间的连接焊盘、引线等距离必须≥6mm，符合安规标准。

③ 为了达到较高的耐压强度，输入接线端子和全波整流器的焊盘均要设计成椭圆形，与其的连接线不能过长和过宽。

④ 共模电感的放置位置应远离功率开关变压器，并与功率开关变压器的磁路保持垂直。

（2）输入滤波器和输出滤波器的布线方法

输入滤波器和输出滤波器的布线方法实际上就是输入滤波电容和输出滤波电容的布线方法，下面分别对其进行讨论。

① 输入滤波电容的布线方法：输入滤波电容的 PCB 正确连线如图 1-75（c）所示，在 PCB 电路中便可看出输入滤波电容的连线不能过宽，并应小于这些电容的焊盘直径，否则噪声或波动电压就会沿着这些连线的边沿传递到变换器电路中，从而在电源的输出电压中构成不稳定成分和低频纹波。

② 输出滤波电容的布线方法：输出滤波电容的布线方法与输入滤波电容的布线方法基本相同，只是输出滤波电容有可能是采用多个电解电容并联的方法得到的，因此这些电容的输入引线均不能过宽，并应小于这些电容的焊盘直径，如图 1-75（d）所示。

（3）输出整流二极管的布线方法

开关电源电路中的输出整流二极管所整流的信号为高频快速方波信号，功率开关变压器次级输出绕组与快恢复整流二极管的连接引线就为噪声节点,因此这些连线不应过长和过宽。但是为了能够使整流二极管具有较好的散热效果,快速整流二极管的阴极引线端(对于负压输出时就为阳极端)应设计成具有较大的 PCB 敷铜面积,如图 1-75(d)所示。

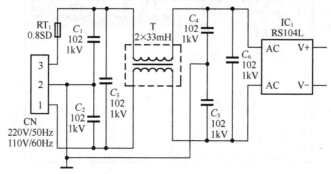

(a)开关电源输入电路中常用的共模滤波器原理电路

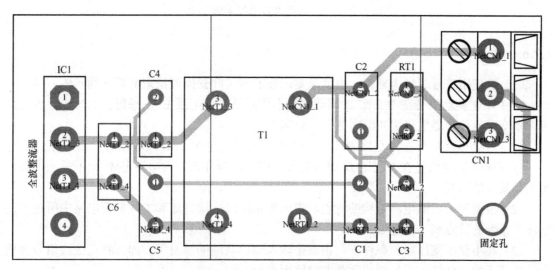

(b)开关电源输入电路中常用的共模滤波器 PCB 布线

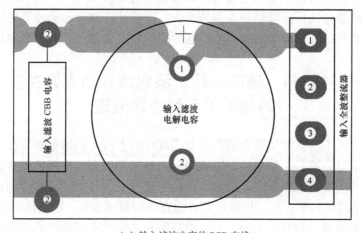

(c)输入滤波电容的 PCB 布线

图 1-75 开关电源 PCB 布线实例

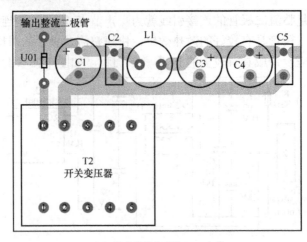

（d）输出滤波电容的 PCB 布线

图 1-75　开关电源 PCB 布线实例（续）

1.7.6　练习题

（1）试使用信号的频谱理论，也就是矩形波的傅里叶变换理论来解答下列问题。

① PWM 驱动信号在占空比 D 调节到最小值时是开关电源 EMI 最厉害的时候，也是开关功率变压器最容易发出尖叫的时候，为什么？。

② PWM 驱动信号在占空比 D 调节到 50% 时是开关电源 EMI 最轻的时候，为什么？

③ PWM 驱动信号在占空比 D 调节到最大值时，为什么开关电源 EMI 也不是最厉害、也不是最轻的时候？

（2）根据开关电源电路结构的特点，说明和总结出一次整流和二次整流电路中所使用的整流二极管的特点和不同之处。

（3）在不使用变压器的条件下，也就是输入输出共地的情况下，如何将正弦波信号变成全波整流后的正弦波信号？画出完整的电路图来。

（4）试设计一款具有自动电源电压极性加反保护功能的电路来，画出完整的电路图。

（5）差模滤波器与共模滤波器的差别是什么？试设计一款差模滤波器电路来。

（6）总结出开关电源整机中的工作地都包括哪些？安全地是否就是大地或防雷接地？

1.8　磁性材料、磁芯结构、漆包线、功率开关变压器的加工工艺和绝缘处理

前面已经指出，不管直流变换器的激励方式有什么不同，正激型和反激型之间的差别只不过是前者在变换器中的开关功率管导通期间，由功率开关变压器把能量传给负载电路；而后者则是在开关功率管截止期间，把积蓄在功率开关变压器中的能量传输给负载电路。因此，它们除了在电路结构形式和工作原理等方面有一些差别以外，在其他电路方面，如保护、控制、驱动等方面均基本相同。另外，为了给后面开关电源实际电路的叙述和讲解打下一个基础，本节不再对各种直流变换器进行讨论和分析，而是着重讨论和分析从事开关电源电路

的设计与研制者们最感困惑和最感头疼的问题——开关电源电路中的功率开关变压器。

1.8.1　共模电感和差模电感

1．共模电感

共模电感也叫共模扼流圈，常用于开关电源中过滤共模的电磁干扰信号。在板卡设计中，共模电感也是起 EMI 滤波的作用，用于抑制高速信号线产生的电磁波向外的辐射和发射。

（1）共模电感的简介

共模电感在电路中的表示符号如图 1-76 所示，其外表形状如图 1-77 所示。

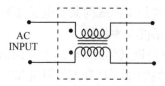

图 1-76　共模电感在电路中的表示符号

（a）立式共模电感　　　　　　　（b）卧式共模电感　　　　　　（c）可调式共模电感

图 1-77　共模电感的外表形状

共模电感常常被应用在开关电源中，特别是通信电源，其主板上混合了各种高频电路、数字电路和模拟功率变换电路，它们工作时会产生大量高频电磁波互相干扰，这就是电磁辐射（EMI）。EMI 还会通过主板布线或外接线缆向外发射，造成电磁辐射污染，不但影响其他的电子设备正常工作，还对人体有害。PC 板卡上的芯片在工作过程中既是一个电磁干扰对象，也是一个电磁干扰源。总的来说，这些电磁干扰可分为以下两大类。

① 串模干扰（差模干扰）：指的是两条走线之间的干扰。串模干扰电流作用于两条信号线间，其传导方向与波形和信号电流一致。如果板卡产生的共模电流不经过衰减过滤(尤其是像 USB 和 IEEE 1394 接口这种高速接口走线上的共模电流)，那么共模干扰电流就很容易通过接口数据线产生电磁辐射，这种电磁辐射是在线缆中因共模电流而产生的共模辐射。美国 FCC、国际无线电干扰特别委员会的 CISPR22，以及我国的 GB9254 等标准规范等都对信息技术设备通信端口的共模传导干扰和辐射发射有相关的限制要求。

② 共模干扰（接地干扰）：指的是两条走线和 PCB 地线之间的电位差引起的干扰。共模干扰电流作用在信号线路和地线之间，干扰电流在两条信号线上各流过二分之一且同向，并以地线为公共回路。

（2）共模电感的作用

为了消除信号线上输入的干扰信号及感应的各种干扰，我们必须合理安排滤波电路来过滤共模和差模的干扰，共模电感就是滤波电路中的一个组成部分。共模电感实质上是一个双向滤波器：一方面要滤除信号线上共模电磁干扰，另一方面又要抑制本身不向外发出电磁干扰，避免影响同一电磁环境下其他电子设备的正常工作。我们常见的共模电感的内部电路示意图，在实际电路设计中，还可以采用多级共模电路来更好地滤除电磁干扰。此外，在主板上还能看到一种贴片式的共模电感，其结构和功能与立式或卧式共模电感几乎是一样的。非常适应于电网共模干扰滤除，电子设备和电子仪器抗冲击干扰等领域。

（3）共模电感的性能特点

在一个较宽的频率范围之内为了得到较好滤除噪声和干扰的效果，共模电感中所使用的磁芯均采用铁镍或铁钼合金。这样加工而成的共模电感具有极高的初始导磁率、高饱和磁感应强度、卓越的温度稳定性和灵活的频率特性。

① 高初始导磁率。该磁导率是铁氧体的5～20倍，因而具有更大的插入损耗，对传导干扰的抑制作用远大于铁氧体。在地磁场下具有大的阻抗和插入损耗，对干扰具有极好的抑制作用，在较宽的频率范围内呈现出无共振插入损耗特性。

② 高饱和磁感应强度。比铁氧体高2～3倍，在电流强干扰的场合不易磁化到饱和。

③ 卓越的温度稳定性。较高的居里温度，在有较大温度波动的情况下，合金的性能变化率明显低于铁氧体，具有优良的稳定性，而且性能的变化接近于线性。

④ 灵活的频率特性。而且更加灵活地通过调整工艺来得到所需要的频率特性。通过不同的制造工艺，配合适当的线圈匝数可以得到不同的阻抗特性，满足不同波段的滤波要求，使其阻抗值大大高于铁氧体。

（4）共模电感的工作原理

共模电感中差模磁路示意图如图1-78所示。由共模电感构成的共模滤波器电路如图1-79所示，L_a和L_b分别是共模电感中的两个线圈。这两个线圈绕在同一铁芯上，匝数和相位都相同(绕制反向)。这样，当电路中的正常电流流经共模电感线圈时，电流在同相位绕制的电感线圈中产生反向的磁场而相互抵消，此时正常信号电流主要受线圈电阻的影响（少量因漏感造成的阻尼）；当有共模电流流经线圈时，由于共模电流的同向性，会在线圈内产生同向的磁场而增大线圈的感抗，使线圈表现为高阻抗，产生较强的阻尼效果，以此衰减共模电流而达到滤波的目的。事实上，将这个滤波电路一端接干扰源，另一端接被干扰设备，则电感线圈L_a和滤波电容C_1，电感线圈L_b和滤波电容C_2就会构成两组低通滤波器，可以使线路上的共模EMI信号被控制在很低的电平值上。该电路既可以抑制外部的EMI信号传入，又可以衰减线路自身工作时产生的EMI信号向外的辐射，能有效地降低EMI干扰强度，起到双向滤波的作用。

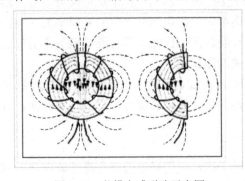

图1-78 共模电感磁路示意图

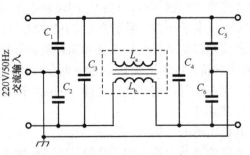

图1-79 由共模电感构成的共模滤波器

（5）共模电感的漏感和差模电感

对理想的电感模型而言，当线圈绕完后，所有磁通都集中在线圈的中心内。但通常情况下环形线圈不会绕满一周，或绕制不紧密，这样会引起磁通的泄漏。共模电感有两个绕组，其间有相当大的间隙，这样就会产生磁通泄漏，并形成差模电感。因此，共模电感一般也具有一定的差模干扰衰减能力，在滤波器的设计中，这种漏感也可以被利用。如在普通的滤波器中，仅安装一个共模电感，利用共模电感的漏感产生适量的差模电感，起到对差模电流的抑制作用。有时，还要人为增加共模扼流圈的漏电感，提高差模电感量，以达到更好的滤波效果。在一些主板上，能看到共模电感，但是在大多数主板上，都会发现省略了该元件，甚至有的连位置也没有预留。不可否认，共模电感对主板高速接口的共模干扰有很好的抑制作用，能有效避免 EMI 通过线缆形成电磁辐射影响其余外设的正常工作和我们的身体健康。但同时也需要指出，板卡的防 EMI 设计是一个相当庞大和系统化的工程，采用共模电感的设计只是其中的一个小部分。高速接口处有共模电感设计的板卡，不见得整体防 EMI 设计就优秀。所以，从共模滤波电路我们只能看到板卡设计的一个方面，这一点容易被大家忽略，犯下见木不见林的错误。只有了解了板卡整体的防 EMI 设计，我们才可以评价板卡的优劣。

滤波器设计时，假定共模与差模这两部分是彼此独立的。然而，这两部分并非真正独立，因为共模扼流圈可以提供相当大的差模电感。这部分差模电感可由分立的差模电感来模拟。为了利用差模电感，在滤波器的设计过程中，共模与差模不应同时进行，而应该按照一定的顺序来做。首先，应该测量共模噪声并将其滤除掉。采用差模抑制网络，可以将差模成分消除，因此就可以直接测量共模噪声了。如果设计的共模滤波器要同时使差模噪声不超过允许范围，那么就应测量共模与差模的混合噪声。因为已知共模成分在噪声容限以下，因此超标的仅是差模成分，可用共模滤波器的差模漏感来衰减。对于低功率电源系统，共模扼流圈的差模电感足以解决差模辐射问题，因为差模辐射的源阻抗较小，因此只有极少量的电感是有效的。尽管少量的差模电感非常有用，但太大的差模电感可以使扼流圈发生磁饱和。可根据公式（1-103）的简单计算来避免磁饱和现象的发生。

$$I_{Lm} \leqslant \frac{n \cdot B_{max} \cdot A}{L_{dm}} \qquad (1-103)$$

式中：I_{Lm} 是差模峰值电流；B_{max} 是磁通量的最大偏离国；n 是线圈的匝数；A 是环形线圈的横截面积；L_{dm} 是线圈的差模电感。

（6）共模电感的测量与诊断

电源滤波器的设计通常可从共模和差模两方面来考虑。共模滤波器最重要的部分就是共模扼流圈，与差模扼流圈相比，共模扼流圈的一个显著优点在于它的电感值极高，而且体积又小，设计共模扼流圈时要考虑的一个重要问题是它的漏感，也就是差模电感。通常计算漏感的办法是假定它为共模电感的 1%，实际上漏感为共模电感的 0.5%～4% 之间。在设计最优性能的扼流圈时，这个误差的影响是不容忽视的。

（7）共模滤波器

图1-80就是一个共模滤波器的等效电路图，由于 C_X 对于共模噪声不起作用，故将其略去，并且以接地点G为对称点将电路对折。根据上面合成扼流圈的分析可知，其等效共模电感量为 L_C，两个 C_Y 的等效电容值因并联变成原先的两倍，LISN提供的两个50Ω的电阻负载也并联成

为25Ω的等效负载。这个25Ω的等效负载阻抗可以看作滤波器的负载阻抗,其值相对较小,而通常情况下共模噪声源阻抗Z_{CM}一般较大,所以根据滤波器阻抗失配原理,我们用电感器L_C与滤波器负载阻抗相串联,用电容器与共模噪声源阻抗Z_{CM}相并联,在满足$1/2\omega C_Y \ll Z_{CM}$和$\omega L_C \ll 25\Omega$的条件下,阻抗失配极大化,从而滤波器对于共模噪声的插入损耗也尽可能大。容易看出此等效电路为LC二阶低通滤波电路,其转折频率为:

$$f_{RCM} = \frac{1}{2\pi\sqrt{L_C \cdot 2C_Y}}$$

（1-104）

其插入损耗随着噪声频率以40dB/dec的斜率增加。

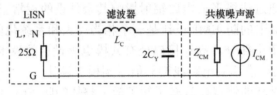

图1-80　共模滤波器的等效电路

（8）共模滤波器元器件参数的计算

基于以上的分析,我们可以计算相应的滤波器元器件参数。首先根据测得的原始共模与差模噪声,决定需要衰减的噪声频率段与衰减量,求得共差模滤波器的转折频率,然后计算滤波器各个元件的参数。在计算元件参数时,我们应该注意,由于滤波器电感电容值越大,其转折频率越低,对噪声的抑制效果越好,但同时成本和体积也相应增加。而且由材料特性可知,当电感电容值越大时,可持续抑制噪声的频率范围也相对变窄,因此其值不可以取得无限大。考虑到电容对于体积的影响较电感小,而且市场上出售的电容器都有固定的电容值,与电感值相比缺乏弹性,故在决定电感电容值时,应优先考虑电容。在计算共模元器件参数时,由于电容C_Y受安规限制,其值不能太大,应该选择符合安规的最大值。选取C_Y后,利用已经得到的转折频率f_{RCM},便可计算出所需共模电感量为:

$$L_C = \left(\frac{1}{2\pi f_{RCM}}\right)^2 \cdot \frac{1}{2C_Y}$$

（1-105）

同时滤波器元件值的选择应考虑对滤波器电路本身造成的影响,比如稳定性等。

2．差模电感

差模电感就是单个电感,差模电感中流过的工作电流容易使磁通饱和,从而使该电感对差模噪声电流呈现不出电感而达不到滤波效果,因此差模电感的磁芯选择不易饱和的磁粉芯。传统的扼流圈由分立的共模电感与差模电感连接而成,因此其较长引线造成的分布电感和分布电容对滤波特性有很大的影响,所以本文采用一种新型合成扼流圈来替代分立的共模电感与差模电感。

（1）差模电感的电路结构

差模电感的电路结构如图1-81所示,外表形状如图1-82所示,磁路示意图如图1-78所示。

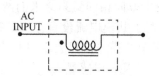

图 1-81 差模电感的电路结构

图 1-82 差模电感的外表形状

（2）差模滤波器

图 1-83 就是一个差模滤波器的等效电路图，与上面共模等效电路分析的方法相类似，合成扼流圈的等效差模电感量为 L_D，LISN 提供的两个 50Ω 的电阻负载也串联成为 100Ω 的负载阻抗。两个 C_Y 的等效电容值因串联变为原来的一半，但由于差模噪声源阻抗 Z_{CM} 一般较小，通常满足 $2/\omega C_Y \gg Z_{DM}$，因此可将 Y 电容忽略。

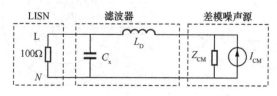

图 1-83 差模滤波器的等效电路

根据滤波器阻抗失配原理，我们用电容器 C_X 与负载阻抗相并联，用电感器 L_D 与差模噪声源阻抗 Z_{CM} 相串联。在满足 $\omega L_D \gg Z_{DM}$ 和 $1/\omega C_X \ll 100\Omega$ 的条件下阻抗失配极大化，滤波器对于差模噪声的插入损耗也尽可能大。与共模等效电路一样，这也是 LC 二阶低通滤波电路，其转折频率为：

$$f_{RDM} = \frac{1}{2\pi\sqrt{L_C \cdot C_X}} \tag{1-106}$$

其插入损耗随着噪声频率也是以 40dB/dec 的斜率增加。

（3）差模滤波器元器件参数的计算

在计算差模元器件参数时与共模滤波器的计算有所不同，电感与电容值的选择灵活性较大。在决定差模电容值 C_X 之后，差模电感值可通过下式计算出来：

$$L_D = \left(\frac{1}{2\pi f_{RDM}}\right)^2 \cdot \frac{1}{C_X} \tag{1-107}$$

3. 共差模合成电感

（1）共差模合成电感的电路结构

图 1-84 为集成了共模电感和差模电感的合成扼流圈，即共差模合成电感。这种合成扼流圈是在共模磁芯里面再增加了一个差模磁芯，L 线和 N 线上共差模分别共用一个绕组，绕组方向以及磁场强度的方向见图 1-84（b）所示。

图 1-84（b）中实线箭头表示的 H_{CCM} 和 H_{DCM} 分别为共模电流与差模电流在共模磁芯内产生的磁场强度方向，虚线箭头表示的 H_{CDM} 和 H_{DDM} 分别为共模电流与差模电流在差模磁芯

内产生的磁场强度方向。为使差模电感和共模电感的相互影响最小,便于对共差模电路进行解耦分析,合成扼流圈的上下两个绕组应互相对称,即在共模电感和差模电感上的绕组匝数相等,因此各磁通经过叠加之后,H_{CCM} 与 H_{DDM} 由于方向相同变为原来的两倍,H_{DCM} 和 H_{CDM} 则都由于方向相反相互抵消变为零。差模电感对于共模电流没有作用,共模电感对于差模电流也没有作用,共差模互相独立。合成扼流圈对于共模电流只表现出共模电感的作用,电感量为 $L_C=2L_{CM}$,对于差模电流只表现出差模电感的作用,电感量为 $L_D=2L_{DM}$。由此可以看出,合成扼流圈优化了线圈绕组,使得共模与差模相互独立,便于进行共差模滤波器分开设计,同时减小了EMI滤波器的尺寸与线圈的用量,也减小了器件之间连接的引线长度及其分布电感和电容。

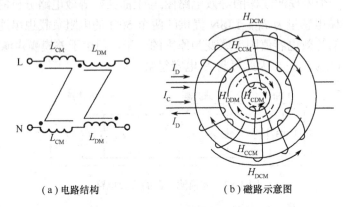

（a）电路结构　　　　　　　　　（b）磁路示意图

图1-84　共差模合成电感结构和磁路示意图

（2）共差模合成滤波器

设计开关电源EMI滤波器之前,我们必须先弄清以下两个基本问题。

① 噪声测量。图1-85所示为典型的噪声测量结构图,噪声的测量主要通过线路阻抗稳定网络（LISN）来实现,又称人工电源网络,是传导型噪声测量的重要工具。其内部结构如图1-84中虚线框内所示,高频时,电感相当于断路,电容短路,低频时相反,其等效电路如图1-86所示。由此可见,LISN的作用为隔离待测试的设备和输入电源,滤除由输入电源线引入的噪声及干扰,并且在50Ω电阻上提取噪声的相应信号值送到接收机进行分析。

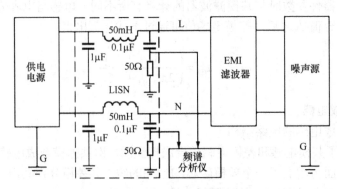

图1-85　典型的噪声测量结构图

② 滤波器阻抗匹配原则。根据信号传输理论,滤波器输入端与电源端的连接、滤波器输

出端与负载端的连接应遵循阻抗极大不匹配原则,因此滤波器设计时遵循两个规则:一源内阻是高阻（低阻）的,滤波器输入阻抗就应该是低阻（高阻）;二负载是高阻（低阻）的,则滤波器输出阻抗就应该是低阻（高阻）。所以,我们用电感与低的源阻抗或者负载阻抗串联,或者用电容与一个高的源阻抗或负载阻抗并联。

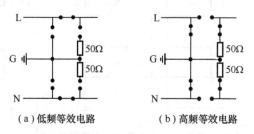

（a）低频等效电路　　　　　（b）高频等效电路

图1-86　LISN网络高低频等效电路图

（3）共差模合成滤波器电路结构的分析

共差模合成滤波器电路结构如图 1-87 所示。由于共模差模产生原因以及传播途径的不同,为使共差模噪声互不影响,我们取 $C_{Y1} = C_{Y2} =C_Y$,使电路处于平衡结构,这样我们就可以对共差模进行解耦分析,并分别进行共差模滤波器设计。

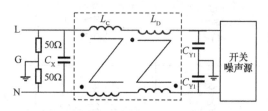

图 1-87　共差模合成滤波器电路结构

1.8.2　功率开关变压器的工作状态

由于半导体技术和微电子技术的不断发展,大规模集成电路在各种电子设备中普遍被采用,各类电子设备体积越来越小,重量越来越轻,效率越来越高,使得具有笨重工频变压器的线性稳压电源成为各类电子设备小型化和微型化的最大障碍。以高频变压器取代工频变压器,采用脉宽调制（PWM）和脉频调制（PFM）技术的直流变换器型开关电源,具有克服这种障碍的强大优势,所以在各种电子设备中得到了广泛应用,而线性稳压电源只能成为各种开关电源的末级稳压电源被使用。

作为开关电源电路的核心技术,直流变换器电路形式各种各样,五花八门。通常应根据负载所需功率的大小、不同的使用要求、不同的输入条件和成本造价的限制等,选用不同形式的直流变换器电路。为了使设计者们能够根据自己的需要,简捷地确定符合要求的直流变换器电路结构,特将几种常用的直流变换器电路的结构形式、特点、应用场合,以及电路中功率开关变压器中的电流、电压波形等参数归纳于表 1-4 中,可供设计者们参考。对于不同的直流变换器电路,输入到功率开关变压器初级绕组中电流、电压的波形不相同,其对应的

表 1-4 常用开关稳压电源电路的结构形式、特点、应用场合以及电路中功率开关变压器中的电流、电压波形等参数

电路结构	等效电路	规定 I_p 时的最大输出功率	功率开关管的最大耐压 U_{ce}	输出电压	特 点	功率开关变压器中的电流、电压波形
单端正激式		$\frac{1}{2}I_pU_i$	$3U_i\sim4U_i$	$\frac{N_2}{N_1}\cdot\frac{t_{ON}}{T}U_i$	包括驱动、控制、保护等电路在内，电路结构简单。U_{ce} 虽高，但可通过减小占空比来降低。由于功率开关管的改进，用途正在扩大，已用于千瓦以上功率的场合	
单端反激式		$\frac{1}{4}I_pU_i$	$3U_i\sim4U_i$	$\sqrt{\frac{R_2}{2L}}\cdot\frac{t_{ON}}{\sqrt{T}}U_i$	包括驱动、控制、保护等电路在内，电路结构简单。U_{ce} 虽高，但可通过减小占空比来降低。由于功率开关管的改进，用途正在扩大。由于不需要储能电感，输出阻抗大等，因此电路并联使用时均流性较好	
推挽式		I_pU_i	$2U_i\sim3U_i$	$\frac{N_2}{N_1}\cdot\frac{t_{ON}}{T}U_i$	可与驱动电路负端相连，输出电路两管二管均接。U_{ce} 较高，输入电源电压较低时，优点为突出，工作时有发生偏磁的可能性	

续表

电路结构	等效电路	规定 I_p 时的最大输出功率	功率开关管的最大耐压 U_{ce}	输出电压	特点	功率开关变压器中的电流、电压波形
半桥式		$\dfrac{1}{2} I_p U_i$	U_i	$\dfrac{N_2}{N_1} \cdot \dfrac{t_{ON}}{T} \cdot \dfrac{U_i}{2}$	U_{ce} 较低，可做到与 U_i 相等。驱动电路较为复杂，在输入电源电压较高时，优点较为突出	
全桥式		$I_p U_i$	U_i	$\dfrac{N_1}{N_2} \cdot \dfrac{t_{ON}}{T} \cdot U_i$	U_{ce} 较低，可做到与 U_i 相等。驱动电路较为复杂，在输入电源电压较高且输出功率较大时，优点较为突出	

工作特点也将不相同。通常功率开关变压器的工作状态可分为以下两大类：

（1）单极性工作状态的功率开关变压器

单极性工作状态下的功率开关变压器是单端正激式、单端反激式等直流变换器电路中所使用的功率开关变压器。在这种工作状态下，由于功率开关变压器的初级绕组在一个周期内仅加上一个单向的脉冲方波电压，因此功率开关变压器磁芯中的磁通沿着交流磁滞回线第一象限部分上下移动，功率开关变压器的磁芯单向励磁，磁感应强度在其最大值 B_m 和剩余磁感应强度 B_r 之间进行变化，如图 1-88（a）所示。

（2）双极性工作状态的功率开关变压器

双极性工作状态下的功率开关变压器是推挽式、半桥式、全桥式等直流变换器电路中所使用的功率开关变压器。在这种工作状态下，由于功率开关变压器的初级绕组在一个周期内要加上幅值和导通时间都相等而方向相反的脉冲方波电压，因此功率开关变压器磁芯中所产生的磁通沿交流磁滞回线对称地上下移动，磁芯工作于整个磁滞回线上，如图 1-88（b）所示。在一个周期中，磁感应强度从正最大值变化到负最大值，磁芯中的直流磁化分量基本抵消。

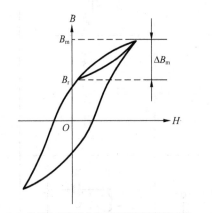
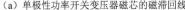
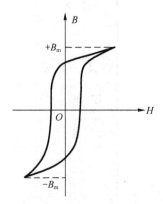

（a）单极性功率开关变压器磁芯的磁滞回线　　　　（b）双极性功率开关变压器磁芯的磁滞回线

图 1-88　功率开关变压器磁芯的磁滞回线

1.8.3　磁性材料与磁芯结构的选择

功率开关变压器通常工作在 20～100kHz 甚至更高的频率上。这样就要求磁性材料在其工作频率上的损耗尽可能小，此外还要求磁性材料的饱和磁感应强度高、温度稳定性好。铁氧体磁芯由于价格便宜、加工简单、结构形式多种多样，因此在应用中得到了非常广泛的应用。但是，铁氧体磁芯存在着许多缺点，如饱和磁感应强度值较低、温度稳定性较差、易碎等。在对体积、重量、环境条件及性能指标等方面要求较高的开关电源电路中的功率开关变压器应采用坡莫合金或非晶态合金等磁性材料。坡莫合金或非晶态合金等磁性材料通常加工成环形磁芯，有特殊要求时，也可加工成矩形或其他形状。铁氧体、坡莫合金和非晶态合金磁性材料的主要磁性能参数列于表 1-5 中，可供设计者查阅。为了减少涡流损耗，应根据不同的工作频率选择符合要求的磁芯合金带厚度。如采用坡莫合金作为磁芯时，合金带厚度的选择可参照表 1-6，不同钢带材料的叠片系数可参照表 1-7。

表 1-5　铁氧体、坡莫合金和非晶态合金磁性材料的主要磁性能参数

磁　性 材　料	饱和磁感应 强度/T	剩余磁感应 强度/T	矫顽力/ （A/N）	居里 温度/℃	20kHz,0.5T 时 的损耗/W·kg^{-1}	工作 频率/kHz	工作 温度/℃
Co 基非 晶态合金	0.7	0.47	0.50	350	22	～100	～120
1J85-1 坡莫合金	0.7	0.60	1.99	480	30	～50	～200
Mn-Zn 铁氧体	0.4	0.14	24	150	—	～300	～100

表 1-6　坡莫合金带厚度的选择参数表

频率/kHz	4	10	20	40	70	100
厚度/mm	0.1	0.05	0.025	0.013	0.006	0.003

表 1-7　不同钢带材料的叠片系数

材料厚度/mm	0.1	0.05	0.025	0.013	0.003
叠片系数	0.90	0.85	0.70	0.50	0.30

1. 电源变压器磁芯性能要求及材料分类

双极性工作状态下的功率开关变压器要求磁性材料具有较高的磁导率，较低的高频损耗；而单极性工作状态下的功率开关变压器则要求磁性材料具有较高的磁感应强度，较低的剩余磁感应强度，也就是要求磁性材料具有较大的脉冲磁感应强度增量ΔB_m，可由下式计算：

$$\Delta B_m = B_m - B_r \qquad (1-108)$$

式中，ΔB_m 为脉冲磁感应强度增量，单位为 T；B_m 为最大工作磁感应强度，单位为 T；B_r 为剩余磁感应强度，单位为 T。一般要求磁性材料在直流磁场下工作时不能饱和，通常采用恒导磁材料或在磁芯中加气隙来降低剩余磁感应强度，使磁滞回线倾斜，以提高直流工作磁场。

应根据功率开关变压器所使用的变换器电路结构、使用要求、经济指标等，选用合适的磁芯结构形式。磁芯结构形式的选用应考虑下列几个因素：

① 漏磁要小，以便能够获得较小的绕组漏感。

② 便于绕制，引出线及整个功率开关变压器安装方便，有利于生产和维护。

③ 有利于散热。

④ 传输功率一定要留有足够的裕量。

⑤ 当输入电压和占空比为最大值时，磁芯不会饱和。

⑥ 在正激式直流变换器电路中，初级绕组上的电感量必须足够大；在反激式直流变换器电路中，初级绕组的电感量必须符合为获得所需功率而规定的数值。

⑦ 必须满足初、次级绕组上的铜损耗与磁芯的铁损耗相等的原则。

铁氧体磁芯由生产厂家提供标准规格，如 U 形、EE 形、EI 形、EC 形、OD 形、PQ 形以及 GU 形等。若希望漏感小，则可采用环形和罐形磁芯。若要求成本低，则可选用 E 形和 U 形磁芯，尤其是 EC 形磁芯。圆柱形磁芯的中心柱线圈绕制方便，漏感比方形的要小，外形腿带有固定用的螺钉孔，整个变压器可用压板和螺钉固定在地板或框架上。因此，EC 形磁芯优点最多，应用最广。

表 1-8 列出了各种形式磁芯的成本、漏感、抽头等参数的比较，设计者可以根据不同的设计要求，参照表中的参数来选择符合要求的磁芯形式。

为了满足开关电源提高效率和减小尺寸、重量的要求，需要一种高磁通密度和高频低损耗的变压器磁芯。虽然有高性能的非晶态软磁合金竞争，但从性能价格比考虑，软磁铁氧体材料仍是最佳的选择；特别是在 100kHz～1MHz 的高频领域，新的低损耗的高频功率铁氧体材料更有其独特的优势。为了最大限度地利用磁芯，对于较大功率运行条件下的软磁铁氧体材料，在高温工作范围（如 80～100℃）应具有以下最主要的磁特性：

表 1-8 各种形式磁芯的成本、漏感、抽头等参数在应用中所占比例的比较表

磁 芯 形 式	磁 芯 成 本	线 圈 成 本	漏 感	抽 头
罐形	3	1	1	4
环形	2	3	1	1
U 形	1	1	5	1
E 形	2	1	4	1

① 高的饱和磁通密度或高的振幅磁导率。这样变压器磁芯在规定频率下允许有一个大的磁通偏移，其结果为可减少匝数；这也有利于铁氧体的高频应用，因为截止频率正比于饱和磁通密度。

② 在工作频率范围有低的磁芯总损耗。在给定温升条件下，低的磁芯损耗将允许有高的通过功率。

③ 附带的要求则还有高的居里点、高的电阻率、良好的机械强度等。

新发布的《软磁铁氧体材料分类》行业标准（等同 IEC 61332:1995），将高磁通密度应用的功率铁氧体材料分为 5 类，见表 1-9。每类铁氧体材料除了对振幅磁导率和功率损耗提出要求外，还提出了"性能因子"参数（此参数将在下面进一步叙述）。从 PW1 到 PW5，其适用工作频率是逐步提高的。如 PW1 材料适用频率为 15～100kHz，主要应用于回扫变压器磁芯；PW2 材料适用频率为 25～200kHz，主要应用于开关电源变压器磁芯；PW3 材料适用频率为 100～300kHz；PW4 材料适用频率为 300kHz～1MHz；PW5 材料适用频率为 1～3MHz。现在国内已能生产相当于 PW1 到 PW3 的材料，PW4 材料只能小量试生产，PW5 材料尚有待开发。

2．变压器可传输功率

众所周知，变压器的可传输功率 P_{th} 正比于工作频率 f、最大可允许磁通密度 B_{max}（或可允许磁通偏移 ΔB）和磁路截面积 A_e，并表示为

$$P_{th} = Cf B_{max} A_e W_d \qquad (1\text{-}109)$$

表 1-9 功率铁氧体材料分类

分 类	f_{max}/kHz	f/kHz	B/mT	μ_B	$B \times f$（性能因子）/（mT×kHz）	功率损耗/（kW·m^{-3}）	μ_i
PW1a PW1b	100	15	300	>2500	4500 (300×15)	≥300 ≥300	2000
PW2a PW2b	200	25	200	>2500	5000 (200×25)	≥300 ≥150	2000
PW3a PW3b	300	100	100	>3000	10000 (100×100)	≥300 ≥150	2000
PW4a PW4b	1000	300	50	>2000	15000 (50×300)	≥300 ≥150	1500
PW5a PW5b	3000	1000	25	>1000	25000 (25×1000)	≥300 ≥150	800

注： ① f_{max}—磁性材料适用的最高频率； ② B—磁性材料适用的磁通密度； ③ μ_B—100℃时的振幅磁导率；
④ 功率损耗—该损耗是在 100℃时进行测量得到的； ⑤ μ_i—25℃时的初始磁导率。

式中，C 为与开关电源电路工作形式有关的系数（如推挽式 $C = 1$，正激变换器 $C = 0.71$，反激变换器 $C = 0.61$）；W_d 为绕组设计参数（包含电流密度 J、占空比 D、绕组截面积 A_N 等）。这里重点讨论参数 f、B_{max} 和 A_e（暂不讨论绕组设计参数 W_d）。增大磁芯尺寸（增大 A_e）可提高变压器可传输功率，但当前开关电源的设计目标是在给定通过功率下要减小尺寸和重量。假定固定温升，对一个给定尺寸的磁芯，可传输功率近似正比于频率。提高开关频率除了要应用快速晶体管以外，还受其他电路影响所限制，如电压和电流的快速改变在开关电路中产生扩大的谐波谱线，造成无线电频率干扰、电源的辐射等。对变压器磁芯来说，提高工作频率则要求改进高频磁芯损耗，选择具有更低磁芯损耗的材料，允许更大的磁通密度偏移 ΔB，这样一来变压器才能提高可传输功率。磁芯总损耗 P_L 与工作频率 f 及工作磁通密度 B 的关系由下式表示：

$$P_L = Kf m B n V_e \qquad (1\text{-}110)$$

式（1-110）中，$n = 2.5$，$m = 1 \sim 1.3$（当磁损耗单纯由磁滞损耗引起时，$m = 1$；当 $f = 10 \sim 100$kHz 时，$m = 1.3$；当 $f > 100$kHz 时，m 将随频率增高而增大，这个额外损耗是由于涡流损耗或剩余损耗引起的）。很明显，对于高频运行的铁氧体材料，要努力减小 m 值。

3．材料性能因子

由铁氧体磁芯制成的变压器，其通过功率直接正比于工作频率 f 和最大可允许磁通密度 B_{max} 的乘积。很明显，对传输相同功率来说，高的 fB_{max} 乘积允许小的磁芯体积；反之，相同磁芯尺寸的变压器若采用较高 fB_{max} 值的铁氧体材料，可传输更大的功率。我们将此乘积称为"性能因子"（PF），这是与铁氧体材料有关的参数，良好的高频功率铁氧体显示出较高的 fB_{max} 值。图 1-89 示出德国西门子公司几种铁氧体材料的性能因子与频率的关系，功率损耗密度定为 300mW/cm^3（100℃），可用来度量变压器可传输功率。可以看到，经改进过的 N49i 材料在 900kHz 时达到最大 fB_{max} 为 3700Hz·T，比原来生产的 N49 材料有更高的值，而 N59 材料则可使用 $f = 1$MHz 以上频率。改进性能因子可从降低材料高频损耗着手，已发现对应性能因子最大值的频率与材料晶粒尺寸 d、交流电阻率 ρ 有关，如图 1-90 所示，在考

虑到涡流损耗与 d^2/ρ 之间的关系情况下，两者结果是相一致的。

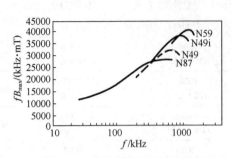

图 1-89　西门子公司铁氧体材料性能因子
与频率之间的关系

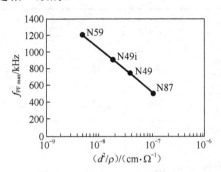

图 1-90　西门子公司铁氧体材料性能因子最大值对应
频率与 d^2/ρ 之间的关系

4. 热阻

为了得到最佳的功率传输，变压器温升通常分为两个相等的部分：磁芯损耗引起的温升 $\Delta\theta_{\mathrm{Fe}}$ 和铜损引起的温升 $\Delta\theta_{\mathrm{Cu}}$。磁芯总损耗与温升的关系如图 1-91 所示。对相同尺寸的磁芯，若采用不同的铁氧体材料（热阻系数不同），则温升值是不同的，其中 N67 材料有比其他材料更低的热阻。因此磁芯温升与磁芯总损耗的关系可用下式表示：

$$\Delta\theta_{\mathrm{Fe}} = R_{\mathrm{th}} \cdot P_{\mathrm{Fe}} \tag{1-111}$$

式中，R_{th} 为热阻，定义为每瓦特总损耗时规定热点处的温升，单位为 W/℃；P_{Fe} 为磁芯总损耗。铁氧体材料的热传导系数、磁芯尺寸及形状对热阻都有影响，并可用下述经验公式来表示：

$$R_{\mathrm{th}} = \frac{1}{S}\left(\frac{1}{\alpha} + \frac{d}{\lambda}\right) \tag{1-112}$$

式中，S 为磁芯表面积，单位为 mm^2；d 为磁芯尺寸，单位为 mm；α 为表面热传导系数；λ 为磁芯内部热传导系数。由式（1-112）可见，开关电源变压器所使用铁氧体材料必须具有低的功率损耗和较高的热传导系数。从图 1-91 中可以看出 N67 材料具有较高的热导性。从微观结构考虑，高的烧结密度、均匀的晶粒结构，以及晶界里有足够的 Ca 浓度的材料，将具有高的热导性。图 1-92 显示出了不同磁芯形状、尺寸、重量对变压器热阻的影响。从磁芯尺寸、形状考虑，较大磁芯尺寸就具有较低的热阻，其中 ETD 磁芯具有优良的热阻特性。另外，无中心孔的 RM 磁芯（RM14A）具有比有中心孔磁芯（RM14B）更低的热阻。对高频电源变压器磁芯，设计时应尽量增加暴露表面，如扩大背部和外翼，或制成宽而薄的形状（如低矮形 RM 磁芯、PQ 磁芯等），均可降低热阻，提高可传输功率。

5. 磁芯总损耗

软磁铁氧体磁芯总损耗通常是由三部分构成的：磁滞损耗 P_{h}、涡流损耗 P_{e} 和剩余损耗 P_{r}。每种损耗产生的频率范围是不同的，磁滞损耗正比于直流磁滞回线的面积，并与频率成线性关系，即

$$P_{\mathrm{h}} = f\oint B\mathrm{d}H \tag{1-113}$$

公式（1-113）中的 $\oint B\mathrm{d}H$ 是在最大磁通密度 B_{max} 下测量的直流磁滞回线的等值能量。对于工作在 100kHz 以下频率的功率铁氧体磁芯，降低磁滞损耗是最重要的。为了降低损耗，首

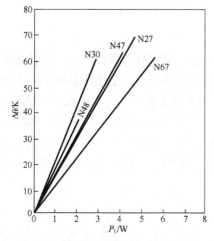

图 1-91　西门子公司不同铁氧体的 RM14
磁芯的温升与功率损耗之间的关系

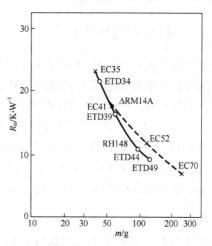

图 1-92　西门子公司 N27 材料不同磁芯形状、
尺寸、重量对变压器热阻的影响示意

先要选择具有最小矫顽力 H_c 的铁氧体材料和最小各向异性常数 K，理想情况是各向异性补偿点（即 $K \approx 0$）应位于 $80\sim100℃$ 的变压器工作温度范围。另外，这种铁氧体材料应具有较低的磁致伸缩常数 λ，工艺上要避免内外应力不均匀和夹杂物。采用大而均匀的晶粒是有利的，因为 $H_c \propto d-1$（d 是晶粒尺寸）。涡流损耗 P_e 可用下式表示：

$$P_e = C_e f^2 B^2 / \rho \tag{1-114}$$

式中，C_e 是尺寸常数；ρ 是在测量频率 f 时的电阻率。随着开关电源小型化和工作频率的提高，由于 $P_e \propto f^2$，因而降低涡流损耗对高频电源变压器更为重要。随着频率的提高，涡流损耗在总损耗中所占的比例逐步增大，当工作频率达 $200\sim500\text{kHz}$ 时，涡流损耗常常已占主导地位。这从图 1-93 所示的 R2KB1 材料的磁芯总损耗（包括磁滞和涡流损耗）与频率 f 的关系实测曲线中就可得到证明。减小涡流损耗的方法主要是提高多晶铁氧体的电阻率。从材料微观结构考虑，应有均匀的小晶粒以及高电阻率的晶界和晶粒。由于小晶粒具有最大晶界表面，可增大电阻率，而在材料中添加 $CaO+SiO_2$ 或者 Nb_2O_5、ZrO_2 和 Ta_2O_5 均对增大电阻率有益。

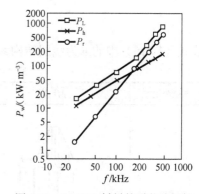

图 1-93　R2KB1 材料的磁芯总损耗
与频率 f 之间的关系曲线

最近发现，当电源变压器磁芯工作在兆赫频率数量级时，剩余损耗已占主导地位，采用细晶粒铁氧体已成功缩小了此损耗。对 MnZn 铁氧体来说，在兆赫频率数量级所出现的铁磁谐振形成了铁氧体的损耗。最近有人提出，当铁氧体的磁导率 μ_i 随晶粒尺寸减小而降低时，Snoek 定律仍是有效的，也就是说，细晶粒材料显示出高的谐振频率，因此可应用于更高的频率。另外，对晶粒尺寸小到纳米级的铁氧体材料研究表明，在此频段还应考虑晶粒内畴壁损耗。

1.8.4　漏感和分布电容的计算

开关电源电路中使用的功率开关变压器所传输的是高频脉冲方波信号。在传输的瞬变过程中，漏感和分布电容会引起浪涌电流和尖峰电压及顶部振荡，造成损耗增加，严重时会导致开关功率管损坏。因此，必须加以控制。功率开关变压器的设计一般主要考虑漏感的影响。在输出电压较高时，由于绕组的匝数和层数较多，就必须考虑分布电容的影响和危害。同时，降低分布电容有利于抑制高频信号对负载的影响和干扰。对同一个变压器，要同时减小漏感和分布电容是非常困难的。因为二者的减小是相互矛盾的，所以应根据不同的工作要求，使漏感和分布电容都压缩到最低极限值为宜。

1．漏感的计算

变压器的漏感是由于初级与次级之间、层与层之间、匝与匝之间磁通没有完全耦合而造成的。通常采用初级绕组和次级绕组交替分层绕制的方法来降低变压器的漏感。但是交替分层绕制使线圈结构复杂，绕制加工难度增加，分布电容增大。因此，在实际设计、计算和加工时，一般取线圈磁势组数 M 不超过 4 为宜。变压器线圈绕制方法和漏感的计算方法可归纳如下：

（1）罐形和芯式磁芯漏感的计算方法

罐形和芯式磁芯漏感的计算方法见表 1-10，其计算公式中：L_s 为所计算的漏感值，单位为 H；l_m 为初、次级绕组的平均厚度，单位为 cm；h_m 为初、次级绕组的高度，单位为 cm；δ_0 为初、次级绕组的绝缘厚度，单位为 cm；δ_1 为每柱上初级绕组的厚度，单位为 cm；δ_2 为每柱上次级绕组的厚度，单位为 cm；k_1 为漏感修正系数，可由下式计算：

$$k_1 = 1 - y + 0.35y^2 \tag{1-115}$$

公式（1-115）中的 y 为线圈结构参数，可由下式计算：

表 1-10　罐形和芯式磁芯漏感计算表

漏磁势组数	$M=1$	$M=2$	$M=4$
间绕方式（磁芯每柱上）		注：也可采用 II/2-I-II/2 的间绕方式	注：也可采用 II/4-I/2-II/2-I/2-II/4 方式
罐形磁芯（单线包）		$L_s = \dfrac{K_L \times 1.26 W_1^2 l_m}{M^2 h_m}\left[\delta_2 + \dfrac{1}{3}(\delta_1 + \delta_1)\right] \times 10^{-6}\,(\text{H})$　　注：K_L 为总漏感修正系数	
对芯式磁芯（双线包）		$L_s = \dfrac{K_L \times 0.63 W_1^2 l_m}{M^2 h_m}\left[\delta_2 + \dfrac{1}{3}(\delta_1 + \delta_1)\right] \times 10^{-6}\,(\text{H})$	

$$y = \frac{\delta}{M\pi h_{\mathrm{m}}} \qquad (1\text{-}116)$$

式中，δ 为线圈的总厚度（不包括内外绝缘层厚度），单位为 cm；M 为漏感势组数，$M \leqslant 4$。漏感修正系数 k_1 可从图 1-94 所示的漏感修正系数曲线上查得。环形铁氧体磁芯功率开关变压器初、次级绕组结构如图 1-95 所示。

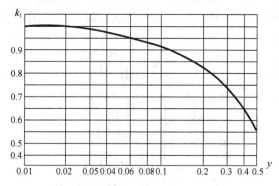

图 1-94 变压器的漏感修正系数曲线

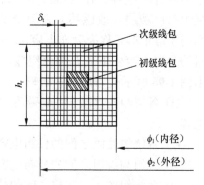

图 1-95 环形铁氧体磁芯功率开关变压器初、次级绕组结构

（2）初、次级漏感的换算

由于初级绕组绕在最里边，因此可以认为初级绕组的漏感为零。而次级绕组则绕在最外边，其漏感则肯定不为零，可采用下式计算出来：

$$L_{\mathrm{s}2} = 0.4 N_2{}^2 \left(\delta_0 l_{\mathrm{n}} \frac{\phi_2}{\phi_1} + \frac{1}{2} h_{\mathrm{r}} L_{\mathrm{r}} \frac{1 + \dfrac{2\delta_{\mathrm{t}}}{\phi_1}}{1 - \dfrac{2\delta_{\mathrm{t}}}{\phi_2}} \right) \times 10^{-8} \qquad (1\text{-}117)$$

式中，$L_{\mathrm{s}2}$ 为次级绕组的漏感值，单位为 H；L_{r} 为绕组的电感量，单位为 H；ϕ_1 为环形变压器的内径，单位为 cm；ϕ_2 为环形变压器的外径，单位为 cm；h_{r} 为环形变压器的高度，单位为 cm；N_2 为次级绕组的匝数；δ 为次级绕组层与层之间的厚度，单位为 cm。将次级绕组的漏感换算至初级的漏感为

$$L_{\mathrm{s}1} = \left(\frac{N_1}{N_2} \right)^2 L_{\mathrm{s}2} \qquad (1\text{-}118)$$

式中，$L_{\mathrm{s}1}$ 为次级换算至初级的漏感，单位为 H；N_1 为初级绕组的匝数。

（3）减小漏感的措施

在功率开关变压器的设计计算和绕制加工过程中，可采取下列措施来减小漏感：

① 应尽量减小绕组的匝数，选用高饱和磁感应强度、低损耗的磁性材料。

② 应尽量减小绕组的厚度，增加绕组的高度。

③ 应尽可能减小绕组间的绝缘厚度。

④ 初、次级绕组应采用分层交叉绕制。

⑤ 对于环形磁芯变压器，不管初、次级绕组的匝数有多少，均应沿环形圆周均匀分布绕制。

⑥ 对于大电流工作状态下的环形磁芯变压器，可以采用多绕组并联方式绕制，并且线径

不宜过粗。

⑦ 在输入电压不太高的情况下，初、次级绕组应采用双线并绕的加工工艺。

2. 分布电容的计算

任何导体之间都有电容存在，如果这两个导体之间的电位差处处相等，这样所形成的电容就为静电容。在变压器中，绕组线匝之间，同一绕组上、下层之间，不同绕组之间，绕组对屏蔽层（或磁芯）之间沿着某一线长度方向的电位分布是变化的，这样形成的电容不同于静电容，称为分布电容。功率开关变压器的分布电容由下列几部分组成，并且还可以用图 1-96 所示的方法表示出来。

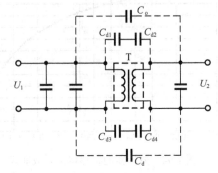

① 各绕组与屏蔽层（或磁芯）之间的分布电容。

② 各绕组线匝之间的分布电容。

③ 绕组与绕组之间的分布电容。

④ 各绕组的上、下层之间的分布电容。

功率开关变压器通常每层绕组有较多的匝数，每层绕组之间的总分布电容为每匝之间分布电容的串联值，该值远远小于层间的总分布电容值，故匝间的分布电容可以忽略不计。现在就来讨论功率开关变压器各部分分布电容的计算方法。

图 1-96 功率开关变压器分布电容的表示图

（1）层间或绕组间静态分布电容 C_o 的计算方法

层间或绕组间的静态分布电容 C_o 可用下式计算：

$$C_o = 0.0886 \frac{\varepsilon h_m I_{mc}}{\delta_c} \qquad (1\text{-}119)$$

式中，C_o 为层间或绕组间的静态分布电容，单位为 pF；ε 为绝缘材料的相对介电常数；h_m 为初、次级绕组的高度，单位为 cm。I_{mc} 为所计算分布电容层间（或绕组间）的平均周长，单位为 cm；δ_c 为层间（或绕组间）的绝缘厚度与导线绝缘漆膜厚度之和，单位为 cm。

（2）层间或绕组间动态分布电容 C_d 的计算

层间或绕组间的动态分布电容 C_d 可用下式计算：

$$C_d = \frac{U_{li}{}^2 + U_{li} + U_{hi} + U_{hi}{}^2}{3U^2} \qquad (1\text{-}120)$$

式中，C_d 为层间或绕组间的动态分布电容，也就是表示反映在绕组电压 U 两端的分布电容，单位为 pF；U_{li} 为层间或绕组间低电压端的电位差，电位为 V；U_{hi} 为层间或绕组间高电压端的电位差，电位为 V；U 为绕组间电压，单位为 V。

（3）多层绕组间分布电容的计算

功率开关变压器的每一个绕组一般都有很多层，并且层间的结构均相同。因此，各层之间的分布电容也都相同。初级绕组之间的总分布电容 C_{d1} 可用下式计算：

$$C_{d1} = \frac{4}{3}\left(\frac{U_{ni}}{U_1}\right)^2 (W_1 - M) C_{o1} \qquad (1\text{-}121)$$

另外，也可以用下式来计算初级绕组之间的总分布电容 C_{d1}：

$$C_{d1} = \frac{4}{3}\left(\frac{W_1 - M}{W_1^2}\right)C_{o1} \tag{1-122}$$

式（1-121）和式（1-122）中，C_{d1} 为初级绕组之间的总分布电容，单位为 pF；C_{o1} 为初级绕组每层之间的静态分布电容，单位为 pF；U_1 为初级绕组上所加的电压，单位为 V；U_{ni} 为初级绕组每层之间的电压，单位为 V；W_1 为初级绕组的总层数。次级绕组之间的总分布电容 C_{d2} 可用下式计算：

$$C_{d2} = \frac{4}{3}\left(\frac{W_2 - M}{W_2^2}\right)C_{o2} \tag{1-123}$$

式中，C_{d2} 为次级绕组之间的总分布电容，单位为 pF；C_{o2} 为次级绕组每层之间的静态分布电容，单位为 pF；W_2 为次级绕组的总层数。

用下式可将次级绕组的分布电容换算成初级绕组的分布电容 C_{d2}'：

$$C_{d2}' = \left(\frac{N_2}{N_1}\right)^2 C_{d2} \tag{1-124}$$

式中，C_{d2}' 为次级绕组的分布电容 C_{d2} 换算成初级绕组的分布电容，单位为 pF；N_1 为初级绕组的匝数；N_2 为次级绕组的匝数。

为了减小功率开关变压器的漏感而采用分层交替间绕的方法绕制时，初、次级绕组分布电容的计算公式应做如下修正：

① 当漏磁势组数 $M=1$ 时，初、次级绕组分布电容的计算公式为

$$C_{d1} = \frac{4}{3}\left(\frac{W_1 - 1}{W_1^2}\right)C_{o1} \tag{1-125}$$

$$C_{d2} = \frac{4}{3}\left(\frac{W_2 - 1}{W_2^2}\right)C_{o2} \tag{1-126}$$

② 当漏磁势组数 $M=2$ 时，初、次级绕组分布电容的计算公式为

$$C_{d1} = \frac{4}{3}\left(\frac{W_1 - 2}{W_1^2}\right)C_{o1} \tag{1-127}$$

$$C_{d2} = \frac{4}{3}\left(\frac{W_2 - 2}{W_2^2}\right)C_{o2} \tag{1-128}$$

③ 在漏磁势组数 $M=4$ 时，初、次级绕组分布电容的计算公式为

$$C_{d1} = \frac{4}{3}\left(\frac{W_1 - 4}{W_1^2}\right)C_{o1} \tag{1-129}$$

$$C_{d2} = \frac{4}{3}\left(\frac{W_2 - 4}{W_2^2}\right)C_{o2} \tag{1-130}$$

（4）功率开关变压器总分布电容 C_{dt} 的计算

功率开关变压器的总分布电容 C_{dt} 等于初级绕组间的总分布电容、次级绕组间的总分布电容以及绕组与屏蔽层（磁芯）之间的分布电容的并联之和，并可用下式来计算：

$$C_{dt} = \sum C_{dci} + \sum C_{d1n} + \sum C_{d2m} \qquad (1\text{-}131)$$

式中，C_{dt} 为功率开关变压器总分布电容，单位为 pF；C_{dc} 为绕组与屏蔽层（磁芯）之间的分布电容，单位为 pF；n 为初级绕组的个数；m 为次级绕组的个数；i 为总绕组的个数，$i = n + m$。

（5）减小功率开关变压器分布电容的措施

在加工功率开关变压器的过程中，可以采取下列的措施减小分布电容：

① 绕组应进行分段绕制。

② 正确安排绕组的极性，以减小各绕组之间的电位差或电势差。

③ 初、次级绕组之间应增加静电屏蔽措施，一般情况下均是采用加屏蔽绕组的方法，并且一端接地。

④ 漏磁势组数应选择 $M = 4$。

1.8.5 趋肤效应

导线中有交流电流流过时，因导线内部和边缘部分所交链的磁通不同，从而就会导致导线截面上的电流产生不均匀分布，相当于导线有效截面积减小，这种现象称为趋肤效应（又称集肤效应）。功率开关变压器工作频率一般均在 20kHz 以上，随着工作频率的不断提高，趋肤效应所带来的影响越来越大。因此，在设计和绕制绕组、选择电流密度和线径时，必须慎重考虑由于趋肤效应所引起的导线截面积的减小。

1. 穿透深度

穿透深度指的是由于趋肤效应，高频交流电流沿导体表面能够达到的径向深度。导线流过高频交流电流时，有效截面积的减小可用穿透深度来表示。穿透深度与交流电流的频率、导线的磁导率以及电导率之间的关系为

$$\Delta H = \frac{2}{\omega \mu \gamma} \times 10^{-3} \qquad (1\text{-}132)$$

式中，ΔH 为穿透深度，单位为 mm；ω 为所流过导线交流电流的角频率（与频率 f 之间的关系为 $\omega = 2\pi f$），单位为 Hz；μ 为导线的磁导率，单位为 H/m；γ 为导线的电导率，单位为 S/m。当导线为圆铜导线时，则公式（1-132）可变为

$$\Delta H = \frac{66.1}{\sqrt{f}} \qquad (1\text{-}133)$$

式中，f 为导线上所流过交流电流的频率，单位为 Hz。当流过圆铜导线上的高频交流电流的频率为 1～50kHz 时，由于趋肤效应所导致的穿透深度列于表 1-11 中，可供设计者们在设计功率开关变压器时参考。

表 1-11 频率从 1～50kHz 圆铜导线的穿透深度

f/kHz	1	3	5	7	10	13	15	18
ΔH/mm	2.089	1.206	0.9436	0.7899	0.6608	0.5796	0.5396	0.4926
f/kHz	20	23	25	30	35	40	45	50
ΔH/mm	0.4673	0.4538	0.4180	0.3815	0.3532	0.3304	0.3115	0.2955

2．导线的选择原则

在选择所要使用的功率开关变压器初、次级绕组的导线线径时，一定要满足导线的直径必须小于由于趋肤效应所引起的穿透深度两倍的要求。当导线所要求的直径大于由穿透深度所决定的最大直径时，可采用小直径的导线多股并绕或采用扁铜带导线绕制。

3．交流电阻的计算

当使用的导线线径大于两倍的穿透深度时，由于趋肤效应所引起的导线电阻增加，此时应以导线的交流有效电阻值来计算绕组的压降和损耗。其计算公式为

$$R_a = k_r R_d \tag{1-134}$$

式中，R_a 为导线的交流有效电阻值，单位为 Ω；R_d 为导线的直流有效电阻值，单位为 Ω；k_r 为趋表系数。趋表系数 k_r 的大小不仅与交流电流的频率有关，而且与导线材料的性质、导线的形状有关。对于实心圆铜导线其趋表系数 k_r 可由下式求得：

$$k_r = \frac{(d/2)^2}{(d-\Delta H)\Delta H} \tag{1-135}$$

式中，d 为实心圆铜导线的直径，单位为 mm。

4．电流有效值的计算

在功率开关变压器中，流过变压器绕组中的电流通常分别为矩形方波、梯形波或锯齿波电流。各绕组的功率损耗应该采用电流的有效值，即均方根值来计算。当功率开关变压器中流过各种波形的电流时，其有效值的计算公式请参考表 1-12。

表 1-12　功率开关变压器中流过各种波形的电流所对应的电流有效值的计算公式

电流的波形	电流有效值的计算公式	电流的波形	电流有效值的计算公式
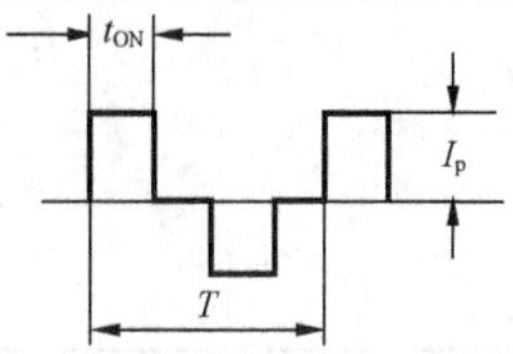	$I = I_p\sqrt{2 - \dfrac{t_{ON}}{T}}$	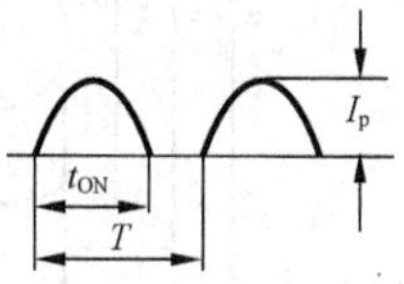	$I = I_p\sqrt{\dfrac{t_{ON}}{2T}}$
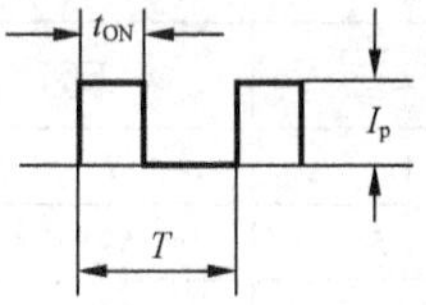	$I = I_p\sqrt{\dfrac{t_{ON}}{T}}$	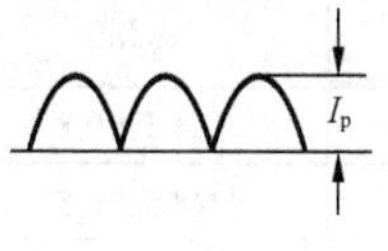	$I = \dfrac{1}{\sqrt{2}}I_p$
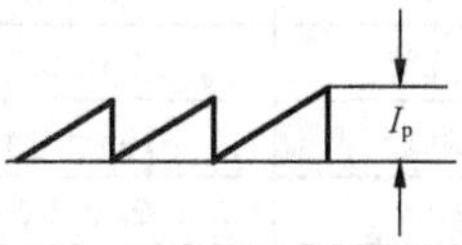	$I = \dfrac{1}{\sqrt{3}}I_p$	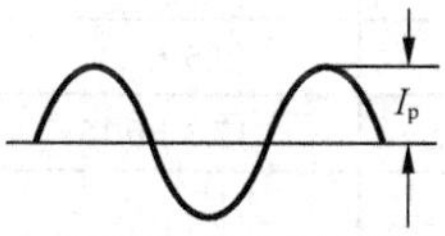	$I = \dfrac{1}{\sqrt{2}}I_p$
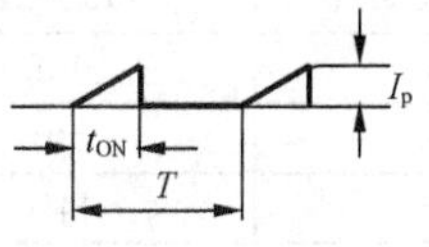	$I = I_p\sqrt{\dfrac{t_{ON}}{3T}}$	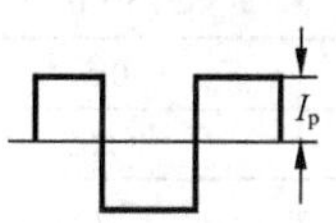	$I = I_p$

电流的波形	电流有效值的计算公式
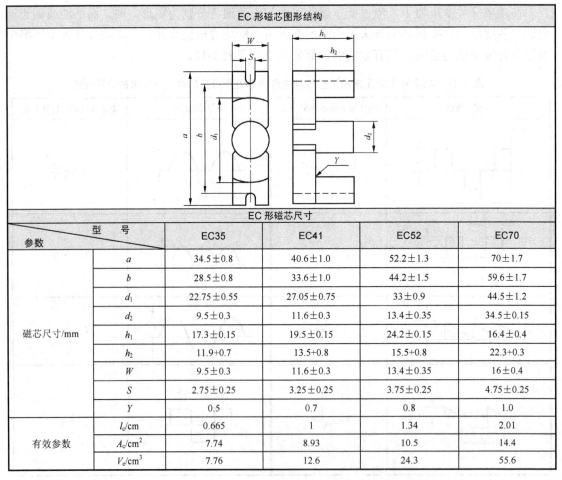	$I = I_{\mathrm{p}}\sqrt{\dfrac{t_{\mathrm{ON}}}{3T}}$
	$I = \sqrt{\left(I_{\mathrm{p}}^2 - I_{\mathrm{p}}I_{\phi} + \dfrac{I_{\phi}^2}{3}\right)\dfrac{t_{\mathrm{ON}}}{T}}$

1.8.6 磁性材料的磁特性

1. 各种形状的磁芯图形结构、尺寸和有效参数

（1）EC 型磁芯的图形、尺寸和有效参数

表 1-13 列出了 EC 形磁芯的图形、尺寸和有效参数。

表 1-13　EC 形磁芯的图形、尺寸和有效参数

EC 形磁芯图形结构				

EC 形磁芯尺寸				
参数　　型号		EC35	EC41	EC52	EC70

参数		EC35	EC41	EC52	EC70
磁芯尺寸/mm	a	34.5 ± 0.8	40.6 ± 1.0	52.2 ± 1.3	70 ± 1.7
	b	28.5 ± 0.8	33.6 ± 1.0	44.2 ± 1.5	59.6 ± 1.7
	d_1	22.75 ± 0.55	27.05 ± 0.75	33 ± 0.9	44.5 ± 1.2
	d_2	9.5 ± 0.3	11.6 ± 0.3	13.4 ± 0.35	34.5 ± 0.15
	h_1	17.3 ± 0.15	19.5 ± 0.15	24.2 ± 0.15	16.4 ± 0.4
	h_2	$11.9+0.7$	$13.5+0.8$	$15.5+0.8$	$22.3+0.3$
	W	9.5 ± 0.3	11.6 ± 0.3	13.4 ± 0.35	16 ± 0.4
	S	2.75 ± 0.25	3.25 ± 0.25	3.75 ± 0.25	4.75 ± 0.25
	Y	0.5	0.7	0.8	1.0
有效参数	l_{c}/cm	0.665	1	1.34	2.01
	A_{c}/cm^2	7.74	8.93	10.5	14.4
	V_{e}/cm^3	7.76	12.6	24.3	55.6

（2）EE 形磁芯的图形、尺寸和有效参数

表 1-14 列出了 EE 形磁芯的图形、尺寸和有效参数。

表 1-14　EE 形磁芯的图形、尺寸和有效参数

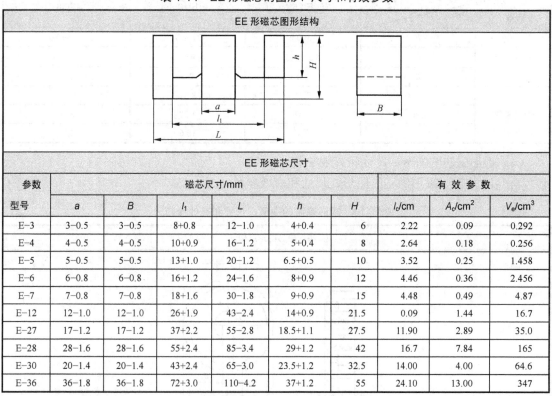

参数	磁芯尺寸/mm						有效参数		
型号	a	B	l_1	L	h	H	l_c/cm	A_c/cm^2	V_e/cm^3
E-3	3-0.5	3-0.5	8+0.8	12-1.0	4+0.4	6	2.22	0.09	0.292
E-4	4-0.5	4-0.5	10+0.9	16-1.2	5+0.4	8	2.64	0.18	0.256
E-5	5-0.5	5-0.5	13+1.0	20-1.2	6.5+0.5	10	3.52	0.25	1.458
E-6	6-0.8	6-0.8	16+1.2	24-1.6	8+0.9	12	4.46	0.36	2.456
E-7	7-0.8	7-0.8	18+1.6	30-1.8	9+0.9	15	4.48	0.49	4.87
E-12	12-1.0	12-1.0	26+1.9	43-2.4	14+0.9	21.5	0.09	1.44	16.7
E-27	17-1.2	17-1.2	37+2.2	55-2.8	18.5+1.1	27.5	11.90	2.89	35.0
E-28	28-1.6	28-1.6	55+2.4	85-3.4	29+1.2	42	16.7	7.84	165
E-30	20-1.4	20-1.4	43+2.4	65-3.0	23.5+1.2	32.5	14.00	4.00	64.6
E-36	36-1.8	36-1.8	72+3.0	110-4.2	37+1.2	55	24.10	13.00	347

（3）EI 形磁芯的图形、尺寸和有效参数

表 1-15 列出了 EI 形磁芯的图形、尺寸和有效参数。

表 1-15　EI 形磁芯的图形、尺寸和有效参数

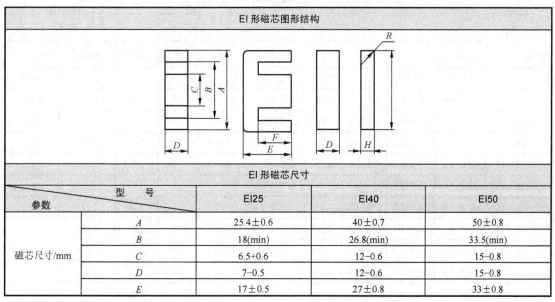

参数	型号		EI25	EI40	EI50
磁芯尺寸/mm		A	25.4±0.6	40±0.7	50±0.8
		B	18(min)	26.8(min)	33.5(min)
		C	6.5+0.6	12-0.6	15-0.8
		D	7-0.5	12-0.6	15-0.8
		E	17±0.5	27±0.8	33±0.8

EI 形磁芯尺寸				
参数	型 号	EI25	EI40	EI50
磁芯尺寸/mm	F	13+0.6	21+0.7	24.5+0.6
	H	3.5±0.3	6.5±0.3	9±0.3
	R	1.0	2.0	2.5
有效参数	l_c/cm	5.01	8.31	10.30
	A_c/cm^2	0.42	1.28	2.26
	V_e/cm^3	2.1	10.6	23.3

（4）罐形磁芯的图形、尺寸和有效参数

表 1-16 列出了罐形磁芯的图形、尺寸和有效参数。

表 1-16　罐形磁芯的图形、尺寸和有效参数

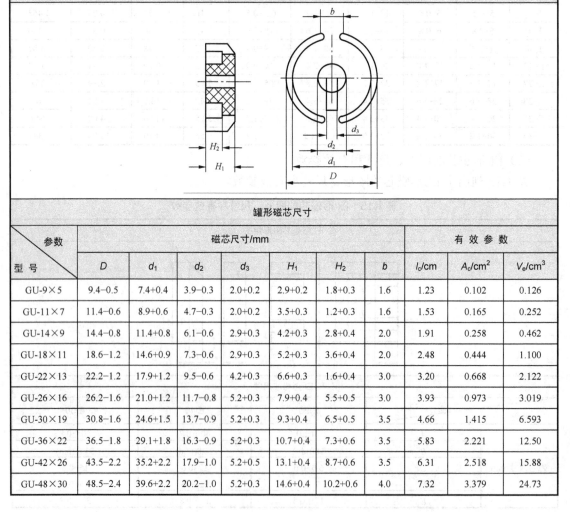

罐形磁芯图形结构										
罐形磁芯尺寸										
参数 型 号	磁芯尺寸/mm							有 效 参 数		
	D	d_1	d_2	d_3	H_1	H_2	b	l_c/cm	A_c/cm^2	V_e/cm^3
GU-9×5	9.4−0.5	7.4+0.4	3.9−0.3	2.0+0.2	2.9+0.2	1.8+0.3	1.6	1.23	0.102	0.126
GU-11×7	11.4−0.6	8.9+0.6	4.7−0.3	2.0+0.2	3.5+0.3	1.2+0.3	1.6	1.53	0.165	0.252
GU-14×9	14.4−0.8	11.4+0.8	6.1−0.6	2.9+0.3	4.2+0.3	2.8+0.4	2.0	1.91	0.258	0.462
GU-18×11	18.6−1.2	14.6+0.9	7.3−0.6	2.9+0.3	5.2+0.3	3.6+0.4	2.0	2.48	0.444	1.100
GU-22×13	22.2−1.2	17.9+1.2	9.5−0.6	4.2+0.3	6.6+0.3	1.6+0.4	3.0	3.20	0.668	2.122
GU-26×16	26.2−1.6	21.0+1.2	11.7−0.8	5.2+0.3	7.9+0.4	5.5+0.5	3.0	3.93	0.973	3.019
GU-30×19	30.8−1.6	24.6+1.5	13.7−0.9	5.2+0.3	9.3+0.4	6.5+0.5	3.5	4.66	1.415	6.593
GU-36×22	36.5−1.8	29.1+1.8	16.3−0.9	5.2+0.3	10.7+0.4	7.3+0.6	3.5	5.83	2.221	12.50
GU-42×26	43.5−2.2	35.2+2.2	17.9−1.0	5.2+0.5	13.1+0.4	8.7+0.6	3.5	6.31	2.518	15.88
GU-48×30	48.5−2.4	39.6+2.2	20.2−1.0	5.2+0.3	14.6+0.4	10.2+0.6	4.0	7.32	3.379	24.73

（5）U 形磁芯的图形、尺寸和有效参数

表 1-17 列出了 U 形磁芯的图形、尺寸和有效参数。

表 1-17 U 形磁芯的图形、尺寸和有效参数

U 形磁芯图形结构	U 形磁芯尺寸				
	参数/mm ＼ 型号	U-7	U-12	U-16	U-18
	a	7±0.3	12±0	16±0.5	18-1.0
	b	18	22	26	55
	H	16.5+0.5	23.5+0.5	28.5+0.7	43+1.0
	h	11+0.8	13+1.0	15+1.0	22+1.0
	c	30±0.8	41	51+1.2	84
	R	3.5	6	8	6
	Y	1	2	2.4	2.4

（6）环形磁芯的图形、尺寸和有效参数

表 1-18 列出了环形磁芯的图形、尺寸和有效参数。

表 1-18 环形磁芯的图形、尺寸和有效参数

环形磁芯图形结构	环形磁芯尺寸						
	参数/mm ＼	磁芯尺寸/mm			有效参数		
	规格	D	d	H	l_c/cm	A_c/cm^2	V_e/cm^3
	18×8×5	13±0.6	8±0.5	5±0.4	4.08	856	1.02
	2×11×5	22±0.8	11±0.5	5±0.4	5.19	275	1.42
	31×18×2	31±1.0	18±0.6	7±0.5	7.70	455	3.50
	37×23×7	37±1.1	23±0.9	7±0.5	9.42	490	4.62
	45×26×8	45±1.2	26±0.8	8±0.5	11.15	60	8.47

2．各种磁性材料的磁性能

（1）常用恒导磁材料的磁性能

表 1-19 列出了常用恒导磁材料的磁性能参数。

表 1-19 常用恒导磁材料的磁性能参数

参数 ＼ 材料	饱和磁感应强度/T	剩余磁感应强度/T	矫顽力/(A/m)	磁导率/(mH/m)	恒磁场范围/(A/m)
IJ67h	13	0.05	15	4.38	0～238
IJ34h	15	0.03	19	1.25	0～796
IJ34Kh	16	0.05	23	0.63～1.13	0～1591
IJ50h	15	0.1	34	0.13	0～7.96×10^3

（2）非晶态合金磁性材料的磁性能

表 1-20 列出了非晶态合金磁性材料的磁性能参数。图 1-97 中给出了 Co 基非晶态合金磁

性材料的磁特性曲线。

表 1-20　非晶态合金磁性材料的磁性能参数

参　数 材　料	饱和磁感应 强度/T	矫顽力/(A/m)	电阻率/(Ω·cm)	损耗/(W/kg)	
				0.5T,20kHz	0.2T,20kHz
Sr 基非晶态合金	0.57~0.7	0.318~0.796	125~150	40	—
Pe-Ni 基非晶态合金	1.0~1.2	0.796~1.99	125~150	—	7.5
Fe 基非晶态合金	1.5~1.7	1.99~3.19	125~150	—	10

（3）坡莫合金磁性材料的磁性能

① IJ85-1 和 IJ85-1A 坡莫合金磁性材料的磁性能参数。表 1-21 列出了 IJ85-1 和 IJ85-1A 坡莫合金磁性材料的磁性能参数。图 1-98 中给出了 IJ85-1 坡莫合金磁性材料的磁特性曲线。

表 1-21　坡莫合金磁性材料的磁性能参数

参数 材料	饱和磁感应强度/T	剩余磁感应强度/T	矫顽力/(A/m)	损耗/(W/kg)	
				0.5T,20kHz	0.6T,20kHz
IJ85-1	0.6~0.75	0.5~0.6	1.99	30	—
IJ85-1A	0.7~0.76	0.54	1.23	25	34~38

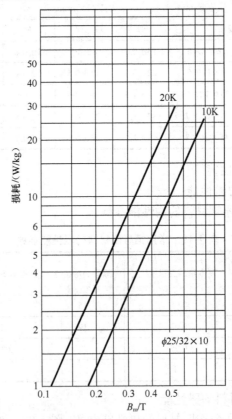

图 1-97　Co 基非晶态合金磁性材料的磁特性曲线

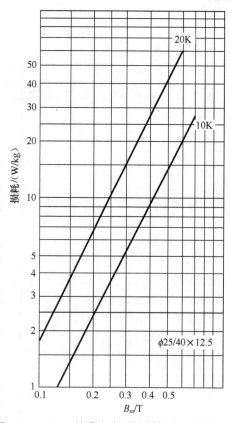

图 1-98 IJ85-1 坡莫合金磁性材料的磁特性曲线

② IJ67h 和 IJ512 坡莫合金磁性材料的磁性能参数。表 1-22 列出了 IJ67h 和 IJ512 坡莫合金磁性材料的磁性能参数。

表 1-22 IJ67h 和 IJ512 坡莫合金磁性材料的磁性能参数

参数 材料	$\Delta B_m/T$	$H/(A/m)$	$\mu_{dc}/(T/A/m)$	损耗/(W/kg)
IJ67h	≥13.5	$\leq 0.15 \times \dfrac{1000}{4\pi}$	$\geq \dfrac{1}{\pi} \times 10^{-4}$	≤2000
IJ512	≥13.0	$\leq 0.20 \times \dfrac{1000}{4\pi}$	$\geq \dfrac{12.5}{4\pi} \times 10^{-4}$	≤4000

（4）铁氧体磁性材料的磁性能特性

① 铁氧体磁性材料的磁性能。表 1-23 列出了常用铁氧体磁性材料的磁性能参数。

② 铁氧体磁性材料的功率容量、工作频率、最大磁感应强度与电流密度的关系。表 1-24 列出了多种铁氧体磁性材料的功率容量、工作频率、最大磁感应强度与电流密度的关系。

③ 铁氧体磁性材料在不同磁感应强度条件下的磁滞损耗参数。表 1-25 列出了多种铁氧体磁性材料在不同磁感应强度条件下的磁滞损耗参数。

④ 铁氧体磁性材料的磁性能特性曲线和不同磁芯结构铁氧体的损耗特性曲线。图 1-99 分别给出了多种铁氧体磁性材料的磁性能特性曲线和不同磁芯结构铁氧体的损耗特性曲线。

表1-23　常用铁氧体磁性材料的磁性能参数

生产厂家	TDK公司			富士公司		日本东北金属工业			西门子公司			飞利浦公司	中国898厂
磁性材料型号 \ 参数	H3T	DA3	DA3B	H45	H64	2500B	3100B	5000B	N27	N41	N47	3C8	R2KD
初始磁导率 μ/(H/m)	1900	2000	2500	2400	1800	2500	3100	5000	—	—	—	—	2500
饱和磁感应强度/T(15Oe)　25℃	0.5	0.49	0.48	0.48	0.52	0.49	0.49	0.5	0.47	0.47	0.43	0.44	0.47
饱和磁感应强度/T(15Oe)　100℃	0.4	0.4	0.4	0.38	0.45	0.38	0.37	0.35	—	—	—	0.33	0.47
剩余磁感应强度/T	0.19	0.15	0.15	0.12	0.12	0.1	0.1	0.1	0.2	0.16	0.1	0.1	0.12
矫顽力 H_c(Oe)	0.25	0.2	0.2	0.16	0.16	0.2	0.2	0.12	0.25	0.25	0.43	—	0.15
单位损耗(W/g)(16kHz, 150mT)　20℃	14	12	9	10	10	—	—	—	—	—	—	12.2	10
单位损耗(W/g)(16kHz, 150mT)　60℃	9	6.5	5	12	6.9	—	—	—	—	—	—	—	6
单位损耗(W/g)(16kHz, 150mT)　100℃	8	5.4	4.5	13	5.8	—	—	—	—	—	—	11.1	10
单位损耗(W/g)(25kHz, 200mT)　20℃	33	29	21	—	—	29	33	21	45	40	40	—	—
单位损耗(W/g)(25kHz, 200mT)　60℃	25	18	14	—	—	18.7	37.5	16.7	30	50	38	—	—
单位损耗(W/g)(25kHz, 200mT)　100℃	23.6	15.5	13	—	—	27	50	23	35	50	60	—	—
居里温度 t_q/℃	>200	>200	>200	>200	>230	>230	>180	>180	>200	>230	>200	>210	>200
表面电阻率/($\Omega\cdot$cm)	30	50	20	100	100	130	20	20	100	100	100	100	100

表1-24　多种铁氧体磁性材料的功率容量、工作频率、最大磁感应强度与电流密度的关系

I_{max}	B_{max}/T	0.2						0.15						0.1					
	f/kHz \ 磁芯	10	15	20	30	40	50	10	15	20	30	40	50	10	15	20	30	40	50
		最大功率容量 P_e/(W/kg)																	
250mA/in²	1F10-UU	2328	3492	4656	6984	9312	11640	1746	2619	3492	5238	6984	8730	1164	1746	2328	3492	4656	5820
	144T500 环形	3081	4622	6162	9243	12324	15405	2311	3467	4622	6933	9244	11555	1541	2312	3081	4623	6164	7705

续表

I_{max}	磁芯	B_{max}/T 0.2						0.15						0.1					
		f/kHz 10	15	20	30	40	50	10	15	20	30	40	50	10	15	20	30	40	50
		最大功率容量 P_e/(W/kg)																	
250mA/in²	4229罐形	398	597	796	1194	1592	1990	299	449	598	897	1196	1495	199	299	398	597	796	993
	783-608E-E	379	568	757	1136	1514	1893	284	426	568	852	1196	1420	190	285	379	569	758	948
	1F10-UU	1162	1743	2324	3486	4648	5810	872	1308	1744	1626	3488	4360	581	872	1162	1743	2324	2905
	144T500环形	1541	2312	3082	4623	6164	7705	1156	1734	2312	3468	4624	5780	771	1157	1541	2313	3084	3855
500mA/in²	4229罐形	199	299	398	597	796	995	149	224	298	447	596	745	100	150	199	300	400	500
	783-608E-E	190	285	379	569	758	948	142	213	284	426	568	710	95	143	190	285	380	475
	1F10-UU	581	872	1162	1743	2324	2905	436	654	872	1308	1744	2180	291	437	581	873	1164	1456
	144T500环形	771	1157	1542	2313	3084	3855	578	867	1156	1734	2312	2890	386	579	771	1158	1544	1930
1000mA/in²	4229罐形	100	150	200	300	400	500	75	113	150	225	300	375	50	75	100	150	200	250
	783-608E-E	95	143	190	285	380	476	71	107	143	214	285	356	48	71	95	143	196	238

表 1-25 多种铁氧体磁性材料在不同磁感应强度条件下的磁滞损耗参数

磁芯型号	B/T 0.2						0.15						0.1					
	f/kHz 10	15	20	30	40	50	10	15	20	30	40	50	10	15	20	30	40	50
1F10-UU	0.77	1.23	2.04	2.88	4.21	6.32	0.42	0.60	0.95	1.36	2.07	3.16	0.14	0.21	0.33	0.46	0.67	1.05
144T500环形	0.83	1.33	2.20	3.11	4.55	6.83	0.46	0.65	1.02	1.48	2.24	3.42	0.15	0.23	0.36	0.49	0.72	1.14
4229罐形	0.40	0.64	1.06	1.49	2.18	3.28	0.22	0.31	0.49	0.71	1.07	1.64	0.07	0.11	0.17	0.24	0.35	0.55
783-608E-E	0.39	0.62	1.03	1.45	2.13	3.19	0.21	0.30	0.48	0.69	1.04	1.59	0.07	0.11	0.17	0.23	0.34	0.53

⑤ 低损耗铁氧体磁性材料 3B7 和 3C8 的磁特性参数。图 1-100 分别给出了低损耗铁氧体磁性材料 3B7 和 3C8 的磁特性参数。

⑥ 铁氧体磁性材料 R2SK 的主要磁性能。采用 R2SK 铁氧体制成的 EC 形磁芯的主要磁性能见表 1-26。

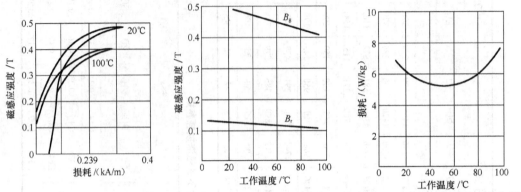

（a）铁氧体 R2KD 的磁化曲线　（b）铁氧体 R2KD 受温度影响的曲线　（c）铁氧体 R2KD 的损耗与温度之间的关系曲线

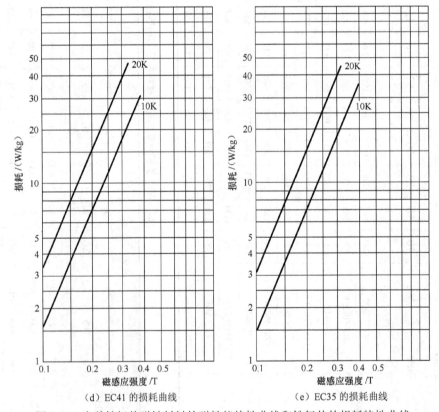

（d）EC41 的损耗曲线　　　　（e）EC35 的损耗曲线

图 1-99　多种铁氧体磁性材料的磁性能特性曲线和铁氧体的损耗特性曲线

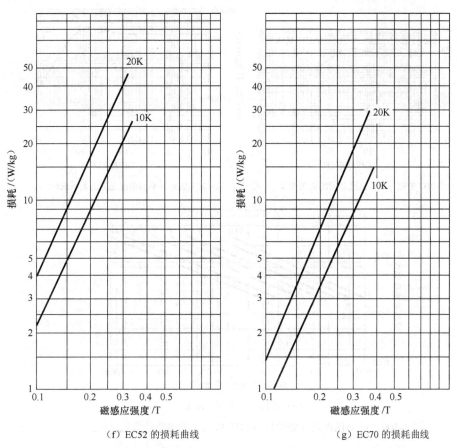

（f）EC52 的损耗曲线 　　　　　（g）EC70 的损耗曲线

图 1-99　多种铁氧体磁性材料的磁性能特性曲线和铁氧体的损耗特性曲线（续）

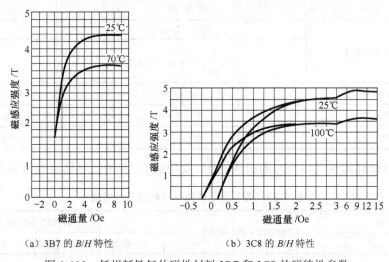

（a）3B7 的 B/H 特性 　　　　　（b）3C8 的 B/H 特性

图 1-100　低损耗铁氧体磁性材料 3B7 和 3C8 的磁特性参数

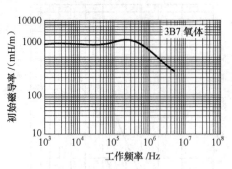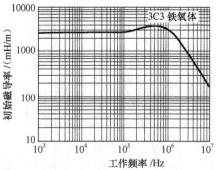

（c）3B7 的磁导率与温度之间的关系曲线 　　（d）3C8 的磁导率与温度之间的关系曲线

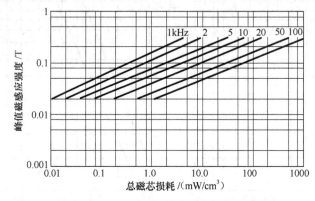

（e）3C8 的磁损耗特性曲线

图 1-100　低损耗铁氧体磁性材料 3B7 和 3C8 的磁特性参数（续）

表 1-26　铁氧体磁性材料 R2SK 的主要磁性能

测 试 项 目	测 试 条 件	性 能 参 数
饱和磁感应强度 B_s/T	$f < 50kHz$，$(20\pm5)℃$	$\geq47\times10^{-2}$
	$H=\dfrac{1}{4\pi}\times10^5A/m$，$(20\pm5)℃$	$\geq35\times10^{-2}$
铁损/(mW/cm³)	$f=100kHz$，$B=0.2T$	$\leq11\times10^{-3}$
居里温度/℃	—	$\leq20\times10^{-3}$
起始磁导率 μ/(H/m)	—	$8\pi\times10^{-4}$

⑦ 各种铁氧体磁性材料型号的组成。表 1-27 列出了各种铁氧体磁性材料型号的组成。

表 1-27　各种铁氧体磁性材料型号的组成

材料类别		材料的主要性能参数	材料的主要特征	
符　号	含　义		符　号	含　义
R	软磁性材料	μ 的标称值	Q	高 Q 值
		—	B	高 B_s 值
			U	宽温度范围

续表

材料类别		材料的主要性能参数		材料的主要特征	
符 号	含 义			符 号	含 义
R	软磁性材料	μ 的标称值		X	低温度系数
		—		H	低磁滞损耗
				F	高使用频率
				D	低磁芯损耗
				T	高居里温度
				Z	较小的正温度系数
				P	大功率
				R	高电阻率
Y	永磁	BH_{max} 的标称值/(kJ/m^5)		T	各向同性
		10～40	6～40	B	高 B_r
				H	高 H_{ob}，H_{cc}
X	旋磁	M_s 的标称值/(A/m)		X	小线宽
		10～5000	$(10～5000)×10^5$	H	含有内场的材料
				T	高居里温度
J	矩磁	矩形比 R_r 的标称值		D	低开关系数
		5～10	0.5～1	I	低驱动电流
				X	较小的温度系数
A	压磁	λ_s 标称值的绝对值		Z	$+\lambda_s$
		1～1000	$(1～1000)×10^{-9}$		

⑧ 各种铁氧体磁芯和磁性元件型号的组成。表 1-28 列出了各种铁氧体磁芯和磁性元件型号的组成。

表 1-28 各种铁氧体磁芯和磁性元件型号的组成

类 别		形 状		特征尺寸
符 号	意 义	符 号	意 义	
A	棒形	Y	圆形	直径×长 长×宽×厚
		B	扁形	
		Q	其他形状	
B	片形	Y	圆片	直径×厚 长×宽×厚 边×边×边×厚
		F	矩形片	
		S	三角形片	
		Q	其他形状片	
C	拱形	X	带有气隙的圆环	半径×内径×厚 外半径×内半径×厚
		C	小半环或大半环	
		W	小半环	
		Q	其他拱形	
D	帽形	M	有螺纹	外径×高
		K	有孔	外径×高
		Z	有中心柱	外径×高

类 别		形 状		特征尺寸
符 号	意 义	符 号	意 义	
E	E形	C	中心柱截面为方形	底边长
		I	中心柱截面为圆形	底边长
		TD	EI形	底边长×总高
			ETD形	底边长×总高
G	罐形	K	有中心柱（有或无孔）	外径×总高
			无中心柱（有孔）	外径×总高
H	环形	Q	截面为矩形	外径×内径×高
			其他形状	外径×内径×高
I	工字形	W	工字形	外径×高×芯柱外径
	王字形		王字形	外径×高×芯柱外径
K	有孔磁芯	S	双孔	孔内径×高
		D	多孔	孔内径×高×孔数
L	L形	P	接合面为平面	柱截面积（长×宽）×长
		Y	接合面为圆弧面	柱截面积（长×宽）×长
M	螺纹磁芯	K	实心	外径×螺距×长
			有孔	外径×螺距×长
P	偏转磁芯	V	喇叭形	最小内径×高
		H	环形	最小内径×高
T	T形	T	T形	柱截面积（长×宽）×长
			双T形	柱截面积（长×宽）×长
U	U形	Y	圆腿	底边×宽
		F	方腿	底边×宽
Z	柱形		截面为矩形	长×宽×高
		Y	截面为圆形	外径×高
		D	截面为正多边形	边数×边长×高
		K	有孔	外径×内径×长
O	管形		串珠形	外径×内径×高
		Y	圆形	外径×内径×长
		Q	其他形	外径×长
PM	PM磁芯	—	PM形	外径×总高
RM	方形	—	方形	印制电路板网络数
X	交叉形	—	X形（有或无中心孔）	边柱内径

⑨ 功率开关变压器所用铁氧体磁芯规格。表 1-29 列出了彩色电视机开关电源电路中常用的功率开关变压器所用铁氧体磁芯规格。

表 1-29 常用功率开关变压器所用铁氧体磁芯规格

产品型号	可配用机型	引进机型及原产品代号	电路工作方式	工作频率/kHz	磁芯规格	备 注
KDB-1C1	北京	东芝Ⅱ TPW3025	PWM 反激式	15～70	EE42，R2K 材料	磁芯开气隙
KDB-2C1	虹美，熊猫 36cm	夏普 20182CE-29	PWM 反激式	约 38	EE42，EC40 R2K 材料	磁芯开气隙
KDB-2C2	47cm	夏普 20182CE-25	PWM 反激式	30～38	EE42，EC40 R2K 材料	磁芯开气隙
KDB-3C1	昆仑	三洋 AE0017	PFM 反激式	15～50	EC40，EE40	磁芯开气隙
KDB-4C1	熊猫 长虹	松下 P15756	PFM 正激式	行频	EI35，2K 材料	磁芯开气隙
KDB-5C1	金星，福日 36cm	日立 14 英寸	PWM 反激式	行频	EE50，R2K 材料	磁芯开气隙
KDB-5C2	56cm	日立	PWM 反激式	行频	EE42，2K 材料	磁路中加钐钴
KDB-5C3	环宇 36cm	日立 P222016	PFM 正激式	10～25	EE22，R2K 材料	磁芯开气隙
KDB-6C1	上海 36cm	JVC，14 英寸 C40514-00A	PFM 正激式	15～70	EE42，EC40 R2K 材料	—
KDB-6C2	—	JVC 18 英寸			EC40 R2K 材料	—
KDB-7C1	孔雀 36cm	索尼 14 英寸	PWM 反激式	16	FE-3，方圆腿 U 形磁芯	加垫片产生气隙
KDB-1C2	—	东芝Ⅲ TPW3067	PWM 反激式		EI35	磁芯开气隙

⑩ 磁性材料工作磁感应强度的确定。变压器的工作磁感应强度 B_m 是功率开关变压器设计中的一个重要磁性参数，它与磁性材料的性能、磁芯结构、工作频率、输出功率的大小等因素有关。确定工作磁感应强度时，应满足温升对损耗的限制，使磁芯不饱和。工作磁感应强度若选得太低，则变压器的体积和重量就要增加许多，并且由于匝数的增多就会造成分布电容和漏感的增加。工作频率为 20kHz 时，常用磁性材料的工作磁感应强度见表 1-30。

表 1-30 工作频率为 20kHz 时，常用磁性材料的工作磁感应强度

磁性材料	铁氧体	1J85-1 坡莫合金	Co 基非晶态合金
工作磁感应强度/T	0.15～0.25	0.4～0.5	0.5～0.6

1.8.7 功率开关变压器绕组导线规格的确定

在功率开关变压器的设计和加工过程中，根据所给定的条件和所需的输出功率等要求，一旦磁性材料和磁芯结构确定以后，接下来的任务就是各绕组导线的确定和选择。根据功率开关变压器各绕组的工作电流和所规定的电流密度就可以确定所要采用的导线规格，其计算公式如下：

$$S_{mi} = \frac{I_i}{J} \qquad (1-136)$$

式中，S_{mi} 为各绕组导线的截面积，单位为 mm^2；I_i 为各绕组中通过的电流有效值，单位为 A；J 为电流密度，单位为 A/mm^2。使用该公式计算出所需的绕组导线截面积后，选择适应于各绕组的导线时，还应考虑趋肤效应的影响。然后从导线规格表中选取合适的导线。下面分别给出各种规格的漆包线技术参数，供设计者在设计功率开关变压器时参考和查阅。

① 聚氨酯漆包线的规格。表 1-31 列出了聚氨酯漆包线的规格参数。

表 1-31　聚氨酯漆包线的规格参数

商品名	型号	规范编号	绝缘等级	直径/cm	耐热级别/℃
日氨酯	UEW	JISC3211	0 1 2 3	0.5～1.5 0.02～1.0	E（120） B（130）
日氨酯-E	UEW-E	SP01-70-9204	0 1 2	0.32～1.0	E（120）
日氨酯-P	UEW-P	SP01-70-9208	0 1 2	0～1.5 0.1～1.0	E（120） B（130）
低温操作自黏合日氨酯	BL-UEW	JISC3212	0（面漆） 1（面漆） 2（面漆）	0.1～1.5 0.06～0.6	A（105）
高温操作自黏合日氨酯	BB-UEW	SP01-70-9202	0（面漆） 1（面漆） 2（面漆）	0.1～1.5 0.06～0.6	E（120）

② 聚酯漆包线的规格。表 1-32 列出了聚酯漆包线的规格参数。

表 1-32　聚酯漆包线的规格参数

商品名	型号	规范编号	绝缘等级	直径/cm	耐热级别/℃
日酯	PEW	JISC3210	0 1 2	0.1～3.2 0.06～1.0	B（130）
日酯（方线）	PEW	SP01-70-9001	—		F（155）
日酯-E	PEW-E	SP01-70-9214	0 1 2	0.32～1.0	B（130）
日酯-V	PEW-V	SP01-70-9215	0 1	0.5～2.0	F（155）
日酯-P	PEW-P	SP01-70-9213	0 1 2	0.2～2.0 0.1～1.0	B（130） F（155）
低温操作自黏合日酯	BL-PEW	SP01-70-9216	0（面漆） 1（面漆）	0.1～2.0	A（105）
高温操作自黏合日酯	BB-PEW	SP01-70-9212	0（面漆） 1（面漆）	0.1～2.0	E（120）

③ QZ-1 型高强度漆包线的规格。表 1-33 列出了 QZ-1 型高强度漆包线的规格参数。

④ QZ-2 型高强度漆包线的规格。表 1-34 列出了 QZ-2 型高强度漆包线的规格参数。

表1-33 QZ-1型高强度漆包线的规格参数

组数	规格(AWG)	裸线直径/in 最小	标称	最大	标称截面积/in²	绝缘层厚度/in 最小	最大	绝缘层外径/in 最小	最大	重量 lb/in³	lb/ft	lb/in³	20℃时电阻 Ω/ft	Ω/lb	Ω/in²	面数 /in	/in²
	4	0.2023	0.2043	0.2063	41740	0.0037	0.0045	0.2060	0.2098	127.20	7.86	0.244	0.2485	0.000954	0.0000768	4.80	24.0
1	5	0.1801	0.1819	0.1837	33090	0.0036	0.0044	0.1837	0.1872	100.84	9.92	0.248	0.3124	0.003108	0.0007532	5.38	28.9
	6	0.1604	0.1620	0.1636	26240	0.0035	0.0043	0.1639	0.1671	80.00	12.50	0.242	0.3952	0.004940	0.001195	6.03	36.4
	7	0.1924	0.1443	0.1457	20820	0.0034	0.0041	0.1463	0.1491	63.51	15.75	0.241	0.4981	0.007843	0.001890	6.75	45.6
	8	0.1272	0.1285	0.1298	16510	0.0033	0.0040	0.1305	0.1332	50.39	19.85	0.240	0.6281	0.01246	0.002791	7.57	57.3
	9	0.1123	0.1144	0.1155	13090	0.0032	0.0039	0.1165	0.1189	39.98	25.0	0.239	0.7925	0.00982	0.004737	8.48	71.9
	10	0.1009	0.1019	0.1029	10380	0.0031	0.0037	0.1040	0.1061	31.74	31.5	0.238	0.9988	0.03147	0.007490	9.50	90.3
2	11	0.0898	0.0907	0.0916	8230	0.0030	0.0036	0.0928	0.0948	25.16	39.8	0.237	1.26	0.0501	0.0119	10.6	112
	12	0.0800	0.0808	0.0816	6530	0.0029	0.0035	0.0829	0.0847	20.03	49.9	0.236	1.59	0.0794	0.0187	11.9	142
	13	0.0713	0.0720	0.0727	5180	0.0028	0.0033	0.0741	0.0757	15.89	62.9	0.235	2.00	0.126	0.0296	13.3	177
3	14	0.0635	0.0641	0.0647	4110	0.0032	0.0038	0.0667	0.0682	12.60	82.9	0.230	2.52	0.200	0.0400	14.8	219
	15	0.0565	0.0571	0.0577	3260	0.0030	0.0035	0.0595	0.0609	10.04	99.6	0.229	3.18	0.317	0.0726	16.6	276
	16	0.0563	0.0508	0.0513	2580	0.0029	0.0034	0.0532	0.0545	7.95	126	0.228	4.02	0.506	0.115	18.5	342
	17	0.0448	0.0453	0.0458	2050	0.0028	0.0033	0.0476	0.0488	6.33	158	0.226	5.05	0.798	0.180	20.7	428
	18	0.0399	0.0403	0.0407	1620	0.0026	0.0032	0.0425	0.0437	5.03	199	0.224	6.39	1.27	0.284	23.1	534
4	19	0.0355	0.0359	0.0363	1290	0.0025	0.0030	0.0380	0.0391	3.99	251	0.223	8.05	2.02	0.450	25.9	671
	20	0.0317	0.0320	0.0323	1020	0.0023	0.0029	0.0340	0.0351	3.18	314	0.221	10.1	3.18	0.703	28.9	835
	21	0.0282	0.0285	0.0288	812	0.0022	0.0028	0.0302	0.0314	2.53	395	0.219	12.8	5.06	1.11	32.2	1043
	22	0.0250	0.0253	0.0256	640	0.0021	0.0027	0.0271	0.0281	2.00	500	0.217	16.2	8.10	1.76	36.1	1303
5	23	0.0224	0.0226	0.0228	511	0.0020	0.0026	0.0244	0.0253	1.60	625	0.215	20.3	12.7	2.73	40.2	1616
	24	0.0199	0.0201	0.0203	404	0.0019	0.0025	0.0218	0.0227	1.26	794	0.211	25.7	20.4	4.30	44.8	2007
	25	0.0177	0.0179	0.0181	320	0.0018	0.0023	0.0195	0.0203	1.00	1000	0.210	32.4	32.4	6.80	50.1	2510
	26	0.0157	0.0159	0.0161	253	0.0017	0.0022	0.0174	0.0182	0.794	1259	0.208	41.0	51.6	10.7	56.0	3136
	27	0.0141	0.0142	0.0143	202	0.0016	0.0021	0.0157	0.0164	0.634	1577	0.205	57.4	81.1	16.6	62.3	3831
	28	0.0125	0.0126	0.0127	159	0.0016	0.0020	0.0141	0.0147	0.502	1992	0.202	65.3	130	26.3	69.4	4816

续表

组数	规格(AWG)	裸线直径/in 最小	标称	最大	绝缘层厚度/in 最小	最大	绝缘层外径/in 最小	最大	标称截面积 in²	重量 lb/in³	lb/ft	lb/in³	20℃时电阻 Ω/ft	Ω/lb	Ω/in²	匝数 /in	/in²
6	29	0.0112	0.0113	0.0114	0.0015	0.0019	0.0127	0.0133	128	0.405	2469	0.200	81.2	200	40.0	76.9	5914
	30	0.0099	0.0100	0.0101	0.0014	0.0018	0.0113	0.0119	100	0.318	3145	0.197	104	327	64.4	86.2	7430
	31	0.0088	0.0098	0.0090	0.0013	0.0018	0.0101	0.0108	79.2	0.253	4000	0.193	131	520	100	96.0	9200
	32	0.0079	0.0080	0.0081	0.0012	0.0017	0.0091	0.0098	64.0	0.205	4900	0.191	162	790	151	106	11200
	33	0.0070	0.0071	0.0072	0.0011	0.0016	0.0081	0.0088	50.4	0.162	6200	0.189	206	1270	240	118	13900
7	34	0.0062	0.0063	0.0064	0.0010	0.0014	0.0072	0.0078	39.7	0.127	7900	0.189	261	2060	388	133	17700
	35	0.0055	0.0056	0.0057	0.0009	0.0013	0.0064	0.0070	31.4	0.101	9900	0.187	331	3280	613	149	22200
	36	0.0049	0.0050	0.0051	0.0008	0.0012	0.0057	0.0063	25.0	0.0805	12400	0.186	415	5750	959	167	27900
	37	0.0044	0.0045	0.0046	0.0008	0.0011	0.0052	0.0057	20.2	0.0655	15300	0.184	512	7800	1438	183	33500
	38	0.0039	0.0040	0.0041	0.0007	0.0010	0.0046	0.0051	16.0	0.0518	19300	0.183	648	12500	2289	206	42400
8	39	0.0034	0.0035	0.0036	0.0007	0.0009	0.0040	0.0045	12.2	0.0397	25200	0.183	847	21300	3904	235	55200
	40	0.0030	0.0031	0.0032	0.0006	0.0008	0.0036	0.0040	9.61	0.0312	32100	0.183	1080	34600	6335	263	69200
	41	0.0027	0.0028	0.0029	0.0005	0.0007	0.0032	0.0036	7.84	0.0254	39400	0.183	1320	52000	9510	294	86400
	42	0.0024	0.0025	0.0026	0.0004	0.0006	0.0028	0.0032	6.25	0.0203	49300	0.182	1660	81800	14883	328	107600

表 1-34 QZ-2型高强度漆包线的规格参数

标称直径/mm	漆包线最大外径/mm	铜芯截面积/mm²	漆包线直流电阻/(Ω/m)(20℃)	漆包线参考重量/(g/m)	击穿电压最小值/V	载流量/mm² 1.5	2.0	2.5	3.0	3.5	4.0	4.5	5.0	5.5	6.0	7.0	8.0
0.06	0.090	0.00283	6.851	0.0290	500	0.00425	0.00566	0.00708	0.00849	0.00991	0.0113	0.0127	0.0142	0.0156	0.0170	0.0113	0.0226
0.07	0.100	0.00385	4.958	0.0390	500	0.00373	0.00770	0.00963	0.0116	0.00035	0.0154	0.0173	0.0193	0.0212	0.0231	0.0010	0.0308
0.08	0.110	0.00503	3.754	0.0500	600	0.00355	0.0101	0.0126	0.0151	0.0076	0.0201	0.0226	0.0252	0.0277	0.0302	0.0002	0.0402
0.09	0.120	0.00636	2.940	0.0630	600	0.00354	0.0127	0.0159	0.0191	0.0023	0.0254	0.0286	0.0318	0.0350	0.0382	0.0005	0.0509
0.10	0.130	0.00785	2.466	0.0760	600	0.0118	0.0157	0.0196	0.0236	0.0005	0.0314	0.0353	0.0393	0.0432	0.0471	0.0005	0.0623

续表

标称直径/mm	漆包线最大外径/mm	铜芯截面积/mm²	漆包线直流电阻/(Ω/m)(20℃)	漆包线参考重量/(g/m)	击穿电压最小值/V	载流量/mm²											
						1.5	2.0	2.5	3.0	3.5	4.0	4.5	5.0	5.5	6.0	7.0	8.0
0.11	0.140	0.00950	2.019	0.0920	600	0.0143	0.0190	0.0238	0.0285	0.0003	0.0380	0.0428	0.0475	0.0523	0.0573	0.0005	0.0760
0.12	0.150	0.0113	1.683	0.1083	900	0.0170	0.0226	0.0283	0.0339	0.0005	0.0452	0.0509	0.0565	0.0622	0.0678	0.0001	0.0904
0.13	0.160	0.0133	1.424	0.1263	900	0.0200	0.0266	0.0333	0.0399	0.0400	0.0532	0.0599	0.0665	0.0732	0.0798	0.0901	0.106
0.14	0.170	0.0154	1.221	0.1460	900	0.0221	0.0308	0.0385	0.0462	0.0500	0.0616	0.0693	0.0770	0.0847	0.0824	0.107	0.123
0.15	0.190	0.0177	1.059	0.1670	900	0.0266	0.0354	0.0443	0.0531	0.0628	0.0708	0.0797	0.0885	0.0974	0.0106	0.124	0.142
0.16	0.200	0.0201	0.9264	0.1890	900	0.0302	0.0402	0.0503	0.0603	0.0704	0.0804	0.0905	0.101	0.111	0.121	0.141	0.161
0.17	0.210	0.0227	0.8175	0.2130	900	0.0341	0.0454	0.0568	0.0681	0.0795	0.0908	0.102	0.114	0.125	0.136	0.159	0.182
0.18	0.220	0.0254	0.7267	0.2360	900	0.0381	0.0508	0.0635	0.0762	0.0889	0.102	0.114	0.127	0.140	0.142	0.178	0.203
0.19	0.230	0.0284	0.6503	0.2640	1200	0.0426	0.0568	0.0710	0.0852	0.0994	0.114	0.128	0.142	0.156	0.100	0.199	0.227
0.20	0.240	0.0314	0.5853	0.2920	1200	0.0471	0.0628	0.0785	0.0942	0.110	0.126	0.141	0.157	0.173	0.104	0.220	0.251
0.21	0.250	0.0346	0.5296	0.3220	1200	0.0519	0.0692	0.0865	0.104	0.121	0.138	0.156	0.173	0.190	0.200	0.242	0.277
0.23	0.280	0.0415	0.4399	0.3850	1200	0.0623	0.0630	0.104	0.125	0.145	0.166	0.187	0.208	0.228	0.240	0.291	0.332
0.25	0.300	0.0491	0.3708	0.4540	1200	0.0737	0.0882	0.123	0.147	0.172	0.196	0.221	0.246	0.270	0.290	0.344	0.393
0.28	0.330	0.0616	0.3053	0.5660	1500	0.0924	0.123	0.154	0.185	0.216	0.246	0.277	0.308	0.339	0.370	0.400	0.493
0.31	0.360	0.0755	0.2473	0.6930	1500	0.113	0.151	0.189	0.227	0.264	0.302	0.340	0.378	0.415	0.453	0.500	0.604
0.33	0.390	0.0855	0.2173	0.7840	1500	0.128	0.171	0.214	0.257	0.299	0.340	0.385	0.428	0.470	0.513	0.590	0.684
0.35	0.410	0.0962	0.1925	0.8840	1500	0.144	0.192	0.241	0.289	0.337	0.385	0.433	0.481	0.529	0.577	0.670	0.770
0.38	0.440	0.113	0.1626	1.0400	1500	0.170	0.226	0.283	0.339	0.396	0.452	0.509	0.565	0.622	0.678	0.790	0.904
0.40	0.460	0.126	0.1463	1.1750	1500	0.189	0.252	0.315	0.378	0.441	0.504	0.567	0.630	0.693	0.756	0.880	1.010
0.42	0.480	0.139	0.1324	1.5100	1800	0.209	0.278	0.348	0.417	0.487	0.556	0.626	0.695	0.765	0.834	0.973	1.110
0.45	0.510	0.159	0.1150	1.4450	1800	0.239	0.318	0.398	0.477	0.557	0.636	0.716	0.795	0.875	0.954	1.110	1.270
0.47	0.530	0.173	0.10520	1.6000	1800	0.260	0.346	0.433	0.519	0.606	0.692	0.779	0.865	0.952	1.04	1.21	1.38
0.50	0.560	0.196	0.09269	1.8650	1800	0.294	0.392	0.490	0.588	0.686	0.784	0.882	0.980	1.08	1.18	1.37	1.57
0.53	0.600	0.221	0.08231	2.0400	1800	0.332	0.442	0.553	0.663	0.774	0.884	0.995	1.11	1.22	1.33	1.55	1.77
0.56	0.630	0.246	0.07357	2.2750	1800	0.369	0.492	0.615	0.738	0.861	0.984	1.11	1.23	1.35	1.48	1.72	1.97
0.60	0.670	0.283	0.06394	2.5890	1800	0.425	0.566	0.708	0.849	0.991	1.13	1.27	1.42	1.56	1.70	1.98	2.26

续表

标称直径/mm	漆包线最大外径/mm	铜芯截面积/mm²	漆包线直流电阻/(Ω/m)(20℃)	漆包线参考重量/(g/m)	击穿电压最小值/V	载流量/mm²											
						1.5	2.0	2.5	3.0	3.5	4.0	4.5	5.0	5.5	6.0	7.0	8.0
0.63	0.700	0.312	0.05790	2.8220	2400	0.468	0.624	0.780	0.936	1.09	1.25	1.40	1.56	1.72	1.87	2.18	2.50
0.67	0.750	0.353	0.05109	3.2190	2400	0.530	0.706	0.883	1.06	1.24	1.41	1.59	1.77	1.94	2.12	2.47	2.82
0.71	0.790	0.396	0.04608	3.6160	2400	0.594	0.792	0.990	1.19	1.39	1.58	1.78	1.98	2.18	2.38	2.77	3.17
0.75	0.840	0.442	0.04120	4.1140	2400	0.663	0.884	1.11	1.33	1.55	1.77	1.99	2.21	2.43	2.65	3.09	3.54
0.80	0.890	0.503	0.03612	4.6100	2400	0.755	0.101	1.26	1.51	1.76	2.01	2.26	2.52	2.77	3.02	3.52	4.02
0.85	0.940	0.567	0.03192	5.2350	2400	0.851	1.13	1.42	1.70	1.98	2.27	2.55	2.84	3.12	3.40	3.97	4.54
0.90	0.990	0.636	0.02842	5.9360	3000	0.954	1.27	1.59	1.91	2.23	2.54	2.86	3.18	3.50	3.82	4.45	5.09
0.95	1.040	0.709	0.02546	6.7640	3000	1.06	1.42	1.77	2.13	2.48	2.84	3.19	3.55	3.90	4.25	4.96	5.67
1.00	1.110	0.785	0.02294	7.2400	3000	1.18	1.57	1.96	2.36	2.75	3.14	3.53	3.93	4.32	4.71	5.50	6.28
1.06	1.170	0.882	0.02058	8.5050	3000	1.32	1.76	2.21	2.65	3.09	3.53	3.97	4.41	4.85	5.29	6.17	7.06
1.12	1.230	0.985	0.01839	8.9400	3000	1.48	1.97	2.46	2.96	3.45	3.94	4.43	4.93	5.42	5.91	6.90	7.88
1.18	1.290	1.09	0.01654	9.8900	3000	1.64	2.18	2.73	3.27	3.82	4.36	4.91	5.45	6.00	6.54	7.63	8.72
1.25	1.360	1.23	0.01471	11.200	3000	1.85	2.46	3.08	3.69	4.31	4.92	5.54	6.15	6.77	7.38	8.61	9.84
1.30	1.410	1.33	0.01358	12.10	3600	2.00	2.66	3.33	3.99	4.66	5.32	5.99	6.65	7.32	7.98	9.31	10.6
1.40	1.510	1.54	0.01169	14.00	3600	2.31	3.08	3.85	4.62	5.39	6.16	6.93	7.70	8.47	9.24	10.8	12.3
1.50	1.610	1.77	0.01016	16.10	3600	2.66	3.54	4.43	5.31	6.20	7.08	7.97	8.85	9.74	10.6	12.4	14.2
1.60	1.720	2.01	0.008915	18.12	3600	3.02	4.02	5.03	6.03	7.04	8.04	9.05	10.1	11.1	12.1	14.1	16.1
1.70	1.820	2.27	0.007933	20.46	3600	3.41	4.54	5.68	6.81	7.95	9.08	10.2	11.4	12.5	13.6	15.9	18.2
1.80	1.920	2.54	0.007064	22.91	3600	3.81	5.08	6.35	7.62	8.89	10.2	11.4	12.7	14.0	15.2	17.8	20.3
1.90	2.020	2.84	0.006331	25.50	3600	4.26	5.68	7.10	8.52	9.94	11.4	12.8	14.2	15.6	17.0	19.9	22.7
2.00	2.120	3.14	0.005706	28.21	4200	4.71	6.28	7.85	9.42	11.0	12.6	14.1	15.7	17.3	18.8	22.0	25.1
2.12	2.240	3.53	0.005095	31.52	4200	5.30	7.06	8.83	10.6	12.4	14.1	15.9	17.7	19.4	21.2	24.7	28.2
2.24	2.360	3.94	0.004557	36.13	4200	5.91	7.88	9.85	11.8	13.8	15.8	17.7	19.7	21.7	23.6	27.6	31.5
2.36	2.480	4.37	0.004100	41.35	4200	6.56	8.14	10.9	13.1	15.3	17.5	19.7	21.9	24.0	26.2	30.6	35.0
2.50	2.620	4.91	0.003648	44.63	4200	7.87	9.82	12.3	14.7	17.2	19.6	22.1	24.6	27.0	29.5	34.4	39.3

1.8.8 绝缘材料以及功率开关变压器所选用骨架材料的技术参数

功率开关变压器中的绝缘材料和浸漆封装直接影响着功率开关变压器的转换效率和安全可靠性，下面就来讨论这个问题。

1．绝缘压敏粘胶带

绝缘压敏粘胶带是近几年来刚刚研制成功并投放市场的新型绝缘材料，它以抗电绝缘强度高、使用方便、机械性能好、温度性能稳定、重量轻、厚度薄、色彩鲜艳、价格低廉等优点而被广泛应用于各种变压器绕组的层间、绕组间、绕组与骨架之间的绝缘和外包绝缘。在功率开关变压器中所使用的粘胶带以聚酯、涤纶和聚氯乙烯为基材，以丙烯酸酯聚合物为粘合剂，经涂布、烘焙、交联而制成压敏粘胶带。功率开关变压器中所使用的粘胶带必须满足以下要求：

① 粘胶性能好，抗剥离，具有一定的拉伸强度。

② 绝缘性能好，耐高压，耐有机溶剂，抗老化。

③ 温度稳定性好，随着变压器的温升，对变压器各种性能稳定性的影响极小，并且还要具有阻燃烧的良好特性。

④ 色泽光洁而鲜艳。

⑤ 导热性能良好。

2．骨架材料

功率开关变压器的骨架与一般变压器骨架不同，除了作为线圈的绝缘与支撑材料以外，它还承担着整个变压器的安装固定、引出端应力和定位等重要作用。因此，制作骨架的材料除了需满足绝缘要求以外，还应有相当的抗拉强度、抗变形强度和抗冲击强度等机械强度。同时，为了承受引出端插针（引出脚）的耐焊接温度，要求骨架材料的热变形温度高于 200℃，材料必须达到阻燃，而且还要具有良好的可加工性，易于加工成各种形状。

满足上述要求最理想的绝缘材料是阻燃增强型 PBT 塑料。此外，热固性工程塑料 4330 型酚醛玻璃纤维热压塑料也是一种较为理想的功率开关变压器骨架材料，并且该材料还具有不燃烧特性。

（1）阻燃增强型 PBT 塑料

阻燃增强型 PBT 塑料是由聚对苯二甲酸丁二醇树脂、玻璃纤维、阻燃剂以及其他添加剂配合加工而成的一种热塑性强、阻燃性高的工程塑料。其特点如下：

① 因为采用玻璃纤维进行增强，并经特殊耐老化处理，因此大大提高了 PBT 的机械强度、使用温度和使用寿命，使用该材料生产出来的产品可以在 140℃以下长期使用。根据用途不同，玻璃纤维的添加量也不同，其含量可在 0～30%的范围内调节。

② 由于在加工合成的过程中配用了高效的阻燃剂，因此在正常的加工过程中不会分离和腐蚀机械加工模具，在使用过程中阻燃剂也不会析出。阻燃级别可由 UL94HB 到 VO 级。

③ 这种工程塑料的电性能（包括电阻率、击穿电压强度、介电损耗、弧阻和抗电弧迹等）非常良好。

④ 该种工程塑料具有吸水率低、成型收缩变形小、尺寸稳定等优点。

⑤ 耐一般的化学药品和有机溶剂的腐蚀，特别是耐汽油、机油、焊油、酒精等，特别适应于锡焊、黏合、喷涂和灌封等特殊工艺操作。

⑥ 该工程塑料在 20～60℃的成模温度下结晶速度很快，流动性很好，因此成型周期短，特别适宜于注射各种薄壁和形状复杂的制品。

阻燃增强型 PBT 塑料国内生产单位有北京化工研究院和上海涤纶厂，表 1-35 给出了北京化工研究院生产的阻燃增强型 PBT 塑料性能参数，可供设计者查阅。

表 1-35　北京化工研究院生产的阻燃增强型 PBT 塑料性能参数

品　　种	PBT301	PBT301-G10	PBT301-G20	PBT301-G30
玻璃纤维含量	0	10%	20%	30%
密度/(g/cm³)	1.45～1.55	1.45～1.60	1.50～1.70	1.55～1.73
吸水率	0.06%～0.1%	0.05%～0.09%	0.04%～0.09%	0.03%～0.08%
成型后收缩率/(kg/cm²)（25℃下 24h 浸泡）	1.5～2.2	0.7～1.5	0.3～1.0	0.2～0.8
抗张强度/(kg/cm²)	550～650	700～900	900～1100	1100～1300
弯曲强度/(kg/cm²)	830～1000	1100～1300	1500～1600	1700～2000
无缺口冲击强度/[(kg/cm)/cm²]	>20	20～35	25～45	30～55
有缺口冲击强度/[(kg/cm)/cm²]	4～5	4～6	5～7	6～8
热变形温度/℃	55～70	180～200	200～210	205～213
阻燃性	UL94Vo	UL94Vo	UL94Vo	UL94Vo
介电常数/10⁶Hz	3.0～4.0	3.2～4.0	3.4～4.0	3.6～4.2
介电损耗/10⁶Hz	0.015～0.02	0.014～0.02	0.013～0.02	0.012～0.02
体积电阻/(Ω·cm³)	5×10¹⁵～5×10¹⁶	5×10¹⁵～5×10¹⁶	5×10¹⁵～5×10¹⁶	5×10¹⁵～5×10¹⁶
击穿电压/(kV/mm)	18～24	17～25	19～27	20～30

（2）4330 型酚醛玻璃纤维热压塑料

另一种较为理想的功率开关变压器骨架材料就是 4330 型酚醛玻璃纤维热压塑料，它是由苯酚和甲醛按一定配方，在酸性或碱性催化剂的作用下经缩聚而成的。为了改善其机械物理强度性能，添加了玻璃纤维填充材料，因此是一种物理性能和化学性能都较好的热固性工程塑料。其特点如下：

① 机械强度高，坚硬耐磨，各种化学性能稳定，抗蠕变性均优于许多热固性工程塑料。

② 温度稳定性和耐热性特别好，可在 200℃以上的高温下使用，而且在高温下也不软化和老化变形。

③ 热压成型后外形和尺寸稳定，不易变形，并且价格低廉，便于普及推广使用。

④ 本身为不燃烧材料，正好满足和适应功率开关变压器耐燃烧的安全要求。

⑤ 缺点为性质较脆，已损坏。

表 1-36 给出了 4330 型酚醛玻璃纤维热压塑料的性能参数。

（3）功率开关变压器骨架的确定

根据功率开关变压器骨架在变压器中所承担的任务和作用，特对其提出如下的一些要求：

① 承受绕组导线绝缘部分的壁厚不得小于 0.06mm。

② 支撑功率开关变压器重量的固定引出端插针的撑板构件应具有足够的机械强度，能够承受冲击、碰撞。焊接时不断裂，不产生变形和裂纹。

表 1-36 4330 型酚醛玻璃纤维热压塑料的性能参数

型号 性能参数	4430-1	4430-2
密度/(g/cm³)	1.75～1.85	1.7～1.9
吸水性/(g/cm³)	0.05	0.05
马丁氏耐热性/℃	200	200
抗弯强度/(g/cm²)	1200	2500
抗拉强度/(g/cm²)	800	5000
抗冲击强度/[(kg/cm)/cm²]	35	150
体积电阻系数/(Ω/cm³)	10^{12}	10^{12}
介质损耗正切值/10^6Hz	0.05	0.05
介质常数/10^6Hz	8	8
平均击穿电压强度/(kV/mm)	13	13

③ 骨架上应有明显的定位标志、产品标志，并且各种标志应在所规定的相应位置处。

④ 引出端插针应满足下列两种固定方法：

• 一种固定方法是与骨架压制或注塑时一起成型固定，该种方法适用于模压成型和注塑成型骨架的加工。这种固定结构的引出插针应注意不使插针镀层氧化，成型产品不能长期搁置，一般应在一个月内使用完毕。

• 另一种固定方法是冷插法，即骨架成型时留有安装插针的孔，使用时将插针铆入。这种方法只适应于热塑性材料。由于插针可以另外存放，使用时再装入骨架，能够有效防止插针镀层的氧化，是最常用的一种较为理想的方法。

插针必须具有足够的强度和刚性，同时还要保证具有良好的焊接性。一般采用具有刚性的 CP 线。镀层可采用镀银或镀铅锡合金，镀层厚度不应小于 0.07mm。

3. 绝缘浸渍材料

功率开关变压器的绝缘浸渍材料都采用绝缘漆。绝缘漆是一种有机高分子胶体混合物的溶液，涂布在表面上能干结成膜，又成为有机涂料。有机涂料的构成可分为主要成膜材料、次要成膜材料和辅助成膜材料三大组成部分。主要成膜材料常被称为固着剂，有油料和树脂两种；次要成膜材料被分为增塑剂和颜料两类；辅助成膜材料被分为稀料和辅助材料两类。稀料有稀释剂、溶剂、潜溶剂，辅助材料有催干剂、稳定剂。

有机涂料的分类是以其主要成膜的物质为基础的。若主要成膜材料为混合树脂时，则按其在涂料中起决定作用的一种树脂为基础，而被称为环氧型、聚酯型等。目前我国将其分为 18 个大类。在成千上万种有机涂料中，人们可针对产品的需要去选择或研制应用中所需要的绝缘漆。绝缘漆除了应具有一般涂料的特性以外，还必须具备下列的电性能和工艺性能：

① 固体含量高、黏性低、渗透性好、容易浸渍。

② 干燥时间短、流动性好、干燥后膜层厚度均匀。

③ 有较高的导热性和耐热性。

④ 在通常气候下防潮性强。遭遇恶劣环境和气候时要求要具有一定的耐潮湿性、防潮性、抗老化性和稳定性。

⑤ 抗酸性、抗腐蚀、耐油抗污、耐溶剂性等。

⑥ 附着力强，有相当的硬度和一定的柔韧性。

⑦ 酸、碱值低，最好呈中性，对绝缘体和导体都不产生腐蚀。

⑧ 漆膜光亮，透明度好，保存周期长。

⑨ 电绝缘性能好。浸渍后，对各绕组之间、各绕组的层与层之间、匝与匝之间的电绝缘性能不但不影响和破坏，而且还要具有增强效果。

适合功率开关变压器浸渍用的绝缘漆有含溶剂绝缘漆和无溶剂绝缘漆两种。含溶剂的绝缘漆的溶剂不参与漆基的聚合反应，而只是挥发逸出散入大气中。它的烘干时间较长，功率开关变压器浸渍后在烘干过程中，由于大量溶剂挥发逸出，漆膜产生许多小的出气针孔，降低了功率开关变压器的导热、防潮湿和电绝缘等性能。而无溶剂绝缘漆就能克服含溶剂绝缘漆以上的缺点。虽然这两种绝缘漆均能适应功率开关变压器浸渍的要求，但以无溶剂绝缘漆为最理想。

一般均以合成树脂作为功率开关变压器绝缘浸渍的主要成膜材料。合成树脂包括缩合型树脂和聚合型树脂。功率开关变压器中大多数均采用缩合型合成树脂。这些树脂有：酚醛树脂、醇酸树脂、环氧树脂、氨基树脂、聚氨酯树脂、聚酯树脂等。次要成膜材料中的增塑剂一般有：不干性油、苯二甲酸酯、磷酸酯、氯化合物、癸二酸酯等。作为绝缘用的浸渍漆一般不使用着色颜料。辅助成膜材料中的稀释剂（溶剂）有：萜稀溶剂，包括最常用的松节油；石油溶剂，包括常用的松香水；煤焦溶剂主要有：苯、甲苯、二甲苯、氯苯等；酯类常用的有：醋酸乙酯、醋酸丁酯、醋酸戊酯等；醇类常用的有：乙醇、乙丙醇、丁醇等；酮类常用的的有：丙酮、甲乙酮、甲基乙丁基酮等。辅助成膜材料催干剂主要由钴、锰、铅、锌、钙等五种金属的氧化物、盐类以及它们的各种有机酸皂类组成。固化剂是与那些合成树脂发生反应后而使涂膜干结的各种酸、胺、过氧化物等物质。表 1-37 列出了可应用于功率开关变压器绝缘浸渍的绝缘漆规格，可供设计者参考和查阅。

表 1-37　功率开关变压器绝缘浸渍的绝缘漆规格

名　称	型　号	标 准 号	耐热等级	颜色	干燥类型	主要组成成分
丁基酚醛醇酸漆	1031	JB874-66	B	黄色	烘干	油改性醇酸树脂与丁醇改性酚醛树脂复合而成，溶剂为二甲苯和 200 号溶剂油
三聚氰胺醇酸漆	1032	JB874-66	B	黄色	烘干	油改性醇酸树脂与丁醇改性三聚氰胺树脂漆复合而成，溶剂为甲苯等
环氧酯漆	1033	JB874-66	B	黄色	烘干	亚麻油脂肪酸和环氧树脂经酯化聚合后再与部分三聚氰胺树脂漆复合而成，溶剂为二甲苯和丁醇
氨基酚醛醇酸漆	A30-2	—	B	黄色	烘干	酚醛改性醇酸树脂、氨基树脂二甲苯、溶剂油等
环氧无溶剂漆	H30-1	—	E～B	黄色	烘干	环氧聚酯和苯乙烯共聚物
醇酸绝缘漆	C30-11	HG2-644-74	B	黄色	烘干	用植物油改性醇酸树脂，以二甲苯作为溶剂稀释 而成
氨基醇酸绝缘漆	A30-1	HG2-102-74	B	黄色	烘干	用油改性醇酸树脂和三聚氰胺甲醛树脂、二甲苯、丁醇调制而成
聚酯无溶剂绝缘漆	Z30-1	HG2-650-74	B	黄色	烘干	采用不饱和丙烯酸聚酯和蓖麻油改性酯混合后，再加催化剂、引发剂制成

1.8.9 功率开关变压器的装配与绝缘处理

1. 功率开关变压器的装配

功率开关变压器的装配是指将绕制完成的线圈部件与磁芯零件装配在一起，必要时还需装配屏蔽层和固定夹框。功率开关变压器的装配工艺流程如图 1-101 所示，工艺流程可叙述如下。

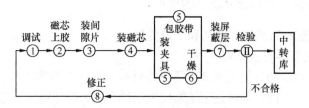

图 1-101 功率开关变压器的装配工艺流程图

（1）调试

① 装配磁芯前调整气隙至电感量符合要求为止。该工序只在磁芯间的气隙需外加间隙片时进行，若设计所规定的气隙在磁芯制造加工时就由磁芯的生产厂家在磁芯的中柱上磨削而成的话，则该工序可以免去。

② 磁芯上胶。目的是将磁芯牢固地黏合在一起。

③ 装间隙片。选择与所计算出的气隙宽度相等的垫片分别粘于磁芯的端面上。垫片一般均选择叠层绝缘纸，并与变压器端面外形相同。

④ 装磁芯。将磁芯套入绕有线圈的骨架内将其黏合在一起。

⑤ 包胶带和装夹具。当设计文件规定在磁芯四周要包扎压敏胶带时，则可利用该胶带兼作磁芯端面胶干燥固定装置，否则磁芯黏合后还要用专用夹具将磁芯固定后进行常温干燥或高温干燥。

⑥ 干燥。磁芯上胶、浸渍后所进行的常温干燥或高温干燥。

⑦ 装屏蔽层。根据设计文件的要求和规定，在变压器的周围沿着绕线的方向采用较薄的并符合交变电磁场屏蔽要求的金属宽带材料加装屏蔽层。

（2）功率开关变压器的绝缘处理——浸漆处理

功率开关变压器装配完成以后，还必须要进行绝缘处理，也就是浸漆处理。这是因为浸漆处理后能够起到以下作用：

① 能够提高电器绝缘性能。变压器骨架、线圈等的空隙及纤维有机绝缘材料都易储藏和吸附水分，使绝缘性能变坏。经过浸渍后，空隙充满有机绝缘漆或有机绝缘胶而密实。经验证明，经过浸渍后的纤维绝缘材料绝缘强度可提高 8～10 倍。

② 能够增强耐潮湿性能。经过浸渍后的线圈，如果浸渍的是无溶剂漆时，就可以排除空气，杜绝了吸收潮气的可能和条件；如果浸渍的是有溶剂漆，也同样可以提高防潮湿性能。

③ 能够增强耐热性能和提高热导率。浸渍后变压器的空隙中充满了有机漆和有机胶，排除了空气组热层，可大大提高变压器的热传导性，使线圈和磁芯所产生的热量快速传导到变压器的表面，再通过空气对流而散发出去。同时，浸渍后的变压器还可以增强绝缘材料的耐热性能。

④ 增加了机械强度，防止了匝间短路。由于变压器浸渍后，线圈的层、匝间牢固地结合

成为一个整体，磁芯端面间、骨架与磁芯间等都被牢固地胶合在一起，更能够经受得住机械振动的冲击和伤害，也不至于引起匝间摩擦而造成短路故障。

⑤ 能够提高化学稳定性。由于浸渍变压器的有机绝缘漆具有耐化学腐蚀的特点，因此变压器经过浸渍后，其耐化学腐蚀的能力也得到了相应的提高。另外由于变压器浸渍后其表面光滑，因此也可以减少尘埃的堆积和潮气的吸附。

⑥ 外表更加美观，增强了防锈能力。经过浸渍后的变压器外表美观光亮。对装有金属件的变压器进行浸渍处理还可以起到防锈的作用。

2．功率开关变压器的预烘、浸渍和干燥处理

（1）功率开关变压器的预烘处理

功率开关变压器预烘的目的是把变压器绝缘材料和空气中的潮气和水分除掉，要完成这一过程需要一定的温度和时间，有时甚至还需要采取抽真空、循环通风等方法来实现。去潮气和水分的本质是将水分蒸发出去。因此，为了加快蒸发的速度，缩短时间，可以将温度调得稍微高一些，但温度过高将会降低绝缘材料的寿命。一般采用的预烘温度为 110～120℃（在正常压力下）；若在真空烘箱中预烘，预烘温度可以适当低一些，温度一般在 80～110℃范围内。预烘一般都是在烘箱内加热干燥，可供预烘使用的烘箱有以下几种：

① 空气自然循环烘箱。这种烘箱采用电加热，结构简单、成本低、应用较广；缺点为箱内温度不均匀。

② 强迫空气循环烘箱。这种烘箱可以采用电加热，也可以采用蒸汽加热。它的优点是箱内温度均匀，由于空气流速大可以及时将潮气和水分快速排除掉。这种设备比较简单，控制也比较方便，因此应用非常广泛。

③ 真空烘箱。这种设备由于箱内的潮气不断抽出，气压低，潮气也已排出。采用这种烘箱预烘，可以比较彻底地把变压器各部件中的潮气除掉，而且还可以在温度较低的情况下进行。

预烘时间的长短主要取决于绝缘电阻是否达到要求，它和产品的体积、结构和预烘方法等因素有关。为了使线圈内部的水分容易蒸发出来，预烘温度要逐步增加，使热量渐渐从外部进入线圈内部，这样线圈内部的水分才容易蒸发出来。否则，骤然加热使线圈表面水分开始蒸发，表面蒸汽压力大，水分不易从内部排出。

（2）功率开关变压器的浸渍处理

功率开关变压器预烘之后便是浸渍，浸渍前先将漆基放入稀释剂内溶解，使绝缘漆的黏度调至 4 号黏度级 25～30s（在 20℃的常温下）。稀释剂有甲苯、松节油等。稀释剂的选择应根据绝缘漆和漆包线漆层的性质而定。此外，在其内还应该加入辅助材料，例如干燥剂（缩短干燥时间的催化剂）、增韧剂（增加漆质的弹性和韧性）、稳定剂、防霉剂等。常用的浸渍方法有：常压热浸、加压浸渍和真空加压浸渍等三种。

① 常压热浸。当预烘的变压器温度降到 50～60℃时，将其趁热沉入漆液内，使漆液高出变压器 100mm 左右，漆液渗入变压器线圈内，并把线圈内部的气体排出，直到停止冒出气泡时即可取出。沉浸时的温度不宜过高也不宜过低。温度过高时会引起表面漆过早结成膜，使内部溶剂与潮气不易挥发出来；温度过低时（低于 50℃）就会降低漆的渗透能力，浸渍后的线圈也易吸收空气中的水分和潮气，降低了预烘的效果。

② 加压浸渍。加压浸渍也称为压力浸渍。它比热浸法速度快，所用时间短，质量高，主

要是由于增强了漆的渗透能力，浸得较透。需要使用能够承受 5～10 个大气压的球形压力浸渍罐来进行浸渍。其过程是将预烘过的线圈温度降至 50～60℃时，沉入盛有漆的球形压力浸渍罐内加盖密封，使用泵加压至 3～7 个大气压，保持 3～5min，然后降低压力 3～5min 再加压，而后又降压。如此循环重复多次，最后解除压力取出变压器滴干（用 1～2h），擦去不需要浸渍部分的漆，就可以放入烘箱内进行烘干。

③ 真空加压浸渍。真空加压浸渍也称为真空压力浸渍。它的主要优点是浸渍质量很高，容易渗透，可以使变压器线圈吸附潮气和水分的能力降至最小限度；缺点是设备较复杂，费用较高。

（3）功率开关变压器的烘干处理

功率开关变压器浸渍后的烘干过程要比预烘更为复杂。在烘干过程中不但有物理变化过程（稀释剂的挥发），同时还有化学反应过程。溶剂不但可以作为稀释剂使用，而且由于干燥时它从内部挥发会形成毛细孔，能使空气进入漆的内部，因而加速了内部的氧化过程。由此可见，烘干可以分为两个阶段：第一个阶段为溶剂的挥发过程，第二个阶段为漆膜的氧化聚缩过程。对于无溶剂绝缘漆而言则主要是第二个阶段的反应过程。

① 在第一个阶段，也就是溶剂的挥发过程中，温度应该低一些，一般为 70～80℃。为了保证内部漆中的溶剂容易挥发，温度不宜过高，过高会使大量的漆挥发掉，从而造成流漆、气泡现象。同时，还会在绝缘层表面形成硬膜，从而妨碍内部的溶剂挥发出来。此阶段的时间应根据溶剂的挥发情况而定，一般需 1～3h。溶剂挥发过程如果采用真空干燥时，可以使挥发更为彻底，温度也可以降低一些，时间也可以缩短一些。

② 在第二个阶段，也就是漆膜的氧化聚缩过程中，温度应该高一些，并且还要放在热风循环炉里，以加速漆基的氧化聚缩过程，一直到彻底烘干为止。A、B 级绝缘漆的烘干温度一般为 120℃，最高不能超过 130℃。若采用无溶剂快干绝缘漆浸渍时，可使用自动循环通风浸渍烘干设备，将预烘、浸渍、烘干工序在一个通用设备中一次完成，可以大大提高生产效率，降低生产成本，减轻劳动强度。

1.8.10 练习题

（1）试对表 1-12 中所示的功率开关变压器中流过各种波形的电流所对应的电流有效值的计算公式进行推导。

（2）对矽钢片、铁氧体、坡莫合金和非晶态合金磁性材料的主要磁性能参数进行深入细致地了解，从而总结出它们之间在性能、用途、成本等方面的差别。

（3）随着频率的提高，涡流损耗在总损耗中所占的比例逐步增大，当工作频率达 200～500kHz 时，涡流损耗常常已占主导地位。试根据这一理论举例说明涡流损耗如何被人们所利用，如何再增大涡流损耗使其全部变成热？

（4）差模干扰指的是两条走线之间的干扰，其传导方向与波形和信号电流一致。共模干扰则是两条走线和 PCB 地线之间的电位差引起的干扰，其干扰电流作用在信号线路和地线之间，干扰电流在两条信号线上各流过二分之一且同向，并以地线为公共回路。根据这些含义，请画出差模干扰和模干扰信号在时域的波形。

（5）根据趋肤效应中的穿透深度公式（1-132），试计算一下将铜线包改为铝线包时，线径应增加多少倍？并写出计算过程。

第2章 单端式开关电源实际电路

第1章我们重点讲述了开关电源的基础知识以及核心技术，也就是 DC/DC 变换器电路，讲解了它的电路分类、工作原理、外围电路以及在实际应用中必须采取的保护、屏蔽和接地等技术，特别是磁性元器件的设计和加工。由于 DC/DC 变换器中没有功率开关变压器，要输出多路直流电压、初次级电路进行隔离及要有大功率或超大功率输出时，这种电路就无能为力了。因此，本章我们将要讲解实际应用中的单端式开关电源电路，也就是带有功率开关变压器的开关电源电路，重点讲解以下几种类型开关电源的实际电路：

① 单端自激式正激型开关电源电路。
② 单端自激式反激型开关电源电路。
③ 单端他激式正激型开关电源电路。
④ 单端他激式反激型开关电源电路。

由于实际应用中的单端式开关电源电路大体就可以归纳为以上这4种电路形式，因此本章将对这4种开关电源的实际电路分别进行分析和讨论，所用的一些公式及结论的推导和证明请参阅本书后面所给出的参考文献。

2.1 单端式开关电源实际电路的类型

2.1.1 按激励方式划分

1. 单端自激式开关电源电路

单端自激式开关电源又可分为单端自激式反激型和单端自激式正激型电路结构，其电路结构形式如图2-1所示。这种结构形式的开关电源具有如下的特点：

① 电路结构简单，成本低。
② 功率开关工作在谐振状态，内部功率损耗小，转换效率高。
③ 开关变压器磁转换效率低，输出功率小，电路调试难度较大。

2. 单端他激式开关电源电路

单端他激式开关电源又可分为单端他激式反激型和单端他激式正激型电路结构。其电路结构形式如图2-2所示。

（1）单端他激式反激型开关电源电路

单端他激式反激型开关电源电路有时也称为单端回扫型直流变换器。这种结构形式的开关电源具有如下的特点：

① 功率开关变压器的初级绕组和次级绕组的极性相反（也就是绕向相反）。
② 电路中不需要续流二极管，功率开关变压器中不需要退磁绕组。
③ 功率开关管在导通的时间内把能量存储在功率开关变压器中，截止时由功率开关变压器将能量输送给负载系统电路。

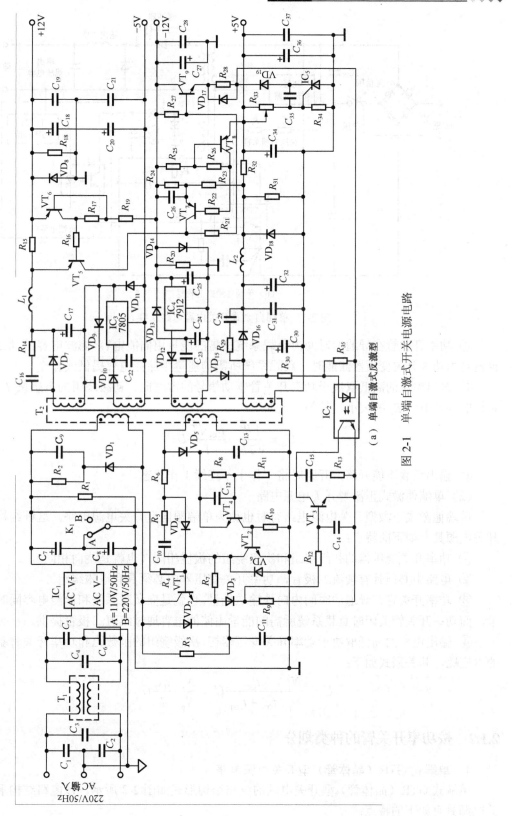

（a）单端自激式反激型

图 2-1 单端自激式开关电源电路

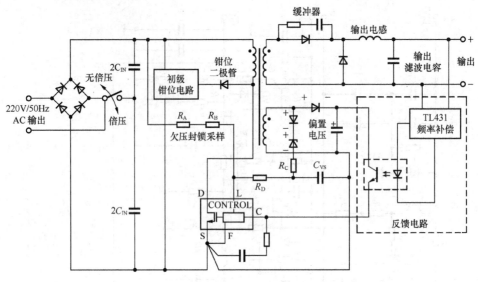

（b）单端自激式正激型

图 2-1 单端自激式开关电源电路（续）

④ 功率开关管在导通的时间内负载系统所需的能量由储能电容（滤波电容）提供或补充，也就是当功率开关变压器储能时，负载系统所需的能量由储能电容提供或补充。

⑤ 输出电压的高低取决于功率开关管驱动信号的占空比、初级绕组的电感量 L_p 和负载系统的等效电阻 R_L 的大小，其关系式如下：

$$U_o = \sqrt{\frac{R_L}{2L_p}} \cdot \frac{t_{ON}\sqrt{T}}{T} U_i \qquad (2\text{-}1)$$

⑥ 输出负载不能开路，开路时将工作于不连续工作状态。

（2）单端他激式正激型开关电源电路

单端他激式正激型开关电源电路有时也称为单端顺向型开关电源电路。这种结构形式的开关电源具有如下的特点：

① 功率开关变压器的初级绕组和次级绕组的极性相同（也就是绕向相同）。

② 电路中必须具有续流二极管，功率开关变压器中必须具有退磁绕组。

③ 功率开关管在导通的时间内向外输送能量，也就是向负载系统和储能电容同时提供能量，而功率开关管关闭时负载系统所需的能量由储能电容通过续流二极管提供。

④ 输出电压的高低取决于功率开关变压器初、次级绕组的匝数比和功率开关管驱动信号的占空比，其关系式如下：

$$U_o = \frac{N_s}{N_p} \cdot \frac{t_{ON}}{t_{ON} + t_{OFF}} U_i = \frac{N_s}{N_p} \cdot \frac{t_{ON}}{T} U_i \qquad (2\text{-}2)$$

2.1.2 按功率开关管的种类划分

1. 单端式 GTR（晶体管）型开关电源电路

单端式 GTR（晶体管）型开关电源的电路结构形式如图 2-3 所示。该电路结构形式的开关电源具有如下的特点：

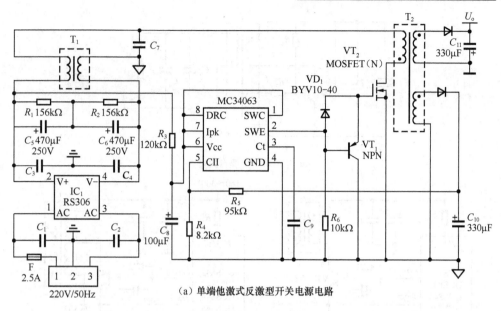

（a）单端他激式反激型开关电源电路

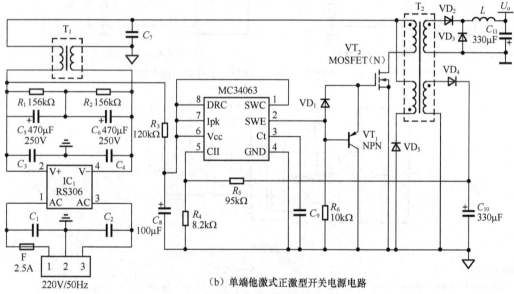

（b）单端他激式正激型开关电源电路

图 2-2　单端他激式开关电源电路

① 驱动功率与输出功率成正比关系，不适合在大功率输出的场合使用。

② 电路形式灵活多样（具有自激式和他激式、反激式和正激式等），相应现成的市售专用驱动 IC 品种较多（具有电压控制型、电流控制型和软开关型等），设计人员的选择余地较大，电路调试较为简单。

③ 无共态导通现象，PWM 占空比的调节范围较大，一般可为 0～100%。

④ 作为功率开关管的 GTR 集-射极耐压要求较高，一般为供电电压的两倍以上。

2. 单端式 MOSFET（绝缘栅型场效应管）型开关电源电路

单端式 MOSFET（绝缘栅型场效应管）型开关电源电路结构形式如图 2-4 所示。该电路结构形式的开关电源具有如下的特点：

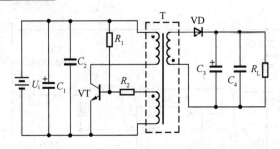

（a）单端式 GTR 型自激式

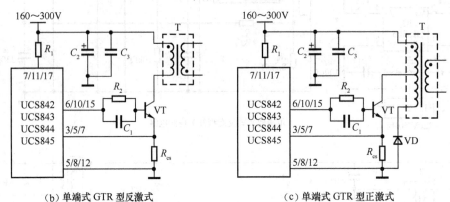

（b）单端式 GTR 型反激式　　　　　　　　　（c）单端式 GTR 型正激式

图 2-3　单端式 GTR（晶体管）型开关电源电路

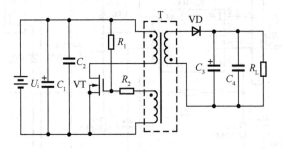

（a）自激式

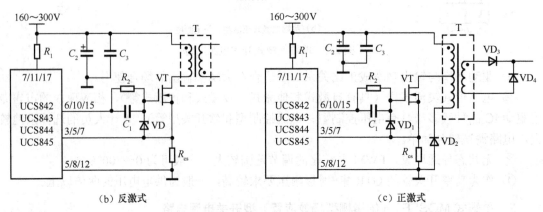

（b）反激式　　　　　　　　　　　　　　　（c）正激式

图 2-4　单端式 MOSFET 型开关电源电路

① 驱动功率与输出功率没有关系，特别适合在大功率输出的场合使用。

② 电路形式灵活多样（具有自激式和他激式、反激式和正激式等电路形式），相应现成的市售专用驱动 IC 品种较多（具有电压控制型、电流控制型和软开关型等），设计人员的选择余地较大，电路调试较为简单。

③ 无共态导通现象，PWM 占空比的调解范围较大，一般可为 0～100%。

④ 作为功率开关管的 MOSFET 集-射极耐压要求较高，一般为供电电压的两倍以上。

⑤ 由于 MOSFET 具有非常好的漏-源对称性，因此较大功率输出时不需考虑均流问题可直接多管并联使用。

⑥ 由于 MOSFET 生成时漏-源之间具有先天的寄生反向保护二极管，因此在构成应用电路时不需外加反向保护二极管。

3. 单端式 IGBT（复合功率模块）型开关电源电路

单端式 IGBT（复合功率模块）型开关电源电路的结构形式如图 2-5 所示。该电路结构形式的开关电源具有 GTR 型和 MOSFET 型开关电源电路的优点，而弥补了它们各自的缺点，特别适合于大功率或超大功率输出的应用场合。

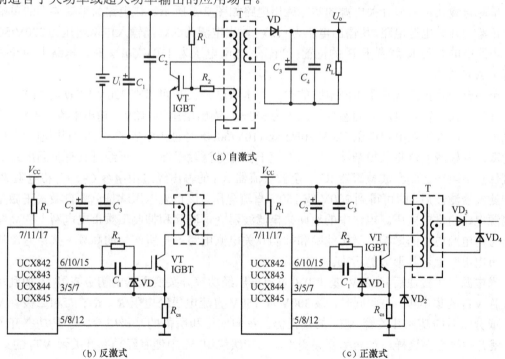

图 2-5 单端式 IGBT 型开关电源电路

2.1.3 练习题

（1）从图 2-1（a）所示的电路中找出功率开关管，并估算该功率开关管的反向耐压值范围为多少？

（2）在图 2-1（b）所示的电路中，试叙述一下初级钳位电路的作用和工作原理，并自己设计几款初级钳位电路。

（3）结合图 2-2（a）所示的电路，说明 PNP 型晶体管 VT_1 的作用，再说明一下增加了 VT_1 以后对功率开关管工作特性有何改善？另外，对输出电压进行调节时应该变哪几个电阻？

（4）结合典型应用电路图 2-2（a）或图 2-3（c）叙述单端反激式和单端正激式 DC/DC 变换器本质上的区别是什么？快恢复整流二极管 VD_2 与所串联的功率开关变压器绕组在电路中的作用是什么？

（5）在它激式 DC/DC 变换器电路中，将 GTR 功率开关换成 MOSFET 功率开关时应注意什么？若将 MOSFET 功率开关换成 GTR 功率开关时应注意什么？另外，在功率变换器电路中有时为了扩大输出功率和改善散热条件，常常采用多个 MOSFET 功率开关直接并联的方法，为什么采用 GTR 功率开关和 IGBT 功率开关则不行呢？

2.2　单端自激式正激型开关电源电路

2.2.1　单端自激式正激型开关电源的工作原理

单端自激式正激型开关电源的实际应用电路如图 2-6 所示。该电路为早期典型的单端自激式正激型开关电源电路，其输出电压为 $-12V$，输出电流为 5A。当输入电网电压为 220V/50Hz 时，电路中的开关 K 就置于 B 的位置；当输入电网电压为 110V/60Hz 时，电路中的开关 K 就置于 A 的位置。

单端自激式正激式稳压电源电路的输入电压通过开关 K 可以在 220V/50Hz 与 110V/60Hz 之间互相转换，输入电压的动态变化范围为 ±40%，输出电压为 $-12V$，输出电流为 5A。其工作原理为：输入工频电网电压 220V/50Hz 或 110V/60Hz 经过由电容 C_1～C_6 和共模电感 T_1 构成的双向共模滤波器将共模杂波噪声和差模干扰信号滤除干净后，再经过具有负温度系数的限流保护电阻输送到全波整流器 IC_1。全波整流器 IC_1 的输出经过由电容 C_7、C_8 和电阻 R_1 组成的滤波器滤波后，即可得到 300V 或 150V 直流电压。该直流电压就是单端自激式正激型开关电源电路的供电电压。电路中的双向共模滤波器既可滤除和抑制工频市电电网上的高频干扰信号对电源电路的影响，又可滤除和抑制开关电源电路本身所产生的高频干扰信号窜扰到工频市电电网上对其形成的污染。

当电源电压接通后，300V 或 150V 直流电压经功率开关变压器的初级绕组 N_p 加到功率开关管 VT_1 的集电极。与此同时，该 300V 或 150V 直流电压经电阻 R_4、R_7、R_9 和二极管 VD_3 降压或分压后向功率开关管 VT_1 的基极提供正向偏压和所需的基极电流，于是功率开关管 VT_1 就开始导通。这样，在功率开关变压器的初级绕组 N_p 中便有经功率开关管 VT_1 的集-射极、二极管 VD_3 和电阻 R_9 的电流流过。功率开关管 VT_1 的集电极电流流过功率开关变压器的初级绕组 N_p 后，必然会在绕组 N_p 上感应出交变电压，通过变压器的磁耦合作用，便会在功率开关变压器的次级绕组 N_b 上感应出对功率开关管 VT_1 基极为正反馈的电压。该电压将经过电阻 R_6 和二极管 VD_4 向功率开关管 VT_1 的基极提供偏置电流，这样就会使功率开关管 VT_1 基极注入的电流进一步增大，从而使功率开关变压器初级绕组上的感应电压也进一步增大，如此循环往复就形成一个很强的正反馈过程。由功率开关变压器绕组上形成感应电压的原理可以得知，当流过功率开关变压器初级绕组 N_p 中的电流线性增大时，在该绕组上所产生的感应电压将维持不变，但是由于上述的正反馈过程进行得非常强烈，因此功率开关管 VT_1

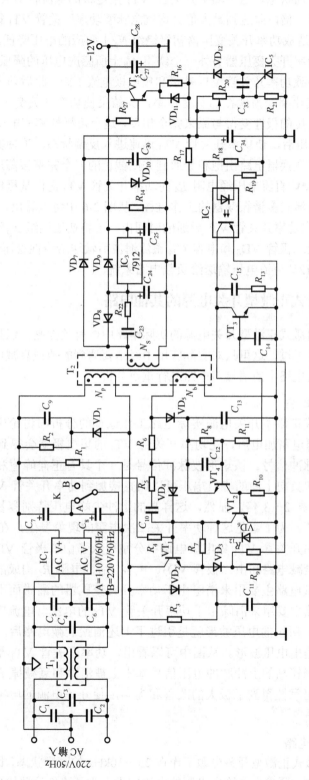

图2-6　单端自激式正激型开关电源的实际应用电路

将迅速进入饱和导通状态。这使功率开关管 VT_1 集电极的电流将增大为基极电流的 β（晶体管的直流放大倍数）倍，即达到最大值。这就意味着功率开关管 VT_1 集电极电流的增长率有所下降，其结果是造成功率开关变压器初级绕组 N_p 上感应的电压降低。显然该感应电压的降低就必然要造成功率开关变压器另外一个绕组 N_b 上所感应电压的降低。而该绕组 N_b 所感应电压的降低势必导致功率开关管 VT_1 基极和集电极电流下降。此后功率开关管 VT_1 集电极电流将由原来的正变化率变为现在的负变化率，其结果使功率开关变压器的另外一个绕组 N_b 上所产生的感应电压的极性变得与原来完全相反，这个反极性感应电压通过电阻 R_5、R_6 和电容 C_{10} 的耦合和降压后，使功率开关管 VT_1 迅速进入反偏状态，迫使其迅速进入截止状态。这样一来就完成了变换器电路由饱和导通到关闭截止的一个完整振荡周期。下一个工作周期又重新由 300V/150V 直流电压经电阻 R_4 向功率开关管 VT_1 提供基极电流开始，如此循环往复便可构成单端自激式多谐振荡器的工作过程。从图 2-6 中可以看出，−12V 直流输出电源电压的次级绕组 N_s 在功率开关管 VT_1 导通的时间内，会将初级绕组 N_p 流过的电流通过变压器的磁耦合作用以及二极管 VD_8 和电容 C_{24} 整流滤波后输送给线性稳压器 IC_3（LM7912），最后将一个稳定的−12V 直流电压输送给负载电路系统。

2.2.2　单端自激式正激型开关电源的其他电路

在这个单端自激式正激型开关电源的实际电路中，有关控制、保护、耦合等电路已在第 1 章中较详细地分析过，这里只对实际应用中经常要遇到的消振衰减电路、纹波消除电路、各次级绕组的整流电路中的消噪声电路进行重点分析。

1. 消振衰减电路

由单端自激式正激型开关电源实际电路工作原理的分析与讨论中可以看出，单端自激式正激型开关电源电路加电后，在功率开关管 VT_1 的集电极就会得到如图 2-7（a）所示的瞬间矩形波振荡脉冲信号。该矩形波脉冲信号是一个具有正向峰值和负向峰值的脉冲振荡波形，这个正向和负向上冲的峰值电压可以比直接加到功率开关管 VT_1 集电极的输入电压（300V 或 150V）高 2～3 倍。显然，这样高的上冲尖峰电压特别容易造成功率开关管 VT_1 被二次击穿而损坏。为了避免这种功率开关二次击穿的现象发生，在如图 2-6 所示的开关电源电路中的功率开关管 VT_1 集电极电路中分别引入了由二极管 VD_1、电容 C_9、电阻 R_2 构成的串联消振衰减电路和由二极管 VD_2、电容 C_{11}、电阻 R_3 构成的并联消振衰减电路。其中串联消振衰减电路主要用来消除由于功率开关变压器的漏磁而引起的上冲尖峰电压，并联消振衰减电路主要用来消除由于功率开关管 VT_1 的电压、电流应力而引起的上冲尖峰电压。图 2-7（b）所示的电压波形就是引进了上述消振衰减电路后，在功率开关管 VT_1 的集电极所得到的输出电压波形。从图中可以看出，功率开关管 VT_1 集电极输出电压波形中的正向和负向尖峰较高的上冲脉冲电压信号基本上被消除和衰减掉了，使功率开关管 VT_1 的工作安全性和可靠性得到了极大的改善和提高，使开关电源的电磁兼容性也得到了极大的改善和提高。

2. 纹波消除电路

由于单端自激式正激型开关电源工作在 25～50kHz 的高频状态，因此在高频功率开关变压器的次级回路中，要求直流输出电压的电流较大。为了降低这些输出电流大的回路中的纹

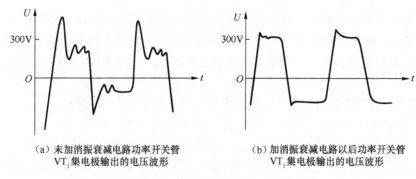

（a）未加消振衰减电路功率开关管
VT$_1$集电极输出的电压波形

（b）加消振衰减电路以后功率开关管
VT$_1$集电极输出的电压波形

图 2-7　消振衰减电路对功率开关管 VT$_1$ 集电极输出电压波形的改进

波电压的幅值，就必须在整流二极管 VD$_8$ 的两端并联一个由电阻 R_{22} 和电容 C_{23} 组成的纹波消除电路，以吸收和消除二极管 VD$_8$ 由导通到截止或者由截止到导通的转换过程中由于存在着一定的恢复时间而引起的纹波噪声。

3．高频整流电路

由于主变换器工作在 25～50kHz 的高频状态，因此在高频功率开关变压器的次级回路中的所有整流二极管都需要采用具有快恢复特性的开关二极管，而不能采用一般的整流二极管。其中，对要求输出电流较大的次级回路中的整流二极管还要求必须采用肖特基二极管。这是因为肖特基二极管不但具有非常快的恢复特性，而且还具有正向导通压降比一般的快恢复二极管小的优点。因此，采用这种肖特基二极管就可以减小整流二极管本身的功率损耗。这样一来，不但可以提高整个电源电路的功率转换效率，而且还可以降低整流二极管的温升。这一点在大电流输出的开关电源电路中尤为突出和重要。例如，若要求输出电流为 10A 时，选用了管压降为 0.7V 的一般快恢复整流二极管，那么仅整流二极管本身上的功率损耗就有 7W 之多。若选用管压降为 0.3V（目前已有 0.2V 管压降的肖特基二极管上市）的肖特基二极管时，则整流二极管本身上的功率损耗就可以降为 3W。另外这里还没有考虑一般快恢复整流二极管的管压降与所通过的电流和本身的温升成反比的因素。因此，适当的选择整流二极管不但降低了功耗，提高了转换效率，而且也降低了整流二极管的温升，有利于解决散热问题。

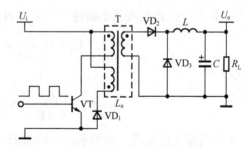

图 2-8　单端式正激型开关电源的等效电路

4．功率开关变压器的磁通复位

单端式正激型开关电源中的功率开关变压器是一个单纯通过电磁感应传输能量的隔离器件。为了使负载电路能够得到有效而连续稳定的电流和电压，在输出电路中必须要具有储能电感 L，其等效电路如图 2-8 所示。为了说明问题，在这里再重述一下单端式正激型开关电源的工作过程。当功率开关管 VT 导通时，在功率开关变压器的初级绕组中就会产生一个电流，并存储了能量。由于功率开关变压器的初级绕组与次级绕组的极性相同，因此这个能量通过磁感应的方式同时也传输给了次级绕组。处于正向偏置的二极管 VD$_2$ 就把该能量传输给了储能电感 L，并储存在储能电感 L 中。此时，二极管 VD$_3$ 处于反向偏置而截止。当功率开关管 VT 截止时，功率开关变压器各绕组中的感应电压全部反向，二极管 VD_2 由于反偏而截止，续流二极管 VD_3 处于正向偏置而导通，存储在储能电感 L 中的能量来维持负载电路中所需的电流和电压。功率开关变压器中的 L_n 绕组为回受（复位）绕组，它具有如下的功能：

① 在功率开关管 VT 截止期间，为功率开关变压器提供磁通复位。

② 与二极管 VD_1 串联，消除功率开关管 VT 集电极上的尖峰电压。

在功率开关管 VT 导通时，功率开关变压器的初级绕组就会存储能量；而当功率开关管 VT 截止时，功率开关变压器次级侧的二极管 VD_2 反偏而截止。存储在功率开关变压器初级绕组中的能量必须通过一种途径释放掉，否则磁通将不能复位，功率开关变压器将会很快进入饱和状态。增加了磁通复位绕组 L_n 和二极管 VD_1（并使磁通复位绕组 L_n 的匝数与初级绕组 L_p 的匝数相同，加工时一定要双线并绕）后，当磁通复位绕组上的感应电压超过电源电压时，与其串接的二极管 VD_1 就会导通，将其能量送回电源。这样，就可以将初级绕组上的电压峰值限制在电源电压以下。因此，功率开关管 VT 集电极的峰值电压也就被限制在两倍的电源电压以下。为了达到磁通复位的目的，使磁通建立和磁通复位的时间相等，设计这种电路时，一般应遵循使驱动信号占空比的最大值不得超过 50% 的原则。

2.2.3 功率开关变压器的设计

开关电源电路中功率开关变压器的设计是开关电源电路设计的关键，也是开关电源电路设计的难点。而功率开关变压器的设计主要是初级绕组匝数的计算，只要初级绕组匝数被计算出来以后，就可以根据使用输入电压和输出电压之比来计算出初、次级匝比关系，再考虑磁耦合效率，最后计算出次级绕组的匝数。下面就重点讨论单端自激式正激型开关电源实际电路中功率开关变压器初级绕组匝数的计算方法，而次级绕组匝数的计算不再赘述。

（1）计算方法之一

功率开关变压器要服从电磁感应定理，也就是要满足下式：

$$U_s = N_p \frac{\mathrm{d}\Phi}{\mathrm{d}t} = N_p S_c \frac{\mathrm{d}B}{\mathrm{d}t} \times 10^{-4} \tag{2-3}$$

所以就有

$$N_p = \frac{U_1 t_{\mathrm{ON}}}{S_c \Delta B} \times 10^{-4} = \frac{U_1 D \times 10^{-4}}{f\, S_c \left(B_m - B_r\right)} \tag{2-4}$$

式中，f 为直流变换器的工作频率，单位为 Hz；D 为直流变换器的占空比；S_c 为所选用的变压器铁芯的横截面积，单位为 cm^2；B_m 为所选用变压器铁芯的最大磁感应强度，单位为 T；B_r 为所选用变压器铁芯的剩余磁感应强度，单位为 T；U_1 为变压器初级绕组上的电压峰值，单位为 V；N_p 为变压器初级绕组的匝数。

（2）计算方法之二

功率开关变压器要保证在功率开关管导通期间 t_{ON} 内铁芯不会产生磁饱和，那么就必须满足下式：

$$H = \frac{N_p I_m}{I_c} \times 10^2 \leqslant H_{\max} \tag{2-5}$$

所以就有

$$N_p \leqslant \frac{H_{\max} I_c}{I_m} \times 10^{-2} \tag{2-6}$$

功率开关变压器初级绕组的匝数就可以由式（2-4）和式（2-6）计算出来。另外有关变压器铁芯的选择和决定也是较为关键和重要的，有关这一方面的知识请参考本书后面给出的参考文献。

2.2.4 练习题

（1）如图 2-6 所示的电路中由二极管 VD_2、电阻 R_3 和电容 C_{11} 组成的网络是什么电路？其作用是什么？另外，变压器 T_2 中副绕组 N_b 的作用是什么？

（2）在图 2-6 所示的电路中找出功率开关管 VT_1 的启动电阻，并叙述其启动工作过程。另外在理解该电路的基础上，简述通过光电耦合器 IC_2 的反馈信号是如何参与控制 PWM 功率变换器的工作的。

（3）在单端式正激型开关电源电路中，功率开关变压器的设计与加工时如何保证初级的两个绕组完全对称？

（4）在图 2-8 所示的单端式正激型开关电源的等效电路中，分别说明二极管 VD_2 和 VD_3 的作用？在单端正激式开关电源电路中为什么必须要有二极管 VD_3？另外再说明一下电路中的 LC 回路除具有滤波作用以外还具有什么作用？

（5）在图 2-6 所示的电路中找出次级稳压采样反馈电路，并说明其工作原理。另外，若将该电路改变成恒流输出的电流源时，次级恒流采样反馈电路将如何连接？

2.3 单端自激式反激型开关电源电路

单端自激式反激型开关电源的实际应用电路如图 2-9 所示，由于该电路的 300V 或 150V 之前电路的工作原理与单端自激式正激型开关电源电路的工作原理基本相同，所以这里就不再重述，仅对变换器电路的工作原理进行较为详细的讨论。

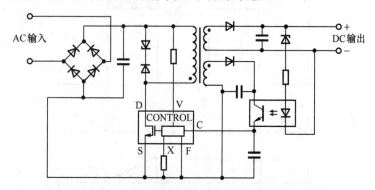

图 2-9 单端自激式反激型开关电源的实际应用电路

2.3.1 单端自激式反激型开关电源的三种工作状态

单端自激式反激型开关电源的等效电路如图 2-10 所示，该电路具有三种工作状态，也就

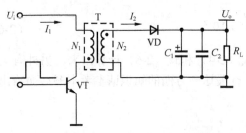

图 2-10　单端自激式反激型开关电源的等效电路

是次级绕组电流临界状态、不连续状态和连续状态。下面对这三种工作状态分别进行讨论和分析。

1．次级绕组电流临界状态

在第 1 章中，我们对各种形式的开关电源电路进行分类时就总结出了单端反激型开关电源的工作特点：在功率开关管导通的期间内，功率开关变压器开始存储能量；在功率开关管截止的期间内，由功率开关变压器向负载释放能量。当功率开关管截止的时间 t_{OFF} 与功率开关变压器次级绕组中电流衰减为零时所需的时间相等，也就是在功率开关管截止的时间 t_{OFF} 内功率开关变压器将存储在次级绕组中的能量全部释放给负载的这种工作状态被称为单端自激式反激型开关电源的次级绕组电流临界状态，可由公式表示为

$$t_{OFF} = \frac{L_2}{U_o} I_{2p} \tag{2-7}$$

式中，U_o 为输出直流电压，单位为 V；L_2 为次级绕组的电感量，单位为 H；I_{2p} 为功率开关管刚进入截止时流过次级绕组上的电流峰值，单位为 A。由式（2-7）可以说明，在功率开关管截止时间终了时，次级绕组中存储的能量正好下降为零。在下一个周期功率开关管重新导通时，初级绕组中的电流又开始从零按照 $\frac{U_i}{L_1}t$ 的规律近似线性上升。与此同时，由于变压器的磁耦合作用，次级绕组中的电流也会开始从零按照 $\frac{U_o}{L_2}t$ 的规律近似线性上升。这种工作状态下，功率开关变压器中的磁化电流处于临界状态。图 2-11 就表示了功率开关变压器次级绕组中电流处于临界状态时，初、次级绕组上的电流波形。

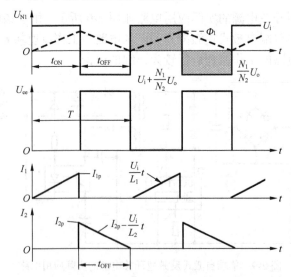

图 2-11　临界状态下变压器初、次级绕组上的电流波形

2．次级绕组电流不连续状态

功率开关管截止的时间 t_{OFF} 大于开关变压器次级绕组中电流衰减到零所需时间的这种工

作状态，即为单端自激式反激型开关电源的次级绕组电流不连续状态，也就是功率开关管还没有进入下一个周期的导通状态时，开关变压器次级绕组中的电流就已经衰减到零了。可由公式表示为

$$t_{OFF} > \frac{L_2}{U_o} I_{2p} \qquad (2-8)$$

这种工作状态下，功率开关变压器次级绕组中的电流和磁通在功率开关管截止时间还没有终了时就提前已经衰减为零了（忽略变压器的剩磁）。在下一个周期功率开关管重新导通时，初级绕组中的电流和磁通又开始从零按照 $\frac{U_i}{L_1}t$ 的规律近似线性上升。与此同时，由于变压器的

磁耦合作用，次级绕组中的电流和磁通也会开始从零按照 $\frac{U_o}{L_2}t$ 的规律近似线性上升。这种工作状态下，功率开关变压器中的磁化电流处于不连续状态。图 2-12 表示了功率开关变压器次级绕组中电流处于不连续状态时，初、次级绕组上的电流波形。

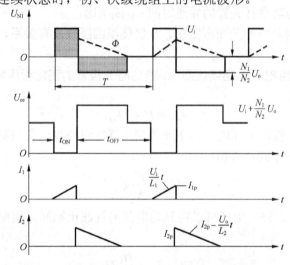

图 2-12　不连续状态下初、次级绕组上的电流波形

由于功率开关管导通期间存储在功率开关变压器中的能量为

$$W_1 = \frac{1}{2} L_1 I_{1p}^2 \qquad (2-9)$$

因此，每单位时间内电源所提供的能量也就是输入功率 P_i，即为

$$P_i = \frac{W_1}{T} = \frac{1}{2T} L_1 I_{1p}^2 \qquad (2-10)$$

若将电源电路中的损耗忽略不计时，输入的全部能量将被电源电路全部提供给负载电路系统，那么输出功率 P_o 与输入功率 P_i 应该是相等的，而输出功率 P_o 又为

$$P_o = \frac{U_o^2}{R_L} \qquad (2-11)$$

因此就有

$$\frac{L_1 I_{1p}^2}{2T} = \frac{U_o^2}{R_L} \qquad (2-12)$$

此外，对于反激型变换器电路中的功率开关变压器来说，初级绕组中的电流 I_{1p} 与次级绕组中的电流 I_{2p} 满足如下的关系：

$$I_{2p} = \frac{N_1}{N_2} I_{1p} \qquad (2\text{-}13)$$

将式（2-13）代入式（2-12）中经过计算后，再将输入电压 U_i 与初级绕组中的电流 I_{1p} 之间的关系代入经整理后就可以得到输出电压 U_o 的关系式为

$$U_o = U_i t_{ON} \sqrt{\frac{R_L}{2L_1 T}} \qquad (2\text{-}14)$$

从式（2-14）中可以得出单端反激式开关电源电路的特点如下：

① 输出电压 U_o 与负载电阻 R_L 有关。负载电阻 R_L 越大，则输出电压 U_o 就越高；反之，负载电阻 R_L 越小，则输出电压 U_o 就越小。这就是单端反激式开关电源电路输出端不能开路的原因所在（彩电电源便是这种情况）。

② 输出电压 U_o 与功率开关管的导通时间 t_{ON} 成正比。

③ 输出电压 U_o 与功率开关变压器初、次级绕组的匝数没有关系，只与初级绕组的电感量有关。

④ 在这种次级绕组电流不连续状态下，若忽略二极管的正向管压降，功率开关管截止时所承受的电压值 U_{ce} 为

$$U_{ce} = U_i + U_{N1} \qquad (2\text{-}15)$$

式中，U_{N1} 为功率开关管截止期间，功率开关变压器次级绕组向负载释放电流时在初级绕组上所感应的电压，可由下式计算出：

$$U_{N1} = \frac{N_1}{N_2} U_o \qquad (2\text{-}16)$$

将式（2-16）代入式（2-15）中就可以得到功率开关管截止期间，集电极和发射极之间所承受的电压为

$$U_{ce} = U_i + \frac{N_1}{N_2} U_o \qquad (2\text{-}17)$$

从式（2-17）中可以得到选择功率开关管时应遵循的原则如下：

① 功率开关管的额定电流值应大于功率开关变压器初级绕组中流过的最大电流峰值。

② 功率开关管集电极和发射极之间的反向耐压额定值应稍大于由式（2-17）所计算出的电压值。

③ 由于 U_{ce} 与输出电压 U_o 有关，而且输出电压 U_o 又随负载电阻 R_L 的增大而增大，因此，在负载电路开路时容易造成功率开关管反向击穿。

3. 次级绕组电流连续状态

在功率开关管截止期间内，功率开关变压器次级绕组中的电流还没有衰减到零，功率开关管就又开始导通，也就是功率开关管的截止时间小于功率开关变压器次级绕组中的电流衰减到零所用的时间，也就是功率开关管马上就要进入下一个周期的导通状态时，开关变压器次级绕组中的电流还没有衰减到零。可用下式表示：

$$t_{ON} < \frac{L_2}{U_o} I_{2p} \qquad (2\text{-}18)$$

这样，在功率开关管截止时间结束时，次级绕组中的电流还大于零，即 $I_{2\min}>0$。在这种工作状态下，下一个周期功率开关管重新开始导通时，初级绕组中的电流也不会从零开始，而是从 $I_{1\min}$ 起始，近似地按 U_i/L_1 的斜率线性上升；功率开关管截止期间，次级绕组中的电流也会从 I_{2p} 起始，近似地按 U_o/L_2 的斜率线性下降到 $I_{2\min}$，其各点的工作波形如图 2-13 所示。

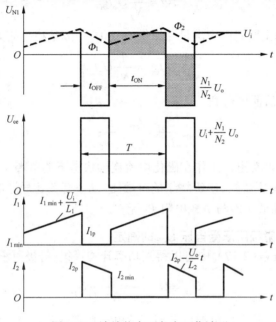

图 2-13　连续状态下各点工作波形

2.3.2　单端自激式反激型开关电源电路中的几个实际问题

为了能将开关电源的理论更好地应用于实际，并且用于指导实际开关电源电路的设计和调试工作，这里再重点强调以下几个实际问题。

1．功率开关变压器的磁通复位问题

在功率开关管导通期间，功率开关变压器的铁芯磁通随初级绕组电流的增大而增大；在功率开关管截止期间，磁通随次级绕组中电流的减小而减小。设磁通的最小值为 $\Phi_{\min}$，在磁化电流临界状态和不连续状态下，最小磁通 $\Phi_{\min}$ 所对应的磁感应强度 B_r 的磁通是一个确定的值，可见磁通只工作在磁滞回线的一侧。假若在每个工作周期结束时，磁通没有回到开关周期开始时的出发点，则磁通将随开关周期的重复而逐渐增加，工作点也将不断上升，使得电流增大，铁芯饱和造成功率开关管的损坏。为了不至于发生这种损坏功率开关管的铁芯饱和现象，每个开关周期结束时工作磁通必须回到原来的初始位置，这就是磁通复位的原则。磁通复位原则的理论推导过程如下。

因为 $U = N\dfrac{\mathrm{d}\Phi}{\mathrm{d}t}$，故而可得

$$\mathrm{d}\Phi = \frac{1}{N}U\mathrm{d}t \qquad (2\text{-}19)$$

对于如图 2-10 所示的开关电源电路来说，在功率开关管处于导通期间，式（2-19）中的 $\mathrm{d}\Phi$ 可以变为

$$\mathrm{d}\Phi = \frac{1}{N_1} U_i t_{\mathrm{ON}} \tag{2-20}$$

在功率开关管处于截止期间，式（2-19）中的 $\mathrm{d}\Phi$ 又可以变为

$$\mathrm{d}\Phi = \frac{1}{N_2} U_o t_{\mathrm{OFF}} \tag{2-21}$$

在功率开关管导通和截止期间内应满足磁通量的变化率 $\mathrm{d}\Phi$ 是相等的条件，因此有

$$\frac{1}{N_1} U_i t_{\mathrm{ON}} = \frac{1}{N_2} U_o t_{\mathrm{OFF}} \tag{2-22}$$

将式（2-22）进行整理后便可得到

$$\frac{U_o}{U_i} = \frac{t_{\mathrm{ON}}}{t_{\mathrm{OFF}}} \cdot \frac{N_2}{N_1} \tag{2-23}$$

从式（2-23）中可以看出，工作在磁化电流连续状态下的单端反激型开关电源的输出电压 U_o 取决于功率开关变压器初、次级绕组的匝数比，功率开关管导通时间 t_{ON} 与截止时间 t_{OFF} 之比和输入电压 U_i 的高低，而与负载电阻 R_L 无关。

2．功率开关管集-射极所承受电压 U_{ce} 的确定

将式（2-22）代入式（2-17）中可以得到功率开关管集-射极所承受的电压为

$$U_{\mathrm{ce}} = U_i \frac{T}{t_{\mathrm{OFF}}} = \frac{1}{1-D} U_i \tag{2-24}$$

从式（2-24）中可以看出，单端反激型开关电源功率开关管集-射极所承受的电压 U_{ce} 不但与输入电源电压有关，而且还与驱动信号的占空比有关。

3．功率开关管的临界截止时间 t_{OFF} 的确定

由式（2-23）和式（2-14）可以求出功率开关管的临界截止时间 t_{OFF} 为

$$t_{\mathrm{OFF}}' = \frac{U_i}{U_o} \cdot \frac{N_2}{N_1} t_{\mathrm{ON}} = \frac{N_2}{N_1} \sqrt{\frac{2L_1 T}{R_L}} \tag{2-25}$$

从式（2-25）中可以看出，单端反激型开关电源功率开关管的临界截止时间 t_{OFF} 不但与负载电阻、周期时间和功率开关变压器初级绕组的电感量有关，而且还与功率开关变压器初、次级绕组的匝比有关。

4．次级绕组最小临界电流 $I_{2\min}$ 的确定

在开关电源电路的设计过程中，只要使功率开关管的截止时间 t_{OFF} 满足小于由式（2-25）所决定的临界截止时间 t_{OFF} 的条件，便可使开关电源进入第三种工作状态，也就是功率开关变压器次级绕组电流连续工作状态。在这种工作状态下，由于功率开关管截止时间结束时功率开关变压器次级绕组中的电流 $I_{2\min}$ 大于零，因此单端式反激型开关电源的输入功率为

$$P_i = \frac{1}{T} \int_0^{t_{\mathrm{ON}}} U_i \left(I_{2\min} + \frac{U_i}{L_1} t \right) \mathrm{d}t = \frac{U_i t_{\mathrm{ON}}}{T} \left(I_{2\min} + \frac{U_i t_{\mathrm{OFF}}}{2L_1} \right) \tag{2-26}$$

这里仍将电路内部的功率损耗忽略不计，则有

$$P_i = P_o \tag{2-27}$$

因而就有

$$\frac{U_i t_{ON}}{T}\left(I_{2\min}+\frac{U_i t_{OFF}}{2L_1}\right)=\frac{U_o^{\,2}}{R_L} \tag{2-28}$$

将式（2-23）代入式（2-28）中便可得到次级绕组最小临界电流 $I_{2\min}$ 为

$$I_{2\min}=U_i t_{ON}\left[\left(\frac{N_2}{N_1}\right)^2\frac{T}{t_{OFF}^{\,2}}-\frac{1}{2L_1}\right] \tag{2-29}$$

式（2-29）就是工作在磁化电流连续状态下，单端反激型开关电源的基本关系式。此时，由于次级绕组最小临界电流 $I_{2\min}$ 大于零，输入平均功率增大，因此输出功率也同样增大。而且当外界因素发生变化时，如输入电压发生变化或负载电阻发生变化，只需要对功率开关管的导通时间稍加调整，就可以保证输出电压的稳定。另外，从式（2-24）中可得知，当 $t_{ON}=t_{OFF}=1/2T$ 时，功率开关管集—射极间所承受的电压 U_{ce} 为两倍的输入电源电压；当 $t_{ON}>1/2T$ 时，就需要选用耐压较高的功率开关管。此外这个关系式也说明了在输入电网电压有较大波动范围的情况下，开关电源仍能保证有较稳定输出电压的原因。

2.3.3　单端自激式反激型开关电源电路中功率开关变压器的设计

上面已经讨论和阐述了单端式反激型开关电源的工作原理，并且还给出了一些相关的时序波形。在这种结构的开关电源电路中，功率开关变压器具有双重作用，既起传输功率的变压器作用，又起存储能量的扼流圈作用。由上面的工作原理讨论中可以知道，在设计实际应用中的单端式反激型开关电源时，一般应让其工作在次级绕组电流临界状态或次级绕组电流连续状态，而不能让其工作在次级绕组电流不连续状态。开关电源的完全能量传输工作方式就对应着次级绕组电流临界状态，在开关电源的这种工作方式下，功率开关管导通时会有较高的集电极峰值电流出现，因此要实现集电极电流的上升，就需要功率开关变压器的初级绕组的电感量要相对小一些，其代价是线圈的损耗增加，这将会导致输入电容纹波电流增大。此外，为了使功率开关管能够维持较大的尖峰电流，就要选择能够承受较大电流的功率开关管。另外，开关电源的不完全能量传输工作方式对应着次级绕组电流连续状态，而在这种工作方式下，功率开关管导通时流过集电极的电流较大，但是其电流的尖峰相对要小一些，这将会导致功率开关管上的功率损耗增加。在这种工作方式中由于要在功率开关变压器中存储剩余的能量，因此需要功率开关变压器初级绕组的电感量相对要大一些，这就使得功率开关变压器的体积要大一些。

1．功率开关变压器初级电流峰值的计算

功率开关变压器初级电流峰值等于功率开关管集电极电流的峰值。从基本的电感电压关系式出发，功率开关管集电极电压的上升率可由下式来确定：

$$U_c=L\frac{di}{dt} \tag{2-30}$$

在完全能量传输方式下，当功率开关管截止时，电流从零缓慢上升到集电极电流峰值所用的时间为 t_c，其输入电压可由下式表示：

$$U_i=L_p\frac{I_p}{t_c} \tag{2-31}$$

由于 $\dfrac{1}{t_c} = \dfrac{f}{D_{max}}$，上式就可以变为

$$U_{i\,min} = \frac{L_p I_p f}{D_{max}} \qquad (2\text{-}32)$$

式中，$U_{i\,min}$ 为最小输入直流电压，单位为 V；L_p 为功率开关变压器初级绕组的电感量，单位为 H；f 为开关电源的开关频率，单位为 Hz。在完全能量传输工作方式中，输出功率等于存储在每个周期内的能量乘以工作频率，并可由下式表示：

$$P_o = \frac{1}{2} L_p I_p^2 f \qquad (2\text{-}33)$$

将式（2-32）和式（2-33）联立求解可以得到功率开关变压器初级电流的峰值为

$$I_p = I_c = \frac{2P_o}{U_{i\,min} D_{max}} \qquad (2\text{-}34)$$

2．最大占空比与最小占空比之间的关系

单端式反激型开关电源电路是通过改变预先设计好的 PWM 驱动信号的占空比来完成对输出电压的调节的。最大占空比和最小占空比可分别用 D_{max} 和 D_{min} 来表示。如果采用 $U_{i\,min}$ 和 $U_{i\,max}$ 分别表示输入直流电压的最小值和最大值时，那么，最大占空比 D_{max} 与最小占空比 D_{min} 之间的关系可由下式来表示：

$$D_{min} = \frac{D_{max}}{\left(1 - D_{max}\right)K + D_{max}} \qquad (2\text{-}35)$$

式中，$K = U_{i\,max} / U_{i\,min}$。

3．功率开关变压器初级电感量的计算

上面已经计算出了功率开关变压器初级电流的峰值，因此功率开关变压器初级绕组的电感量可由下式计算出来：

$$L_p = \frac{U_{i\,min} D_{max}}{I_p f} \qquad (2\text{-}36)$$

4．铁芯最小尺寸的确定

在确定功率开关变压器铁芯的最小尺寸之前，先不考虑次级绕组。因此，绕线窗口面积 A_c 和铁芯有效截面积 A_e 的乘积可由下式表示：

$$A_c A_e = \frac{\left(0.01 L_p I_p d^2\right) \times 10^2}{B_{max}} \qquad (2\text{-}37)$$

式中，d 为绝缘漆包线的最大直径，单位为 mm；$B_{max} = B_{sat} / 2$，单位为 T。因为设计的功率开关变压器具有双重功能，因此必定要涉及次级绕组的问题。假定初级绕组只占骨架可用绕线面积的 30%，将其余 70% 的骨架可用绕线面积留给次级绕组、导线间的空隙和绝缘带使用。在计算功率开关变压器初、次级绕组所用总面积时，应将各种因素综合考虑，因此应给式（2-37）右边乘以系数 4，这样式（2-37）可以变为

$$A_c A_e = \frac{\left(0.04 L_p I_p d^2\right) \times 10^2}{B_{max}} \qquad (2\text{-}38)$$

通过式（2-38）可以计算出所用功率开关变压器铁芯的最小尺寸。但是在实际应用中，

一方面为了选择合适的铁芯和骨架，另一方面为了能够提高整体的可靠性，对由式（2-38）所计算出的铁芯最小尺寸还要进行修正和调节。

5．铁芯气隙长度的计算

通过单端式反激型开关电源工作原理的分析和讨论可知道，这种开关电源中的功率开关变压器的工作仅使用了磁通的一半。由于电流和磁通在单端工作方式中从不会向负的方向转换，因此就有一个潜在的问题，那就是驱动铁芯进入饱和状态。设计者们解决该问题时一般均采用下列两种方法：

（1）增大铁芯的体积

在功率开关变压器的设计和计算过程中，通过式（2-38）所计算出的初、次级绕组所用总面积往往再留有一定的裕量。这样做虽然解决了铁芯的饱和问题，但却会使功率开关变压器的体积和重量增大，同时也会使总成本增加，因此在一般情况下不提倡采用这种方法来解决铁芯的饱和问题。

（2）给磁通路中增加一个气隙

在铁芯的磁通路中增加一个气隙，可以使铁芯的磁滞回线变得扁平，如图 2-14 所示。这样对于相同的直流偏压，就降低了工作磁通的密度，提高了铁芯的抗饱和能力。由于这种方法既不增加体积和重量，也不增加成本和造价就能够解决铁芯的饱和问题，因此是设计者们最常用的一种方法。

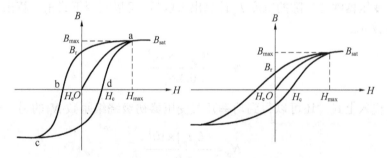

（a）不带气隙的变压器铁芯磁滞回线　　（b）带气隙的变压器铁芯磁滞回线

图 2-14　变压器铁芯的磁滞回线

在功率开关变压器铁芯的磁通路中，由于气隙处的磁阻最大，因此存储在功率开关变压器中的大部分能量都集中在所开的气隙处。气隙的宽度 L_g 可由下式计算：

$$L_g = \frac{0.4\pi L_p I_p^2}{A_e B_{max}^2} \tag{2-39}$$

式（2-39）中气隙宽度 L_g 的单位为 cm。如果功率开关变压器的铁芯采用 EE 形或者 EI 形时，所对应中心柱之间的距离就为所开气隙的宽度 L_g，如图 2-15（a）所示。如果采用垫垫片的方法来增加气隙时，那么垫片的厚度为

$$h = \frac{1}{2} L_g \tag{2-40}$$

对于 EE 形或者 EI 形铁芯的功率开关变压器，若采用垫垫片的方法增加气隙，其结构如图 2-15（b）所示。

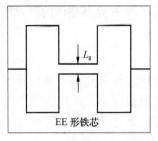 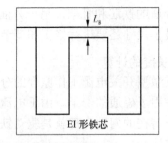

（a）直接带有气隙的EE形和EI形变压器铁芯结构图

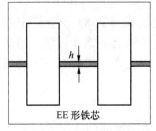 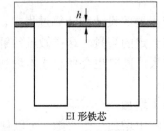

（b）采用垫垫片的方法增加气隙的EE形和EI形变压器铁芯结构图

图 2-15　给功率开关变压器铁芯增加气隙的结构图

6. 功率开关变压器初级绕组匝数 N_p 的计算

功率开关变压器铁芯气隙的宽度 L_g 计算出来以后，可以利用下式来计算出功率开关变压器初级绕组匝数 N_p：

$$N_p = \frac{B_{max} L_g \times 10^4}{0.4\pi I_p} \tag{2-41}$$

将式（2-39）代入上式，还可以得到功率开关变压器初级绕组匝数 N_p 的另一个计算公式为

$$N_p = \frac{(L_p I_p) \times 10^4}{A_e B_{max}} \tag{2-42}$$

采用式（2-41）和式（2-42）都可以计算出功率开关变压器初级绕组的匝数 N_p，并且结果是相同的。因此，在设计实际应用电路时可根据已知条件进行灵活运用。

7. 功率开关变压器次级绕组匝数 N_s 的计算

对于单端式反激型开关电源电路来说，一般功率开关变压器的次级绕组不止一组，有几路输出电压就有几组次级绕组，而每一组次级绕组的匝数 N_s 可由下式来计算：

$$N_{s1} = \frac{N_p (U_{o1} + V_d)(1 - D_{max})}{U_{i\,min} D_{max}} \tag{2-43}$$

式中，$U_{i\,min} = 1.4U_i - 20$，单位为 V；V_d 为输出快速整流二极管的正向压降，单位为 V；U_{o1} 为第一路直流输出电压，单位为 V。

2.3.4　单端自激式反激型开关电源的启动电路

在开关电源电路的设计和调试中，单端自激式反激型开关电源中的启动电路常常被人们所忽

视,这样就导致了设计出来的开关电源电路在实际调试或实际工作中常常出现不能起振或工作不可靠的问题。因此,在这里我们将对单端自激式反激型开关电源中的启动电路进行较详细的分析。

1. 电阻分压式启动电路

采用电阻分压式的启动电路如图 2-16 所示。由于这种启动电路采用电阻(有时可用二极管来代替电阻)分压的方法来为功率开关管的基极取偏压和偏流,所以电路结构非常简单,几乎所有的单端式开关电源电路中均采用这种启动电路。双端式和全桥式开关电源电路有时也常采用这种启动电路。因此,这种电阻分压式启动电路在实际中应用最为广泛。

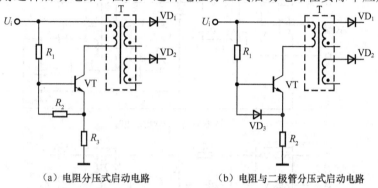

(a) 电阻分压式启动电路　　　　(b) 电阻与二极管分压式启动电路

图 2-16　电阻(或二极管)分压式启动电路

2. 双向触发二极管启动电路

采用双向触发二极管构成的启动电路如图 2-17 所示。图中的 VD_1 就为双向触发二极管,它的触发电压值有许多标称值,可供设计者根据设计的需要在使用时进行选择。表 2-1 给出了常用的双向触发二极管的型号和技术参数。触发二极管 VD_1 的引入不但能够为功率开关管的基极提供一个合适的启动偏压,而且还可以使功率开关管的基极始终比集电极低一个双向触发二极管的触发电压值,这样就可以避免功率开关管进入深饱和区,从而降低了功率开关管上的损耗,提高了开关电源的转换效率和工作可靠性。另外,这种软启动电路常常被应用于自激式开关电源电路中。

表 2-1　常用的双向触发二极管的型号和技术参数

型　　号 \ 技术参数	V_{BO}/V	$I_{BO}/\mu A$
DB3	28~36	50
DB4	35~45	50
DB6	56~70	50
DB120	28~36	100
BR100/03	28~36	50
LLDB3	28~36	50

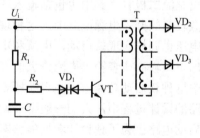

图 2-17　双向触发二极管启动电路

3. 输入软启动电路

在第 1 章中已经较为详细地讨论和介绍了开关电源电路中各种各样的软启动电路,因此这里就不再过多的重述,仅给出一种采用晶闸管构成的较为实用和应用较为广泛的软启动电路。为了减小和限制上电启动期间输入电路的启动电流,常在输入回路中串接一个小阻值大功率的限流电阻，待启动完成或稳定后再设法将串联的限流电阻短路掉。一般可采用单向晶闸管或者双向晶闸管来实现，其电路如图 2-18 所示。当刚上电启动的瞬间，晶闸管 VS 处于关断截止状态，而电阻 R 起限流作用。待开关电源电路启动完成或稳定后，也就是输出电压建立后，由功率开关变压器的初级所增加的一个绕组取出控制信号来驱动晶闸管，使其导通，最后将限流电阻 R 短路掉，实现了输入电路的软启动，这种电路一般被应用于大功率（1kW以上）的照明电器电路中。

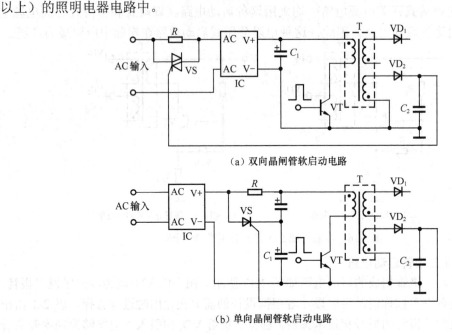

（a）双向晶闸管软启动电路

（b）单向晶闸管软启动电路

图 2-18　晶闸管软启动电路

4．输出软启动电路

在开关电源电路的输出端，通常要选择等效串联电阻较低的大容量电解电容作为滤波电容，以便减小输出直流电压中的纹波峰值。这就使得在启动电源时，输出端的 LC 滤波器就会产生较大的电流和电压过冲（其中也包括输入端滤波器），从而会对变换器中的功率开关管和输出整流二极管（其中也包括输入端的整流二极管）造成损伤。在输出电流较大和输出电压路数较多的开关电源电路中，这种现象尤为突出。因此，从安全稳定的角度出发，就希望输出电压也同样实现软启动，电流和电压应由低到高逐渐增大，最后实现稳定输出，这一点在输出电压较高或者输出电流较大的开关电源应用电路中尤为必要。在有些特殊的负载电路系统中这种软启动功能也正是系统所希望和要求的，如灯泡、显示器和示波管等。在开关电源电路的设计过程中，人们一般都非常重视输入端的软启动电路，最容易忽视的就是输出端的软启动电路。为了使设计者们能够对输出端的软启动电路引起足够的重视，下面分别给出几种较为常用的输出端软启动电路，供设计者们参考。

（1）串联 LC 软启动电路

输出端软启动电路最简便的实现方法就是采用串联 LC 电路，其电路结构如图 2-19（a）所示，电路中各点的波形如图 2-19（b）所示。电路中的电感 L_1 与电容 C_1 串联起来，就可实现输出端软启动的作用。但是这种软启动电路的启动时间不宜太长，若太长时，电感 L_1 与电容 C_1 的体积和重量就会有较大增加，同时成本也会有相应增高。

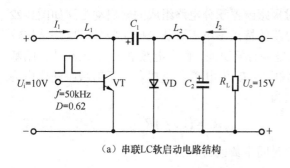
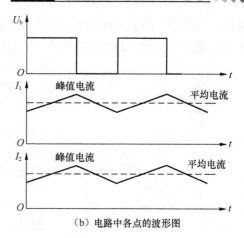

（a）串联LC软启动电路结构　　　　　　　　（b）电路中各点的波形图

图 2-19　串联 LC 软启动电路及各点波形

（2）由密勒积分电路组成的软启动电路

在描述由密勒积分电路组成的软启动电路之前，有必要再回顾一下"密勒效应"的概念。在如图 2-20 所示的电路中，电容 C_{bc} 为晶体管集电极与基极之间的杂散电容或者它们之间的外接电容，电容 C_{be} 为基极与发射极之间的外接电容再加上内部的分布电容（不包括由电容 C_{bc} 所引起的任何影响）。当在某一正向输入电压 U_i 的作用下，流过电容 C_{be} 和 C_{bc} 的电流分别为

$$I_{be} = U_i \left(j\omega C_{be} \right) \tag{2-44}$$

$$I_{bc} = \left(U_i - U_{ce} \right) \cdot \left(j\omega C_{bc} \right) \tag{2-45}$$

由于共发射极电路中 $U_{ce} = -KU_i$，所以有

$$I_{bc} = \left(U_i + KU_i \right) \cdot \left(j\omega C_{bc} \right) = U_i \left(1 + K \right) \cdot \left(j\omega C_{bc} \right) \tag{2-46}$$

该式说明，晶体管的基极与发射极之间实际上就像等效了一个容量为$(1+K)C_{bc}$ 的电容。这个由放大器增益 K 导致的基极与发射极之间电容容量明显倍增的现象就称为密勒效应。另外，共发射极电路的电压放大倍数 K 可由下式来确定：

$$K = -\frac{\beta R_L}{r_e + r_b} \tag{2-47}$$

如图 2-21 所示的电路就是一个采用密勒积分电路构成的输出软启动电路。当所加入的驱动信号 U_i 为正向脉冲时，该脉冲信号就会通过电阻 R 向晶体管的基极充电。由于密勒效应的作用，输入端等效电容的容量为（1+K）C，因此其基极电压就会以（1+K）CR 的时间常数缓慢上升，而在集电极上的输出电压就会相应缓慢下降。反之，若在基极所加入的驱动信号 U_i 为负向脉

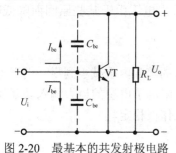

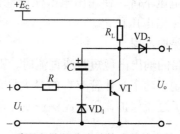

图 2-20　最基本的共发射极电路　　　　图 2-21　采用密勒积分电路构成的输出软启动电路

冲时，则基极上的电压就会缓慢下降，集电极上的输出电压就会相应缓慢上升。通过上面的分析和讨论可清楚地看到，电路中 β、R、C 的值越大，输出电压的变化速度就越缓慢。

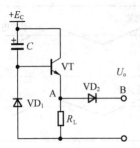

图 2-22 采用射极跟随器积分电路组成的软启动电路

（3）由射极跟随器积分电路组成的软启动电路

采用射极跟随器积分电路组成的软启动电路如图 2-22 所示。该电路的特点是不需要基极控制信号，电路结构较为简单。在电源合闸瞬间，直流电源电压 E_C 经晶体管的基-射极、负载电阻 R_L 为电容 C 充电。由于射极跟随器电路的输入电阻为

$$R_{ie} = (1 + \beta) R_L \qquad (2\text{-}48)$$

因此，充电时间常数就为

$$\tau = (1 + \beta) C R_L \qquad (2\text{-}49)$$

随着电容 C 上充电电压的缓慢增大，基极上的电压缓慢下降，在发射极上的输出电压也会相应缓慢下降。一旦 A 点的电压低于 B 点的电压时，软启动工作过程结束。其中二极管 VD_2 起隔离作用，使启动电路不再影响控制电路的正常工作。在关机后，电容 C 上的电压经电源的内阻和二极管 VD_1 迅速放电，保证下次开机时软启动电路的正常工作。

2.3.5　单端自激式反激型开关电源的实际应用电路

1. 实际应用电路一

单端自激式反激型开关电源的实际应用电路如图 2-23 所示。输入电压为交流市电，电网电压 220V（±15%）、50Hz（±15%）；输出直流电源为 12V/2A；电源稳定性为 0.05%；负载稳定性为 0.1%；纹波电压小于 12mV。其电路的工作原理可参阅单端自激式正激型开关电源电路的工作原理，这里仅对其稳压过程和过流保护过程做一简要的叙述。

（1）稳压过程

电路的稳压过程简要叙述如下：当输出电压由于负载电流变小或电网电压升高而升高时，通过取样电阻 R_{14}、R_{15} 和 RP，晶体管 VT_6 的基-射极电压增大，集电极电流增大；又因为恒流二极管 VD_5 的电流是恒定的，故晶体管 VT_4 的基极电流就必然增大，集电极电流也必然增大。晶体管 VT_4 的集电极电流流过光耦合器 IC_2 中的发光二极管，使光敏晶体管的集电极电流增大，相当于其等效内阻变小。此等效内阻与串联电阻 R_{11} 分压的结果是使晶体管 VT_3 的基-射极电压减小，晶体管 VT_2 的基极电流减小，最后使晶体管 VT_2 的集电极电流减小，相当于 VT_2 的内阻增大。VT_2 的等效内阻与电阻 R_7 串联相当于负载电阻增大，于是电源的输出电压下降，使输出电压保持稳定。反之，当输出电压由于某些原因而降低时，电路也能保持输出电压稳定。

（2）过流保护过程

当电源电路的输出出现短路或过流时，即使晶体管 VT_2 的等效内阻减小到零，由于电阻 R_7 的存在，限制了功率晶体管 VT_1 的最大导通时间，从而就限制了电源的最大输入功率和输出功率，起到了过流保护作用。此保护电路的功耗极小，工作很稳定。

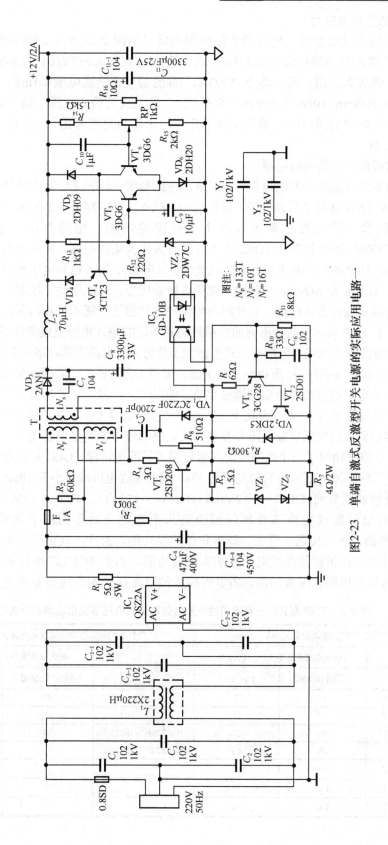

图2-23　单端自激式反激型开关电源的实际应用电路一

2．实际应用电路二

单端自激式反激型开关电源的实际应用电路二如图 2-24 所示。该电源为仪器仪表专用电源，其输入为 220V/50Hz(±25%)；输出第一、二路为±12V/1A，1%的精度，纹波电压＜1mV，供放大器用；第三路为+5V/3A，1%的精度，纹波电压＜1mV，供数字电路用。体积要求为 200mm×100mm×40mm（含外壳）。为了满足输入电压、输出功率和体积的要求，电源电路必须采用单端自激式反激型开关电源作为前级降压、线性稳压电源作为后级稳压的混合型。

（1）前级降压开关电源电路

单端自激式反激型开关电源作为前级降压电路如图（a）所示，其主要任务是将输入的电网电压 220V/50Hz 通过非线性变换，降低成+12V/1A、+5V/3A、−12V/1A 三路直流输出，并要求具有隔离、稳定度和降低纹波电压幅度等功能。电路是由一个美国 POWER INTEGARTIONS 公司生产的 TOP227 单片式开关电源集成电路芯片和外围少数几个其他元器件构成的。TOP 系列产品不但具有转换效率高（90%），输入电源电压范围宽和外形封装具有 TO-220、DIP-8 和 SOIC-8 可供用户灵活选择等优点，还把驱动、控制、保护以及功率变换等功能全部集成在芯片内部，芯片的内部原理方框图可查阅本书后面所给出的相关文献。表 2-2 列出了 TOP 系列产品在不同的外形封装和不同的输入电源电压条件下，输出功率的可选范围。电路的工作方式为单端自激式反激型工作方式。电路中的功率开关变压器 T_2 既起隔离的作用，又起储能的作用，所以是一个关键性器件。它的加工要求图纸如图 2-25 所示。PCB布线时，由于电解电容的寿命受环境温度的影响很大，所以一定要远离发热器件，初、次级通过功率开关变压器 T_2、光耦合器 IC_{13}、电容 C_{10} 和电容 C_{11} 左右完全分开。三路输出的滤波电解电容均要选用串联等效电阻和并联等效电感都较小的高温电解电容，最好采用多只并联的方法。电路中使用了一个高精度的三端可调式基准电压源 TL431 来实现电压取样反馈控制，最后使三路直流稳压输出的精度可达 5%，输出纹波电压峰值小于 10mV。三路直流稳压输出电压分别被调节到：OUT_1 = +12V/1A、OUT_2 = −12V/1A、OUT_3 = +5V/3A。采用 TOP227单片式开关电源集成电路芯片和外围少数几个其他元器件构成了单端自激式反激型AC/DC 变换器，不但实现了降压、隔离和保护等功能，而且还获得了高转换效率、大功率输出、小体积和轻重量等线性电源无法实现的功能。由于 TOP227 单片式开关电源集成电路芯片内部具有周期性限流功能，所以所构成的过流保护响应速度非常快。由于其内部具

表 2-2　TOP 系列产品在不同的外形封装和输入电压下输出功率的可选范围

TO-220(P)封装输出最大功率/ W			DIP-8(P)/SOIC-8(G)封装输出最大功率/ W		
型　号	输入电源电压范围(±15%)/ V		型　号	输入电源电压范围(±15%)/ V	
	100/115/230	85～265		100/115/230	85～265
TOP221Y	12	7	TOP221P/TOP221G	9	6
TOP222Y	25	15	TOP222P/TOP222G	15	10
TOP223Y	50	30	TOP223P/TOP223G	25	15
TOP224Y	75	45	TOP224P/TOP224G	30	20
TOP225Y	100	60	—	—	—
TOP226Y	125	75	—	—	—
TOP227Y	150	90	—	—	—

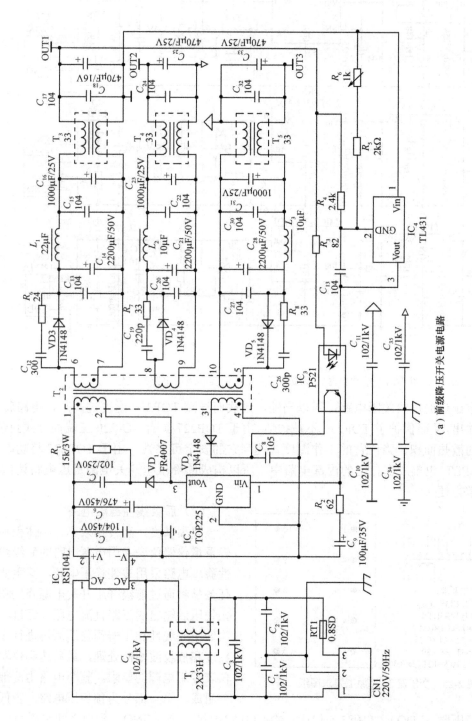

（a）前级降压开关电源电路

图 2-24 单端自激式反激型开关电源的实际应用电路二

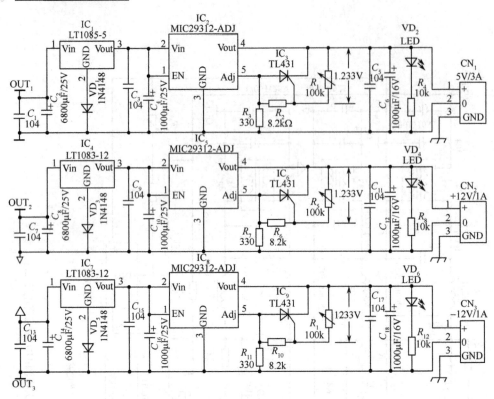

图 2-24 单端自激式反激型开关电源的实际应用电路二（续）

有带有一定延迟的过热关断电路，所以当输出过载而导致 TOP227 温度过高时，电路就会马上关断输出，从而保护了 TOP227 不被损坏。由于 TOP227 具有 TO-220 三端插针式封装，可增大它的散热面积，降低它的工作温度，提高它的安全可靠性。由于 TOP227 将功率开关管 MOSFET 也集成在自己的内部电路中，所以构成的降压型开关电源稳压电路调试和组装时非常方便。

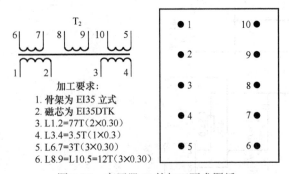

加工要求：
1. 骨架为 EI35 立式
2. 磁芯为 EI35DTK
3. L1.2=77T（2×0.30）
4. L3.4=3.5T（1×0.3）
5. L6.7=3T（3×0.30）
6. L8.9=L10.5=12T（3×0.30）

图 2-25 变压器 T_2 的加工要求图纸

（2）后级线性稳压电路

该高精度、高转换效率、小体积和轻重量仪器仪表专用电源电路的后级线性稳压电路采用线性稳压电源，其主要任务是将通过前级降压开关电源降压和预稳压后输出的三路直流电压，经过一次低压差线性稳压器预稳压后再进行高精度和低纹波峰值处理，最后达到仪器仪表专用电源的要求。整个电路由两部分组成。第一部分为预稳压电路，由低

压差线性稳压器（LDO）LT1083-5 构成，给 LT1083-5 第 2 脚（GND）到地之间串联两只正向二极管，使其预稳压的输出电压在 6.2V 以上，为后面的高精度和低纹波峰值处理电路提供更稳定、更干净的输入电源电压。第二部分为高精度和低纹波峰值处理电路，由 MICREL 公

司生产的 MIC29300-ADJ 构成。由于线性稳压器的输出稳定度主要取决于其内部基准电压源的精度，内部基准电压源的精度越高，输出电压的稳定度就越高。用 MIC29300 系列产品来担任高精度和低纹波峰值处理电路，仅内部基准电压源的精度是不能达到要求的，所以必须为 MIC29300 系列产品外加精度更高的基准电压源。电路中的三端可调式高精度基准电压源 TL431 就是用来担任 MIC29300 系列产品的外挂高精度基准电压源的。调节可调电阻 R_1，使其两端的电压降为 1.233V。由于所选的线性稳压器为低压差线性稳压器（压差<1V），所以该部分的转换效率也非常高。电路中的所有电阻均要求采用 0.25W、1% 精度的金属膜电阻。PCB 的设计请查阅本书后面所给出的相关文献。对输入输出滤波电容的要求为：电解电容与前级降压电路的要求相同，0.1μF 的无极性电容要求选用高频特性好的独石或聚丙烯电容。

（3）机壳要求

由于该电源为高精度、低噪声仪器仪表专用电源，所以与各种各样的仪器仪表配套使用时，必须具有自己的专用机壳才能达到高精度、低噪声输出的效果。实际应用中，应选用 200mm×100mm×40mm 的标准机壳，以起到屏蔽、散热、隔离和固定的作用。

2.3.6　练习题

（1）单端自激式反激型开关电源电路中，由于 U_{ce} 与输出电压 U_o 有关，而且输出电压 U_o 又随负载电阻 R_L 的增大而增大，因此，在负载电路开路时容易造成功率开关管反向击穿。但是在负载电路不得不开路的应用场合，应采取哪些实用措施才能解决或避免这类故障现象发生？

（2）如何利用次级绕组最小临界电流 $I_{2\min}$ 的计算公式（2-28）来设计单端反激式功率变换器中的开关变压器？该公式与前面所讲过 Boost 型 DC/DC 变换器中的临界电感值计算公式有什么关系？

（3）试自己设定条件，设计一款 60W 左右的单端反激式开关电源电路，特别是电路中的开关变压器的设计与计算。

（4）在图 2-23 和图 2-24 所示的单端自激式反激型开关电源的实际应用电路中，分别找出输入端和输出端的软启动电路，说明其属于哪种软启动电路？并画出其软启动波形时序图。

（5）根据射极跟随器积分电路组成的软启动电路的工作原理，试设计一款电子负载电路，并且要求电子负载的阻值可手动设置。

2.4　单端他激式正激型开关电源电路

2.4.1　单端他激式正激型开关电源的基本电路形式

单端他激式正激型开关电源输出电压的瞬态控制特性和输出电压的负载特性相对于其他形式的开关电源来说较好，工作较为稳定，输出电压不容易产生抖动，因此在一些对输出电压要求较高的场合经常被使用。单端他激式正激型开关电源的基本电路结构形式如图 2-26(a) 所示，相对应的时序波形如图 2-26（b）所示。从基本的电路结构形式中可以看出，单端他激式正激型开关电源与单端自激式正激型开关电源的差别有以下几点：

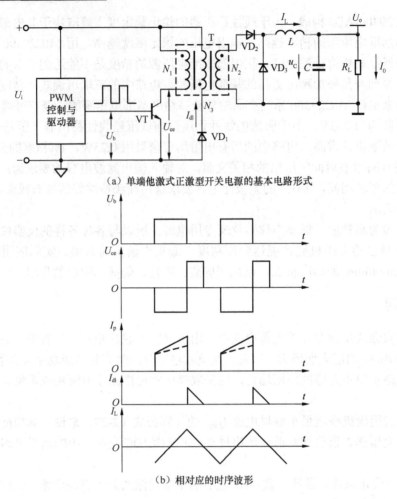

（a）单端他激式正激型开关电源的基本电路形式

（b）相对应的时序波形

图 2-26　单端他激式正激型开关电源的基本电路形式和对应的波形

① 单端他激式正激型开关电源电路中的功率开关变压器与 PWM 振荡器无关,而单端自激式正激型开关电源电路中的功率开关变压器要作为 PWM 振荡器电路中的一个重要元器件而参与振荡器工作。

② 单端他激式正激型开关电源电路中的功率开关管与 PWM 振荡器无关,而单端自激式正激型开关电源电路中的功率开关管和功率开关变压器一样也要作为 PWM 振荡器电路中的一个重要元器件而参与振荡器工作。

③ 单端他激式正激型开关电源电路具有独立的 PWM 振荡器、驱动器、控制器等电路,并且这些电路一般是由一个集成电路来担任的;而单端自激式正激型直流变换器电路不需另设独立的 PWM 振荡器、驱动器、控制器等电路。

④ 单端他激式正激型开关电源电路对起振电路要求不严格,而单端自激式正激型开关电源电路对起振电路要求非常严格。

⑤ 由于单端他激式正激型开关电源电路中的功率开关管导通时通过功率开关变压器向负载传输能量,所以该电路非常适合用于输出功率较大的应用场合。

⑥ 由于单端他激式正激型开关电源电路中的功率开关变压器既要起隔离和传输能量的

作用，又要起储能电感的作用，所以功率开关变压器的设计较为复杂。

2.4.2　单端他激式正激型开关电源电路中的功率开关管

1．功率开关管集电极与发射极之间所能承受的最大耐压

在单端他激式正激型开关电源电路中由于磁通复位绕组和续流二极管 VD_1 的存在，功率开关管截止时，降在其上的最大电压可由下式来表示：

$$U_{ce\,max} = 2U_i \tag{2-50}$$

因此，单端他激式正激型开关电源电路中功率开关管集电极与发射极之间所能承受的最大耐压即为两倍的输入电源电压 U_i。

2．功率开关管集电极峰值电流

从图 2-26（a）所示的单端他激式正激型开关电源的基本电路结构形式中可以看出，在功率开关管处于截止状态期间，只要保证续流二极管 VD_1 处于导通状态，功率开关管上的电压就会维持不变。而在功率开关管处于导通状态期间，流过功率开关管上的电流就等于开关电源的输出电流再加上功率开关变压器的磁化电流，可由下式计算出来：

$$I_c = \frac{I_L}{N} \cdot \frac{t_{ON}U_i}{L} \tag{2-51}$$

式中，N 为功率开关变压器初、次级绕组的匝数比；L 为储能电感的电感量，单位为 H；I_L 为储能电感上流过的电流，单位为 A。

3．励磁回路

单端他激式正激型开关电源的特点是当变压器的初级绕组正在被直流电流激磁时，变压器的次级绕组正好也为负载提供能量，也就是开关变压器的初、次级绕组均为同名端。这种形式的开关电源有一个最大的缺点，就是在功率开关关断的瞬间开关变压器的初、次级绕组都会产生很高的反向电动势，这个反向电动势是由于流过开关变压器初、次级绕组的励磁电流存储的能量所产生的。因此，在图 2-26（a）中为了避免功率开关关断瞬间所产生的反向电动势击穿开关功率器件，在开关变压器中就增加了一组反向电动势能量吸收反馈绕组 N_3，在电路上增加了一个削反峰二极管 VD_1。反馈绕组 N_3 和削反峰二极管 VD_1 对于单端他激式正激型开关电源是非常必要的，一方面，反馈绕组 N_3 产生的感应电动势通过削反峰二极管 VD_1 可以对反向电动势进行限幅，并把限幅的能量返回给电源；另一方面，流过反馈绕组 N_3 中的电流所产生的磁场可以使开关变压器的磁芯退磁，使开关变压器磁芯中的磁场强度恢复到初始状态，也就是起到了磁通复位的功能。图 2-27 所示的波形就是图 2-26 所示的单端他激式正激型开关电源电路中开关变压器磁通复位波形。图 2-27（a）是开关变压器次级绕组 N_2 整流输出的电压波形，图 2-27（b）是开关变压器反馈绕组 N_3 整流输出的电压波形，图 2-27（c）是流过开关变压器初级绕组 N_1（实线部分）和反馈绕组 N_3（虚线部分）的电流波形。

在功率开关导通期间的 T_{on} 时间内，输入电源

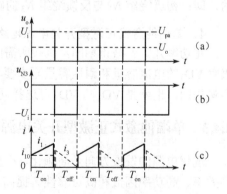

图 2-27　开关变压器磁通复位波形

U_i 对开关变压器初级绕组 N_1 加电，初级绕组 N_1 有电流 i_1 流过，在 N_1 两端产生自感电动势的同时，在开关变压器次级绕组 N_2 的两端也同时产生感应电动势，并向负载提供输出电压，输出电压波形如图 2-27（a）所示。从图 2-27（c）所示的流过开关变压器初级绕组 N_1（实线部分）和次级绕组 N_3（虚线部分）的电流波形中就可以看出，流过单端他激式正激型开关电源开关变压器中电流与流过一般电感线圈的电流是不同的，流过单端他激式正激型开关电源变压器中的电流具有突变，而流过一般电感线圈中的电流不能突变。因此在功率开关导通的瞬间流过单端他激式正激型开关电源变压器中的电流立刻便可达到某一稳定电流值，这个稳定电流值是与变压器次级绕组电流大小相关的。若将这个电流用 i_{10} 表示、用 i_2 表示次级绕组 N_2 中流过的电流时，那么就有

$$i_{10} = n \cdot i_2 \tag{2-51a}$$

另外，流过单端他激式正激型开关电源变压器中的电流 i_1 除了 i_{10} 之外还有一个激磁电流，从图 2-27（c）中就可以看出激磁电流实际上就是 i_1 中随时间线性增长的部分，可由下式表示

$$\Delta i_1 = \frac{U_i}{L_1} \cdot t \tag{2-51b}$$

当控制功率开关由导通突然转为关断的瞬间，流过开关变压器初级绕组的电流 i_1 突然为 0。由于变压器磁芯中的磁通量不能突变，必须要求流过开关变压器次级绕组的电流也跟着突变，以抵消开关变压器初级绕组电流突变的影响；要么，在变压器初级绕组中将出现非常高的反向电动势，把功率开关或变压器击穿。若开关变压器磁芯中的磁通产生突变，开关变压器的初、次级绕组就会产生无限高的反向电动势，反向电动势又会产生无限大的电流，而电流又会抵制磁通的变化，开关变压器磁芯中的磁通变化，最终还是要受到开关变压器初、次级绕组中电流的约束。因此功率开关由导通状态突然转为关断，开关变压器初级绕组中的电流突然为零时，开关变压器次级绕组 N_2 中的电流与功率开关导通期间的电流是相同的，等于开关变压器初级绕组中的激磁电流折算到开关变压器次级绕组中的电流与其本身电流之和。但由于开关变压器初级绕组中激磁电流被折算到开关变压器次级绕组的电流方向与原开关变压器次级绕组电流 i_2 的方向是相反的，并且由于整流二极管 VD_2 的存在阻挡住了折算到次级绕组中的激磁电流，因此这些电流只能通过开关变压器反馈绕组 N_3 产生的反向电动势，经整流二极管 VD_1 向输入电压 U_i 进行反向充电。

一般单端他激式正激型开关电源变压器中的初级绕组匝数与反馈绕组 N_3 的匝数是相等的，即：初级绕组 N_1 与反馈绕组 N_3 的匝数比为 1∶1。

4. 单端他激式正激型开关电源电路中的续流二极管

在功率开关管截止期间，负载所需的电流均要由续流二极管 VD_3 来提供。因此，续流二极管 VD_3 的电流容量和耐压容量至少要与次级输出主回路中的整流二极管的电流容量和耐压容量相同，也就是 VD_3 与 VD_2 可选择同型号的快速整流二极管。

2.4.3 单端他激式正激型开关电源电路的变形

现代电源的发展方向是高频化、小型化、模块化、智能化，实现开关电源的高功率密度、高效率、高功率因数和高可靠性。提高开关频率，减小磁性和容性元器件的容量、体积和重量是提高开关电源功率密度的有效措施。但是在硬开关状态下工作的功率变换器，随着开关

频率的上升，一方面开关器件的开关损耗会成正比地增大，无源元件的损耗会大幅度增加，效率会大大降低；另一方面，过高的 dv/dt 和 di/dt 会产生严重的电磁干扰（EMI），影响开关电源的可靠性和电磁兼容性（EMC）。为了改善高频开关电源电路中功率开关管的工作条件，减小开关损耗和电磁干扰，各种软开关技术应运而生，包括无源软开关技术与 ZVS（零电压导通）/ZCS（零电流关断）谐振、准谐振、ZVS/ZCS-PWM 和 ZVT/ZCT（相移型零电压导通/相移型零电流关断）-PWM 等有源软开关技术。

近年来国内外广大的电源研制和开发者对双正激型及其组合式开关电源的软开关技术进行了大量的研究和探索。软开关拓扑大体上可分为三类：

① 使用无源辅助电路的无源软开关拓扑。

② 使用有源辅助电路的有源软开关拓扑。

③ 不需辅助电路的软开关拓扑。

本节将系统地分析和论述这些软开关拓扑电路技术，指出各种拓扑电路技术的特点和适用场合，给出简单的分析和评价。

1. 双正激型他激式开关电源电路

双正激型他激式开关电源电路克服了单端他激式正激型开关电源电路中开关电压应力高的缺点，每个功率开关管只需承受输入的直流电压值，不需要采用特殊的磁复位电路就可以保证功率开关变压器的可靠磁复位。它的每一个桥臂都是由一个二极管与一个功率开关管串联组成，不存在桥臂直通的危险，可靠性极高。因此双正激型他激式开关电源电路具有其他电路结构形式的开关电源无法比拟的优点，成为目前中大功率开关稳压电源中应用最多的变形或拓扑技术之一。双正激组合开关电源电路通过对双正激开关电源电路进行并、串组合，可以克服其占空比小于 0.5 的缺点，提高了功率变压器的磁利用率和占空比的调节范围，适合应用于高输入和低输出电压/大输出电流的大功率场合。

单端他激式正激型开关电源电路中由式（2-50）中可以看出，当输入直流电源电压为 300V（实际对应的就是 220V/50Hz 电网电压）时，功率开关管上所承受的电压就为 600V 以上。具有这样高耐压的功率开关管不但价格昂贵，而且在这样高电压下工作的功率开关管的安全性和可靠性都要受到威胁。为了降低功率开关管所承受的电压值，从而降低开关电源的成本和提高整机的安全可靠性，设计者们就将单端他激式正激型开关电源的电路结构进行了一些变形，变形后的电路结构如图 2-28 所示。该电路是采用了两个功率开关管 VT_1 和 VT_2 的正激式开关电源电路，这两个功率开关管同时导通和截止，每一个功率开关管上所承受的耐压值为单端正激型开关电源电路中功率开关管所承受耐压的一半。因此，我们将这种变形了的单端他激式正激型开关电源电路称之为双正激型他激式开关电源电路，这种电路中的每一个功率开关管上所承受的耐压均不会超过 U_i。这种变形了的正激型开关电源电路不但输出功率大，而且输入电压也可以较高，因此在实际应用中被广泛采用。

2. 使用无源辅助电路的无源软开关拓扑

（1）初级钳位型 ZVZCS 双正激型开关电源电路

初级钳位型 ZVZCS 双正激型开关电源的电路结构如图 2-29 所示，初级钳位电路由辅助电感 L_r 和两个钳位二极管 VD_3、VD_4 组成。功率开关管 VT_1 和 VT_2 导通时 L_r 上的电流从零开始线性上升，从而减小了 VD_6 关断时的电流变化率和电压尖峰，功率开关管 VT_1 和 VT_2

为零电流导通。功率开关管 VT$_1$ 和 VT$_2$ 关断时负载电流对功率开关管的结电容充电，功率开关管 VT$_1$ 和 VT$_2$ 为零电压关断。该拓扑电路技术的优点是：通过简单的无源钳位电路减小了次级续流二极管反向恢复引起的电压尖峰，降低了电磁干扰，实现了功率开关管的零电流导通和零电压关断，适合应用于高压输出的大功率场合。其缺点是功率变换级的功率开关管为容性导通。

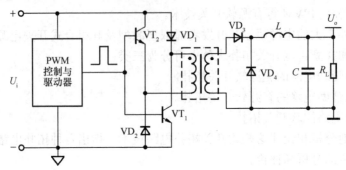

图 2-28　双端他激式正激型直流变换器电路

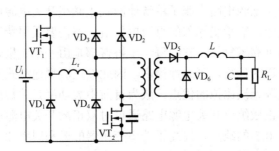

图 2-29　初级钳位型 ZVZCS 双正激型开关电源电路

（2）双正激电路的软关断拓扑电路

双正激电路的软关断拓扑电路如图 2-30 所示。该电路通过比功率开关管结电容大得多的谐振电容 C_1、C_2 限制功率开关管电压的上升速度，从而实现功率开关管的 ZVS 关断。由电感 L_r 和电容 C_1、C_2 以及二极管 VD$_3$、VD$_4$ 和 VD$_5$ 构成的钳位电路是无功率损耗的，并能将功率开关变压器漏感所存储的能量全部返回到输入电源中。但是功率开关管导通时，谐振电流从功率开关管流过，增加了功率开关管的电流应力，而且功率开关管为硬导通，对大功率双正激型开关电源电路效率的提高有较大的实用价值。

（3）无源 ZVT 双正激型开关电源电路

无源 ZVT 双正激型开关电源电路如图 2-31 所示。它通过在功率开关变压器的初级增加了一个辅助电路实现功率开关管的零电压关断。其工作原理为：当两个功率开关管导通时，谐振电容 C_r 和谐振电感 L_r 通过功率开关管 VT$_2$ 及二极管 VD$_3$ 谐振，将电容 C_r 上的电压极性反转。在功率开关管关断时，由于电容 C_r 比功率开关管的结电容要大得多，因此限制了功率开关管电压的上升速度，从而实现了零电压关断。这种开关电源电路的优点是不需要增加有源开关器件，因此电路结构简单，成本低，调试容易，便于批量生产。但是由于在功率开关管导通时谐振电流要从下管 VT$_2$ 上流过，因此增加了下管的电流应力，而且功率开关管为硬导通，导通损耗较大。

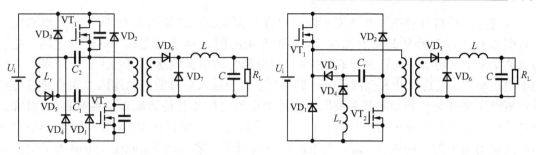

图 2-30 双正激电路的软关断拓扑电路　　　图 2-31 无源 ZVT 双正激型开关电源电路

（4）无损缓冲 ZVZCS 双正激型开关电源电路

无损缓冲 ZVZCS 双正激型开关电源电路如图 2-32 所示，它通过辅助电感 L_r 实现功率开关管的零电流导通，由谐振电容 C_r 实现功率开关管的零电压关断。这种无损缓冲 ZVZCS 双正激型开关电源电路在整个负载范围内都可以实现软开关，通态损耗较小，而且缓冲电路是无损耗的。

（5）带能量吸收电路的软开关双正激型开关电源电路

带能量吸收电路的软开关双正激型开关电源电路如图 2-33 所示。图中功率开关管 VT_1、VT_2 和次级整流二极管 VD_3 再加上能量吸收缓冲电路就构成了电源电路的基本结构。无内部功率损耗的吸收缓冲网络实现了初级功率开关管的零电流导通、零电压关断和次级整流二极管 VD_3 的零电流导通，并且次级整流二极管 VD_3 不存在电压尖峰和反向恢复损耗。该电路结构比较复杂，需要附加两套缓冲电路。

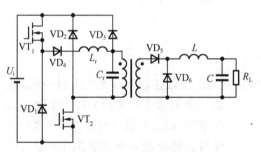

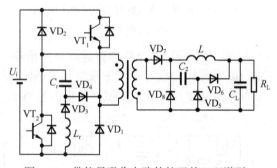

图 2-32 无损缓冲 ZVZCS 双正激型开关　　　图 2-33 带能量吸收电路的软开关双正激型
　　　　稳压电源电路　　　　　　　　　　　　　　开关电源电路

（6）桥臂互感式软开关双正激型组合开关电源电路

桥臂互感式软开关双正激型组合开关电源电路如图 2-34 所示。它将两个双正激型开关电源串联组合起来，次级采用倍流整流电路，适用于高输入电压、低压大电流输出的场合。功率开关管承受的电压仅为输入直流电压的一半，利用耦合电感中存储的能量实现功率开关管的零电压关断，同时采用移相控制技术调节输出电压和实现软开关。由于采用了带两个初级绕组的功率开关变压器，因此功率开关变压器磁芯工作在双象限的磁滞回线中，并实现了输入电容电压的自动均压。该电路的缺点是每个桥臂上的辅助电路增加了功率开关管的电流应力，电路的导通损耗比较大，辅助电路较复杂。

（7）改进型的桥臂互感型软开关双正激型组合开关电源电路

改进型的桥臂互感型软开关双正激型组合开关电源电路如图 2-35 所示。该电源电路具有图 2-34 所示电路所具有的优点，又不需要采用图 2-34 所示电路中的辅助电路。电路通过 PWM 控制功率开关管的导通和关断，利用耦合的谐振电感 L_{r1} 和 L_{r2} 实现功率开关管的零电压导通，但是软开关范围受一定的限制。由于输入电容的自动均压方式是通过初级电流流经功率开关管和功率开关变压器在两个电容之间相互传递能量来实现的，因而就会增加功率开关管的电流应力和导通损耗。而且次级整流二极管的电压应力较大，不适合应用在高输出电压的应用场合。该开关电源电路适用于高输入电压、低压大电流输出的大功率场合。

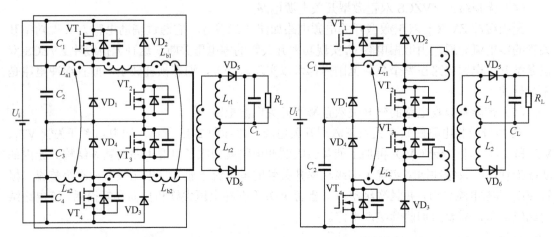

图 2-34　桥臂互感式软开关双正激型组合　　　图 2-35　改进型的桥臂互感型软开关双正激型组合
　　　　　开关电源电路　　　　　　　　　　　　　　　　开关电源电路

3．使用有源辅助电路的有源软开关拓扑

（1）有源钳位软开关双正激型开关电源电路

有源钳位软开关双正激型开关电源电路如图 2-36 所示。通过在功率开关变压器的初级并联一个由功率开关管 VT_a 和电容 C_a 及二极管 VD_a 组成的有源钳位网络，不仅可以钳位功率开关管的电压，还可以实现功率开关管和辅助功率开关管的零电压导通。同时功率开关变压器励磁电流双向流动，提高了功率开关变压器磁芯的利用率。电路工作于准方波模式，可以进行恒频 PWM 控制，电磁兼容（EMC）性好。

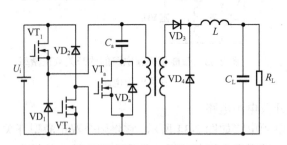

图 2-36　有源钳位软开关双正激型开关电源电路

（2）新型有源钳位双正激型开关电源电路

为了减小正激型开关电源电路初级侧功率开关管和次级侧二极管的开关损耗和导通损耗，这里又提供了一种新型的有源钳位双正激型开关电源电路，如图 2-37 所示。该电源电路利用两个功率开关管 VT_{a1}、VT_{a2} 代替传统双正激型开关电源电路初级的两个钳位二极管，同时加入一个钳位电容，实现主功率开关管和辅助功率开关管的 ZVS。该拓扑电路结构简洁，

而且辅助功率开关管 VT_{a1}、VT_{a2} 可以选用电压额定值较低的功率开关管。该电源电路适用于宽输入电压范围的中、低压应用场合，但是辅助功率开关管的引入增加了电路控制的复杂程度。

（3）有源软开关双正激型开关电源电路

有源软开关双正激型开关电源电路如图 2-38 所示。电路中的辅助谐振网络的辅助功率开关管可以零电流导通，零电压关断，同时实现了主功率开关管 VT_1 的零电压关断和 VT_2 的零电流导通。该拓扑电路技术的缺点是辅助电路结构比较复杂，功率开关管 VT_2 是硬关断，而且存在容性导通损耗。

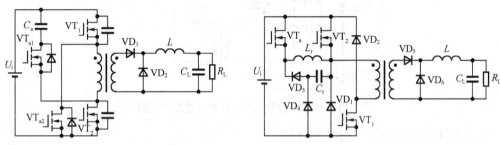

图 2-37　新型有源钳位双正激型开关电源电路　　图 2-38　有源软开关双正激型开关电源电路

（4）有源 ZVT 双正激型开关电源电路

有源 ZVT 双正激型开关电源电路如图 2-39 所示。其基本原理与图 2-31 所示的无源 ZVT 电路一样，也是通过比功率开关管结电容大得多的谐振电容 C_r 限制功率开关管的电压上升速度，从而实现了功率开关管 ZVS 关断。与图 2-31 所示的电路不同的是，图 2-39 中的谐振回路与主回路完全分开，在谐振网络中增加了谐振功率开关管 VT_a，谐振电流不从下管中流过，因此不增加功率开关管变换器主功率开关管的电流应力。而且通过在主功率开关管 VT_1、VT_2 导通之前很短的时间内超前导通谐振功率开关管 VT_a，能够实现功率开关管 VT_1、VT_2 的零电压导通。这种电路的缺点是谐振功率开关管 VT_a 零电流开关，但为容性导通，而且这种电源电路增加了电路的复杂性。

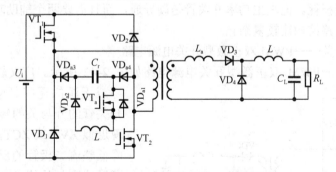

图 2-39　有源 ZVT 双正激型开关电源电路

（5）ZVT 交错并联双正激组合型开关电源电路

ZVT 交错并联双正激组合型开关电源电路如图 2-40 所示，它采用一套辅助电路实现整个组合型开关电源电路的主功率开关管的 ZVS。辅助电路由两个功率开关管 VT_{a1}、VT_{a2} 和二极管 VD_5、VD_6 以及谐振电容 C_r 组成。电路将功率开关变压器漏感和励磁电感作为谐振电感，减少了外加谐振电感带来的损耗。但是辅助功率开关管是零电流开关，存在着容性导通功率损耗。

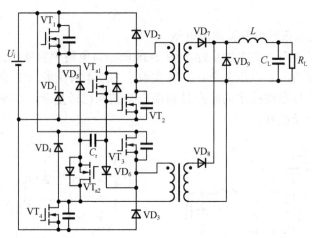

图 2-40　ZVT 交错并联双正激组合型开关电源电路

（6）ZCT 双正激型开关电源电路

ZCT 双正激型开关电源电路如图 2-41 所示。图中在每个功率开关管旁并联一个谐振回路，在主功率开关管关断之前开通谐振开关，通过谐振回路的谐振，将主功率开关管的电流转移到谐振回路中，从而实现了主功率开关管的零电流关断，谐振开关在谐振电流过零时自然关断。ZCT 双正激型开关电源电路特别适合于以 IGBT 作主功率开关管的应用场合，可以避免 IGBT 关断时由拖

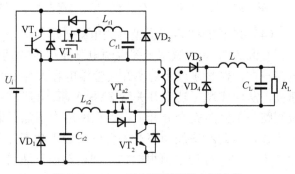

图 2-41　ZCT 双正激型开关电源电路

尾电流引起的关断损耗。但是主功率开关管是硬导通，而且需要两个辅助功率开关管和两套辅助电路，因此电路结构比较复杂。

（7）广义软开关——PWM 双正激型开关电源电路

广义软开关——PWM 双正激型开关电源电路如图 2-42 所示。广义软开关，就是用有源或无源的无损耗吸收电路使功率开关管的开与关的转换过程软化，实现近似 ZVT 或 ZCT，减少开关损耗，降低整流二极管的反向恢复损耗。它可以达到与传统 ZVT 或 ZCT 软开关几乎相同的技术指标，但比传统软开关具有电路简单、成本低廉、可靠性高的优点。其工作原理简述如下：主功率开关管 VT₁、VT₂和辅助功率开

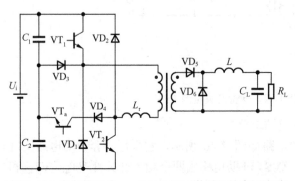

图 2-42　广义软开关——PWM 双正激型开关电源电路

关管 VT_a 同时导通，回路中的 L_r 限制了主功率开关管的电流上升率，减小了导通损耗。功率开关管 VT_1 先关断，功率开关变压器电流对电容 C_1 充电。由于电容 C_1 上的电压不能突变，因此功率开关管 VT_1 上的电压上升率受到限制，关断损耗减小。令辅助功率开关管 VT_a 先于功率开关管 VT_2 关断，当 VT_2 关断时，其电流对电容 C_2 充电，与功率开关管 VT_1 关断情况相同，减小了功率开关管 VT_2 的关断损耗。这种电路的特点是：功率开关变压器和吸收电感的储能可回馈给电源，辅助功率开关管 VT_a 可实现 ZVS，功率开关管 VT_1、VT_2 虽然不是 ZVT，也不是 ZCT，但是有源无损吸收电路有效地软化了开关过程，不过吸收电路需增加辅助功率开关管，控制较为复杂。

4．不需辅助电路的软开关拓扑

（1）双桥式 ZVS 双正激组合型开关电源电路

图 2-43 所示的电路就是一种双桥式 ZVS 双正激组合型开关电源电路，电路中的两个双正激型开关电源电路在初级串联，共用一个功率开关变压器，通过移相控制并利用功率开关变压器漏感和励磁电感实现功率开关管的 ZVS。功率开关变压器磁芯的双象限磁化实现了输入电容的自动均压。这种电路适用于高输入电源电压、高输出直流电压和大电流输出的应用场合，但是导通状态的损耗较大。

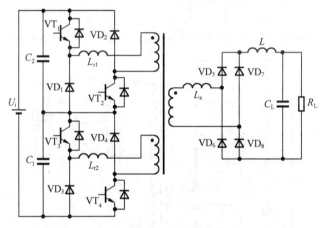

图 2-43　双桥式 ZVS 双正激组合型开关电源电路

（2）ZVZCS PWM 交错并联的双正激组合型开关电源电路

图 2-44 所示的电源电路就是一种 ZVZCS PWM 并联的双正激组合型开关电源电路，电路的次级采用耦合的滤波电感以减小空载电流和环流电流。通过 PWM 控制，该电源电路不需辅助电路就实现了功率开关管 VT_1、VT_2 的 ZVS 和功率开关管 VT_3、VT_4 的 ZCS，减小了初级和次级的空载和环流电流，降低了导通状态下的功率损耗。这种结构形式的开关电源电路适合用于高压输入、IGBT 作功率开关管的应用场合。

（3）新型的 ZVZCS 双正激组合型开关电源电路

图 2-45 所示的电源电路就是一种新型的 ZVZCS PWM 交错并联的双正激组合型开关电源电路。图中两个相同的双正激变换器在初级串联，采用一个具有两个初级绕组和两个次级绕组的功率开关变压器以及 PWM 技术减少了空载和环流电流，降低了导通损耗。该电源电路在较宽的负载范围内不需采用任何有源或无源辅助电路，即可由功率开关变压器漏

感电流实现功率开关管 VT_1、VT_2 的 ZCS 和 ZVS，利用漏感电流和环流电流实现功率开关管 VT_3、VT_4 的零电流导通、零电压关断。这四个功率开关管类似全桥变换器工作模式，磁芯元件和滤波器体积都很小。这种组合式的电源电路的优点是功率开关变压器初级侧没有环流存在，但是需要两个相同的初级绕组，铜损较大。此外功率开关管 VT_2、VT_4 为零电流导通，用 MOSFET 作功率开关管时存在容性导通损耗。此电路适用于高输入电压的大功率应用场合。

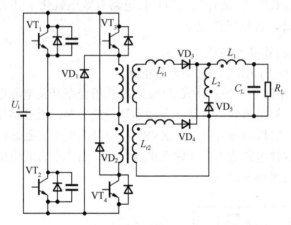

图 2-44   ZVZCS PWM 交错并联的双正激组合型开关电源电路

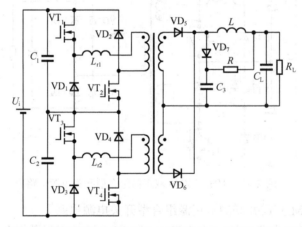

图 2-45   新型的 ZVZCS PWM 双正激组合型开关电源电路

（4）ZVS 三电平双正激组合型开关电源电路

图 2-46 所示的电源电路就是一种新型的 ZVS 三电平双正激组合型开关电源电路。该电源电路由两个双正激电路串联构成，经过一个有两个初级绕组的功率开关变压器实行隔离输出。电路利用绕制在功率开关变压器次级绕组中的漏感，通过 PWM 控制实现功率开关管的ZVS。该电源电路的功率开关管所承受的电压应力为输入直流电压的一半，因此适用于高电压输入场合。

（5）新型的 ZVS 双正激组合型开关电源电路

新型的 ZVS 双正激组合型开关电源电路如图 2-47 所示。其中主电路初级部分由交错并联的双正激组合变换器简化而来，初级只用两个续流二极管，电路结构简单。而且采用功率开关变压器的磁集成技术，功率开关变压器磁芯双向磁化，进一步提高了磁芯的利用率，减小了体积，增加了电源电路的功率密度。除此之外，这种新型的 ZVS 双正激组合型开关电源电路还具有如下一些特点：

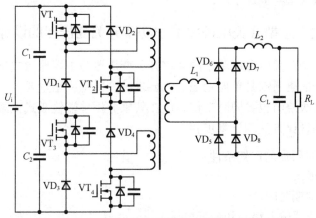

图 2-46　ZVS 三电平双正激组合型开关电源电路

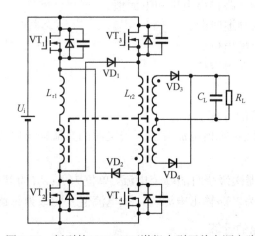

图 2-47　新型的 ZVS 双正激组合型开关电源电路

① 功率变换器采用开环控制，在接近 100%的等效占空比下工作，变换效率极高。

② 可以通过功率开关变压器的漏感(或串联电感)能量实现主功率开关管的零电压导通，同时降低了次级整流二极管的反向恢复损耗，大大提高了变换效率。

③ 输出滤波电路不含滤波电感，这样利用输出滤波电容的钳位作用可以大大减小次级整流二极管的电压尖峰。电路中的功率变换器起着隔离和变压的作用，输出电压随输入电压和负载的变化而变化，所以适合应用于输入电压变化范围较小的两级或多级系统中。

2.4.4　单端他激式正激型开关电源电路中的 PWM 电路

单端他激式正激型开关电源电路中的 PWM 电路包括 PWM 发生器、PWM 驱动器、PWM 控制器等电路。由于微电子技术的飞速发展，包含有 PWM 发生器、PWM 驱动器、PWM 控制器等电路的 PWM 集成电路 20 世纪 80 年代末就已问世，并且品种各式各样，有电压控制型的，有电流控制型的，还有软开关控制型的，使设计人员在设计单端他激式直流变换器时十分方便。另外，由于 PWM 控制与驱动集成电路是开关电源的核心，也是开关电源技术及应用学术方面讨论的热门话题，介绍这一方面的书籍和资料非常多，本书后面的参考文献中也列举了许多，这里就不再多述了。

2.4.5 单端他激式正激型开关电源电路中功率开关变压器的设计

单端他激式正激型开关电源电路中的功率开关变压器与单端他激式反激型开关电源电路中的功率开关变压器的磁通都是单向励磁的，要求脉冲磁感应增量要大。功率开关变压器的初级绕组工作时，次级绕组也要同时工作。现在就来分析单端他激式正激型开关电源电路中的功率开关变压器的设计方法和计算步骤。

1. 设计和计算时所需的已知条件
① 电路结构与形式。
② 工作频率或周期时间。
③ 功率开关变压器输入最高和最低电压。
④ 总的输出路数和每一路输出电压和电流值。
⑤ 功率开关管的最大导通时间。
⑥ 初、次级之间的隔离电位。
⑦ 所要求的漏感和分布电容值。
⑧ 工作环境条件。

2. 次级绕组峰值电流的计算
功率开关变压器次级绕组峰值电流等于开关电源的直流输出电流，可用下式表示：

$$I_{s1} = I_{o1} \tag{2-52}$$

式中，I_{s1} 为功率开关变压器次级绕组的峰值电流，单位为 A；I_{o1} 为开关电源的直流输出电流，单位为 A。如果开关电源为多路输出电源时，该电流值就应该为每路输出电流值之和。

3. 次级绕组电压幅值的计算
功率开关变压器次级绕组电压幅值与开关电源输出直流电压、直流电压中的纹波电压值和功率开关管导通的占空比等有关，可用下式表示：

$$U_{s1} = \frac{U_{o1} + \Delta U_1}{D} \tag{2-53}$$

式中，U_{s1} 为功率开关变压器次级绕组的电压幅值，单位为 V；ΔU_1 为整流管及线路的压降，单位为 V；U_{o1} 为开关电源的输出直流电压值，单位为 V。如果开关电源为多路输出电源时，该电压值就应该为每路输出电压值之和。

4. 功率开关变压器输出功率的计算
功率开关变压器的输出功率就等于开关电源的输出功率与整流滤波电路中的功率损耗之和。另外，一般开关电源均有多路输出，这时的输出功率就等于每一路输出功率之和，可用下式表示：

$$P_1 = \sum (U_{s1} I_{s1} D) \tag{2-54}$$

式中，P_1 为功率开关变压器的输出功率，单位为 W。

5. 功率开关变压器磁芯尺寸的确定

单端式正激型开关电源功率开关变压器的磁芯尺寸可由下式来计算：

$$V_e = \frac{12.5\beta P_1 \times 10^3}{f} \qquad (2\text{-}55)$$

式中，V_e 为功率开关变压器磁芯的体积，单位为 cm^3；β为计算系数，工作频率在 25kHz 时为 0.2，工作频率在 30～50kHz 时为 0.3。由公式（2-55）计算出 V_e 的结果来选取相应型号的铁氧体材料磁芯，该公式仅限于计算铁氧体材料磁芯，若选用其他磁性材料时请参考其他相关的文献。

6. 功率开关变压器各绕组匝数的计算

（1）初级绕组匝数的计算

单端式正激型开关电源功率开关变压器初级绕组匝数的计算公式为

$$N_{p1} = \frac{U_{p1} t_{ON}}{\Delta B_m A_c} \times 10^{-2} \qquad (2\text{-}56)$$

式中，U_{p1} 为初级绕组上所输入的直流电压值，单位为 V。

（2）次级绕组匝数的计算

单端式正激型开关电源功率开关变压器的次级绕组一般为多个，下面分别给出各个绕组匝数的计算公式：

$$N_{s1} = \frac{U_{s1}}{U_{p1}} N_{p1} \qquad (2\text{-}57)$$

$$N_{s2} = \frac{U_{s2}}{U_{p1}} N_{p1} \qquad (2\text{-}58)$$

$$\vdots$$

$$N_{si} = \frac{U_{si}}{U_{p1}} N_{p1} \qquad (2\text{-}59)$$

式（2-57）、式（2-58）和式（2-59）中的 U_{s1}，U_{s2}，…，U_{si} 分别为功率开关变压器各个次级绕组的输出峰值电压，单位为 V。采用这三个公式分别计算次级绕组匝数时，计算第几个绕组的匝数就将公式中的 i 换成几即可，次级有多少绕组，就要分别按该公式计算多少次，最后供加工和绕制人员参考和使用。

（3）去磁绕组匝数的计算

一般单端式正激型开关电源功率开关变压器的去磁绕组有时也作为自激式变换器的激励绕组，所以它与初级绕组的匝数是相同的，计算公式如下：

$$N_w = N_{s1} \qquad (2\text{-}60)$$

去磁绕组的作用是保证功率开关变压器的工作点不偏移到饱和区。去磁绕组电流的大小近似与激化电流相等，它的方向正好与激化电流相反，可用以减小功率开关变压器自身的损耗，从而提高功率开关变压器的转换效率。应该维持功率开关管在导通周期时间开始时，磁场强度为零。绕制和加工时应该绝对保证初级绕组与去磁绕组的匝数完全相同，并保证紧密地耦合。在进行单端式正激型开关电源功率开关变压器的设计与计算时，如果忽略励磁电流等因素的影响,功率开关变压器初、次级绕组的电流有效值应按单向脉冲方波的波形来计算,其计算公式如下。

① 次级绕组电流有效值 I'_{s1} 的计算公式:

$$I'_{s1} = I_{s1}\sqrt{D} \tag{2-61}$$

② 初级绕组电流有效值 I'_{p1} 的计算公式:

$$I'_{p1} = \frac{I'_{s1}U_{s1}}{U_{p1}} \tag{2-62}$$

③ 去磁绕组电流有效值 I_w 的计算公式:

去磁绕组电流有效值 I_w 近似等于磁化电流的有效值,为初级绕组电流有效值 I'_{p1} 的 5%~10%,其计算公式如下:

$$I_w = I'_{p1}(5\% \sim 10\%) \tag{2-63}$$

7. 选择导线、核算分布参数和窗口尺寸、计算损耗和温升

选择导线、核算分布参数和窗口尺寸、计算损耗和温升的方法与后面将要讲述的双端式开关电源电路中的功率开关变压器所使用的方法相同。同样,单端式正激型开关电源电路中的功率开关变压器由于磁芯单向磁化,磁芯的功率损耗约为双端式直流变换器电路中双向激励的功率开关变压器功率损耗的一半。图 2-48 给出了单端式正激型开关电源电路中的功率开关变压器输出功率与工作频率之间的关系曲线。

2.4.6 练习题

(1)试推导单端式正激型开关电源输出电压与输入电压之间关系式。

(2)在 2.4.3 节的 4 中不需辅助电路的软开关拓扑中任选一种电路,对其工作原理进行叙述,并以 PWM 驱动信号为时序,分别画出电路中各重要点的时序波形,特别是开关变压器各绕组的时序波形。

(3)根据本节中"单端他激式正激型开关电源电路中功率开关变压器的设计"步骤,自己设定条件,试设计一款单端式正激型开关电源电路中的开关变压器。在有条件的情况下,最好自己试绕制一个成品变压器,体会一下其过程(主要是让同学们体验一下去电子市场购买各种器件的过程,以及如何挑选和鉴别合乎自己要求的漆包线、骨架、磁芯和绝缘材料等)。

(4)图 2-46 所示的 ZVS 三电平双正激组合型开关电源电路为两个双正激电路串联而构成的,图 2-47 所示的新型的 ZVS 双正激组合型开关电源电路为交错并联的双正激组合而构成的。试对这两种电路的工作状态进行分析,分别画出各功率开关的工作状态时序波形图,以及变压器初级各绕组的时序波形。

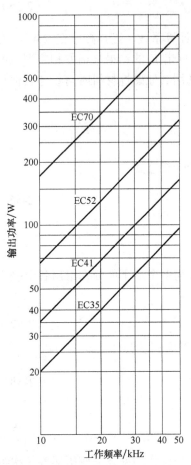

图 2-48 功率开关变压器输出功率与工作频率之间的关系曲线

（5）查阅技术文献、技术资料或生产厂家的 PDF 文件，对 GTR、MOSFET、IGBT 这三种功率开关内部结构、工作原理、工作特点、驱动要求等进行深入细致的学习和掌握，总结出使用它们分别构成单端他激式正激型开关电源电路时，在驱动信号和驱动电路方面的差异。

2.5 单端他激式反激型开关电源电路

2.5.1 单端他激式反激型开关电源的基本电路结构

1. 基本电路结构

图 2-49 所示的电路为单端他激式反激型开关电源的基本电路结构。当功率开关管 VT 被激励导通时，输入直流电源电压 U_i 直接加到功率开关变压器 T 的初级绕组上，初级绕组中就有电流流过。由于这时与功率开关变压器 T 次级绕组相连的整流二极管 VD 反向偏置而截止，次级绕组中没有电流流过，初级绕组耦合到次级绕组的能量将以磁能的形式被存储到次级绕组中。当功率开关管截止 VT 时，功率开关变压器 T 所感应的电压与导通时所感应的电压正好反向，使整流二极管 VD 正向偏置而导

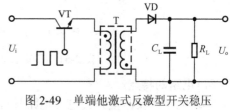

图 2-49　单端他激式反激型开关稳压
电源的基本电路

通，存储在功率开关变压器 T 中的磁能将以电能的形式释放给负载电路。因此这种形式的开关电源电路输出是倒向型的，与第 1 章所讲过的输出反向型的开关电源电路基本相同，可见单端他激式反激型开关电源的输出电压不仅与初、次级绕组的匝数比有关，而且还与占空比有关，也就是与功率开关管 VT 的导通时间有关。

2. 等效电路

单端他激式反激型开关电源的等效电路如图 2-50 所示，该等效电路是在忽略了功率开关变压器 T 的漏感和分布电容的条件下等效出来的。由于在功率开关管 VT 截止期间，功率开关变压器 T 次级绕组电感中存储的能量要向负载释放，因此功率开关变压器 T 初、次级绕组的等效电感值 L 将直接影响放电时间常数，并对电路中的电压、电流波形有着很大的影响。

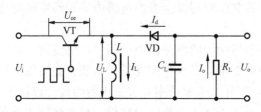

图 2-50　单端他激式反激型开关电源的等效电路

图 2-51 分别给出了等效电感为不同值时，各点的电流、电压波形。由图中就可以看出，等效电感量越小，充放电的时间常数就越小，峰值电流则越大。这不仅对功率开关管等重要元器件要求高，而且还会使输出直流电压中的纹波电压增大。当电感量过小时，就会造成负载电流不连续的间断工作状态，如图 2-51（c）所示。另外，由于电路中的功率开关变压器既起安全隔离的作用，又起储能电感的作用，因此在反激式开关电源电路的输出部分一般不需要外加电感。但是在实际应用中，为了降低输出直流电压中的纹波电压幅值，往往在滤波电容之间也外加一个小的滤波电感。

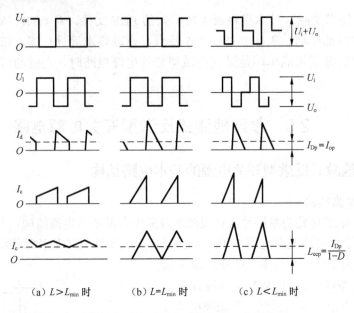

(a) $L > L_{min}$ 时 　　(b) $L = L_{min}$ 时 　　(c) $L < L_{min}$ 时

图 2-51　等效电感为不同值时的电流、电压波形

3．电路的特点

单端他激式反激型开关电源电路具有如下的特点：

① 功率开关管关闭截止期间，功率开关变压器向负载释放能量。

② 功率开关变压器既起安全隔离的作用，又起储能电感的作用。

③ 开关电源要工作在连续工作状态，功率开关变压器的等效电感量必须满足大于临界电感值的条件。

④ 输出端不能开路，否则将失控。

⑤ 可应用于输出功率在 1kW 以下的场合。

4．临界电感值

功率开关管导通时，在单端他激式反激型开关电源功率开关变压器的初级绕组存储的能量，在功率开关管截止期结束（下一个周期即将开始）时刻若能刚好释放完毕，此时功率开关变压器初级绕组所具有的电感值就被称为单端他激式反激型开关电源功率开关变压器的临界电感值。图 2-51（b）所示的波形就是功率开关变压器初级绕组的电感值等于临界电感值时的电压和电流波形。

单端他激式反激型开关电源功率开关变压器初级绕组的电感值小于临界电感值时，功率开关管截止期结束之前存储在功率开关变压器中的能量就已经释放完了，负载将会出现电流不连续现象，这是开关电源最忌讳的现象。因此，在开关电源功率开关变压器的设计过程中，一定要保证使功率开关变压器中初级绕组的电感量大于或等于临界电感量。只有这样才能保证输出电流是连续的，输出直流电压中的纹波幅值就不会超标。

单端他激式反激型开关电源功率开关变压器初级绕组的电感值大于临界电感值时，功率开关管截止期结束时存储在功率开关变压器中的能量还没有完全释放完，还存储有一部分剩余能量，如图 2-51（a）所示。此时峰值电流小，输出电压纹波小。但是，如果功率开关变压器初级绕组的电感量过大时，除了漏感、分布电容和造价都将会成倍增加以外，还容易造成变压器饱和现象的发生。因此，应根据负载的不同要求来选择合适的功率开关变压器初级绕组的电感量，但必须满足大于临界电感量的最基本要求。

2.5.2 单端他激式反激型开关电源电路中的功率开关管

在单端他激式反激型开关电源电路中所使用的功率开关管必须满足三个条件：即在功率开关管 VT 截止时，集电极要能够承受得住功率开关变压器初级绕组上所产生的反向电动势的尖峰电压值；在功率开关管导通时，集电极与发射极之间要能够经受得住功率开关变压器充电电流的尖峰值；在功率开关管介于导通与截止和截止与导通的临界状态时，功率开关管要能够承受住由于功率开关管漏电流和电压降所产生的功率损耗。下面就这三种情况对功率开关管的要求分别加以讨论和分析。

1. 功率开关管截止时，集电极所能承受的反向尖峰电压值

功率开关管截止时，集电极所能承受的反向尖峰电压值可由下式计算出：

$$U_{ce\,max} = \frac{U_i}{1 - D_{max}} \tag{2-64}$$

式中，U_i 为输入直流电压，单位为 V；D_{max} 为功率开关管的最大占空比，所谓占空比就是功率开关管导通时间与工作周期时间之比。为了保证功率开关管集电极的安全电压，最大占空比应选择得相对低一些，一般要低于 50%，也就是要保证 $D_{max}<0.5$。在实际应用中，D_{max} 一般均取 0.4 左右，这样就可以将功率开关管集电极的峰值电压限制在 $U_{ce\,max} \leqslant 2.2U_i$。因此，在单端他激式反激型开关电源电路设计中，当输入交流电网电压为 220V/50Hz 时，功率开关管的安全工作电压应选取 800V 以上，有时为了更可靠一些，可选取 900V 左右。

2. 功率开关管导通时，集电极与发射极之间要能够经受得住的尖峰电流值

功率开关管导通时，集电极与发射极之间要能够经受的峰值电流主要是功率开关变压器初级绕组的充电电流值，可由下式计算：

$$I_c = I_1 \frac{N_s}{N_p} \tag{2-65}$$

式中，I_c 为集电极与发射极之间所能经受的峰值电流；I_1 为初级绕组中的峰值电流，N_p 和 N_s 分别为初、次级绕组的匝数。

如果输出功率 P_o 和最大占空比 D_{max} 是已知的，那么功率开关管导通时，集电极与发射极之间要能够经受的峰值电流还可以由下式来计算：

$$I_c = \frac{2P_o}{U_i D_{max}} \cdot \frac{N_s}{N_p} \tag{2-66}$$

式（2-66）中的输出功率 P_o 可由下式计算出来：

$$P_o = \eta \frac{LI_1^2}{2T} \tag{2-67}$$

如果变换器的转换效率 $\eta = 0.8$，最大占空比 $D_{max}=0.4$，并且将式（2-67）代入式（2-66）中就可以得到功率开关管导通时，集电极与发射极之间要能够经受得住的峰值电流的简便计算公式：

$$I_c = \frac{6.2P_o}{U_i} \qquad (2\text{-}68)$$

3．功率开关管在临界状态下所能承受的由于功率开关管漏电流和电压降所导致的功率损耗

功率开关管处于导通与截止或截止与导通的临界状态下，其所能承受的由于功率开关管截止时的漏电流和导通时的管压降所导致的功率损耗的计算是较为复杂的。这里就实际应用中如何减小和降低这种功率损耗而提出以下几种方法，供设计者们参考。

① 选择高速度的功率开关管。

② 驱动信号的上升沿和下降沿一定要陡峭，并且还要具有过冲。

③ 对于 GTR 型功率开关管，驱动电路一定要加加速电容，使功率开关管进入饱和导通的速度要快；对于 MOSFET 型功率开关管，驱动电路一定要加泄放电阻，使功率开关管从饱和状态退出而进入截止状态的速度要快。

④ 功率开关变压器的初级绕组两端应外接吸收电路，使功率开关管集电极所产生的尖峰电压不超标。

2.5.3　单端他激式反激型开关电源电路的变形

在单端他激式反激型开关电源电路中，由于所使用的功率开关管截止时集电极所承受的峰值电压必须是输入直流电源电压的两倍以上，当输入直流电源电压在 300～400V 时，功率开关管的安全工作电压要高达 900V 以上，这对功率开关管的要求有点太苛刻了。为了降低对功率开关管安全工作电压的要求，必须使用两个功率开关管组成的他激式反激型开关电源电路才能解决这个问题，也就是单端他激式反激型开关电源电路的变形电路结构，其电路结构如图 2-52 所示。电路中的两个功率开关管 VT_1 和 VT_2 同时导通或同时截止，两个二极管 VD_1 和 VD_2 起钳位作用，把功率开关管的最大集电极电压限制在输入直流电源电压 U_i 以下。这样一来，由原来一个功率开关管所承受的集电极电压就会变成由两个功率开关管一起来承担。因此，单端他激式反激型开关电源电路的变形结构中的功率开关管集电极所承受的峰值电压就被减小了一半，即在输入直流电源电压 U_i 以下，大大降低了对功率开关管集电极峰值电压的要求。单端他激式反激型开关电源的变形电路具有如下的特点：

① 电路结构简单。

② 输入直流电源电压范围宽。

③ 可以多路独立输出。

④ 功率开关变压器的结构、设计和加工简单。

⑤ 降低了功率开关管的电压应力，提高了安全工作的可靠性。

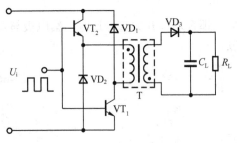

图 2-52　单端他激式反激型开关电源的变形电路

2.5.4　单端他激式反激型开关电源电路中的 PWM 电路

单端他激式反激型开关电源电路中的 PWM 电路与单端他激式正激型开关电源电路中的 PWM 电路一样，也同样包括 PWM 发生器、PWM 驱动器、PWM 控制器等电路。因此，能够构成单端他激式正激型开关电源电路的 PWM 驱动与控制集成电路，也同样能够构成单端他激式反激型开关电源电路，只是控制和驱动的方式、功率开关管的位置、功率开关变压器的绕组结构和匝数、功率变换级的结构以及整流、续流和储能等方面有所差异和不同，因此这里不再重述。

2.5.5　单端他激式反激型开关电源电路中功率开关变压器的设计

1. 功率开关变压器设计时应给出的条件
① 电路结构形式。
② 工作频率（工作周期时间）。
③ 输入电压范围。
④ 功率开关管的最大导通时间。
⑤ 隔离电位。
⑥ 要求漏感和分布电容。
⑦ 工作环境条件。

2. 功率开关变压器初、次级输入和输出电压的计算
（1）功率开关变压器初级输入电压的计算
功率开关变压器初级输入电压可由下式计算出来：

$$U_{p1} = U_i - \Delta U_1 \qquad (2\text{-}69)$$

式中，U_{p1} 为功率变压器初级绕组输入电压值，单位为 V；U_i 为开关电源的输入直流电压，单位为 V；ΔU_1 为整流二极管及线路中的电压降，单位为 V。
（2）功率开关变压器次级输出电压的计算
在实际应用中，功率开关变压器一般有多个次级绕组，因此要对每一个绕组的输出电压分别进行计算。各次级绕组的输出电压可由下式分别计算出来：

$$U_{s1} = U_{o1} + \Delta U_1 \qquad (2\text{-}70)$$
$$U_{s2} = U_{o2} + \Delta U_2 \qquad (2\text{-}71)$$
$$\vdots$$
$$U_{sn} = U_{on} + \Delta U_n \qquad (2\text{-}72)$$

式中，U_{s1}、U_{s2}、U_{sn} 分别为各次级绕组的输出电压，单位为 V；U_{o1}、U_{o2}、$\cdots$、U_{on} 分别为各次级绕组负载端的输出直流电压，单位为 V；ΔU_1、ΔU_2、$\cdots$、ΔU_n 分别为各次级绕组电路中整流二极管及线路的电压降，单位为 V。

3. 功率开关变压器电压变化系数的计算
（1）功率开关变压器的占空比（工作比）的计算
功率开关变压器的占空比等于功率开关管导通时间与工作周期时间之比，可用下式计算：

$$D = \frac{t_{ON}}{T} = \frac{T - t_{OFF}}{T} \tag{2-73}$$

式中，D 为占空比；T 为工作周期，单位为 s；t_{ON} 为功率开关管的导通时间，单位为 s。

（2）功率开关变压器的最大占空比的计算

功率开关变压器的最大占空比等于功率开关管的最大导通时间与工作周期时间之比，可用下式计算：

$$D_{max} = \frac{t_{ON\ max}}{T} \tag{2-74}$$

式中，D_{max} 为功率开关变压器的最大占空比，$t_{ON\ max}$ 为功率开关管的最大导通时间。

（3）功率开关变压器的最小占空比的计算

功率开关变压器的最小占空比可用下式计算：

$$D_{min} = \frac{D_{max}}{\left(1 - D_{max}\right) K_u + D_{max}} \tag{2-75}$$

式中，D_{min} 为功率开关变压器的最小占空比；K_u 为电压变化系数。

（4）电压变化系数 K_u 的计算

电压变化系数 K_u 等于功率开关变压器初级绕组上输入电压最大值 $U_{p1\ max}$ 与最小值 $U_{p1\ min}$ 之比，可用下式计算：

$$K_u = \frac{U_{p1max}}{U_{p1min}} \tag{2-76}$$

4. 功率开关变压器初、次级匝数比的计算

单端他激式反激型开关电源功率开关变压器的初、次级匝数比不仅与初级绕组的输入、输出电压有关，而且也和占空比有关。另外，有几个次级绕组，就有几个匝数比。其计算公式如下：

$$n_1 = \frac{D}{1 - D} \cdot \frac{U_{p1}}{U_{s1}} \tag{2-77}$$

$$n_2 = \frac{D}{1 - D} \cdot \frac{U_{p1}}{U_{s2}} \tag{2-78}$$

$$\vdots$$

$$n_n = \frac{D}{1 - D} \cdot \frac{U_{p1}}{U_{sn}} \tag{2-79}$$

式中，U_{p1} 为初级绕组的输入电压，单位为 V；U_{s1}、U_{s2}、$\cdots$、U_{sn} 分别为各次级绕组的输出电压，单位为 V；n_1、n_2、$\cdots$、n_n 分别为功率开关变压器的初、次级绕组匝数比。由于单端他激式反激型开关电源功率开关变压器初级输入电压与功率开关管导通时间的乘积是一个常数，因此在计算匝数比时，输入电压应和导通时间或占空比相对应。这样，上面的匝数比计算公式又可以写为

$$n_1 = \frac{t_{ON}}{t_{OFF}} \cdot \frac{U_{p1}}{U_{s1}} \tag{2-80}$$

$$n_2 = \frac{t_{\mathrm{ON}}}{t_{\mathrm{OFF}}} \cdot \frac{U_{\mathrm{p1}}}{U_{\mathrm{s2}}} \tag{2-81}$$

$$\vdots$$

$$n_n = \frac{t_{\mathrm{ON}}}{t_{\mathrm{OFF}}} \cdot \frac{U_{\mathrm{p1}}}{U_{\mathrm{s}n}} \tag{2-82}$$

5. 功率开关变压器初级电感量的计算

单端他激式反激型开关电源功率开关变压器的临界电感量在第 1 章降压型开关电源的设计部分进行了讲述和计算。这里虽然用功率开关变压器取代了储能电感，但同样也存在着一个储能电感的临界电感值问题。其计算过程如下：

$$L_{\min} = \left(\frac{U_{\mathrm{p1}}(nU_{\mathrm{s1}})}{U_{\mathrm{p1}} + (nU_{\mathrm{s1}})} \right)^2 \cdot \frac{T}{2P_{\mathrm{o}}} \tag{2-83}$$

式中，$L_{\min}$ 为单端他激式反激型开关电源功率开关变压器的临界电感量，单位为 H；P_{o} 为功率开关变压器的输出直流功率，单位为 W。还可以用下式来计算：

$$L_{\min} = \frac{U_{\mathrm{p1\,min}} D_{\max}}{I_{\mathrm{p1}} f} \tag{2-84}$$

式中，I_{p1} 为功率开关变压器初级绕组中的输入电流值，单位为 A；f 为工作频率，单位为 Hz。对于单端式反激型开关电源功率开关变压器来说，临界电感量 $L_{\min}$ 就是"当功率开关管截止期结束时，功率开关变压器中存储的能量正好释放完毕"所对应的电感值。因此当功率开关变压器初级绕组的电感值大于这个临界电感值时，则功率开关管截止期结束时，功率开关变压器中存储的能量还没有释放为零，还有剩余能量。而当功率开关变压器初级绕组的电感值小于这个临界电感值时，则功率开关管截止期还没有结束时，功率开关变压器中存储的能量就已释放为零，这样一来负载系统上就会出现电流不连续状态，这种工作状态在采用开关电源供电的负载系统中是绝对不允许出现的。因此，通常对单端反激式开关电源功率开关变压器来说初级绕组的电感量必须满足大于或等于临界电感值，可用下式表示：

$$L_{\mathrm{p1}} \geqslant L_{\min} \tag{2-85}$$

式中，L_{p1} 为功率开关变压器初级绕组的电感量，单位为 H。

6. 功率开关变压器初级绕组峰值电流的计算

（1）不连续工作状态下初级绕组峰值电流的计算

不连续工作状态即为功率开关管截止期间功率开关变压器中存储的能量已完全释放为零的工作状态，此时的初级绕组峰值电流 I_{p1} 可由下式计算出来：

$$I_{\mathrm{p1}} = \frac{2P_{\mathrm{o}}}{U_{\mathrm{p1\,min}} D_{\max}} \tag{2-86}$$

式中，$U_{\mathrm{p1\,min}}$ 为功率开关变压器初级绕组输入电压的最小值，单位为 V。

（2）连续工作状态下初级绕组峰值电流的计算

连续工作状态即为功率开关管截止期间功率开关变压器中存储的能量没有释放为零的工作状态，此时的初级绕组峰值电流 I_{p1} 可由下式计算出来：

$$I_{p1} = \frac{U_{p1} + (nU_{s1})}{U_{p1}(nU_{s1})} P_o + \frac{T}{2L_{p1}} \cdot \frac{U_{p1}(nU_{s1})}{U_{p1} + (nU_{s1})} \tag{2-87}$$

7. 功率开关变压器初、次级绕组电流有效值的计算

（1）功率开关变压器初级绕组电流有效值的计算

功率开关变压器初级绕组电流有效值可由下式计算：

$$I_1 = \frac{P_o(1-D)}{U_{p1}D} \tag{2-88}$$

式中，I_1 为功率开关变压器初级绕组电流的有效值，单位为 A。

（2）功率开关变压器次级绕组电流有效值的计算

功率开关变压器次级绕组电流有效值可由下式计算：

$$I_2 = \frac{IU_{p1}D}{U_{s1}(1-D)} \tag{2-89}$$

式中，I_2 为功率开关变压器次级绕组电流的有效值，单位为 A。

8. 功率开关变压器工作磁感应强度的计算

单端他激式反激型开关电源功率开关变压器的工作磁感应强度取决于所采用的磁性材料的脉冲磁感应增量值。通常在功率开关变压器的磁路中加气隙来降低剩余磁感应强度和提高磁芯工作的直流磁场强度。铁氧体磁芯加气隙后剩余磁感应强度将降得很小，其脉冲磁感应强度增量一般为饱和磁感应强度的 1/2，即为

$$\Delta B_m = \frac{1}{2}B_s \tag{2-90}$$

式中，ΔB_m 为脉冲磁感应强度增量，单位为 T；B_s 为磁性材料的饱和磁感应强度，单位为 T。

9. 绕组导线规格的确定

根据功率开关变压器各绕组的工作电流和所规定的电流密度，就可以确定所要选用的绕组导线规格。其计算方法如下：

$$S_{min} = \frac{I_i}{J} \tag{2-91}$$

式中，S_{min} 为各绕组导线截面积的最小值，单位为 mm^2；I_i 为各绕组中所通过的电流有效值，单位为 A；J 为电流密度，单位为 A/mm^2。使用该公式计算出所需绕组导线的截面积后，还应将趋肤效应的影响考虑进去，然后再从导线规格表中（见 1.7 节）选取合适的导线。

10. 功率开关变压器磁芯面积的确定

磁芯的面积可用下式来计算：

$$A_p = \frac{392L_{p1}I_{p1}D_1^2}{\Delta B_m} \tag{2-92}$$

式中，A_p 为功率开关变压器磁芯的面积，单位为 cm^2；D_1 为功率开关变压器初级绕组导线的直径，单位为 cm。通过式（2-92）计算出功率开关变压器磁芯的面积 A_p 值，然后再根据该值从变压器磁芯规格表中（见 1.7 节）选择出符合要求的功率开关变压器磁芯。

11. 功率开关变压器气隙的确定

由于单端他激式反激型开关电源中的功率开关变压器为单向励磁，为了不使功率开关变压器产生磁饱和现象，就必须给所选用的磁芯中加气隙，其气隙的大小可由下式计算：

$$g = \frac{0.4\pi L_{p1} I_{p1}^2}{A_c \Delta B_m^2} \tag{2-93}$$

式中，g 为磁芯中所加气隙的长度，单位为 cm；A_c 为磁芯的截面积，单位为 cm^2。另外，当选用恒导磁材料的磁芯时，磁路中就可以不外加气隙。常用的恒导磁材料可查阅 1.7 节中的相关内容。

12. 功率开关变压器各绕组匝数的计算

（1）功率开关变压器初级绕组匝数的计算

① 当采用恒导磁材料的磁芯而磁路中不留气隙时，功率开关变压器初级绕组匝数的计算公式为

$$N_p = \frac{U_i - 1}{4 f A_c B_{m\,max}} \times 10^4 \tag{2-94}$$

还可以由下式来计算：

$$N_p = 8.92 \times 10^3 \times \sqrt{\frac{L_{p1} L_c}{A_c \mu_e}} \tag{2-95}$$

式中，L_c 为功率开关变压器磁芯磁路的长度，单位为 cm；μ_e 为磁芯材料的有效磁导率，它取决于功率开关变压器的工作状态和磁性材料的性能，由工作磁感应强度、直流磁场强度和磁性材料的性能而决定。

② 当采用铁氧体磁性材料的磁芯而磁路中要留空气气隙时，功率开关变压器初级绕组匝数的计算公式为

$$N_p = \frac{\Delta B_m}{0.4\pi L_{p1} g} \tag{2-96}$$

（2）功率开关变压器次级绕组匝数的计算

一般功率开关变压器的次级有多个绕组，对于每一个绕组的匝数可分别由下式来计算：

$$N_{s1} = \frac{N_p U_{s1}(1 - D_{max})}{U_{p\,min} D_{max}} \tag{2-97}$$

$$N_{s2} = \frac{N_p U_{s2}(1 - D_{max})}{U_{p\,min} D_{max}} \tag{2-98}$$

$$\vdots$$

$$N_{sn} = \frac{N_p U_{sn}(1 - D_{max})}{U_{p\,min} D_{max}} \tag{2-99}$$

式中，U_{s1}、U_{s2}、…、U_{sn} 分别为功率开关变压器各次级绕组的输出电压，单位为 V。如果所选用的磁芯采用的是恒导磁材料，并且磁路中不需要留气隙时，这些计算公式中的初级绕组匝数 N_p 就应该采用式（2-95）来计算。如果所选用的磁芯采用的是铁氧体磁性材料，并且磁路中需要留气隙时，这些计算公式中的初级绕组匝数 N_p 就应该采用式（2-96）来计算。

13．功率开关变压器其他参数的确定与计算

功率开关变压器其他参数的确定与计算包括磁芯材料、磁芯型号、导线规格、分布参数、磁芯窗口尺寸、功率损耗、隔离度和温升等参数的确定与计算在 1.7 节中已经较详细地介绍和叙述过，因此这里就不再重述。这里仅给出单端他激式反激型开关电源中的功率开关变压器的输出功率与工作频率之间的关系曲线，如图 2-53 所示，可供设计者查阅与参考。

2.5.6　练习题

（1）将图 2-49 所示的单端他激式反激型开关稳压电源的基本电路与图 2-50 所示的单端他激式反激型开关电源的等效电路进行比较，说出二极管 VD 在各电路中工作状态的不同之处，以及输出电压之间的不同之处。

（2）在图 2-52 所示的单端他激式反激型开关电源的变形电路中分别画出两只二极管 VD_1 和 VD_2 两端的工作时序波形，并推导出这两只二极管在选择时的计算公式。

（3）以 iW1691 为 PWM 驱动和控制器设计一款单端他激式反激型开关电源电路。输入电压范围 90～264Vac，输出为 5V/1A 直流，输出纹波电压最大值≤100mV，内部损耗≤100mW，尺寸要求为 22×20×20。请将变压器的设计过程全部以书面的形式表示出来。

（4）以 L6562 为 PWM 驱动和控制器，以 MOSFET 作为功率开关设计一款非隔离的单端他激式反激型开关电源电路，该电路主要完成 APFC 功能。输入电压范围 90～264Vac，输出为 400V/1A 直流，PF≥0.96，

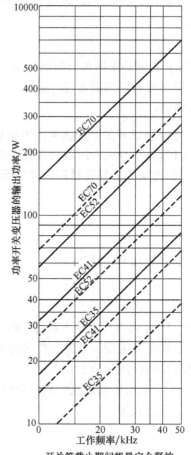

图 2-53　功率开关变压器的输出功率与工作频率之间的关系曲线

$\eta=98\%$，尺寸和重量要求尽量小。请将变压器的设计过程全部以书面的形式表示出来。

（5）以 L6562 为 PWM 驱动和控制器，以 MOSFET 作为功率开关设计一款隔离的单端他激式反激型开关电源电路，该电路主要完成 30W LED 驱动功能。输入电压范围 90～264Vac，输出为 30V/1A 直流，PF≥0.96，$\eta=80\%$，尺寸和重量要求尽量小。请将变压器的设计过程全部以书面的形式表示出来。

第3章　推挽式开关电源的实际电路

第2章中我们较为深入地分析了单端式开关电源的实际电路,本章将对推挽式开关电源的实际电路进行分析,并重点讲解以下两种类型开关电源的实际电路:

① 自激型推挽式开关电源实际电路。

② 他激型推挽式开关电源实际电路。

实际应用中的推挽式开关电源的实际电路大体可以归纳为以上这两种电路形式。因此,本章将对这两种电路形式的开关电源电路结合实际应用分别进行讨论、讲解和分析,所使用的一些公式及结论的推导和证明可参阅本书后面给出的参考文献。

3.1　自激型推挽式开关电源电路

自激型推挽式开关电源电路是 1955 年由美国人罗耶首先发明和设计出来的,故又称为罗耶变换器。这种电路由于受当时的一些条件限制和存在着以下几方面的缺点,因而没有走向实用化。

1．所受到的条件限制

（1）半导体及微电子技术十分落后

高耐压、大电流、快速度的功率开关器件几乎没有,高反压、快恢复、低压降的整流器件也几乎没有,生产不出来具有十分对称的 h_{fe} 和 U_{be} 的功率开关管。

（2）磁性材料和烧结技术十分落后

具有矩形磁滞回线和较高磁通密度的磁性材料才刚刚问世,可供选择的品种寥寥无几,造价和成本也十分昂贵,因此没有走向实用化和商品化。

（3）可供设计的计算机技术几乎没有

印制电路板的布线技术、光绘和加工技术几乎没有,计算机线路设计及仿真技术根本就无从谈起。

（4）微电子集成技术在发达国家刚刚兴起

由于微电子集成技术在发达国家刚刚兴起,因此对应的 PWM 集成电路芯片还没有问世,其他方面的电路与器件就更无从说起。

2．所存在的缺点

（1）集电极峰值电流较高

功率开关管集电极电流峰值由给定基极驱动信号的电压所决定,与负载的大小和轻重无关。因此,即使在轻载工作时,功率开关管的工作电流也会使变压器的磁芯饱和而产生很高的集电极峰值电流,使功率开关管变换期间的损耗增大。这样既降低了变换器的变换效率,又使纹波电压和噪声干扰增大。

（2）电路容易产生不平衡

这是由于两个功率开关管的 h_{fe} 和 U_{be} 不一致或不对称造成的。虽然有时在基极电路中接入基极电阻也可以改善两个功率开关管 U_{be} 所存在的差异，但两个功率开关管在 h_{fe} 方面所存在的差异和不平衡却很难得到改善，所以给设计和研制人员带来了一定的困难。

（3）磁性材料要求较严

自激型推挽式开关电源电路中的功率开关变压器磁芯一般要用具有矩形磁滞回线和较高磁通密度的磁性材料，而这种磁性材料当时才刚刚问世，批量化的一致性不能得到保证，价格也十分昂贵，因此导致了这种开关电源电路的体积大、重量重、价格高而不易普及和实用化。

（4）功率开关管的耐压额定值要求较高

在自激型推挽式开关电源电路中，要求功率开关管的耐压额定值至少是直流输入电压值的两倍。若考虑最坏情况下的安全设计，功率开关管的耐压就应为输入直流电压的 3.3 倍。直流输出电压为 12～36V 时，若输入电压为小于 100V 的直流电压，则选择具有合适的开关速度、电流和电压的功率开关管是不成问题的。但是，若开关电源是以工频交流电网作为输入的（国外常为 110V/60Hz，国内为 220V/50Hz），这样从电网直接整流输出的直流峰值电压应分别为：

国内　220V × 1.4 = 308V；

国外（欧洲）　110V × 1.4 = 154V。

桥式整流器的电压降若近似为 2V，考虑最坏情况下的安全设计，功率开关管的额定耐压值就应该分别为：

国内　(308 − 2)V × 3.3 = 1009V；

国外（欧洲）　(154 − 2)V × 3.3 = 502V。

当时具有 500V 额定电压值的功率开关管并不多见，价格十分昂贵。而耐压额定值为 1000V 以上的功率开关管，国内当时还制造不出来，国外一些微电子工业发达的国家虽然有满足要求的功率开关管，但价格十分昂贵，令人们难以承受。

（5）功率开关变压器的设计与加工难度大

1957 年美国人查赛（J•L•Jensen）发明和研制出了双变压器式的推挽式开关电源电路，克服了以上的许多缺点，但是却又增加了一个对磁芯材料要求较为严格的功率开关变压器，使这种电路走向实用化还存在着一定的困难。

推挽式开关电源电路虽然存在着这么多的缺点，并且也不能被广泛使用，但是本书的作者认为，要将半桥和全桥式开关电源电路了解透彻、熟练掌握，并且做到能够根据用户的要求设计出较为理想的开关电源电路，就必须从推挽式开关电源电路入手，对它的电路形式、电路结构、工作原理和工作状态从理论上彻底搞清楚。在实践上，一定要亲自动手设计和装调，这样才能为以后设计和调试其他的开关电源电路打下坚实的基础。因为，推挽式开关电源电路是组成半桥和全桥式开关电源电路的基本电路，在以后的具体电路分析中可以看到，两个推挽式开关电源电路就可以组成一个桥式开关电源电路。另外，随着半导体、微电子以及磁性材料烧结等技术的迅猛发展，以上所讲的导致推挽式开关电源电路不能推广应用的缺点和不足之处，目前已得到彻底克服和改善。在实际应用中，这种开关电源电路形式已发挥了巨大的作用，并且在输入电源电压低于输出电压，输出功率≥1kW 应用场合，推挽式开关电源电路结构是最为理想的选择，特别是航空、航海和通信等领域中的二次电源基本上均采用的是推挽式开关电源电路结构。这就是将推挽式开关电源电路专门列为一章进行讨论和分析的主要原因。

3.1.1　自激型推挽式开关电源电路的构成与原理

1. 基本电路

自激型推挽式开关电源的基本电路如图 3-1 所示。

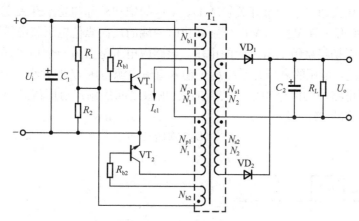

图 3-1　自激型推挽式开关电源的基本电路

2. 基本工作原理

当接通输入直流电源电压 U_i 后，就会在分压器电阻 R_1 上产生一个电压，该电压通过功率开关变压器的 N_{b1} 和 N_{b2} 两个绕组分别加到两个功率开关管 VT_1 和 VT_2 的基极上。由于电路不可能完全对称，所以总能使其中的一个功率开关管首先导通。假若是功率开关管 VT_1 首先导通，那么功率开关管 VT_1 集电极的电流 I_{c1} 就会流过功率开关变压器初级 N_{p1} 的 1/2 绕组，使功率开关变压器的磁芯磁化，同时也使其他的绕组产生感应电动势，其极性如图中所示。在基极绕组 N_{b2} 上产生的感应电动势使功率开关管 VT_2 的基极处于反向偏置而维持其进入截止状态。在另一个基极绕组 N_{b1} 上产生的感应电动势则使功率开关管 VT_1 的集电极电流进一步增加，这是一个正反馈的过程。其最后的结果是使功率开关管 VT_1 很快就达到饱和导通状态，此时几乎全部的电源电压 U_i 都加到功率开关变压器初级 N_{p1} 的 1/2 绕组上。绕组 N_{p1} 中的电流以及由此电流所引起的磁通也会线性增加。当功率开关变压器磁芯的磁通量接近或达到磁饱和值 $+\Phi_s$ 时，集电极的电流就会急剧增大，形成一个尖峰，而磁通量的变化率接近于零，因此功率开关变压器的所有绕组上的感应电动势也接近于零。由于绕组 N_{b1} 两端的感应电动势接近于零，于是功率开关管 VT_1 的基极电流减小，集电极电流开始下降，从而使所有绕组上的感应电动势反向，紧接着磁芯的磁通脱离饱和状态，这就发生了跟前面一样的雪崩过程，促使功率开关管 VT_1 很快进入截止状态，而功率开关管 VT_2 便很快进入饱和导通状态。这时几乎全部的输入直流电源电压 U_i 又被加到功率开关变压器的另一半绕组 N_{p2} 上，使功率开关变压器磁芯的磁通直线下降，很快就达到了反向的磁饱和值 $-\Phi_s$。此时基极绕组 N_{b2} 上的感应电动势下降，再次引起正反馈，使功率开关管 VT_2 脱离饱和状态，然后转换到截止状态，而功率开关管 VT_1 又转换到饱和导通状态。上述过程周而复始，这样就在两个功率开关管 VT_1 和 VT_2 的集电极形成了周期性的方波电压，从而在功率开关变压器的次级绕组 N_s 上形成了周期性的方波电压。将该绕组 N_s 上所形成的周期性的方波电压经过整流和滤波后，就形成了开关电源的直流输出电压值，这就是要讲述的自激型推挽式开关电源电路的工作过程。

自激型推挽式开关电源"开"与"关"的转换工作是通过功率开关管 VT_1、VT_2 和功率开关变压器磁芯磁通量的变化达到饱和值来实现的。因此，它也被称为磁饱和型开关电源电路。这种开关电源电路正常工作时，各部分的工作波形如图 3-2 所示，磁芯的磁通变化曲线如图 3-3 所示。如果忽略了功率开关管 VT_1、VT_2 的饱和压降和功率开关变压器绕组电阻的压降，那么，功率开关管 VT_1 和 VT_2 分别截止时两端的反向峰值电压就应等于输入直流电源电压 U_i 再加上 1/2 初级绕组上所感应的电压。该感应电压是由另一个功率开关管导通时的集电极电流所造成的，电压的高低几乎接近于输入直流电源电压 U_i 的大小。因此，用于自激型推挽式开关电源电路中的两个功率开关管的集-射极之间的额定耐压值必须大于或等于输入直流电源电压 U_i 的两倍，即

$$U_{ce} \geqslant 2U_i \tag{3-1}$$

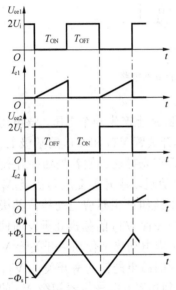

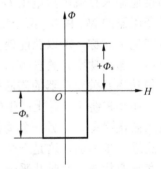

图 3-2　自激型推挽式开关电源各　　　　图 3-3　自激型推挽式开关电源磁芯的
　　　　部分的工作波形　　　　　　　　　　　　磁通变化曲线

3. 转换效率

在忽略了开关电源电路中功率开关管 VT_1 和 VT_2 工作过程中截止期间的功率损耗的前提下，只有当功率开关管 VT_1 和 VT_2 导通时，才从输入直流电源电压 U_i 中抽取能量传输给功率开关变压器的初级绕组 N_p。假若功率开关管 VT_1 和 VT_2 导通时的管压降 U_{ces} 为 1V，功率开关变压器初级绕组 N_p 中的电流为 I_1，则传输到功率开关变压器次级绕组 N_s 的能量为

$$P_s = (U_i - U_{ces})I_1 \approx (U_i - 1)I_1 \tag{3-2}$$

而功率开关管 VT_1 和 VT_2 虽然只是在半个周期内导通，但是两只功率开关管是轮换导通的，各导通半个周期，相互补充，所以功率损耗仍为

$$P_{\mathrm{a}} = U_{\mathrm{ces}} I_1 = 1 \times I_1 = I_1 \tag{3-3}$$

为了产生输出电压 U_{o}，功率开关变压器的次级绕组 N_{s} 输出方波电压的峰值必须为 $U_{\mathrm{o}} + U_{\mathrm{d}}$，其中 U_{d} 为快速整流二极管 VD_1 和 VD_2 的正向管压降，这里近似计为 1V，因而就有

$$P_{\mathrm{i}} = U_{\mathrm{i}} I_1 = U_{\mathrm{i}} I_{\mathrm{o}} \left(\frac{N_{\mathrm{s}}}{N_{\mathrm{p}}} \right) \tag{3-4}$$

式（3-4）中的功率开关变压器初、次级绕组的匝数比 $N_{\mathrm{s}} / N_{\mathrm{p}}$ 可由下式表示：

$$\frac{N_{\mathrm{s}}}{N_{\mathrm{p}}} = \frac{U_{\mathrm{o}} + U_{\mathrm{d}}}{U_{\mathrm{i}} - U_{\mathrm{ces}}} \approx \frac{U_{\mathrm{o}} + 1}{U_{\mathrm{i}} - 1} \tag{3-5}$$

将式（3-5）代入式（3-4）中就可以得到

$$P_{\mathrm{i}} \approx U_{\mathrm{i}} I_{\mathrm{o}} \frac{U_{\mathrm{o}} + 1}{U_{\mathrm{i}} - 1} = \frac{U_{\mathrm{i}}}{U_{\mathrm{i}} - 1} \cdot \frac{U_{\mathrm{o}} + 1}{U_{\mathrm{o}}} U_{\mathrm{o}} I_{\mathrm{o}} \tag{3-6}$$

从式（3-6）入手就可以推导出自激型推挽式开关电源电路的转换效率 η 为

$$\eta = \frac{P_{\mathrm{o}}}{P_{\mathrm{i}}} = \frac{U_{\mathrm{o}} I_{\mathrm{o}}}{P_{\mathrm{i}}} \approx \frac{U_{\mathrm{i}} - 1}{U_{\mathrm{i}}} \cdot \frac{U_{\mathrm{o}}}{U_{\mathrm{o}} + 1} \tag{3-7}$$

根据自激型推挽式开关电源电路的转换效率 η 的计算公式（3-7），可以得出如下的结论：

①　在各种输入直流电压下，这种开关电源的转换效率 η 与输出电压的关系曲线如图 3-4 所示。图中曲线是忽略了功率开关管 VT_1 和 VT_2 的开关损耗以及功率开关变压器的铜损和铁损的情况下得到的。

②　在低电压、大电流输出的情况下，要提高这种开关电源的转换效率 η，不宜采用桥式整流技术，因为这种整流技术会产生两个整流二极管的正向导通管压降。在采用具有变压器中心抽头式的全波整流器时，整流二极管必须采用正向导通管压降较低的肖特基二极管。这一点从转换效率 η 与输出电压的关系曲线上也能看出来。

③　以上所得到的自激型推挽式开关电源电路的转换效率 η 是在没有考虑功率开关变压器的磁芯磁滞损耗和初、次级绕组中导线铜损的情况下推导

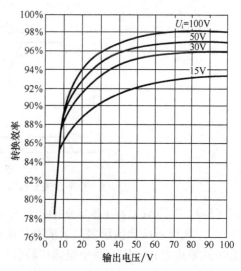

图 3-4　转换效率 η 与输出电压的关系曲线

出来的。若要进一步提高转换效率 η，则有关磁芯的磁性材料、外形规格的计算与选择，以及初、次级绕组和副绕组匝数、铜线规格的计算与选择都是降低开关电源自身功耗，提高转换效率的重要环节。这些在本书中有关功率开关变压器的设计部分均要进行讲述。

④　为了降低自激型推挽式开关电源电路的功率损耗，提高其转换效率，让我们再来讨论一下自激型推挽式开关电源电路中功率开关管 VT_1 和 VT_2 的开关转换损耗问题。在功率开关管 VT_1 和 VT_2 由导通到截止的转换过程中，集电极存在着瞬间的高电压和大电流，由此引起的功率损耗为 P_{r}。由截止到导通的转换过程中，集电极也同样存在着瞬间的高电压和大电流，由此引起的功率损耗为 P_{f}。因此功率开关管 VT_1 和 VT_2 的开关损耗就等于 $P_{\mathrm{r}} + P_{\mathrm{f}}$，可由下式计算出来：

$$P_{\text{r}} + P_{\text{f}} = \frac{1}{T}\left(\int_0^{t_{\text{r}}} i \cdot u \cdot \mathrm{d}t + \int_0^{t_{\text{f}}} i \cdot u \cdot \mathrm{d}t\right) = \frac{t_{\text{r}} + t_{\text{f}}}{6T}(U_{\text{c}} + 2U_{\text{ces}})I_{\text{c}} \tag{3-8}$$

式中，t_{r} 为功率开关管 VT_1 和 VT_2 由截止转向导通时的上升时间，单位为 s；t_{f} 为功率开关管 VT_1 和 VT_2 由导通转向截止时的下降时间，单位为 s；T 为工作周期，单位为 s；U_{c} 为功率开关管 VT_1 和 VT_2 截止时集电极与发射极之间的管压降，单位为 V；。I_{c} 为功率开关管 VT_1 和 V_2 饱和导通时的集电极电流，单位为 A。从该公式中可见，要降低功率开关管 VT_1 和 VT_2 的开关转换损耗，提高自激型推挽式开关电源的转换效率，就必须选择开关特性好、上升时间和下降时间都较小的 GTR、MOSFET 或 IGBT 作为功率开关管。

4．自激型推挽式开关电源输入电压与输出电压之间的关系

在自激型推挽式开关电源电路中，假定功率开关管 VT_1 和 VT_2 集电极与发射极之间的饱和管压降为 1V，整流二极管的正向管压降也为 1V，则功率开关变压器次级绕组的电压就是一个周期性的方波电压，其值为 $(N_2/N_1) \cdot (U_{\text{i}} - 1)$。由于次级绕组的波形是平顶的，经过整流二极管整流以后的输出电压也是平顶的，中间带有一个电压缺口，如图 3-5 所示。缺口宽度为 $(t_{\text{r}} + t_{\text{f}})$，适当选择滤波电容 C，使其容量满足下式：

$$C = I_0\frac{\Delta t}{\Delta U_0} = I_0\frac{t_{\text{r}} + t_{\text{f}}}{\Delta U_0} \tag{3-9}$$

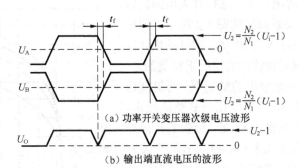

(a) 功率开关变压器次级电压波形

(b) 输出端直流电压的波形

图 3-5　功率开关变压器次级绕组电压和输出端直流电压的波形

式（3-9）中的 ΔU_0 为在缺口期间所允许的电压降，通常应满足 $\Delta U_0 \ll U_0$。因此，输出直流电压 U_0 就可看成比次级绕组上的峰值电压低一个整流二极管的正向导通管压降（若整流采用全桥式整流方式，则为两个整流二极管的正向导通管压降），故有

$$U_{\text{o}} = (U_{\text{i}} - 1)\frac{N_{\text{s}}}{N_{\text{p}}} - 1 = U_{\text{i}}\frac{N_{\text{s}}}{N_{\text{p}}} - \frac{N_{\text{s}}}{N_{\text{p}}} - 1 \tag{3-10}$$

若忽略后面两项，则式（3-10）就可以近似为

$$U_{\text{o}} \approx U_{\text{i}}\frac{N_{\text{s}}}{N_{\text{p}}} \tag{3-11}$$

从式（3-11）中就可以看出，输入电压的变化将会引起输出电压同样比例的变化。若输入直流电压 U_{i} 是恒定而没有纹波的，则输出直流电压 U_{o} 也同样是恒定而没有纹波的。对于多路输出的自激型推挽式开关电源电路来说，这一点是特别重要的。假若输入直流电源电压 U_{i} 是恒定的，而且是没有纹波的，则多路次级整流输出的所有直流电压也将都是恒定的，无纹波的。这也是目前开关电源电路的设计者和研制者们把降低输出直流电压纹波的重点和精

力都放在降低输入直流电源电压纹波上的原因所在。另外，又由于这种开关电源电路的输出阻抗很小，因此输出电压随负载的变化非常小。

5．自激型推挽式开关电源的输出阻抗

当自激型推挽式开关电源具有稳定的直流输入电压 U_i 时，输出直流电压 U_o 将随负载电流的变化而变化。负载电流的变化值设为 ΔI_o，而引起输出直流电压的变化值设为 ΔU_o，并且假定开关电源的输出阻抗为 R_o，那么就有

$$\Delta U_o = \Delta I_o R_o = \Delta I_o (R_d + R_s + R_w) \tag{3-12}$$

式（3-12）中的 $R_o = R_d + R_s + R_w$。其中 R_d 为整流二极管的内阻，其值是由整流二极管的伏安特性曲线的工作点所决定的。对于反向偏值电压为 50～600V 的各种二极管，其阻抗均为 0.1（在 1A 的电流时）到 0.01Ω（在 20～30A 的电流时）之间。R_s 为功率开关管饱和导通时，集电极与发射极之间所呈现的阻抗，在数值上就等于功率开关管集电极特性 $U_c - I_c$ 曲线在饱和区特性曲线的斜率，通过匝比平方反射到次级的等效电阻。对于开关电源中采用的大多数低压晶体管来说，R_s 值为 0.1～1Ω。在直流输入电压大于 100V 时，应采用高反压管，这种管子的 R_s 值较高。目前，从市电 220V/50Hz 直接整流得到 300V 直流供电电压或 110V/60Hz 直接整流得到 120V 直流供电电压的应用场合越来越多，这时就要选用 R_s 值较高的高反压管，反射到功率开关变压器次级的阻抗也是较高的，这一点应引起足够的重视和注意。R_w 为功率开关变压器的次级等效阻抗，大小等于次级绕组的电阻再加上初级绕组反射到次级的电阻之和，在大多数情况下，合理地设计功率开关变压器，R_w 就可以小到足以忽略不计的程度。

通过合理地选择功率开关管和整流二极管，总的输出阻抗就可以小到 0.1～0.01Ω 的程度，这样在负载电流变化 5A 时，输出直流电压的变化范围仅为 0.5～0.05V。因此，在稳定的输入直流电压的情况下，选择大电流、低阻抗的整流二极管就可以得到足够稳定的输出直流电压。在一般情况下，在次级或输出端再进一步的稳压是没有必要的。

6．自激型推挽式开关电源的工作频率

在自激型推挽式开关电源的设计中，首先应该确定的就是工作频率。初期的开关电源应用电路由于受当时各方面条件的限制，工作频率一般均选在 5～10kHz。后来工作频率逐渐提高到 50～100kHz，目前工作频率已提高到兆赫数量级。因此变换器电路中两个尺寸最大的元器件——功率开关变压器和输出滤波电解电容在高频工作时的体积就会减小很多。当功率开关变压器选定后，若要提高工作频率，输出功率就会成倍增加；当输出功率一定时，工作频率提高一倍，功率开关变压器的体积至少会减小一半，同时输出端的滤波电解电容的体积也会显著减小。输出端的滤波电解电容的大小与功率开关管集电极电压的上升时间 t_r 和下降时间 t_f 有关，可由公式表示为

$$C_2 = I_0 \frac{\Delta t}{\Delta U_0} = I_0 \frac{t_r + t_f}{\Delta U_0} \tag{3-13}$$

采用高频功率开关管既可获得快速的上升和下降时间，次级电压的缺口也会变窄，所需的滤波电解电容的体积也就减小了，这里的减小是指滤波电容的容量、体积和重量都减小了。

工作在 10kHz 以下的开关电源会产生音频嗡嗡尖叫声，这种尖叫声在 10～20m 的范围内均能够听到。为了避免这种尖叫噪声，早期的开关电源电路工作频率一般要求设计在 18kHz 以上。近年来，随着半导体、微电子和磁性材料烧结等技术的飞速发展，大电流、高反压功

率开关管的开启时间、关断时间和存储时间已经可以做到非常短，可以降到几纳秒。为了保证开关电源具有较高的转换效率，通常应使功率开关管的上升时间、下降时间和存储时间之和限制在小于半工作周期的 10% 以内，即

$$t_r + t_f + t_s = \frac{T}{2} \times 10\% \tag{3-14}$$

因而就有

$$T = 20(t_r + t_f + t_s) \tag{3-15}$$

又因为工作频率 f 是工作周期 T 的倒数，因此从式（3-15）就可以求出工作频率为

$$f = \frac{1}{T} = 0.05 \frac{1}{t_r + t_f + t_s} \tag{3-16}$$

如果取上升时间和下降时间为 0.5μs，存储时间为 1μs 时，那么开关电源的工作频率就为 25kHz。开关电源工作在 25kHz 的频率上就可以得到较高的转换效率，同时也避免了音频嗡嗡尖叫声。若要工作在 50kHz 的频率上时，功率开关管虽然具有同样的瞬间高电压、大电流的重叠损耗，但是平均损耗将会增大，功率开关管的温度也将会有相应升高。如果内部的热设计非常合理，略微减小了功率开关管的转换效率，但却缩小了功率开关变压器的体积或者提高了功率开关变压器的传输效率和减小了输出滤波电容的体积、重量，这样做还是合算的。功率开关管在 50kHz 的频率下可以工作，但不宜超过 50kHz 的频率。一般对于低功率输出的开关电源，在转换效率要求不高的情况下，为了降低功率开关变压器的体积和重量，一般应提倡开关电源工作在较高的频率上。在实际的开关电源电路的设计过程中，一味追求高频率，虽然减小了功率开关变压器和输出滤波电容的体积和重量，提高了功率开关变压器的传输效率，但是却给功率开关管带来了平均功率损耗的增大和温度的升高。因此，在开关电源电路的设计过程中，功率开关变压器的传输效率、温升、体积和重量等与功率开关管的转换效率、温升、安全系数和热设计等，不能单纯的追求一个方面，而忽略了另一个方面。只有根据设计要求，对各方面都要权衡考虑的情况下，才能设计出效率高、重量轻、体积小、安全系数大，而又符合高低温和 EMC 要求的较为理想的开关电源来。

3.1.2 自激型推挽式开关电源电路中功率开关变压器的设计

有时人们也把自激型推挽式开关电源电路称为变压器中心抽头式开关电源电路，并且从它的基本电路结构中也可以看出，这种电路中的功率开关变压器既起隔离和能量传输作用，又起 PWM 振荡器电路中的电感元器件的作用。因此，功率开关变压器是自激型推挽式开关电源电路中的核心和关键器件。该种开关电源电路的设计实际上就是功率开关变压器的设计与计算，因此在这一小节中将重点讨论和叙述功率开关变压器的设计与计算。

1. 初级绕组匝数的计算

设计自激型推挽式开关电源电路中的功率开关变压器时，通常变换器的输入电压、输出电压、输出功率和工作频率都是给定的，这样就可以根据下列的公式计算出初级绕组的匝数（假设 $N_{p1} = N_{p2} = N_p$）：

$$N_p = \frac{(U_i - U_{ces}) \times 10^8}{4fB_sS_c} \approx \frac{U_i}{4fB_sS_c} \times 10^8 \tag{3-17}$$

式中，B_s 为磁材料的饱和磁感应强度，单位为 T；S_c 为磁芯的截面积，单位为 cm^2。另外，该公式的近似计算中忽略了功率开关管的饱和导通管压降。

2．基极绕组匝数的计算

在计算功率开关变压器中两个基极绕组的匝数时，应该考虑到输入直流电源电压最低时，功率开关管 VT_1 和 VT_2 要能够输出足够的集电极电流；同时还要能够保证在输入直流电源电压最高时，功率开关管 VT_1 和 VT_2 的集电极峰值电流和电压不能超过它的最大额定输出电流和所能够承受的最高额定电压值。为了减小两个功率开关管 VT_1 和 VT_2 在 U_{be} 上的不一致所造成的影响，必须分别再串接一个基极补偿电阻 R_{b1} 和 R_{b2}。这样，功率开关变压器基极绕组的匝数 N_{b1} 和 N_{b2} 可分别由下式来计算：

$$N_{b1} = N_{p1} \frac{U_{b1}}{U_{p1}} \approx N_{p1} \frac{U_{b1}}{U_i} \tag{3-18}$$

$$N_{b2} = N_{p2} \frac{U_{b2}}{U_{p2}} \approx N_{p2} \frac{U_{b2}}{U_i} \tag{3-19}$$

式中，N_{p1} 和 N_{p2} 分别为 1/2 的功率开关变压器初级绕组；N_{b1} 和 N_{b2} 分别为功率开关管两个基极绕组的匝数，理论上要求匝数完全相等，加工工艺上要求绝对对称，即 $N_{b1} = N_{b2} = N_b$；U_{b1} 和 U_{b2} 分别为功率开关管两个基极绕组上的感应电压，单位为 V。由于基极绕组匝数完全相等，加工和绕制时又完全对称，因此就有 $U_{b1} = U_{b2} = U_b$，并且可由下式给出：

$$U_b = U_{be} + I_b R_b + U_{R2} \tag{3-20}$$

式中，U_{be} 为能够产生功率开关管 VT_1 和 VT_2 集电极峰值电流时所需的基极偏压，单位为 V；I_b 为功率开关管 VT_1 和 VT_2 饱和导通时的基极电流，单位为 A；R_b 为功率开关管 VT_1 和 VT_2 基极串联的补偿电阻的大小，并满足 $R_b = R_{b1} = R_{b2}$，单位为 Ω；U_{R2} 为启动电阻 R_2 上的电压降（见图 3-1），单位为 V。将公式（3-20）代入公式（3-19）中可以得到功率开关管基极绕组匝数的计算公式为

$$N_b = N_p \cdot \frac{U_{be} + I_b R_b + U_{R2}}{U_i} \tag{3-21}$$

若功率开关管 VT_1 和 VT_2 均选用锗材料的开关晶体管时，并且串入的补偿电阻 R_b 又很小，那么在实际计算时可以把 U_b 的值近似地取为 3～4V 即可。另外，功率开关管 VT_1 和 VT_2 基极补偿电阻的接入，将会导致功率开关管 VT_1 和 VT_2 瞬时开关损耗增加，为了避免这一点，在实际应用中人们一般均在该电阻两端并接一只加速电容，或者并接一只与基极电流反向的加速二极管。

3．次级绕组的计算

功率开关变压器次级的匝数 N_s 主要取决于所需的直流输出电压 U_o 和快速整流二极管的管压降。在快速整流二极管的管压降比 U_o 小得多的情况下，功率开关变压器次级绕组的匝数 N_s 便可近似由下式计算出来：

$$N_s = N_p \frac{U_o}{U_p} \approx N_p \frac{U_o}{U_i} \tag{3-22}$$

在选择磁芯材料时，考虑到频率特性，若采用滤波电路来降低输出直流电压中的纹波时，

开关电源的频率就可以选取得高一些，以缩小和降低滤波电路的体积和重量，并且还可以选用铁氧体磁芯材料。如国产的 MX-2000 型的环形或 E 形磁芯均可以，以漏感较小的磁芯为最佳。

4．功率开关变压器磁芯材料的选择

在给定的工作频率和输出功率条件下，应选择具有较小磁芯损耗、较小体积和较小成本的磁性材料。其中磁芯损耗包括涡流损耗、磁滞损耗。为了减小涡流损耗，应采用较薄叠片组成的磁芯，同时采用具有较高电阻率的磁芯，如铁氧体磁性材料。铁氧体磁性材料具有较高的电阻率，这是因为它不是金属材料，而是陶瓷铁磁混合体，如镍、铁、锌和锰氧化体。各种磁芯材料使用的频率范围是不同的，叠片式磁芯大约为 10kHz，合金型磁芯（如坡莫合金、非晶态合金等）为 1kHz～1MHz。在工作频率高于 10kHz 时，离散型的叠片式铁芯已经不能采用了。高频合金型磁芯中的叠片不是由离散的芯片叠成的，而是由薄型金属经表面氧化镀膜后再按环形骨架缠绕成型的。磁芯可采用厚度为 0.012mm、0.025mm、0.05mm、0.1mm，磁芯材料越薄，磁损耗越小，价格越昂贵。

磁芯损耗随着频率、峰值磁通密度和叠层芯片厚度的增加而增加。通常合金型磁芯比铁氧体磁芯具有较高的最大可利用的直流磁通密度，因而只需采用较小体积的功率开关变压器磁芯便可满足要求。为了使磁芯损耗保持较小，工作磁通密度应远低于最大的直流磁通密度。坡莫合金是一种低损耗的金属合金型磁芯材料，可以与低损耗的铁氧体磁芯材料相比拟，坡莫合金磁性材料性能较好，但是价格较昂贵。一般来说，坡莫合金的主要成分是铁、镍和钼。如 1J79 含镍 79%、铁 17%、钼 4%；1J50h 含镍 50%、铁 50%，并且具有恒导磁特性。铁氧体磁性材料是陶瓷铁氧体的混合物，生成的氧化物按固有的比例混合，压成各种形状，在一个炉子里烧结而成。常见的形状有环形、罐形、UU 形、UI 形、EE 形、EI 形、EC 形、PQ 形等。铁氧体在高频下损耗较低。由于烧结炉子工艺制造方法简单，适应于批量生产，所以铁氧体磁芯成本低，并且每一个磁芯不需要二次处理，不需要单个缠绕。此外绕组可直接绕制在线圈骨架上，与环形合金型磁芯所使用的特殊缠绕方法相比较，价格低、加工工艺简单。但是铁氧体磁芯具有较低的居里温度，一般在 200℃以下，另外，在低于-30℃的温度时，也不能正常工作；而金属缠绕型合金磁芯的居里温度可达 450～700℃。

3.1.3 自激型推挽式开关电源电路中功率开关管的选择

有关自激型推挽式开关电源电路中功率开关管、整流二极管和滤波电容等元器件的选择和确定与其他类型的开关电源电路中的选择和确定原则基本类似。选择自激型推挽式开关电源电路中所应用的功率开关管时所要考虑的主要参数为：最大集-射极电压 U_{ce}；最大集电极电流 I_{cm}；在最大负载电流时的最小放大倍数 β_{min}；开关速度，也就是集电极电流的上升时间 t_r、下降时间 t_f 和存储时间 t_s；最大功率损耗 P_{cm} 或结点热阻；集电极电压二次击穿额定值 U_{ceo} 等。

1．最大集-射极电压 U_{ce} 的确定（也即额定值）

从图 3-1 所示的自激型推挽式开关电源的基本电路结构中可以看出，当功率开关管 VT$_1$ 或 VT$_2$ 导通时，加在功率开关变压器初级绕组上的电压为 $U_i - U_{ces} \approx U_i - 1 \approx U_i$。在导通期间，初级绕组与功率开关管集电极节点端的电位相对于中心抽头端为负；而在截止期间，初级绕组与集电极节点端的电位相对于中心抽头端为正。另外，在截止期间初级绕组与集电极节点端的电位高于中心抽头端的电位，那么就必定低于导通期间中心端的电压。由最基本的电磁

感应定律

$$u = N\frac{\mathrm{d}\Phi}{\mathrm{d}t} \tag{3-23}$$

就可以得到

$$u\Delta t = N\Delta\Phi = NS_\mathrm{c}\Delta B \tag{3-24}$$

在功率开关管 VT_1 或 VT_2 导通的半周期期间内，初级绕组上的电压为负值，因此，$\int_0^{T/2} u \cdot \mathrm{d}t$ 具有负的伏-秒面积，而 $\Delta B_1 = \dfrac{1}{NS_\mathrm{c}}\displaystyle\int_{T/2}^{T} u \cdot \mathrm{d}t$ 具有负的磁通变化。在下个半周期，$\Delta B_2 = \dfrac{1}{NS_\mathrm{c}}\displaystyle\int_{T/2}^{T} u \cdot \mathrm{d}t$ 具有正的磁通变化，并且必须满足

$$\Delta B_2 = |\Delta B_1| \tag{3-25}$$

否则一个工作周期以后就会有净磁通变化量存在，这样经过数个周期以后磁芯就会趋向于正的或负的饱和状态，造成功率开关管 VT_1 或 VT_2 损耗的增加。因此在稳定状态下，每个相应半周期的伏-秒面积必须相等。初级绕组与集电极节点端的电压值在功率开关管 VT_1 或 VT_2 截止期间近似为两倍的输入直流电源电压，即 $2U_\mathrm{i}$。因此在自激型推挽式开关电源电路中，功率开关管 VT_1 和 VT_2 的集-射极电压值应至少为 $2U_\mathrm{i}$。为了保证功率开关管 VT_1 和 VT_2 能够安全可靠的工作，在选取集-射极电压的额定值时还必须考虑到工频电网电压具有 $\pm 10\%$ 的波动电压值。另外，由于功率开关变压器的漏感和集电极负载中引线电感的影响，在功率开关管 VT_1 或 VT_2 截止期间，若合理地设计和布线可将在集电极电压的上升沿上所附加的尖峰电压值限制在 20% 以下。这样，当输入直流电源电压为 U_i 时，功率开关管 VT_1 和 VT_2 集电极应承受的电压值为

$$U_\mathrm{ce} = 1.22 \times 1.1 \times 2 \times U_\mathrm{i} = 2.64 U_\mathrm{i} \tag{3-26}$$

考虑到工作温度、输入电压瞬态浪涌冲击以及电路中瞬态过程等因素的影响，严格设计时最好选择功率开关管所能够承受的电压值为所规定额定值的 50%。这样有时很难选择到合适的功率开关管，假若放宽要求，可放宽到功率开关管额定值的 80% 时，则有

$$2.64 U_\mathrm{i} = 0.8 U_\mathrm{ce} \tag{3-27}$$

近似后可取

$$U_\mathrm{ce} = 3.3 U_\mathrm{i} \tag{3-28}$$

式中，U_ce 为生产厂家所给定的最大集-射极电压的额定值。假若输入直流电源电压是稳定的，则不需要对输入直流电源电压进行 $\pm 10\%$ 的修正量，就会得到直流输入电源电压时功率开关管集-射极电压的额定值的计算公式为

$$U_\mathrm{ce} = 3 U_\mathrm{i} \tag{3-29}$$

在合格产品中，假若不能保证功率开关管的 $U_\mathrm{ce} = 3.3 U_\mathrm{i}$，产品的损坏率就会增高，这是由于随机波动电压的影响所致。上述功率开关管的集-射极电压的额定值 U_ce 还应与基极电路相适应。当功率开关管 VT_1 或 VT_2 导通时，由于基极阻抗较低（一般 $\leqslant 50\Omega$），因此就应该对应厂家给出的 U_cbo 额定值；当功率开关管 VT_1 或 VT_2 截止时，由于基极阻抗较高（一般在 $100\mathrm{k}\Omega$），因此相应的额定值就为 U_ceo。U_cbo 通常为 U_ceo 的 $70\% \sim 80\%$，对中等的基极阻抗（如 50Ω），相应的最大集-射极电压的额定值是 U_cer（介于 U_ceo 与 U_cbo 之间）。

2. 最大集电极电流 I_{cm} 的确定

在自激型推挽式开关电源电路中的功率开关变压器可以有很多次级绕组 N_{21}，N_{22}，N_{23}…每组经整流以后供给负载系统的直流电流为 I_{21}，I_{22}，I_{23}…反射到初级的总电流为

$$I_1 = \frac{N_{21}}{N_1} I_{21} + \frac{N_{22}}{N_1} I_{22} + \frac{N_{23}}{N_1} I_{23} + \cdots \qquad (3\text{-}30)$$

在每半个工作周期内，功率开关变压器初级的总电流等于反射到初级的负载电流再加上功率开关变压器的励磁电流。而励磁电流 I_m 可由基本的磁学关系式求得：

$$I_m = \frac{H_c l_c}{N_1} \times 10^{-2} \qquad (3\text{-}31)$$

式中，H_c 为磁芯的峰值矫顽力，单位为 A/m；l_c 为磁路的长度，单位为 cm；I_m 为励磁电流，单位为 A。通常励磁电流为反射到初级负载电流的 2%，并且常常可以被忽略不计。自激型推挽式开关电源电路中的功率开关管在一个工作周期内交替轮换导通，每个功率开关管的平均电流仅是初级电流的一半，峰值电流则是初级电流 I_1。此外，由于次级侧整流二极管 VD$_1$、VD$_2$ 的存储时间，在一管尚未截止时，另一管已经导通，这样就会造成瞬间的电流尖峰，该电流必然会反射到功率开关变压器的初级，因此功率开关管的集电极电流应留有一定的裕量，并可按下式设计：

$$I_{cm} = I_1 = \frac{N_{21}}{N_1} I_{21} + \frac{N_{22}}{N_1} I_{22} + \frac{N_{23}}{N_1} I_{23} + \cdots \qquad (3\text{-}32)$$

3. 最小电流放大倍数和输入驱动电流的计算

根据功率开关管的峰值电流 I_{cm}，求出它的最小电流放大倍数 β_{min}。基极驱动电路所能给出的最小输入驱动电流为 I_{cm}/β_{min}，实际上输入电流 I_{b1} 或者 I_{b2} 应大于该计算值，以便保证功率开关管能够工作在饱和区和具有较快的开启速度。功率开关管的开启速度通常是在 $I_c/I_b=10$ 的条件下测试的，因此功率开关管基极输入驱动电流为

$$I_{bo} = \frac{I_{cm}}{10} \qquad (3\text{-}33)$$

4. 功率开关管损耗和结点温度的计算

每一个功率开关管在导通的半工作周期内电流的峰值 $I_{cm} = I_1$，饱和压降为 U_{ces}。U_{ces} 可以从生产厂家给定的晶体管参数表中查出，也可以从集电极特性曲线 U_c - I_c 中读出，它是曲线拐弯部分以下的电压。虽然 U_{ces} 只与集电极电流的大小有关，但是通常取 $U_{ces} = 1V$，这样在 50% 的占空比下，每个功率开关管在导通期间的平均损耗为

$$P_a = \frac{1}{2} I_{cm} \times 1 = \frac{1}{2} I_{cm} \qquad (3\text{-}34)$$

在功率开关管由导通到截止或者由截止到导通的转换期间存在着大电流和高电压的重叠，这期间准确的功率损耗可由电流与电压相乘后再求积分的方法求得。在功率开关管转换期间内电流和电压的准确波形一般是不能预测的，通常导通过程中的功率损耗较低，而在截止期间内的功率损耗是不可忽视的，可使用专用示波器并配合专用电路来观察到，求得重叠期间内的功率损耗。为了简便起见，假定功率开关管转换期间的损耗等于导通期间的损耗。这样在忽略了真正的截止和导通期间的功率损耗的条件下，功率开关管的损耗功率为

$$P = \frac{1}{2}\left(I_{cm} \times 1\right) \times 2 \approx I_{cm} \qquad (3\text{-}35)$$

式（3-35）中 P 的单位为 W，I_{cm} 的单位为 A。功率开关管所允许的最大功率损耗是与功率开关管的热阻和散热条件有关的。在热设计中，已知功率开关管管壳的温度以后，则功率开关管的最大结点温度可由下式给出：

$$t_{j\,max} = t_{c\,max} + \theta_{jc} P_{max} \qquad (3\text{-}36)$$

式中，$t_{c\,max}$ 为最大的管壳温度，单位为℃；θ_{jc} 为热阻，单位为℃/W。对于大多数采用 TO-3 型封装的功率开关管来说，最大的绝对结温为 175～200℃。当功率开关管长期工作在最大结点温度上，并且超过安全的额定结点温度时，功率开关管就会损坏。

5. 开关速度的确定

为了减小功率开关管的开关损耗，通常应使功率开关管的上升时间、下降时间和存储时间之和不能大于工作周期时间的 5%。这除了与功率开关管的开关特性有关以外，在很大程度上还取决于加在功率开关管基极的正向和反向驱动信号。功率开关管的开关时间和存储时间可采用反向偏置基极驱动电流的方法使其减小，反向基极驱动电流应等于或大于正向基极驱动电流。在第 1 章中所介绍的抗饱和电路就是减小存储时间的有效电路和方法。如果这些抗饱和电路和方法选择得合适，就有可能将低速的功率管用于 20～50kHz 的变换器电路中作为功率开关管使用。

6. 功率开关管二次击穿额定值的确定

功率开关管的二次击穿是在集电极（cb 结）上加电时突然发生的一种击穿现象，此时 cb 结呈现低阻抗，集电极电流迅速上升，直到由电源电压和负载电阻所限制的值为止。这时假若电源没有立即切断，瞬间的二次击穿也会造成永久性的损坏。二次击穿是由 cb 结不均匀的电流分布所引起的，集电极电流集中时，引起局部过热而产生二次击穿现象。功率开关管工作在较高的峰值功率、较低的占空比状态时，虽然平均功率损耗远没有超过所规定的额定值，但也常常会发生二次击穿现象。由于电流的集中或者不均匀分布而导致的二次击穿现象有下列两种情况。

（1）正偏二次击穿现象

在 NPN 型功率开关管中，基极-发射极之间为正向偏置，这时发射极的周围比中心区具有较高的电流密度和较高的电位，集电极电流穿过 cb 结而较多地集中在发射极的周围，在电流和电压足够高的情况下，发射极周围所集中的电流将会形成局部热点，即使这时总的功率损耗没有超过所规定的额定值，也足以损坏功率开关管。为了防止正偏二次击穿现象的发生，应将工作点限制在功率开关管的工作安全区内，这在第 1 章中已有过说明。通常在稳态情况下，自激型推挽式开关电源中导通的功率开关管的饱和压降只有 1V 左右，因而总是工作在安全工作区。但是在瞬态时，由于开关电源次级常常为容性负载，在开机瞬间到电容充电期间浪涌电流较大，这时功率开关管不能工作在饱和区，管压降较大，容易超出二次击穿曲线的限制。实际上，即使开关电源的次级没有较大的容性负载，也可能会使功率开关管在二次击穿曲线界限以外。在功率开关管关断，并且集电极电压增高的同时，电流降为零，这是理想的开关器件。而通常功率开关管是具有存储时间的，如 $t_s = 2\mu s$，在一个功率开关管基极正向驱动而开启的时候，另一关断的功率开关管由于 $2\mu s$ 的存储时间内仍有电流流过，这时相当于两管同时导通，这样高的集电极电压（$2U_i$）和这样大的集电极电流（$I_{c\,max}$）同时作用在已经启动了的功率开关管上约 2μs，必然就会引起二次击穿现象。

（2）反偏二次击穿现象

当基极-发射极处于反向偏置时，也同样会产生二次击穿现象。在基极-发射极反向偏置时，由于发射极的周围更接近于基极，所以发射极的中心区的电位比周围稍正一些，假若这时有电流流过 cb 结，这些电流就会较多地集中在发射极的中心区。一般来说，在反向偏置状态下，基极是阻止集电极电流流动的，但是假若集电极的负载为感性负载时，开启期间内能量存储在电感内，在关断期间内，电感反冲将使集电极电压升高，一直升高到 U_{cbo}，最后使功率开关管产生雪崩击穿，并将存储的能量释放给功率开关管。尽管功率开关管基极反偏，但仍有少量的电流流过，这些能量将集中在发射极的中心区，由于发射极的中心区面积小于周围的面积，反偏时发射极中心区的电流密度比正偏时大，假若开启时有足够的能量存储在电感中，这些能量或电流将集中在很窄的发射极中心区，就会引起局部热点，温度升高到足够高时功率开关管就被损坏。有的厂家给出了功率开关管反偏二次击穿能量的额定值，这些能量 $E_{s/b}$（J）表示足以损坏功率开关管的能量，它等于存储在集电极负载中的能量，可由下式表示：

$$E_{s/b} = \frac{1}{2} I_1^2 L \tag{3-37}$$

假如已知集电极电感 L（H）（一般情况下，集电极均为功率开关变压器，其负载为功率开关变压器的初级电感、次级电感和漏感）时，则必须限制关断前的集电极峰值电流 I_1。如果 I_1 是固定的，则必须限制集电极允许的最大集电极电感。$E_{s/b}$ 是与电路所加的反向偏置电压和集电极电流的大小有关的，通常所采用的反向偏置电压为-4V，串联电阻为 5Ω。

3.1.4 自激型推挽式双变压器开关电源电路

在本章开始就已总结出推挽式开关电源的缺点。为了克服这些缺点，使其广泛地应用于各个领域，1957 年美国科学家 J.L.Jensen 又发明了自激型推挽式双变压器开关电源电路。为了深入掌握推挽式开关电源电路，这里对自激型推挽式双变压器开关电源电路再进行一下简单的讨论和分析。

1. 工作原理

自激型推挽式双变压器开关电源电路用一个体积较小的工作在饱和状态的驱动变压器来控制功率开关管工作状态的转换，而使用一个体积较大的工作在线性状态的功率开关变压器来进行电压的变换和功率的传输。由于采用了独立的饱和驱动变压器，因此开关电源电路的工作特性就有了很大的改善。图 3-6 所示的电路就是一个自激型推挽式双变压器开关电源电路。在接通电源后，由于电路总是存在着不平衡，假定功率开关管 VT_1 首先导通，它的集电极电压就会降低，减小的数值接近于输入直流电源电压。在输出功率开关变压器 T_2 的初级绕组 N_{p1} 两端就会产生电压，初级绕组 N_{p2} 的两端也会相应的产生感应电压。绕组 N_{p1} 和 N_{p2} 上所产生的电压值之和全部加到由驱动变压器 T_1 的初级绕组与反馈电阻 R_1 组成的串联电路两端。驱动变压器 T_1 的次级绕组 N_{b2} 上所产生的电压把功率开关管 VT_2 的基极置成反向偏置，使其保持截止状态；驱动变压器 T_1 的次级绕组 N_{b1} 上所产生的电压把功率开关管 VT_1 的基极置成正向偏置，使其很快达到饱和导通状态。电路中两个变压器电压的极性如图 3-6 所示。

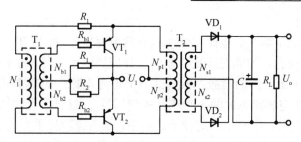

图 3-6　自激型推挽式双变压器开关电源电路

驱动变压器 T_1 磁化电流的增加就会导致 T_1 的饱和。一旦 T_1 达到饱和，初级绕组 N_1 中的电流很快增加，因此反馈电阻 R_f 两端的电压降也就会增加。这样，绕组 N_f 上的电压降就会减小，于是与驱动变压器 T_1 次级绕组相连的功率开关管的激励电压也会相应减小，原来处于饱和导通状态的功率开关管 VT_1 集电极电流开始减小，逐渐退出饱和区。因此，所有绕组上的感应电压全部反向。功率开关管 VT_2 开始导通，功率开关管 VT_1 将很快进入截止状态。功率开关管 VT_2 的饱和导通状态将一直维持到驱动变压器 T_1 的磁通达到负的饱和值为止。这时两只功率开关管 VT_1 和 VT_2 的工作状态将又会发生翻转，使功率开关管 VT_2 截止，功率开关管 VT_1 重新导通。如此重复上述过程，电路形成自激振荡状态，这就是自激型推挽式双变压器开关电源电路的工作过程。

2．工作频率的确定

自激型推挽式双变压器开关电源的振荡频率由驱动变压器 T_1 的参数和反馈电阻 R_f 的阻值所决定。驱动变压器 T_1 初级绕组 N_f 上的电压应该低于两倍的输入直流电源电压，这就是反馈电阻 R_f 上的电压能够反映功率开关管基极驱动所造成电压降的原因。自激型推挽式双变压器开关电源能够自动调节电路的不平衡。假若由于电路中各元器件参数的轻微不对称，导致在功率开关变压器 T_2 上的波形前半个周期与后半个周期不对称，则输出功率开关变压器 T_2 的磁通变化率也不对称，产生越来越接近单方向磁饱和的现象，这样就会使驱动变压器 T_1 的磁化电流增加。因此，反馈电阻 R_f 两端的电压降就会增加，功率开关管的激励电压减弱，最后就会导致功率开关管工作状态的转换。通常像这样的不平衡现象是不很严重的，当驱动变压器 T_2 刚接近饱和的瞬间，加到功率开关管基极上的激励电压就会马上减弱，迅速得到自动调整，建立起新的平衡。图 3-7 所示就是这种开关电源电路在纯电阻负载时，功率开关管集电极的电压和电流波

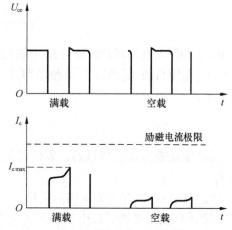

图 3-7　纯电阻负载时，功率开关管集电极电压和电流波形

形图。从图中可以看出，由于双变压器电路中的输出功率开关变压器 T_2 工作在非饱和状态，所以集电极的峰值电流（包括负载电流、功率开关变压器磁化电流和激励电流）就很小，大约只有单变压器开关电源电路的一半。

3. 变压器的设计

自激型推挽式双变压器开关电源电路中具有两个变压器 T_1 和 T_2，这两个变压器分别工作在两种不同的工作状态，因此对于变压器的设计应当区别对待。工作在饱和状态的驱动变压器 T_1 可用上一节中所介绍的自激型推挽式开关电源电路中的功率开关变压器的设计方法进行设计，而工作在非饱和状态的输出功率开关变压器 T_2 就要采用线性工作状态下的变压器设计方法进行设计。另外，在变压器的设计过程中，最关键和最重要的就是初级绕组的计算，只要计算出初级绕组的匝数，就可以根据输出电压和输入电压的比例关系求得次级绕组的匝数来。因此，下面仅对两种变压器的初级绕组进行计算，次级绕组的换算就不再过多的叙述。

（1）驱动变压器的设计

假若开关电源的输出功率、工作频率、输入直流电源电压以及环境条件都已给出，而且还有现成的变压器磁芯和骨架，那就可以采用下式计算出驱动变压器初级绕组的匝数：

$$N_f = \frac{U_f}{4fB_sS_c} \times 10^8 \tag{3-38}$$

式中，N_f 为驱动变压器初级绕组的匝数；U_f 为驱动变压器初级绕组上的电压，单位为 V；f 为开关电源的工作频率，单位为 Hz；B_s 为磁性材料的饱和磁感应强度，单位为 T；S_c 为变压器磁芯的截面积，单位为 cm^2。U_f 的确定与 R_f 及驱动功率有直接的关系。如果 R_f 值取得过小（即 U_f 过大，接近于 $2U_p$），并且当驱动变压器 T_1 达到饱和时，功率开关管集电极就会有很大的峰值电流流过，这是尽量要避免的。如果 R_f 值取得过大（即 U_f 过小），那就没有足够的功率去驱动功率开关管，也不能起到自动平衡调节的作用。但是在一般情况下，驱动变压器 T_1 的初级绕组也就是反馈绕组 N_f 上的电压和 R_f 两端的电压我们仅各取其一半，因此 N_f 上的电压大约等于 U_p，近似等于 U_i。反馈电阻 R_f 可由下式求得：

$$R_f = \frac{2U_p - U_f}{I_f} \approx \frac{2U_i - U_f}{I_f} \tag{3-39}$$

式中，I_f 为驱动变压器初级绕组 N_f 中的电流，单位为 A。该电流由下列两部分组成：

① 在满负载运行时，能够使功率开关管维持饱和导通状态所需的基极电流值 I_b，可由下式表示：

$$I_b = i_b \frac{N_b}{N_f} \tag{3-40}$$

② 驱动变压器饱和以前，要使其达到饱和状态，需要给驱动变压器所提供的磁化电流值 I_m。

（2）输出功率开关变压器的设计

设计自激型推挽式双变压器开关电源电路中的功率开关变压器 T_2 时应注意的就是磁性材料磁感应强度 B_m 的选择。由于功率开关变压器 T_2 工作在线性状态，因此 B_m 不能用 B_s 来代替。如果 B_m 选得太低，会使 N_{p1} 绕组的匝数增多，从而使导线的铜损增加，功率开关变压器 T_2 的重量增加；如果 B_m 选得过高，就会导致输出功率开关变压器 T_2 产生饱和，造成功率开关管损坏。所以，磁性材料的磁感应强度 B_m 值一般应选取饱和磁感应强度 B_s 值的 50%～70%。输出功率开关变压器 T_2 的初级绕组的匝数 $N_p = N_{p1} = N_{p2}$，并且可由下式求得：

$$N_p = N_{p1} = N_{p2} = \frac{U_p}{4f B_m S_c} \times 10^8 \tag{3-41}$$

在实际应用中，$U_p \approx U_i$，$B_m \approx 0.6B_s$。将其分别代入上式便可得到输出功率开关变压器 T_2 初级绕组匝数的计算公式为

$$N_p \approx \frac{U_i}{2.4 fB_s S_c} \times 10^8 \qquad (3\text{-}42)$$

用来驱动变压器 T_1 的电压除了直接取自两个功率开关管 VT_1 和 VT_2 的集电极以外，也可以在输出功率开关变压器 T_2 设一组附加绕组来实现。此时，驱动变压器 T_1、初级绕组上的电压由附加绕组的匝数 N_f 和反馈电阻 R_f 所决定。这种电路的基本结构如图 3-8 所示。

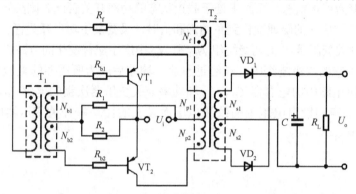

图 3-8　反馈电压取自附加绕组的双变压器开关电源电路

3.1.5　自激型推挽式开关电源应用电路举例

图 3-9 所示的电源电路是一种给通信设备供电用的，采用自激型推挽式电路构成的开关电源电路。通信设备的电源常采用电池，因而为了满足设备的需要，常常需要通过开关电源来进行隔离和提供多路输出电压。该电源电路的主要性能如下：

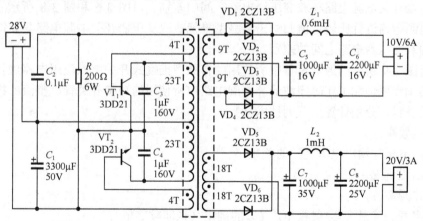

图 3-9　通信设备中所使用的自激型推挽式开关电源应用电路

① 输入直流电源电压为 28V。

② 输出直流电压/电流为：A 路 10V/60A，B 路 20V/30A。

③ 输出功率为 120W。

④ 输出纹波电压两路均小于 100mV。

⑤ 工作频率为 2kHz。

⑥ 转换效率为80%。

⑦ 具有开关电源停振自动保护功能。

该电路的工作方式为自激型推挽式开关电源电路的工作方式。当接入28V直流输入电源电压时，启动电阻 R 和电容 C_2 很快给两只功率开关管 VT_1 和 VT_2 其中的任意一只提供正向偏置电压，促使该功率开关管导通，与该功率开关管基极相连的功率开关变压器反馈绕组就会给另一只功率开关管提供反向偏置电压，使其维持截止状态。当开关电源电路中的功率开关变压器 T 磁芯的磁通变化到正的饱和值附近时，电路的工作状态开始翻转，很快使原来处于导通状态的功率开关管变为截止状态，而原来处于截止状态的功率开关管此时则翻转为导通状态。当功率开关变压器 T 中磁芯的磁通变化到负的饱和值时，又要发生功率开关管工作状态的翻转。这样就会在功率开关变压器 T 的初级绕组 N_{p1} 和 N_{p2} 中产生交替变化的方波电压信号，此方波电压信号被耦合到它的次级绕组中，在经过整流、滤波后成为所需要的直流供电电压。

开关电源应用电路中的电容器 C_3、C_4 和功率开关变压器次级的电感 L_1、L_2 是为了减小开关电源电路的噪声和输出电压中的纹波电压而设置的。功率开关变压器的磁芯采用的是1J79铁镍合金带环。

3.1.6 练习题

（1）自激型推挽式开关电源电路中的功率开关变压器磁芯一般要用具有矩形磁滞迴线和较高磁通密度的磁性材料。根据这一要求，请查阅目前国内磁性材料生产厂家的技术资料，归纳一下能够满足这一要求的所有磁性材料的类型和型号。

（2）为了加强对自激型推挽式开关电源电路的深刻理解，请将图3-1所示的自激型推挽式开关电源的基本电路中的两个功率开关管基极的时序波形补画在图3-2所示的图中。

（3）对图3-1和图3-6所示的自激型推挽式开关电源电路进行比较，请归纳出自激型推挽式单变压器开关电源电路与双变压器电路之间的差别。对图3-6和图3-8所示的自激型推挽式开关电源电路进行比较，请归纳出自激型推挽式双变压器开关电源电路与反馈电压取自附加绕组的双变压器电路之间的差别。

（4）对图3-9所示的通信设备中所使用的自激型推挽式开关电源应用电路进行分析和理解，综述其工作原理和工作时序波形。查阅电路中所使用的功率开关管、整流二极管等有源器件的相关资料，分别计算出下列技术参数：

① 转换效率；

② 输入电压与输出电压之间的关系；

③ 输出阻抗 R_O；

④ 工作频率 f；

⑤ 功率开关管最大集-射极电压 U_{ce} 的确定（也即额定值）；

⑥ 功率开关管最大集电极电流 I_{cm} 的确定；

⑦ 功率开关管最小电流放大倍数和输入驱动电流的计算；

⑧ 功率开关管损耗和结点温度的计算；

⑨ 功率开关管开关速度的确定；

⑩ 功率开关管二次击穿额定值的确定。

（5）试装调图3-9所示的通信设备中所使用的自激型推挽式开关电源应用电路，特别是电路中变压器的设计，请亲自动手加工一只该电路中使用的变压器，写出变压器设计和计算的全过程，其中包括铁心、骨架和漆包线的计算和选择。

3.2　他激型推挽式开关电源实际电路

上一节中对自激型推挽式开关电源电路进行了深入细致的讨论和分析，这一节将讨论和分析他激型推挽式开关电源电路。他激型推挽式开关电源电路与自激型推挽式开关电源电路之间的最大区别如下：

① 自激型推挽式开关电源电路中的功率开关管和功率开关变压器要作为 PWM 或 PFM 振荡电路的元器件而参与其振荡工作，振荡器的工作频率和占空比均与功率开关管和功率开关变压器的技术参数有关；而他激型推挽式开关电源电路中的功率开关管和功率开关变压器只作为功率变换级电路，不参与 PWM 或 PFM 振荡电路的工作，振荡器的工作频率和占空比均与功率开关管和功率开关变压器的技术参数毫无关系。

② 他激型推挽式开关电源电路中具有专门的 PWM 或 PFM 振荡、驱动和控制电路，该振荡、驱动和控制电路一般均由一个集成电路来承担；而自激型推挽式开关电源电路中却没有这些电路。

他激型推挽式开关电源电路实际上是由两个单端正激式开关电源电路组成的，只是它们工作时相位相反。在每一个工作周期内，两个功率开关管交替导通和截止，在各自导通的半个周期内，分别把输入电源的能量通过功率开关变压器提供给负载系统。基本的他激型推挽式开关电源电路如图 3-10（a）所示，各点的工作波形如图 3-10（b）所示。从波形中可以看出，由于电路中使用了两组功率开关管和两组整流二极管，因而流过每一组功率开关管的平均电流就比等同的单端正激式开关电源电路中的功率开关管减少了一半。另外还可以看出，当功率开关管导通期间，输出端的整流二极管也导通，把功率开关变压器的初级能量传输给负载，与单端正激式开关电源电路中的续流二极管的作用相同。他激型推挽式开关电源电路的输出电压可用下式计算：

$$U_o = 2D_{\max}U_i\frac{N_s}{N_p} \tag{3-43}$$

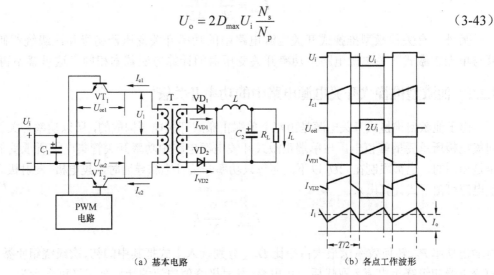

（a）基本电路　　　　　　　　　　　　（b）各点工作波形

图 3-10　他激型推挽式开关电源电路及各点工作波形

为了避免双管共态导通而导致功率开关管的损坏，式（3-43）中的 D_{max} 必须保持在 0.5 以下，一般应取 $D_{max} = 0.4$，这样式（3-43）又可简化为

$$U_o = 0.8 U_i \frac{N_s}{N_p} \tag{3-44}$$

通过把他激型推挽式开关电源电路与自激型推挽式开关电源电路和单端正激式开关电源电路分别进行比较后可以看出，他激型推挽式开关电源的电路结构与自激型推挽式开关电源的电路结构基本相同，他激型推挽式开关电源的电路工作原理与单端正激式开关电源的电路工作原理基本相同，唯有电路中的功率开关变压器、PWM/PFM 振荡器、驱动和控制等电路有所不同。因此，本节除了重点对这些问题分别进行讨论和叙述以外，还要对他激型推挽式开关电源电路中所存在的问题进行分析和说明。

3.2.1　他激型推挽式开关电源电路中的功率开关变压器

在单端正激式开关电源电路中功率开关变压器的工作状态是单向励磁的，因而只利用了磁滞回线的一半，并且还容易导致功率开关变压器磁芯单向磁饱和而引起功率开关管损坏。为了避免磁芯磁饱和现象，提高磁滞回线的利用率，就必须在磁芯的磁路中增加一定长度的气隙。功率开关变压器工作在单向激磁状态下，这样不但降低了其转换效率，而且还使功率开关变压器的体积和重量有较大的增加。在他激型推挽式开关电源电路中，由于两只功率开关管的导通时间是相等的，是轮换错开的，各占一个工作周期的一半，因此，功率开关变压器磁芯的磁滞回线就被全部利用了，磁芯的体积将减小到单端正激式开关电源电路的一半，同时也不增加气隙。功率开关变压器的体积可由下式计算出来：

$$V = \frac{2\mu_0 \mu_e L I_{mag}^2}{B_{max}^2} \tag{3-45}$$

式中，μ_0 为空气的磁导率，单位为 mH/m，一般情况下近似为 1；μ_e 为所选磁性材料磁芯的额定磁导率，单位为 mH/m；I_{mag} 为功率开关变压器磁芯的磁化电流，可由下式给出：

$$I_{mag} = \frac{N_s}{N_p} \cdot \frac{U_0 T}{4L} \tag{3-46}$$

另外，有关他激型推挽式开关电源电路中的功率开关变压器初级和次级绕组匝数的计算与单端正激式开关电源电路中功率开关变压器的计算方法基本相同，这里就不再重述。

3.2.2　他激型推挽式开关电源电路中的功率开关管

由于他激型推挽式开关电源是由两个单端正激式开关电源构成的，所以功率开关管截止期间集电极所承受的峰值电压与单端正激式开关电源电路中功率开关管集电极所承受的峰值电压是相同的，也被限制在 $2U_i$ 以下。而每只功率开关管饱和导通时，集电极-发射极之间的峰值电流可由下式计算出来：

$$I_{c\,max} = \frac{N_s}{N_p} I_l \tag{3-47}$$

将输出功率 P_o、转换效率 η、最大占空比 D_{max} 分别代入上式把其中的初、次级绕组匝数比 N_s/N_p 和变压器初级绕组电流 I_l 取代后，集电极-发射极峰值电流的计算公式又可表示为

$$I_{c\,max} = \frac{P_o}{\eta D_{max} U_i} \qquad (3\text{-}48)$$

假定开关电源的转换效率为 85%,最大占空比为 50%,那么功率开关管集电极-发射极的峰值电流就为

$$I_{c\,max} = \frac{2.5 P_o}{U_i} \times 10^2 \qquad (3\text{-}49)$$

3.2.3 他激型推挽式开关电源电路中的双管共态导通问题

他激型推挽式开关电源电路中所存在的双管共态导通问题在后面将要讲到的桥式开关电源电路中也同样存在,解决这一问题所采取的方法和措施也基本相同,这里一并进行讨论和分析。在双端式开关电源电路中(如推挽、半桥、全桥式开关电源),有可能产生两个功率开关管同时导通的现象,有时也将这种现象称为共态导通现象。这种现象一旦发生,就会将功率开关管全部击穿而损坏,给用户造成极大的经济损失。因此,防止和避免这种双管共态导通现象的发生是设计人员首先应该考虑和解决的问题,也是开关电源的初学者感到最为困惑的问题。

在他激型推挽式开关电源电路中,一只功率开关管在正向驱动脉冲的作用下处于导通状态,而另一只在反向关断脉冲作用下处于关断状态的功率开关管,虽然失去了正向驱动脉冲信号,但由于存储时间的作用仍然停留在导通状态,这就产生了双管同时导通的现象,俗称"共态导通"。在上面工作原理的分析和讨论中可以看到,当双管同时导通时就会出现功率开关变压器初级两个对称的绕组一个给磁芯正向励磁,另一个给磁芯反向励磁,相互抵消。这样一来,一则功率开关变压器的次级无感应电压产生,输出端无直流电压输出;二则功率开关变压器初级的两个对称绕组相当于两根短路线将输入直流电源电压直接短路到两只功率开关管的集电极-发射极之间,使集电极峰值电流急剧增加,严重时两只功率开关管同时电流击穿而被损坏。他激型推挽式开关电源电路中两只功率开关管的基极驱动信号为具有 180° 相位差的脉冲方波信号,其高、低电平的相互转换在时间上是完全一致的。但是由于从导通状态要向关断状态转换的功率开关管存在着存储时间,其转换具有一定的延迟,集电极-发射极之间的电压仍处于 $U_{ces} = 1V$ 的饱和导通状态,历时长达 $1 \sim 5\mu s$。由于功率开关管的开启时间比存储时间短得多,所以一直到存储时间结束双管同时导通的现象才能停止。产生共态导通现象的电路及各点的波形如图 3-11 所示,从图中还可以看出,产生共态导通的原因除了功率开关管所存在的存储时间以外,还包括驱动信号的上升沿和下降沿不很陡峭,或者上升和下降延迟时间过长,或者死区时间不够。

这种双管共态导通现象可能引起灾难性故障,因为正在关断中的功率开关管处在存储期,一直是输入直流电源电压 U_i 加在功率开关变压器的半个初级绕组上,由于变压器的作用,另一个正在导通中的功率开关管集电极仍处于 $2U_i$ 电压,不能进入饱和区,但这时功率开关管已在正向脉冲驱动下,故正在导通中的功率开关管在集电极电压 $2U_i$ 的作用下将流过数值很大的集电极电流(约 βI_b),造成较大的高频尖峰损耗。每个功率开关管在每个周期各出现这种高频尖峰损耗一次。当占空比足够大时,其平均功率损耗可能将功率开关管结温升高到损坏点。每个功率开关管的平均功率损耗为

$$P_a = 2U_i \beta I_b f t_s \qquad (3\text{-}50)$$

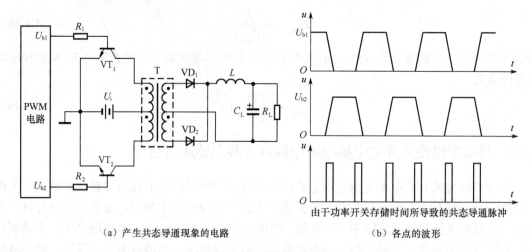

（a）产生共态导通现象的电路　　　　　（b）各点的波形

图 3-11　产生共态导通现象的电路及各点的波形

式中，β 为功率开关管的放大倍数；I_b 为功率开关管的基极驱动电流，单位为 A；f 为驱动信号的工作频率，单位为 Hz；t_s 为功率开关管的存储时间，单位为 s。即使功率开关管的平均功率损耗还不足以损坏功率开关管，但二次击穿的作用也可能将其损坏。为了安全起见，设计人员应该设法避免功率变换器中功率开关管同时导通现象的发生，可以采用如下的方法和措施。

1. 采用 RC 电路延迟导通来避免双管共态导通现象

采用 RC 电路延迟导通来避免双管共态导通现象，一般情况下设计人员均采用下列两种方法：

（1）缩短关断功率开关管的存储时间

采用抗饱和回受二极管电路、达林顿电路和基极反偏压的方法都可以缩短功率开关管的存储时间。图 3-12 所示的电路就是采用驱动开关变压器 T_1 为两个功率开关管基极电路提供反向的驱动脉冲信号，也为基极放电提供了简易的通路。驱动开关变压器 T_1 次级的两个输出电压为相位错开的、对地正负相间的双向脉冲信号电压。驱动脉冲峰-峰值应小于 8V。为了提供足够的反向基-射极电压，一般常取反偏压为 5V。这种方法中的功率开关管的发射极可直接接地，不需外加二极管。

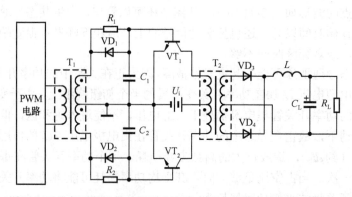

图 3-12　用驱动开关变压器提供基极反向驱动电压来缩短功率开关管存储时间的电路

（2）延迟功率开关管导通

采用延迟导通电路就可以延迟功率开关管导通的起始时间。延迟导通电路如图 3-13 所示。两个电容器 C_1 和 C_2 分别接于每个功率开关管的基极与地之间，使输入驱动方波信号的正向上升沿因积聚电荷而延迟开启时间。输入电阻 R_1 和二极管 VD_1 并联，对于输入驱动正向上升信号来说，二极管 VD_1 是反向偏置的，RC 延迟电路起作用。对输入驱动跳变信号来说，二极管 VD_1 正向偏置与电阻 R_1 分流，使电容 C_1 快速放电，并从功率开关管基极抽取较大的反向电流。为了使二极管 VD_1 的作用更有效，输入驱动信号的最低值至少比零电位低 0.8V。这样就使得在基极关断期间，功率开关管的基极处于 0.5V 左右的半通半关的放大状态，这时二极管 VD_1 处于正向偏置。如果功率开关管基极最低电位需为零以下的情况不能实现时，可在两只功率开关管发射极的公共连接点到地之间加接一只二极管 VD_3。这样就会将发射极电位提高 0.8V 左右，而导通功率开关管的基极电位达 1.7V 左右。这样 0V 的最低输入值就能使二极管 VD_1 正向偏置，使电容 C_1 和功率开关管的基极存储的电荷快速放电。

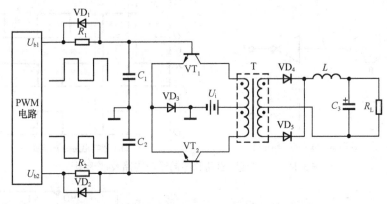

图 3-13 避免双管共态导通的 RC 延迟导通电路

2．采用延迟导通脉冲来避免和防止双管共态导通

图 3-13 所示电路中的电阻 R_1/R_2、电容 C_1/C_2 延迟回路没有确定的波形边沿，并且其电压值随温度的变化而变化。在较高温度时，功率开关管的存储时间就会增长，因而导通延迟时间就会相应增大。但是实际上延迟期反而缩短了，原因是导通点是由功率开关管基极导通阈值所决定的，而基极导通阈值随温度升高反而降低了。图 3-14（a）表示了获得所需延迟时间的较好方法，图 3-14（b）表示了对应的波形时序图。图中宽度为 t_d 的延迟脉冲由脉冲单稳态振荡器于每半周开始时产生。电路中采用正逻辑与非门将 U_1 和 U_2 每半周方波与负跳变脉冲 U_g 组合，产生如图中所示的输出电压 U_{o1} 和 U_{o2} 波形，其正向上升沿每半周的开始时间均要延迟时间 t_d，其负向下降沿均与每半周的结束时间相重合。因此可以看到，输出电压 U_{o1} 和 U_{o2} 的正向上升沿对应各自相反的触发脉冲负向下降沿延迟了时间 t_d，俗称 t_d 为"死区时间"。这从根本上解决了他激型推挽式开关电源电路中的双管共态导通问题。显然，死区时间 t_d 应比功率开关管的存储时间 t_s 和下降时间 t_f 之和还要略微大一些。

另外，还可采用图 3-15（a）和（b）所示的电路来延迟开关电源电路中功率开关管的开启时间。图 3-15（a）所示的电路是把输入方波经过电阻 R_1 和电容 C_1 所组成的积分电路进行适当的延迟，再去驱动所对应的功率开关管，即所谓的积分延迟驱动电路。图 3-15（b）所示的电路是在驱动级晶体管 VT_1 的基极上连接一个由电阻 R_2 和电容 C_1 组成的积分电路，把 VT_1 输出的驱动电压进行适当的延迟，再去驱动对应的功率开关管，即所谓的晶体管延迟驱动电路。

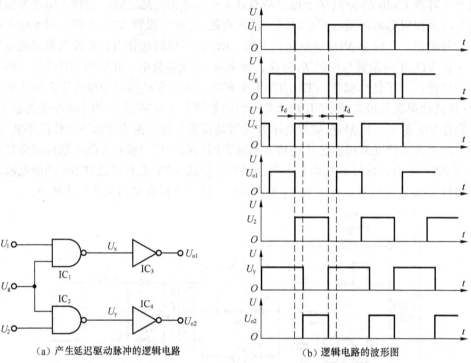

（a）产生延迟驱动脉冲的逻辑电路　　　　（b）逻辑电路的波形图

图 3-14　产生延迟驱动脉冲的逻辑电路及波形图

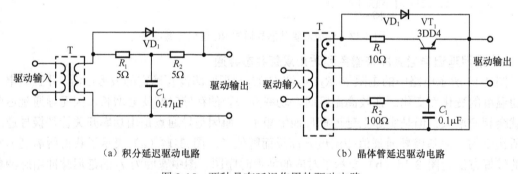

（a）积分延迟驱动电路　　　　　　　（b）晶体管延迟驱动电路

图 3-15　两种具有延迟作用的驱动电路

3．减小功率开关管存储时间的有效方法

为了减小功率开关管的存储时间，从功率开关管本身来说应挑选截止频率 f_t 高的管子，因为在一般情况下截止频率 f_t 高的晶体管存储时间就小。但晶体管已经选定好后，要想减小其存储时间 t_s 就必须使晶体管不要进入深饱和状态，也就是不要对晶体管的基极进行过量的驱动，这一点在晶体管空载时尤为重要。图 3-16 所示的电路就是一个防止晶体管进入深饱和状态的电路。当晶体管一旦进入饱和区后，钳位二极管 VD 就把晶体管 VT 基极的驱动电流向集电极分流，使基极电流不再增加，从而防止了晶体管 VT 进入深饱和区，减小了晶体管的存储时间 t_s。

减小功率开关管存储时间 t_s 的另一种方法是设置反偏置驱动电路。为了更深入和更细致地了解设置反偏置电路的工作原理，需要对功率开关管的开关参数中的死区时间 t_d、上升时间 t_r、存储时间 t_s 以及下降时间 t_f 进行严格的定义。如图 3-17 所示，功率开关管的开启时间 t_{ON1} 由 t_d 和 t_r 两部分组成，即 $t_{ON1} = t_d + t_r$。关断时间 t_{OFF1} 也由 t_s 和 t_f 两部分组成，即 $t_{OFF1} = t_s + t_f$。在 t_d、t_r、t_s 和 t_f 这 4 个时间参数中，数值较大的就是功率开关管的存储时间 t_s。开关电源电路是依靠调节驱动脉冲的占空比实现稳定输出电压的，如果存储时间 t_s 过大，则会产生驱动脉冲占空比不能调至最小，从而就会影响稳压电源的稳压工作范围，也会导致开关电源的工作频率无法提高等弱点。在推挽式和桥式开关电源电路中还会促使双管共态导通现象的发生。因此，设置反偏压驱动电路的目的就是要减小功率开关管开关参数中的存储时间 t_s。下面介绍几种实际中应用最为广泛的反偏压驱动电路。

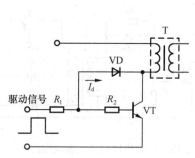

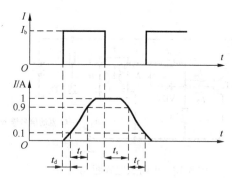

图 3-16 防止功率开关管深饱和的电路　　图 3-17 功率开关管的开关参数 t_d、t_r、t_s 和 t_f 的定义示意图

（1）电阻放电式驱动电路

电阻放电式驱动电路如图 3-18 所示。工作原理为：当晶体管 VT_1 的基极加正向驱动信号饱和导通时，输入直流电源电压 U_i 几乎全部加到功率开关变压器 T_1 的初级绕组 N_2 上，在次级绕组 N_1 上所感应的电压通过电阻 R_2 向高反压功率开关管 VT_2 提供正向驱动电流 I_{b1}，使其饱和导通。在此期间功率开关变压器 T_1 磁芯中逐渐积累磁场能量，此时二极管 VD_1 和 VD_2 均反向偏置而截止。当加在 VT_1 基极的正向驱动信号消失时，由于 VT_1 是一个高频开关管，因此其中的 t_s 和 t_f 均可忽略不计，故 VT_1 立即截止。于是功率开关变压器 T_1 的初、次级绕组 N_2 和 N_1 上的电压极性全部发生变向，早先积累在功率开关变压器 T_1 中的磁场能量分别在两个回路中变成电流而被释放掉。功率开关变压器 T_1 初级绕组 N_2 中积累的能量通过二极管 VD_1 和电阻 R_1 而被释放；功率开关变压器 T_1 次级绕组 N_1 中积累的能量则通过 VT_2 的基-射极以及 VD_2 形成一个反偏电流 I_{b2} 而释放掉（R_3 上所流过的电流此时可以忽略不计）。电路中的二极管 VD_1 和电阻 R_1 主要是为了限制功率开关变压器 T_1 次级绕组 N_1 上感应电压的幅值，以防止 VT_2 基-射结被击穿。该电路的缺点是反偏电流 I_{b2} 的大小与功率开关变压器 T_1 在 VT_1 导通期间存储的能量成正比，也就是与 VT_1 的驱动脉冲的占空比成正比，而开关电源在空载时 VT_1 驱动脉冲的占空比恰好为最小，因而 I_{b2} 也就最小。因此，正好与功率开关管在空载时存储时间最大、需要 I_{b2} 最大的要求相反。该电路的优点是结构简单，因此在小功率的开关电源电路中颇受欢迎。

（2）恒定电压放电式驱动电路

图 3-19 所示的电路是恒定电压放电式驱动电路。其工作原理为：当 VT_1 的基极加上正向

驱动信号时饱和导通，此时输入直流电源电压 U_i 几乎全部加到功率开关变压器 T_1 的初级绕组 N_1 上，在次级绕组 N_2 上所感应的电压使二极管 VD_1 反偏而截止，而在次级绕组 N_3 上所感应的电压则通过电阻 R_2 向功率开关管 VT_2 的基极提供一个正向驱动电流 I_{b1}，使其饱和导通，二极管 VD_2 反向偏置而截止，功率开关变压器 T_1 在此期间逐步积累磁场能量。当 VT_1 基极的正向驱动信号消失时，VT_1 马上截止，于是功率开关变压器 T_1 的 N_1、N_2 和 N_3 各绕组上的电压极性全部发生变向。当绕组 N_2 上的电压大于 U_i 时，二极管 VD_1 导通，因此绕组 N_2 上的电压被钳位在 U_i 以下。故此时绕组 N_3 上的电压就为恒定值，并且通过 VT_2 的基-射极与二极管 VD_2 形成一个基极反偏电流 I_{b2}（R_1 中的电流此时可以忽略不计），这样就达到了减小功率开关管 VT_2 存储时间 t_s 的目的。

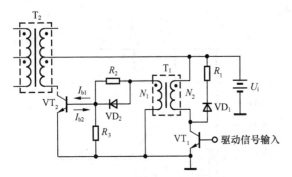

图 3-18　电阻放电式驱动电路

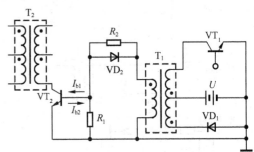

图 3-19　恒定电压放电式驱动电路

（3）电容储能式驱动电路

图 3-20 所示的电路是一个典型的电容储能式驱动电路。其工作原理为：当晶体管 VT_1 的基极加有正向驱动信号时 VT_1 饱和导通，输入直流电源电压 U_i 几乎全部加到功率开关变压器 T_1 的初级绕组 N_2 上，在次级绕组 N_1 上所感应的电流 I_{b1} 使功率开关管 VT_2 处于饱和导通状态。另一路电流流过电阻 R_1 向电容 C 充电，由于电容 C 的阻抗比电阻 R_1 小，因此电容 C 上很快建立起电压 U_C，其值的大小可用下式表示：

$$U_C = U_i \frac{N_1}{N_2} - U_{bes} - U_d \tag{3-51}$$

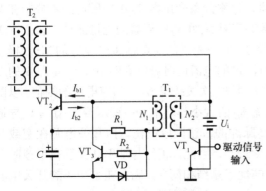

图 3-20　电容储能式驱动电路

式中，U_{bes} 为功率开关管 VT_2 基-射极的饱和管压降，单位为 V；U_d 为二极管 VD 的正向管压降，单位为 V。在此期间晶体管 VT_3 因二极管 VD 的压降而处于反偏截止状态。当晶体管 VT_1 基极上所加的正向驱动信号消失后，VT_1 立即截止，功率开关变压器绕组 N_1 和 N_1 上的电压极性发生变向，在绕组 N_1 上所感应的电压经过零的瞬间，电容 C 上的电压 U_C 通过电阻 R_1 加到晶体管 VT_3 的基极，使其导通。于是电容 C 上的电压 U_C 通过 VT_3 的集-射极又加到功率开关管 VT_2 的基-射极，形成一个较大的反偏电流 I_{b2}。同时电压 U_C 使晶体管 VT_3 继续保持导通状态，并使二极管 VD 处于反偏截止状态。

本电路适用于中、大功率的开关电源电路。

此外,有关开关电源电路中的容性负载问题,功率开关变压器的漏感问题,转换过程的高电压、大电流的重叠问题和噪声问题等的解决方法读者可查阅有关文献,这里不再赘述。

3.2.4 他激型推挽式开关电源电路中的 PWM/PFM 电路

他激型推挽式开关电源中的 PWM 电路与单端式开关电源电路中的一样,也包括 PWM 发生器、PWM 驱动器、PWM 控制器等电路,不同之处就是把单端驱动输出变为相位相差 180°的双端驱动输出。另外,具有双端驱动输出的这些 PWM 电路不但能构成他激型推挽式开关电源电路,还能构成其他类型的双端式开关电源,如半桥式、全桥式等开关电源电路。随着微电子技术的飞速发展,包含有 PWM 发生器、PWM 驱动器、PWM 控制器等电路的 PWM 集成电路 20 世纪 80 年代末就已问世,并且品种各式各样,有电压控制型的,有电流控制型的,还有软开关控制型的,使设计人员在设计双管他激式开关电源时十分方便。另外,由于 PWM 控制与驱动集成电路是开关电源的核心,为了让从事开关电源产品设计、研制和生产的技术人员能使用 PWM 控制与驱动器更直接地设计出可靠性更高、成本更低的开关电源产品,下面介绍在实际中应用最为广泛的双端他激型推挽式开关电源 PWM 集成电路驱动器 UC3525A/UC3527A,供设计者们参考。

UC3525A/UC3527A 是一系列的电压控制模式的 PWM 控制与驱动器集成电路。使用该集成电路芯片构成的开关电源不但具有良好的性能,而且还具有外围器件少、调试和安装简单等优点,芯片内部基准电压源的精度可达±1%。内部误差放大器的输入共模电压范围除外部电阻的影响以外,主要取决于内部的基准电压。该芯片具有外同步输入端,可实现外部同步功能。连接于 Ct 端和 Disch 端的电阻可以实现对 PWM 输出驱动信号的死区时间进行调节,该器件仅需要一个外部定时电容就可以实现软启动功能。该芯片具有外部程控功能,也就是使用一个外部控制脉冲输入到外部控制端,就可以实现对软启动电路和输出驱动信号的控制,这些电路的工作状态主要取决于外部控制信号使内部的 PWM 触发器所置的状态,而软启动电路的工作周期时间又主要取决于控制信号的脉冲宽度。该芯片还具有欠压封锁输出的功能,这种功能是通过其内部的一个欠压封锁电路来实现的,当输入电压低于所要求的正常输入电压范围时,内部的欠压封锁电路就会在关闭输出驱动信号的同时使软启动电容开始放电。为了消除欠压封锁电路过于灵敏的缺点,设计该电路时使其具有 500mV 的滞后。另外该芯片内部还具有一个 PWM 触发器,该 PWM 触发器的主要功能是完成当内部的 PWM 脉冲信号不管是由于什么原因而被关闭时,便能将输出端关闭而维持一段时间,并且该触发器在内部时钟信号的每一个周期内都要被复位一次。该芯片的输出级被设计为图腾柱输出方式,具有输出和吸收 200mA 的输出驱动能力。UC3525A/UC3527A 的输出逻辑电平正好相反,希望用户在使用时要多加注意。而 UC3525A/UC3527A 与 UC3525B/UC3527B 的外形封装和引脚引线完全相同,内部电路也基本相同。其最大的差别是 UC3525A/UC3527A 的内部基准电压源的精度为±1%,UC3525B/UC3527B 的内部基准电压源的精度为±0.75%,比 UC3525A/UC3527A 的内部基准电压源的精度要高得多。所以在一般的应用当中它们之间可以直接互换,但是在要求较高的应用电路中 UC3525B/UC3527B 可以代换 UC3525A/UC3527A,而 UC3525A/UC3527A 却不能代换 UC3525B/UC3527B,这一点也希望用户在使用该芯片设计电路时要多加注意。

（1）主要性能

① 输入电源电压范围：8～35V。

② 内部 5.1V 基准电压源的精度：UC3525A/UC3527A 为±1%，UC3525B/UC3527B 为±0.75%。

③ 具有独立的振荡器外同步端，内部振荡器工作频率范围为 100～500kHz。

④ 具有死区时间可调节功能和软启动功能。

⑤ 具有外部脉冲程控开/关机功能。

⑥ 具有延迟的输入欠压封锁功能。

⑦ 内部具有 PWM 触发器，并可以形成各种保护功能。

⑧ 具有 200mA 的图腾柱式输出结构和驱动能力。

⑨ 构成开关电源电路时所需外围元器件非常少。

⑩ 具有 4 种外形封装形式：DIP-16、DIL-16、PLCC-20 和 LCC-20。

（2）技术参数

① 重要参数的极限值。UC3525A/UC3527A 重要参数的极限值见表 3-1。

表 3-1　UC3525A/UC3527A 重要参数的极限值

参 数 名 称	极限参数值	参 数 名 称	极限参数值
输入电源电压($V_{i\,max}$)	+40V	内部振荡器充电电流	5mA
集电极输入电压($V_{c\,max}$)	+40V	功率损耗（t_a=+25℃）	1000mW
逻辑输入电平范围	−0.3～5.5V	功率损耗（t_c=+25℃）	2000mW
模拟输入电平范围	−0.3～V_i	工作结点温度范围	−55～+150℃
驱动器输出电流值	500mA	储藏温度范围	−65～+150℃
内部基准电压源输出电流值	50mA	焊接温度（焊接时间不超过 10s）	300℃

② 厂家推荐最佳工作条件。UC3525A/UC3527A 的厂家推荐最佳工作条件见表 3-2。

表 3-2　UC3525A/UC3527A 厂家推荐最佳工作条件

参 数 名 称	推荐最佳工作参数值
输入电源电压(V_i)	8～35V
集电极电源电压(V_c)	4.5～35V
驱动输出级的输出电流的稳定值（进或出）	0～100mA
驱动输出级的输出电流的峰-峰值（进或出）	0～400mA
内部基准电压源的输出电流值	0～20mA
内部振荡器的工作频率范围	100～400kHz
内部振荡器的定时电阻	2～150kΩ
内部振荡器的定时电容	0.001～0.1μF
死区时间调节的电阻范围	0～500Ω
工作环境温度范围	军品级：UC1525A/UC1527A，−55～+125℃
	工业级：UC2525A/UC2527A，−25～+85℃
	民品级：UC3525A/UC3527A，0～+70℃

③ UC3525A/UC3527A 与 UC3525B/UC3527B 之间的区别。UC3525A/UC3527A 与 UC3525B/UC3527B 之间的区别见表 3-3。

（3）引脚引线与外形封装

① 引脚引线功能简介。UC3525A/UC3527A 的引脚引线功能简介见表 3-4。

表 3-3　UC3525A/UC3527A 与 UC3525B/UC3527B 之间的区别

参　　数	UC3525B/UC3527B	UC3525A/UC3527A
基准电压源部分		
$V_{\text{ref min}}$	5.062V	5.05V
$V_{\text{ref max}}$	5.138V	5.15V
最大线性调整率	±10mV	±20mV
最大负载调整率	±15mV	±50mV
最大温度稳定性	±30mV	±50mV
输出最大变化值	5.036～5.164V	5.00～5.20V
长时间最大稳定性	±10mV	±50mV
典型温度系数	8	—
PWM 输出部分		
最小导通时间的典型值	350ns	600ns
边界条件	30ns	150ns
输入电源部分		
输入电源电流 （40～400Hz）	15mA（最大值）	40mA（典型值）
产品性能部分		
击穿电压值	2kV（所有引脚之间）	没有保护

表 3-4　UC3525A/UC3527A 的引脚引线功能简介

引　脚　号 SOIC-16 DIL-16	引　脚　号 PLCC-20 LCC-20	表　示符　号	功　能　简　介
1	2	Inv Input	误差放大器的反向输入端
2	3	N.I. Input	误差放大器的正向输入端
3	4	Sync	振荡器的外同步控制端。若采用内部振荡时钟信号时，该端悬空或接高电平。若采用外部同步时钟信号时，该端接地，并且外部同步时钟信号应从第 4/5 脚输入
4	5	Osc Output	内部振荡器的输出端。使用外同步功能时，该端为外部同步时钟的输入端
5	7	C_T	外接定时电容端。该端外接的定时电容和第 8 端外接的定时电阻决定内部振荡器的振荡频率
6	8	R_T	外接定时电阻端。该端外接的定时电阻和第 7 端外接的定时电容决定内部振荡器的振荡频率
7	9	Discharge	外接放电电阻端。该端到 C_T 端外接一个放电电阻，通过调节该放电电阻的大小就可以改变 PWM 驱动信号的死区时间
8	10	Soft-Start	外接软启动电容端。该端到地之间所连接的电容可以决定该芯片的软启动时间。应用时该端到地之间所接的软启动电容的大小一般为 1～10μF
9	12	Comp	内部 PWM 比较器的输入端
10	13	Shutdown	外部控制端。该端输入的控制信号为高电平时，芯片内部工作被关断，输出的 PWM 驱动信号被关闭而为零电平；控制信号为低电平时，芯片内部开始工作，PWM 驱动信号正常输出。利用该端可以构成各种保护功能
11	14	Output A	PWM 驱动信号的 A 路输出端。该端与 B 路输出的 PWM 驱动信号的相位相差 180°，正好相反。另外 UC1525A、UC2525A、UC3525A 与 UC1527A、UC2527A、UC3527A 输出的 PWM 驱动信号的相位相差 180°，正好相反

续表

| 引脚号 | | 表示符号 | 功能简介 |
SOIC-16 DIL-16	PLCC-20 LCC-20		
12	15	Ground	该芯片的公共接地端
13	17	V_C	芯片内部图腾柱输出级的集电极。应用时一般与输入电源电压+V_{IN}端应外接一个小阻值的电阻，以起限流作用
14	18	Output B	PWM 驱动信号的 B 路输出端。该端与 A 路输出的 PWM 驱动信号的相位相差180°，正好相反。另外 UC1525A、UC2525A、UC3525A 与 UC1527A、UC2527A、UC3527A 输出的 PWM 驱动信号的相位相差180°，正好相反
15	19	+V_{IN}	该芯片的电源电压输入端。应用时该端到地之间应外接一个容量为 0.1μF 的滤波电容
16	20	V_{REF}	该芯片内部基准电压源的输出端。应用时该端到地之间应外接一个容量在 0.1μF 以上的滤波电容，以滤除高频振荡的串扰
	1, 6, 11, 16	N/C	空脚

② 外形封装。UC1525A/UC1527A、UC2525A/UC2527A、UC3525A/UC3527A 的外形封装如图 3-21 所示。

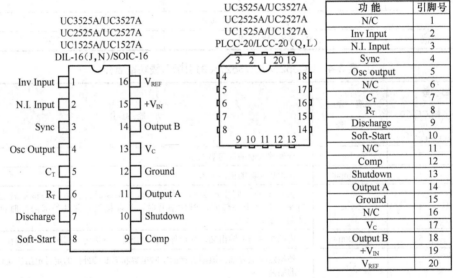

(a) DIL-16/SOIC-16　　　　(b) PLCC-20/LCC-20

图 3-21　UC1525A/UC1527A、UC2525A/UC2527A、UC3525A/UC3527A 的外形封装

（4）内部原理方框图

UC3525A/UC3527A 的内部原理方框图如图 3-22 所示。这里仅给出 UC3525A 的内部原理方框图，而 UC3527A 的内部原理方框图与 UC3525A 的基本相同，只是输出端的相位刚好相差180°，为了节约篇幅，因此就不再给出。

（5）几个应注意的问题

① 振荡器振荡频率的确定。UC3525A/UC3527A 振荡器的充电时间主要取决于外接的定时电阻 R_T 和定时电容 C_T 的大小，图 3-23 表示出了振荡器的充电时间与外接定时电阻 R_T 和定时电容 C_T 大小之间的关系曲线。振荡器的放电时间主要取决于外接的定时电阻 R_T 和定时

电容 C_T 的大小，图 3-24 表示出了振荡器的放电时间与外接定时电阻 R_T 和定时电容 C_T 大小之间的关系曲线。内部振荡器的振荡频率主要取决于外接的定时电阻 R_T、定时电容 C_T 和放电电阻 R_D 的大小。它们的关系满足下列公式：

$$f = \frac{1}{C_T(0.7R_T + 3R_D)} \tag{3-52}$$

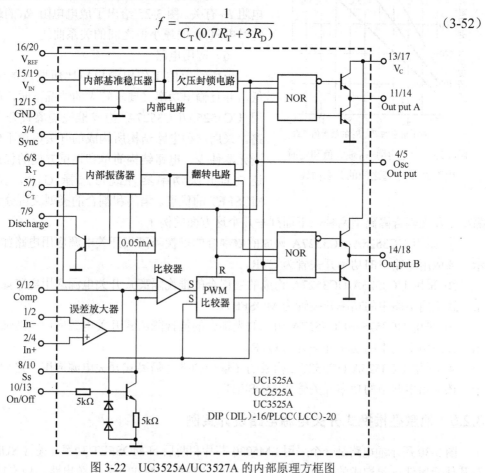

图 3-22 UC3525A/UC3527A 的内部原理方框图

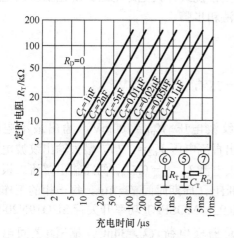

图 3-23 振荡器充电时间与外接定时电阻 R_T 和电容 C_T 大小之间的关系曲线

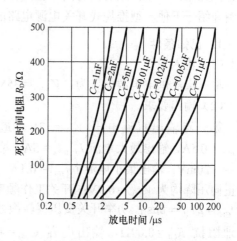

图 3-24 振荡器的放电时间与外接定时电阻 R_T 和电容 C_T 大小之间的关系曲线

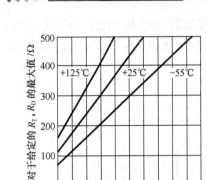

图 3-25 放电电阻 R_D 最大值和定时
电阻 R_T 最小值之间的关系曲线

② 死区时间的确定。UC3525A/UC3527A 的 PWM 驱动信号死区时间不但与连接于 Discharge 端和 C_T 端之间的放电电阻 R_D 有关，而且还与外接的定时电阻 R_T 有关。图 3-25 给出了放电电阻 R_D 的最大值和定时电阻 R_T 的最小值之间的关系曲线。

（6）应用电路

当所给定的工作电源电压比所要求的输出电压低，并且输出功率又要求较大的情况下时，就可以利用 UC3525A/UC3527A 构成推挽隔离式开关电源电路。采用这种电路结构所构成的开关电源不但具有外围元器件少、电路结构简单和调试方便的优点，而且还具有开关功率器件既可选择 GTR，又可选择 MOSFET 的优点。隔离和耦合的类型又可分为磁耦合隔离型和光耦合隔离型两种，下面列举几个这方面的例子。

① 采用 UC3525A/UC3527A 构成的磁耦合的推挽隔离式开关电源应用电路如图 3-26 所示，该应用电路中的功率开关管为 GTR。

② 采用 UC3525A/UC3527A 构成的磁耦合的推挽隔离式开关电源应用电路如图 3-27 所示，该应用电路中的功率开关管为 MOSFET。

③ 采用 UC3525A/UC3527A 构成的光耦合的推挽隔离式开关电源应用电路如图 3-28 所示，该应用电路中的功率开关管为 GTR。

④ 采用 UC3525A/UC3527A 构成的光耦合的推挽隔离式开关电源应用电路如图 3-29 所示，该应用电路中的功率开关管为 MOSFET。

3.2.5 他激型推挽式开关电源电路设计实例

图 3-30 所示的电路是一个采用 LM5030 芯片和两只 N-MOSFET 功率开关管 SUD19N20-90 及其他元器件一起构成的具有两路直流输出的他激型推挽式开关电源电路。现在就以该电路为例介绍一下他激型推挽式开关电源电路的设计方法和步骤。

1. 已知条件

（1）输入条件

输入直流供电电源电压为：$V_{i\,min} = 35V$，$V_{i\,max} = 75V$，$V_{i\,nom} = 48V$。

（2）输出要求

第一路输出直流电压 $V_{o1} = 12V$，最大输出纹波电压 $V_{rp1} = 100mV$，输出最小电流 $I_{o1\,min} = 0.5A$，输出最大电流 $I_{o1\,max} = 5A$；第二路输出直流电压 $V_{o2} = 3.7V$，最大输出纹波电压 $V_{rp2} = 120mV$，输出最小电流 $I_{o2\,min} = 0.1A$，输出最大电流 $I_{o2\,max} = 0.5A$；两路输出整流二极管的正向压降均为 $V_{d\,fw} = 0.9V$；开关工作频率 $f = 250kHz$，周期时间 $T = 4\mu s$，每一相的工作时间 $t_{CH} = 2/f = 8\mu s$；功率开关变压器转换效率 $\eta = 0.95$；MOSFET 功率开关管 SUD19N20-90 导通阻抗 $R_{on} = 0.09\Omega$，输出电容 $C_{oss} = 180pF$，总栅极电荷 $Q_{tot} = 34nC$，栅-漏之间电荷 $Q_{gd} = 12nC$，栅-源之间电荷 $Q_{gs} = 8nC$，阈值电压 $V_{gsth} = 2V$，$R_{dron} = 3\Omega$；$V_{dr} = 9V$。

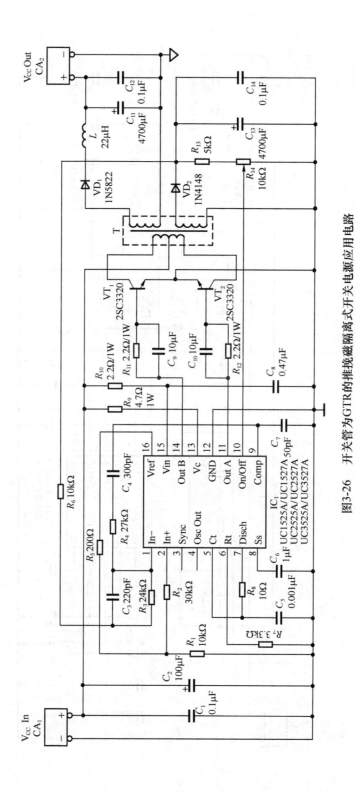

图3-26 开关管为GTR的推挽磁隔离式开关电源应用电路

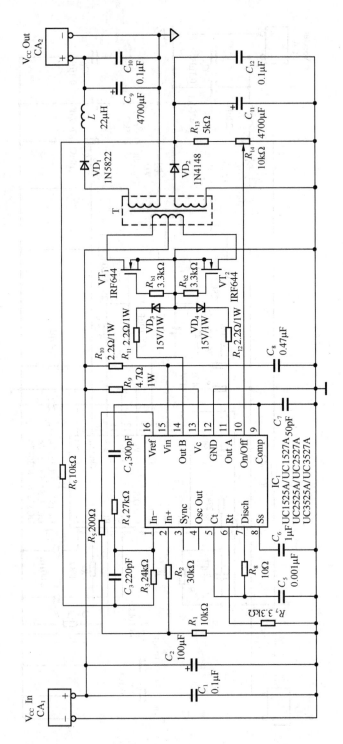

图3-27 开关管为GTR的推挽磁隔离式开关电源应用电路

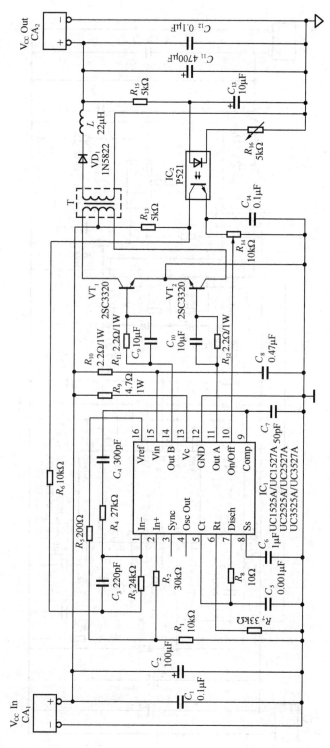

图3-28 采用光耦合的功率开关管为GTR的推挽隔离式开关电源应用电路

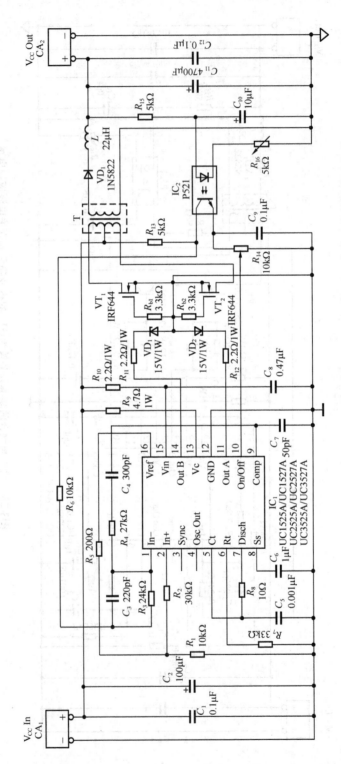

图3-29 采用光耦合的功率开关管为MOSFET的推挽隔离式开关电源应用电路

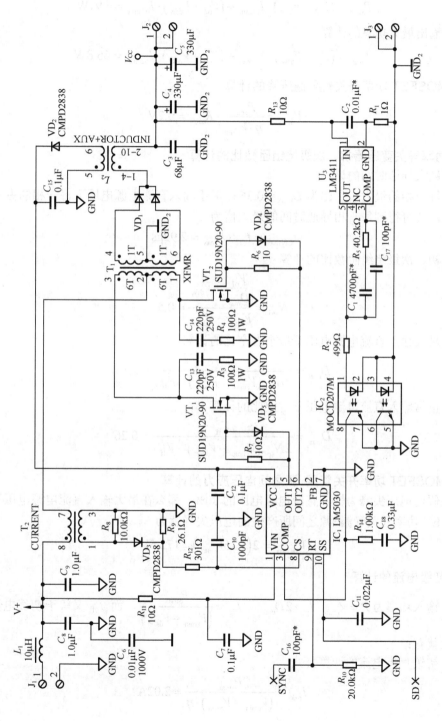

图3-30 采用LM5030芯片等构成的他激型推挽式开关电源电路

2. 输出功率的计算

（1）输出最小功率的计算

$$P_{o\min} = \left(V_{o1} + V_{dfw}\right) \cdot I_{o1\min} + \left(V_{o2} + V_{dfw}\right) \cdot I_{o2\min} = 6.91W \tag{3-53}$$

（2）输出最大功率的计算

$$P_{o\max} = \left(V_{o1} + V_{dfw}\right) \cdot I_{o1\max} + \left(V_{o2} + V_{dfw}\right) \cdot I_{o2\max} = 66.8W \tag{3-54}$$

3. MOSFET 功率开关管导通压降的计算

$$V_{dson} = \frac{P_{o\max}}{\eta \cdot V_{i\min}} \cdot R_{dson} = 0.2V \tag{3-55}$$

4. 功率开关变压器初、次级绕组匝数比的计算

（1）最大导通时间的计算

假定每一相的最大占空比为 $D_{\max} = 0.365$，最小输入直流电源电压下每一相的占空比应远小于 0.40，就可得到每一相导通时间的最大值为

$$t_{ON\max} = t_{CH} \cdot D_{\max} = 2.92\mu s \tag{3-56}$$

（2）初、次级绕组匝数比的计算

$$N_{sp1} = \frac{\dfrac{V_{o1}}{D_{\max}^2} + V_{dfw}}{V_{i\min} - V_{dson}} = 0.5 \tag{3-57}$$

（3）最大输入直流电源电压下最小占空比的计算

$$D_{\min} = \frac{V_{o1}}{2N_{sp1}\left(V_{i\max} - V_{dson}\right) - V_{dfw}} = 0.16 \tag{3-58}$$

（4）正常输入直流电源电压下占空比的计算

$$D_{nom} = \frac{V_{o1}}{2N_{sp1}\left(V_{i\,nom} - V_{dson}\right) - V_{dfw}} = 0.26 \tag{3-59}$$

5. MOSFET 功率开关管漏-源之间电压应力的计算

如果假定电压尖峰为输入直流电源电压的 30%，那么在最大输入直流电源电压下由漏感在 MOSFET 功率开关管漏-源之间所产生的电压尖峰就为

$$V_{sw\max} = 2\left(1.15V_{i\max}\right) = 172.5V \tag{3-60}$$

6. 初级电流的计算

由于输入功率为 $P_i = V_{i\min} \cdot I_{pf} \cdot 2D_{\max}$，$I_{dc} = \dfrac{P_{o\max}}{\left(V_{i\min} - V_{dson}\right)}$，而 I_{pft} 又等于初级电流的下降量，因此就有：

（1）初级直流电流的计算公式

$$I_{pdc} = \frac{P_{o\max}}{\left(V_{i\min} - V_{dson}\right) \cdot \eta} = 2.02A \tag{3-61}$$

（2）初级电流下降量的计算公式

$$I_{\mathrm{pft}} = \frac{P_{\mathrm{omax}}}{\left(V_{\mathrm{imin}} - V_{\mathrm{dson}}\right)\cdot \eta \cdot 2D_{\max}} = 2.77\mathrm{A} \tag{3-62}$$

（3）初级电流有效值的计算公式

$$I_{\mathrm{prms}} = I_{\mathrm{pft}}\cdot \sqrt{D_{\max}} = 1.67\mathrm{A} \tag{3-63}$$

（4）初级交流电流的计算公式

$$I_{\mathrm{pac}} = I_{\mathrm{pft}}\cdot \sqrt{D_{\max}\left(1 - D_{\max}\right)} = 1.33\mathrm{A} \tag{3-64}$$

7．次级电流的计算

由于钳位电路的作用，次级电流的有效值等于直流输出电流，因此就有：

（1）次级电流有效值的计算公式

$$I_{\mathrm{s1rms}} = I_{\mathrm{o1max}}\cdot \sqrt{D_{\max}} = 3.02\mathrm{A} \tag{3-65}$$

$$I_{\mathrm{s2rms}} = I_{\mathrm{o2max}}\cdot \sqrt{D_{\max}} = 0.3\mathrm{A} \tag{3-66}$$

（2）次级交流电流的计算公式

$$I_{\mathrm{s1ac}} = I_{\mathrm{o1max}}\cdot \sqrt{D_{\max}\left(1 - D_{\max}\right)} \tag{3-67}$$

$$I_{\mathrm{s2ac}} = I_{\mathrm{o2max}}\cdot \sqrt{D_{\max}\left(1 - D_{\max}\right)} = 0.24\mathrm{A} \tag{3-68}$$

8．输出整流二极管最大应力的计算

（1）电压应力的计算

输出整流二极管的最大电压应力实际上就是反向耐压值，因此可由下式计算出来：

$$V_{\mathrm{RRM1max}} = V_{\mathrm{RRM2max}} = 2V_{\mathrm{imax}}\cdot N_{\mathrm{sp1}} = 74.74\mathrm{V} \tag{3-69}$$

在实际应用中，应选择反向耐压为 100V 的肖特基或快恢复二极管。

（2）功率应力的计算

$$P_{\mathrm{VD1max}} = I_{\mathrm{o1max}}\cdot V_{\mathrm{dfw}} = 4.5\mathrm{W} \tag{3-70}$$

$$P_{\mathrm{VD2max}} = I_{\mathrm{o2max}}\cdot V_{\mathrm{dfw}} = 0.45\mathrm{W} \tag{3-71}$$

对于大电流、低电压输出的应用电路，为了得到较高的转换效率，应选择同步整流技术。若选用 MOSFET 功率开关管作为同步整流器中的功率开关管时，其功率应力应由下式计算出来：

$$P_{\mathrm{FETtot}} = P_{\mathrm{VD1max}} + P_{\mathrm{VD2max}} = 4.95\mathrm{W} \tag{3-72}$$

9．输出纹波电压、输出电感和输出滤波电容容量的计算

假定输出滤波电路工作于连续工作模式，并且电感两端的电压 $V_{\mathrm{L}} = L\cdot \mathrm{d}i/\mathrm{d}t$，电流的变化量 $\Delta I = 2I_{\mathrm{omin}} = V_{\mathrm{L}}\cdot t_{\mathrm{ON}}/L_{\mathrm{o}} = \left(V_{\mathrm{f}} - V_{\mathrm{o}}\right)t_{\mathrm{ON}}/L_{\mathrm{o}}$，而 $V_{\mathrm{o}} = V_{\mathrm{f}}\left(2t_{\mathrm{ON}}/T\right)$（$V_{\mathrm{f}}$ 为输出峰值电压），因此就有：

（1）输出电感的计算公式

$$L_{\mathrm{o1}} = \frac{\left(V_{\mathrm{f1}} - V_{\mathrm{o1}}\right)\cdot t_{\mathrm{ONmax}}}{2I_{\mathrm{o1min}}} = 12.96\mu\mathrm{H} \tag{3-73}$$

$$L_{\mathrm{o2}} = \frac{\left(V_{\mathrm{f2}} - V_{\mathrm{o2}}\right)\cdot t_{\mathrm{ONmax}}}{2I_{\mathrm{o2min}}} = 19.98\mu\mathrm{H} \tag{3-74}$$

在实际应用电路中，输出电感应满足下式：

$$L_{o1u} \gg L_{o1} \tag{3-75}$$

$$L_{o2u} \gg L_{o2} \tag{3-76}$$

因此输出电感应选择为 $L_{o1u} = 25\mu H$，$L_{o2u} = 25\mu H$。

（2）输出纹波电流的计算公式

由于 $V_{f1} = \dfrac{V_{o1}}{2t_{ON\max}}t_{CH} = 16.44V$ 和 $V_{f2} = \dfrac{V_{o2}}{2t_{ON\max}}t_{CH} = 5.07V$，因此便可得到输出纹波电流的

计算公式为

$$\Delta I_1 = \frac{(V_{f1} - V_{o1}) \cdot t_{ON\max}}{L_{o1u}} = 0.52A \tag{3-77}$$

$$\Delta I_2 = \frac{(V_{f2} - V_{o2}) \cdot t_{ON\max}}{L_{o1u}} = 0.16A \tag{3-78}$$

（3）输出滤波电容容量的计算

为了满足输出纹波电压的要求，所选用的输出滤波电容必须满足下列两个条件：

① 所满足的标称容量值被定义为

$$C = \frac{1}{I}dv/dt \tag{3-79}$$

式中，t 为功率开关管的关闭时间 t_{OFF}；v 为允许输出纹波电压的 25%。

② 输出滤波电容的串联等效电阻（ESR）R_{ESR} 所引起的纹波电压必须小于最大输出纹波电压的 75%，也就是满足下式：

$$\Delta I \cdot R_{ESR} \leqslant V_{rp} \cdot 75\% \tag{3-80}$$

另外，前面我们又给出了输出纹波电压的最大值分别为 $V_{rp1} = 100mV$ 和 $V_{rp2} = 120mV$，因此便可得到

输出滤波电容最小容量的计算公式为

$$C_{o1} = \Delta I_1 \frac{t_{ON\max}}{0.25V_{rp1}} = 60.55\mu F \tag{3-81}$$

$$C_{o2} = \Delta I_2 \frac{t_{ON\max}}{0.25V_{rp2}} = 15.56\mu F \tag{3-82}$$

输出滤波电容最大串联等效电阻 R_{ESR} 的计算公式为

$$R_{ESR1} = \frac{0.75V_{rp1}}{\Delta I_1} = 0.14\Omega \tag{3-83}$$

$$R_{ESR2} = \frac{0.75V_{rp2}}{\Delta I_2} = 0.65\Omega \tag{3-84}$$

10. MOSFET 功率开关管损耗的计算

（1）导通损耗的计算

$$P_{cond} = R_{on} \cdot I_{pft}^2 \cdot D_{max} = 0.25W \tag{3-85}$$

（2）开关损耗的计算

驱动信号从低到高的峰值电流的计算公式为

$$I_{\text{driver LH}} = \frac{V_{\text{dr}} - V_{\text{gs th}}}{R_{\text{dron}}} = 1.4\text{A} \tag{3-86}$$

驱动信号从高到低的峰值电流的计算公式为

$$I_{\text{driver HL}} = \frac{V_{\text{dr}} - V_{\text{gs th}}}{R_{\text{droff}}} = 14\text{A} \tag{3-87}$$

栅极损耗电荷的计算公式为

$$Q_{\text{gs w}} = Q_{\text{gd}} + \frac{Q_{\text{gs}}}{2} = 16\text{nC} \tag{3-88}$$

导通时间估算公式为

$$t_{\text{sw LH}} = \frac{Q_{\text{gs sw}}}{I_{\text{driver LH}}} = 11.43\text{ns} \tag{3-89}$$

关闭时间估算公式为

$$t_{\text{sw HL}} = \frac{Q_{\text{gs sw}}}{I_{\text{driver HL}}} = 1.14\text{ns} \tag{3-90}$$

最大开关损耗的计算公式为

$$P_{\text{sw max}} = V_{\text{i min}} \cdot I_{\text{pft}} \cdot f \left(t_{\text{sw LH}} + t_{\text{sw HL}} \right) + \frac{C_{\text{oss}} \cdot V_{\text{i min}}^2 \cdot f}{2} = 0.33\text{W} \tag{3-91}$$

（3）栅极电荷损耗的计算

驱动 MOSFET 功率开关管栅极结电容所需的平均电流可由下式给出：

$$I_{\text{g avg}} = f \cdot Q_{\text{d tot}} = 8.5 \times 10^{-3}\text{A} \tag{3-92}$$

栅极电荷损耗的计算公式为

$$P_{\text{gate}} = I_{\text{g avg}} \cdot V_{\text{dr}} = 0.08\text{W} \tag{3-93}$$

（4）总损耗的计算

MOSFET 功率开关管总损耗的计算公式为

$$P_{\text{tot}} = P_{\text{cond}} + P_{\text{sw max}} + P_{\text{gate}} = 0.66\text{W} \tag{3-94}$$

11. 最大结点温度与散热器的确定

最大结点温度 $t_{\text{j max}} = 120℃$ 和最大环境温度 $t_{\text{a max}} = 70℃$，因此结点到环境的热阻可由下式给出：

$$\theta_{\text{ja}} = \frac{t_{\text{j max}} - t_{\text{a max}}}{P_{\text{tot}}} = 75.73\ ℃/\text{W} \tag{3-95}$$

如果从该式中计算出的热阻低于由 MOSFET 功率开关管的数据表中所提供的热阻时，那么就需要一个外加的散热片，或需要使用 PCB 铜皮制作出一个较大面积的散热器。例如若选用的 MOSFET 功率开关管封装为 TO-263 型时，为其所制作的散热器 PCB 铜皮面积的大小应遵循图 3-31 中所示的曲线。

12. 变压器的设计

为了简洁叙述变压器的设计步骤和计算过程,特将变压器的磁滞回线和结构示于图 3-32 中。变压器磁芯所能容纳的功率能力可由 $W_{\text{a}} \cdot A_{\text{c}}$ 的乘积来确定,W_{a} 和 A_{c} 如图 3-32（b）中所

示，分别为磁芯窗口有效面积和磁芯有效截面积。由法拉第定理可得到 $W_a \cdot A_c$ 与电源输出之间的关系为

$$E = 4BA_c Nf \times 10^{-8} \tag{3-96}$$

式中，E 为所施加的电压，单位为 V；B 为磁通密度，单位 Gs；N 为初、次级绕组之间的匝数比；f 为工作频率，单位为 Hz。

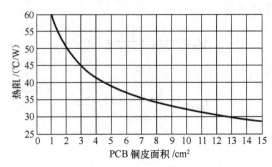

图 3-31 热阻与 PCB 铜皮面积之间的关系曲线

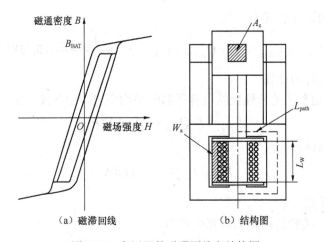

图 3-32 变压器的磁滞回线和结构图

（1）最大电流密度 J 的选择

在实际应用中，为了保证具有较小的铜耗和有效的磁芯窗口利用率，将最大电流密度 J 的选择范围规定为 $280 \sim 390 \text{A/cm}^2$，即满足下式：

$$J = 390 \text{A/cm}^2 \tag{3-97}$$

（2）绕组因数 K 的选择

绕组因数 K 我们选择为 $K = 0.5$。

（3）磁性材料和最大磁通密度的选择

由于开关工作频率 $f \gg 25 \text{kHz}$，因此就要限制功率开关变压器的磁损耗和温升。铁氧体磁性材料的选择将会影响在下列给定工作条件下的磁损耗：

• F 材料在 40℃ 的室温下具有最低的损耗。
• P 材料在 $70 \sim 80$℃ 的温度范围内具有最低的损耗。
• R 材料在 $100 \sim 110$℃ 的温度范围内具有最低的损耗。

- K 材料在 40～60℃的温度范围内提高频率后具有最低的损耗。

在较高的开关工作频率下，根据其对温升的限制，有必要对这些磁性材料的磁通密度进行调节，将损耗密度限制在 $100mW/cm^3$ 以下便可保持温升大约为 40℃。当选择 P 材料，并且 $a_1 = 0.158$、$b_1 = 1.36$、$c_1 = 2.86$、最大磁芯损耗密度 $P_{cored} = 75mW/cm^3$ 时，使用下面的公式便可选择出最合适的最大磁通密度：

$$B = \left[\frac{P_{cored}}{a_1 \cdot f \cdot b_1} \right]^{\frac{1}{c_1}} \times 10^3 = 624.49Gs \tag{3-98}$$

式（3-98）中的 f 应以 kHz 为单位，根据图 3-32（a）所示的磁滞回线可以得到

$$\Delta B = 2B = 1.25 \times 10^3 Gs \tag{3-99}$$

另外，若取工艺系数 $K_t = \dfrac{0.0005}{1.97} \times 10^3$ 后便可求出

$$W_a A_c = \frac{P_{omax}}{K_t \cdot \Delta B \cdot f \cdot J} = 0.22cm^4 \tag{3-100}$$

在实际应用中，选择磁芯时应遵循大于 $0.22cm^4$ 的原则。

通过上面的一些计算和估算，便可得到选择磁性材料时所需的所有参数，并可选择出最理想的磁芯为 P 型材料，EFD30-3C90。它的一些参数为：$\mu_r = 1720$、$A_c = 0.69cm^2$、$W_a = 0.52cm^2$、$L_w = 2.01cm$、$V_e = 4.7cm^3$、$A_c \cdot W_a = 0.36cm^4$、第一匝长度 $L_t = 4.8cm$、$L_{path} = 6.8cm$，与前面所计算出的参数进行比较，完全符合要求。

（4）初级绕组匝数的计算公式

$$N_p = \frac{(V_{imin} - V_{ds\,on}) \cdot t_{CH} \cdot D_{max}}{\Delta B \cdot A_c} = 11.79 \tag{3-101}$$

在实际加工中初级匝数可取接近于该计算值的整数值，即取 $N_p = 12$ 匝。

（5）次级绕组匝数的计算公式

$$N_{s1} = \left(\frac{V_{o1} \cdot t_{CH}}{2t_{ONmax}} + V_{dfw} \right) \frac{N_p}{V_{imin} - V_{ds\,on}} = 5.98 \tag{3-102}$$

$$N_{s2} = \left(\frac{V_{o2} \cdot t_{CH}}{2t_{ONmax}} + V_{ds\,on} \right) \frac{N_p}{V_{imin} - V_{ds\,on}} = 2.06 \tag{3-103}$$

在实际加工中各次级绕组匝数可取接近于该计算值的整数值，即取 $N_{s1} = 6$ 匝，$N_{s2} = 2$。

（6）初级绕组电感量的计算

由于 $\mu_0 = 4\pi \times 10^{-7} H/m$(亨利/米)，因此初级绕组电感量的计算公式为

$$L_p = \frac{A_c \cdot N_p^2 \cdot \mu_o \cdot \mu_r}{L_{path}} = 315.82\mu H \tag{3-104}$$

（7）初级磁化电流的计算公式

$$I_{mag} = \frac{V_{imin} \cdot t_{ONmax}}{L_p} = 0.32A \tag{3-105}$$

在实际应用中，当功率开关管和初级绕组确定了以后，磁化电流应尽可能的小，一般应小于负载电流的 10%。

（8）初级绕组截面积的确定

由于最大电流密度 $J = 390\text{A/cm}^2$ 以及初级电流有效值 $I_{p\,\text{rms}} = 1.67\text{A}$，因此初级绕组截面积可由下式计算出来：

$$W_{pCu} = \frac{I_{p\,\text{rms}}}{J} = 4.29 \times 10^{-3}\,\text{cm}^2 \qquad (3\text{-}106)$$

另外，还可以采用下式计算出所选用绕线的 AWG 值，在实际应用中采用 AWG 值在漆包线数据表中查出所需的漆包线是非常方便的。

$$AWG_p = -4.2\ln\left(\frac{W_{pCu}}{\text{cm}^2}\right) = 22.9 \qquad (3\text{-}107)$$

（9）初级最里层匝数的计算

$$N_{tl\,1p} = \frac{I_w}{D_{Cu\,1p}} = 25 \qquad (3\text{-}108)$$

（10）初级绕组层数的计算

$$N_{1y\,1p} = \frac{N_p \cdot N_{st\,1p}}{\dfrac{N_{tl\,1p}}{2}} = 1 \qquad (3\text{-}109)$$

初级绕组为两个绕组，每个绕组的层数均为 1。

（11）次级绕组截面积 $W_{s1\,Cu}$ 的确定

$$W_{s1Cu} = \frac{I_{s1\,\text{rms}}}{J} = 7.75 \times 10^{-3}\,\text{cm}^2 \qquad (3\text{-}110)$$

$$AWG_{s1} = -4.2\ln(W_{s1\,Cu}) = 20.41 \qquad (3\text{-}111)$$

（12）次级绕组最里层匝数的计算

$$N_{tl\,ls1} = \frac{I_w}{D_{Cu\,ls1}} = 25 \qquad (3\text{-}112)$$

$$N_{tl\,ls2} = \frac{I_w}{D_{Cu\,ls2}} = 68 \qquad (3\text{-}113)$$

（13）次级绕组层数的计算

$$N_{iy\,ls1} = \frac{N_{s1} \cdot N_{st\,ls1}}{\dfrac{N_{tl\,ls1}}{2}} = 1 \qquad (3\text{-}114)$$

$$N_{iy\,ls2} = \frac{N_{s2} \cdot N_{st\,ls2}}{\dfrac{N_{tl\,ls2}}{2}} = 1 \qquad (3\text{-}115)$$

次级绕组为两个绕组，每个绕组的层数均为 1。

（14）次级绕组截面积 $W_{s2\,Cu}$ 的确定

$$W_{s2\,Cu} = \frac{I_{s2\,\text{rms}}}{J} = 0.77 \times 10^{-3}\,\text{cm}^2 \qquad (3\text{-}116)$$

$$AWG_{s2} = -4.2\ln(W_{s2Cu}) = 30.09 \qquad (3\text{-}117)$$

（15）铜损的计算

$$W_{Cutot} = \left(D_{Cu1p} \cdot N_{iy1p} + D_{Cu1s1} \cdot N_{1ys1} + D_{Cu1s2} \cdot N_{iy1s2}\right) \times 1.15 I_w = 0.43W \qquad (3-118)$$

（16）绕组利用率的计算公式

$$W_u = \frac{W_{Cutot}}{W_a} = 82.41\% \qquad (3-119)$$

如果绕组的利用率大于 95%时（铜面积远大于窗口面积），就必须选择一个窗口面积大小的磁芯，或者选用较小线径的漆包线。

（17）磁损的计算公式

$$P_{core} = V_e \left[\left(\frac{B}{10^3}\right)^{c1} \cdot a_1 \cdot f \cdot b_1 \right] \times 10^{-3} = 0.35W \qquad (3-120)$$

式（3-120）B 的单位为 Gs；f 的单位为 kHz。另外，在确定初、次级绕组绕线线径时，还应考虑趋肤效应等方面的影响。

3.2.6 练习题

（1）查阅本书前面章节中关于单端正激式开关电源电路中，功率开关变压器初级和次级绕组匝数的计算方法，归纳和推导出他激型推挽式开关电源电路中的功率开关变压器初级和次级绕组匝数的计算方法。

（2）图 3-12 所示的是采用驱动开关变压器 T_1 提供基极反向驱动电压来缩短功率开关管存储时间的他激型推挽式开关电源电路，请分别设计一款采用抗饱和回受二极管和达林顿电路来实现基极反偏压以缩短功率开关管存储时间的他激型推挽式开关电源电路。并写出功率开关管、抗饱和回受二极管的选择条件，以及开关功率变压器的设计步骤。

（3）在图 3-13 所示的采用 RC 延迟导通电路避免双管共态导通的他激型推挽式开关电源电路中，在满足 RC 延迟导通电路的延迟时间必须大于等于功率开关管存储时间的条件下，请推到出 RC 延迟导通电路中电阻 R 和电容 C 的选择原则。

（4）试装调图 3-14 所示的产生延迟驱动脉冲的逻辑电路，并使用示波器观察其波形；在图 3-18 所示的电阻放电式驱动电路中说明和叙述电阻 R_3 的作用（可通过工作时序波形进行分析）；在图 3-19 所示的恒定电压放电式驱动电路说明和叙述电容 C 的作用（可通过工作时序波形进行分析），

（5）采用 UC3525A/UC3527A 芯片设计一款双路输出的 PWM 驱动器，其中包括原理电路和印制板电路的设计。要求：① 具有各种保护引出端；② 外部控制引出端；③ 15V 供电引入端；④ A、B 两路驱动信号输出引出端；⑤ 整个电路制作成一个通用的小模块形式。

第4章 桥式开关电源的实际电路

桥式开关电源电路主要包括半桥式开关电源电路和全桥式开关电源电路，它是由两个推挽式开关电源电路组合而成的。由于这种变换器克服了推挽式开关电源电路中功率开关管集电极承受电压高、集电极电流大、对磁芯材料要求严、功率开关变压器必须具有中心抽头等缺点，继承了推挽式开关电源电路输出功率大、功率开关变压器磁滞回线利用率高、电路结构简单等优点，因此在许多领域获得了广泛的应用。第3章中对推挽式开关电源电路的工作原理、电路结构、应用中存在的优点和不足之处等进行了较为详细的讨论和分析，其目的在于使读者掌握推挽式开关电源电路的工作原理、电路结构，并为后面桥式开关电源电路的学习打下基础，以便掌握桥式开关电源的工作原理、电路结构，并能在实际应用中设计出符合要求的桥式开关电源电路。

由于桥式开关电源电路是由两个推挽式开关电源电路组成的，因此在这一章中为了节约篇幅，就不再对桥式开关电源电路的工作原理、电路结构进行分析和讨论，仅作一些实际电路的应用举例。另外，本章在开始进入主题之前，首先对桥式开关电源电路的优点以及电路中一些重要元器件的作用、参数的计算、选择和确定时应注意的事项和原则作如下的叙述和讨论，旨在使设计人员在设计桥式开关电源电路时更加明了。

1. 桥式开关电源电路的特点

半桥式开关电源最基本的电路结构如图 4-1 所示，全桥式开关电源最基本的电路结构如图 4-2 所示。从图中可以看出这些结构形式的电路具有如下的优点：

① 输出功率大。

② 功率开关变压器磁芯利用率高。

③ 功率开关变压器没有中心抽头，实际加工较为简单。

④ 电路中所用功率开关管集电极所能承受的耐压是推挽式开关电源电路中功率开关管的 2 倍，因此选用功率开关管时集电极的额定电压值就为推挽式开关电源电路中功率开关管的一半。这样在相同的成本和输入条件下，半桥式开关电源的输出功率就为推挽式开关电源的 2 倍，全桥式开关电源为推挽式开关电源的 4 倍。

⑤ 在半桥式开关电源电路中，功率开关变压器初级绕组上所施加的电压幅值只有输入电压的一半，与推挽式开关电源电路相比，要输出相同的功率时，则功率开关管和功率开关变压器的初级绕组上必须流过 2 倍的电流，因此，桥式开关电源电路是采用降压扩流的方法来实现相同功率输出的。

⑥ 为了防止和避免功率开关变压器磁饱和，通过串联电容 C_3 可以自动修正。

2. 桥式开关电源电路中的串联耦合电容

（1）串联耦合电容的选择原则

图 4-1 所示电路中的串联耦合电容 C_3，由于功率开关变压器初级绕组中的电流要流过它，因此必须要选用串联等效电阻值小、绝缘电压值高的聚丙烯电容（CBB 电容）。如果单个电

容的串联等效电阻值过大而达不到要求时，就必须采用多个并联的方法来满足。

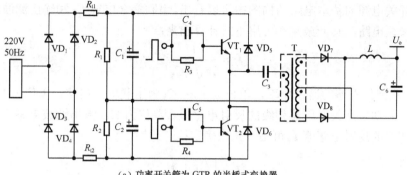

（a）功率开关管为 GTR 的半桥式变换器

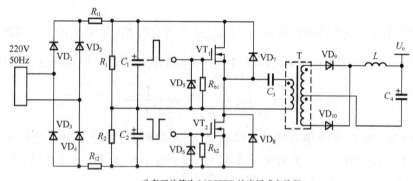

（b）功率开关管为 MOSFET 的半桥式变换器

图 4-1　半桥式开关电源的基本电路结构

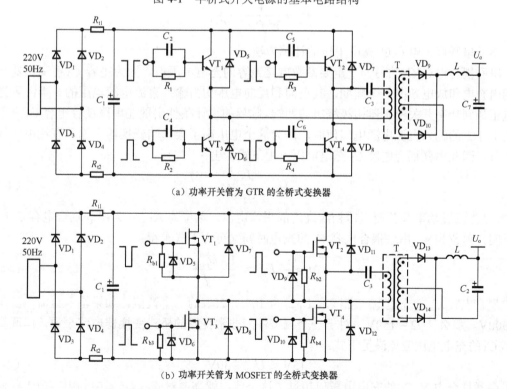

（a）功率开关管为 GTR 的全桥式变换器

（b）功率开关管为 MOSFET 的全桥式变换器

图 4-2　全桥式开关电源的基本电路结构

（2）串联耦合电容容量的计算方法

从桥式开关电源的基本电路结构图中可以看出，串联耦合电容 C_3 和输出滤波电感 L 形成了一个串联谐振电路，其谐振频率可用下式计算出来：

$$f_r = \frac{1}{2\pi\sqrt{L_r C_3}} \tag{4-1}$$

式中，f_r 为串联谐振电路的谐振频率，单位为 Hz；C_3 为串联耦合电容，单位为 F；L_r 为输出滤波电感等效到功率开关变压器初级的反射电感值，单位为 H。输出滤波电感 L 等效到功率开关变压器初级的反射电感值 L_r 可由下式来确定：

$$L_r = \left(\frac{N_p}{N_s}\right)^2 L \tag{4-2}$$

式中，$\dfrac{N_p}{N_s}$ 为功率开关变压器初级绕组 N_p 与次级绕组 N_s 的匝数比；L 为输出端滤波电感的电感量，单位为 H。把式（4-2）代入式（4-1）中便可得到串联耦合电容 C_3 容量的计算公式为

$$C_3 = \frac{1}{4\pi^2 f_r^2 L}\left(\frac{N_s}{N_p}\right)^2 = \frac{1}{4\pi^2 f_r^2 L_r} \tag{4-3}$$

为了使串联耦合电容 C_3 的充电曲线呈线性变化，谐振频率 f_r 必须低于功率变换器的工作频率 f。一般情况下，选择谐振频率 f_r 为变换器工作频率 f 的 1/4，即将 $f_r = 0.25f$ 代入式（4-3）中便可得到较为实用的串联耦合电容 C_3 的计算公式为

$$C_3 = \frac{4}{\pi^2 f^2 L}\left(\frac{N_s}{N_p}\right)^2 \tag{4-4}$$

（3）串联耦合电容 C_3 充电电压的计算方法

串联耦合电容 C_3 的另一个重要参数就是电容的充电电压值。因为电容 C_3 在变换器一个周期内充电和放电各占半个周期，其正向和反向电压均为输入直流电源电压的一半，再把这个电压加到功率开关变压器初级绕组的两端。临界的设计条件出现在串联耦合电容 C_3 充电电压高于 1/2 的输入直流电源电压值时，因为这个电压高了会影响变换器在输入直流电压低时的调节，因此串联耦合电容 C_3 充电电压可由下式给出：

$$U_C = \frac{I}{C_3}\Delta t \tag{4-5}$$

式中，I 为流过功率开关变压器初级绕组的平均电流，单位为 A；Δt 为串联耦合电容 C_3 的充电时间，单位为 s。串联耦合电容 C_3 的充电时间又可由下式求得：

$$\Delta t = \frac{1}{2}TD_{max} = \frac{1}{2}\cdot\frac{D_{max}}{f} \tag{4-6}$$

串联耦合电容 C_3 的充电电压应该是 $U_i/2$ 的 10%～20%的一个数值，如果输入直流电源电压为 300V，那么 $U_i/2 = 150V$。对于一个调节性能非常良好的桥式变换器电路来说，串联耦合电容 C_3 的充电电压应该满足下式：

$$15V \leqslant U_C \leqslant 30V \tag{4-7}$$

如果串联耦合电容 C_3 的充电电压值超过了这个值，就需要对式（4-5）中的电容值进行修正

和重新计算，其计算公式可修正为

$$C_3 = I\frac{\Delta t}{\Delta U_C} \tag{4-8}$$

式中的 ΔU_C 为串联耦合电容 C_3 上充电电压的增加值，单位为 V。通过上面所计算出的串联耦合电容 C_3 的充电电压值有可能是一个很低的电压值，但是在实际应用中，还必须采用额定值为 200V 以上的 CBB 电容。

（4）阻尼二极管

图 4-1（a）所示的半桥式开关电源基本电路结构中的 VD_5 和 VD_6，图 4-1（b）所示的全桥式开关电源基本电路结构中的 VD_5、VD_6、VD_7 和 VD_8 都是阻尼二极管。它们分别跨接在功率开关管的集电极与发射极之间，具有如下的作用：

① 在功率开关管截止期间，这些阻尼二极管就会把由于功率开关变压器的漏感而导致的集电极较高峰值的尖峰电压吸收掉，使两个功率开关管一直工作在安全工作区。

② 在功率开关管由导通转变为截止或者由截止转变为导通的变化过程中，由于功率开关变压器磁芯中磁通的突然换向，功率开关管集电极电压瞬间变负，此时这些阻尼二极管就会将功率开关管的集电极与发射极旁路掉，直到集电极的电压再变为正压为止。因此，降低了功率开关管 VT_1 和 VT_2 的集电极反向峰值电压。

在实际应用中，如果功率开关管选用的是 MOSFET 型功率开关管时，就不需要考虑这些阻尼二极管的选择问题。因为 MOSFET 功率开关管在生产制作的过程中就已经符合要求，并且跨接在源极和漏极之间的阻尼二极管集成和封装在一起。如果功率开关管选用 GTR 型功率开关管时，就必须要考虑阻尼二极管的选型问题。所选用的阻尼二极管必须是快恢复型开关二极管，其截止电压至少应该是 GTR 型功率开关管集-射极截止电压的两倍。如果输入直流电压为 300V 时，阻尼二极管的截止电压就不得低于 450V。

4.1　自激型半桥式开关电源实际电路

4.1.1　电流控制型磁放大器半桥式三输出开关电源应用电路

采用了电流控制型磁放大器技术的半桥式三输出开关电源应用电路如图 4-3 所示，该应用电路是一个典型的自激型半桥式开关电源电路。在变换器电路的初级电路中使用了电流控制型磁放大器技术，通过对功率开关变压器初级电路的控制，实现了对三路直流输出电压的稳压目的。功率开关管 VT_1 和 VT_2 选用 GTR 型的 2SC2552，它们与输入驱动变压器 T_1、输出功率开关变压器 T_2，以及其他元器件共同组成自激型半桥式开关电源电路。与功率开关变压器 T_2 初级绕组串联的变压器 T_3 组成电流控制型磁放大器，并且由晶体管 VT_3 的驱动电流来控制，同时还受 5V 电路中的反馈放大器 IC_1 的控制。反馈放大器 IC_1 把 +5V 电源电压经分压器分压后与 TL431 输出的 2.5V 基准电压进行比较后放大，来控制晶体管 VT_3、VT_4、VT_5。当输出电压升高时，运算放大器 IC_1 使晶体管 VT_5 的电流减小，从而使晶体管 VT_4 向导通的方向变化，而晶体管 VT_3 向截止的方向变化，其结果是减小磁放大器控制绕组 N_c 中的电流。

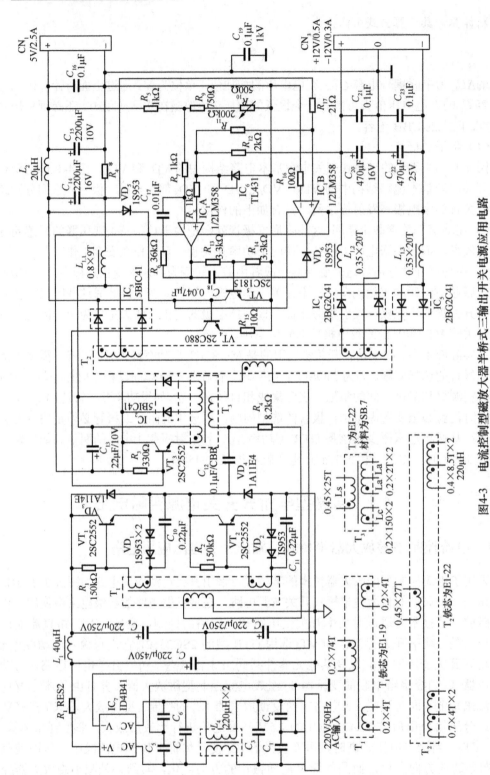

图4-3　电流控制型磁放大器半桥式三输出开关电源应用电路

　　而控制绕组中的电流一旦减小，则磁放大器的饱和程度就减轻，磁放大器初级绕组 N_s 的电感量也就增加，使输出电压回降。同理，当输出电压低于所规定的值时，控制动作的方向与上述刚好相反，运算放大器 IC_1 使晶体管 VT_3 中的电流加大，使磁放大器更趋于饱和，磁放大器初级绕组 N_s 的电感量也相应减小，输出电压就会向增加的方向变化。这就是磁放大器的稳压工作原理。磁放大器 T_3 中的绕组 N_a 是为其控制绕组供电的辅助电源设置的。从理论上讲，该绕组若用主功率开关变压器 T_2 的次级绕组来替代，也可起到同样的作用，但是其功率损耗将会有微量的增加。运算放大器 IC_2 是过流保护用放大器，它连接在+5V 电路中的 0.01Ω过流检测电阻上，用以检测其电压降的变化，与接在放大器 IC_2 正向输入端的 2kΩ 电阻上的压降（约 0.025V）进行比较。显然，这里的过流保护只对 5V 电路起作用，对±12V 电路没有保护作用。如果±12V 电路也需要过流保护时，则可增加一只双运放，添加与 5V 保护电路相同的另一路保护电路。

　　该电源电路的输入电压与转换效率之间的关系曲线如图 4-4 所示。从曲线上可以看出当输入电源电压较低时，也能得到 80%的转换效率。电路中的功率开关管因其输出功率较小，因此不需要外加散热片。此外，在其他电路中所使用的有源器件也同样不需外加散热片，因而该电源电路的整机成本、体积和重量都较低。

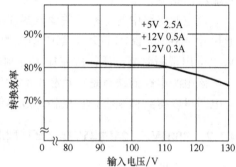

图 4-4　输入电压与转换效率之间的关系曲线

　　该电源电路的负载调整率特性曲线如图 4-5 所示，其中图 4-5（a）是+5V 电源的负载变化特性曲线，其输出的稳定度与负载变化的影响相比，输入的变化可以忽略不计。±12V 电源的输出负载变化特性如图 4-5（b）所示，从图中可以看出当输出电流由 0.1A 变化到 0.5A 时，输出电压的变化量约为 0.25V。+5V 电源的输出电流变化时对±12V 电源影响的特性曲线如图 4-5（c）所示。从这些特性曲线上还可以清楚地看出，+5V 电源的负载轻时，对±12V 电源输出电压变化的影响最大，因此该电源电路比较适合于+5V 电源负载较重或变化较小的场合应用。

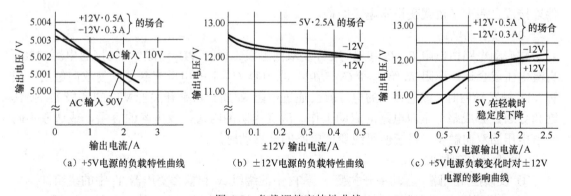

（a）+5V电源的负载特性曲线　　　（b）±12V电源的负载特性曲线　　　（c）+5V电源负载变化时对±12V电源的影响曲线

图 4-5　负载调整率特性曲线

　　该电源电路的过流保护特性如图 4-6 所示，它具有截流型的下垂特性。形成这种特性的原因是，当+5V 输出电源电压下降时，+12V 输出电源电压也同样下降，从而使由+12V 电源电压供电的 TL431 的偏置电流随之下降，于是该基准电压源电路失去稳压功能，其输出端电压也下降。滤波电感 L_{1-1}、L_{1-2} 和 L_{1-3} 是绕在同一个 EI-22 磁芯上的三个绕组，留有 0.2mm 的气隙，它们通过互感相互联系。采用这种绕法，当输入电压和负载变化时，比各自独立绕制的效果要好，而且空间的利用率也提高了，成本和体积以及重量也相应降低了一些。这组滤波电感绕制的关键技术是要让各绕组的匝数比接近于各输出电压比，并还要注意电流的流向，使它们都从绕制的始端流向末端，或从末端流向始端。

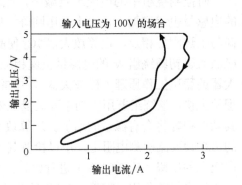

图 4-6 过流保护电路的特性曲线

该电源电路中的功率开关变压器 T_2 磁芯采用窗口面积较大的 EI-22 型铁氧体磁芯，其外形尺寸规格请查阅本书第 1 章中相关的内容。在加工绕制时，因为磁放大器 T_3 的控制绕组 N_c 上会出现瞬时高电压，故在加工绕制时应十分注意层与层间的绝缘问题。

该电源电路的缺点是在负载电流发生突变时，存在响应速度慢的问题。其优点是利用这个电路可以得到体积小、重量轻、成本低和转换效率高、实用性强的开关电源。

4.1.2 300W、12V/24V/36V 幻灯机和投影仪开关电源应用电路

（1）电路的组成

300W、12V/24V/36V 幻灯机和投影仪开关电源应用电路如图 4-7 所示，该电源电路采用的是自激型半桥式变换器电路结构。电源电路中的电容 $C_1 \sim C_6$ 与共模电感 T_1 组成双向共模滤波器，一方面可将电源内部主变换器所产生的高频信号对工频电网的影响和污染滤除到最低程度，另一方面还可挡住工频电网上的杂散电磁干扰信号，使其不能进入电源电路而干扰电源电路的正常工作。IC_1 和电解电容 C_7、C_8 组成的全波整流滤波电路将 220V/50Hz 工频输入电网电压整流和滤波成 300V 的直流电压，作为主变换器的供电电源电压。主功率变换器由功率开关管 VT_1、VT_2 和电容 C_9、C_{10} 及功率开关变压器 T_1、T_2 等器件连接成自激型半桥式变换器电路结构。

（2）软启动电路

软启动电路由电阻 R_5、R_6 和电容 C_{11} 及双向触发二极管 VD_2 组成。一旦接通电源，300V 直流电压就会通过电阻 R_5 给电容 C_{11} 充电。当电容 C_{11} 上的电压充到足以使双向触发二极管 VD_2 触发导通时，该电容上的电压就会通过电阻 R_6 加到功率开关管 VT_1 的基极上，使其饱和导通，完成整个电源电路的启动工作。改变电阻的阻值，或电容的容量，或选取不同阀值电压的双向触发二极管便可改变该电路的软启动时间。

（3）反馈控制回路

① 反馈控制回路一。功率开关变压器 T_3 中的绕组 N_f 和耦合变压器 T_2 中的绕组 T_{2-2}、T_{2-3}、T_{2-4} 共同构成正激励反馈控制电路一。其工作过程为当功率开关管 VT_1 被启动后，300V 直流电压通过功率开关变压器 T_3 的初级绕组 N_p 和功率开关管 VT_1 对电容 C_{10} 充电，绕组 N_p 中就会有电流流过，这时反馈绕组 N_f 中就会感应出一脉冲电流。该电流经过由电容 C_{15} 和电阻 R_9 组成的相移延迟电路延迟后，流过耦合变压器 T_2 的 T_{2-4} 绕组，导致在分别连于功率开

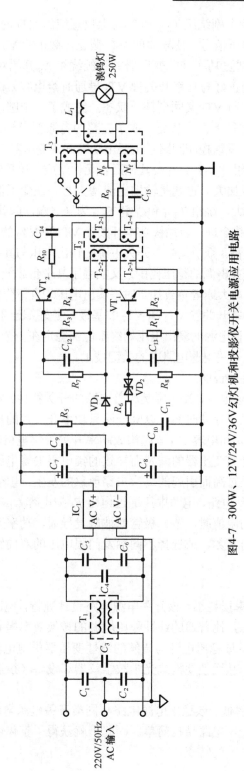

图4-7 300W、12V/24V/36V幻灯机和投影仪开关电源应用电路

关管 VT_1 和 VT_2 基极的两个副绕组 T_{2-2} 和 T_{2-3} 上也感应出 VT_1 的基极为负、VT_2 的基极为正的相位相反的驱动脉冲电压信号，使导通的 VT_1 截止，截止的 VT_2 导通。功率开关管 VT_2 导通后，300V 直流电压又通过功率开关变压器的初级绕组 N_p 开始对电容 C_{10} 充电。这时 N_p 绕组中流过充电电流的方向正好与功率开关管 VT_1 导通时给电容 C_9 充电的电流方向相反，结果使 VT_1 又回到导通状态，而 VT_2 又回到截止状态，完成了一个圆满的变换过程。这个过程将以 50kHz 的周期不断地进行下去，从而形成了完整的自激型半桥式变换器的工作过程。

② 反馈控制回路二。反馈控制回路二主要由功率开关变压器 T_3 的初级绕组 N_p、耦合变压器 T_2 中的绕组 T_{2-1} 和绕组 T_{2-2}、T_{2-3} 及其他阻容元件组成。该反馈电路也为正反馈电路。其工作过程为：当输出负载加大，也就是输出电流增大时，在变压器的耦合作用下，流经绕组 T_{2-1} 的电流也会相应的增大。绕组 T_{2-1} 和绕组 T_{2-4} 为同名端，因此就会导致 T_{2-2} 和 T_{2-3} 绕组中的脉冲电流增大，这样就会进一步加快功率开关管 VT_1 和 VT_2 的开与关的转换速度，最后使得主变换器的频率明显提高。众所周知，开关电源的输出电压与其振荡频率成正比。该正反馈电路的存在既扩大了该开关电源的稳压范围，又加强了其带负载能力，即构成了一个自适应调频稳压回路。当输出电流增大或者负载加重时，输出电压均有下降的趋势，这一下降趋势被闭环自适应回路正反馈到功率开关管 VT_1 和 VT_2 的基极，使变换器的振荡频率增大，且输出电压又有升高的趋势，最后使该电源的输出电压始终都能够稳定在一个所要求的电压值上。这种自适应式调频稳压技术是该开关电源电路中的关键技术。

（4）其他重要元器件的说明

电容 C_{12} 和 C_{13} 为加速电容，其作用是改善电路的开关特性，减小功率开关管 VT_1 和 VT_2 的开启时间、关断时间以及存储时间，以降低两只功率开关管的损耗，避免和防止双管共态导通现象的发生。电阻 R_{10} 和电容 C_{14} 一起构成功率开关管集电极峰值电压吸收电路，其作用为抑制和吸收由于功率开关变压器的漏感而导致的集电极尖峰电压，防止和避免两只功率开关管由于集电极尖峰电压过高而引起的二次击穿现象的发生。电容 C_{11}、双向触发二极管 VD_2 和电阻 R_5 一起组成软启动电路，电源电压通过电阻 R_5 为电容 C_{11} 充电，一旦电容充电电压升高至双向触发二极管的门限值时，该二极管就被触发导通，功率开关管 VT_1 就被启动导通，改变该电路的 RC 充电时常数，或选择不同触发门限电压的双向触发二极管便可改变整机电源的软启动时间。

（5）电源电路的特点

① 转换效率高，功率损耗小。该开关电源电路设计独特，电路结构简单，两只功率开关管工作在谐振软开关状态，比普通的线性稳压电源的转换效率提高了 2 倍以上。

② 体积小，重量轻。该稳压电源与传统的线性变压器供电电源相比，重量减轻了 5 倍以上，体积也有明显减小，从而使便携式光学教学仪器和设备（投影仪、放映机等）的问世成为可能。

③ 可靠性高，故障率低。该稳压电源电路与同类开关电源电路相比较，一个非常突出的优点就是有源器件非常少，电路结构简单。因此，就获得了整体可靠性高、故障率低、易于安装和调试、便于批量生产的特点。

④ 成本低。

⑤ 因电源电路中采用了新的自适应式调频稳压技术，因此自身保护能力、稳压性能和带载能力均得以大大提高。

4.1.3　PS60-2（60W）射灯开关电源应用电路

PS60-2（60W）射灯开关电源应用电路如图 4-8 所示。该电源电路是一个典型的自激型半桥式变换器电路结构，工作原理与图 4-7 所示的电源电路的工作原理基本相同，只不过是将正反馈电路省掉了一路，变为一路正反馈电路。

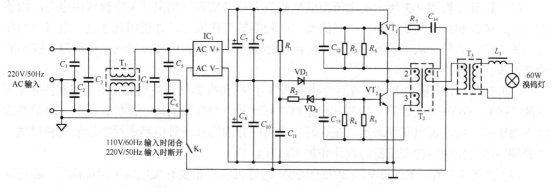

图 4-8　PS60-2（60W）射灯开关电源应用电路

4.1.4　400W、36V 幻灯机和投影仪开关电源应用

400W、36V 幻灯机和投影仪开关电源应用电路如图 4-9 所示。该电源电路也是一个典型的自激型半桥式变换器电路结构，工作原理除与图 4-7 所示的电源电路的工作原理基本相同以外，另外又增加了一路负基准电压源电路。该负基准电压源电路增加了以后，就可以使整机电源电路在较低的输入电源电压的情况下也能够启动工作。因此，该电源电路非常适合在输入工频电网电压波动较大的偏远地区使用。

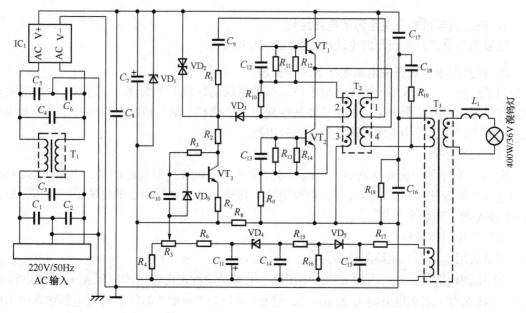

图 4-9　400W、36V 幻灯机和投影仪开关电源应用电路

4.1.5 练习题

（1）认真分析图 4-3 所示的电流控制型磁放大器半桥式三输出开关电源应用电路，分别叙述二极管 VD_1、VD_2 和电容 C_{10} 和 C_{11} 的作用。另外，在电路中找出软启动电路，并说明其工作过程。

（2）认真分析图 4-3 所示的电流控制型磁放大器半桥式三输出开关电源应用电路，叙述由 IC_{1A}、IC_{1B} 和外围其他原器件组成的窗式比较器的工作原理，并说明其在整个电路中起什么保护作用。另外，从工程数学的角度分析电路输入端的共差模滤波器的工作原理，找出滤除谐波噪声的理论根据。

（3）对图 4-7 所示的 300W、12V/24V/36V 幻灯机和投影仪开关电源应用电路和图 4-8 所示的 PS60-2（60W）射灯开关电源应用电路进行比较，分别从启动、保护、反馈、保护方式等方面进行分析，说出其优缺点。在这两种电路中分别选择一种电路进行实地装配和调试，并分别写出电路中各种变压器的设计和加工过程。

（4）在图 4-7 所示的 300W、12V/24V/36V 幻灯机和投影仪开关电源应用电路中，若将功率开关管 VT_1 和 VT_2 由 GTR 换成 MOSFET 功率开关管，电路中都有哪些地方要进行改动？并将改动后的电路画出来。

（5）在图 4-9 所示的 400W、36V 幻灯机和投影仪开关电源应用电路中找出软启动电路来，并叙述其工作原理和画出其工作时序波形。

4.2 他激型半桥式开关电源实际电路

4.2.1 他激型半桥式开关电源电路的工作原理

1. 他激型半桥式开关电源的电路结构

他激型半桥式开关电源的电路结构如图 4-10 所示。

2. 他激型半桥式开关电源电路的工作原理

为了更深入、细致地说明他激型半桥式开关电源电路的工作原理，下面以一个应用实例的工作过程加以分析和讨论，以使读者从中领会、总结和归纳出他激型半桥式开关电源电路的工作原理，能更直接地掌握这种稳压电源电路。

（1）应用实例

图 4-11 所示的电源电路就是一个以 MB3759 作为 PWM 控制与驱动器、以两个 2SC3562 作为功率开关管的他激型半桥式开关电源电路，其输入为 110V/60Hz 的交流电网电压，输出为 5V/20A 的直流稳定电压。

（2）工作原理分析

对该应用实例电源电路的分析分以下几步进行：

① 电源电路的启动。当加上输入电压时，电源经防冲击电流用的电阻 R_1 对滤波电容 C_1 和 C_2 开始充电，其充电时间为 22ms，大约经过三个工作周期的时间即可充电到输入电压的峰值。如果输入电压为 100V，此时的冲击电流就大约为 $100\sqrt{2}/20=7A$。一方面，经过整流滤波后的输入直流电源电压通过电阻 R_1 和 R_5 加到功率开关管 VT_1 的基极上，该电压的上升时间由

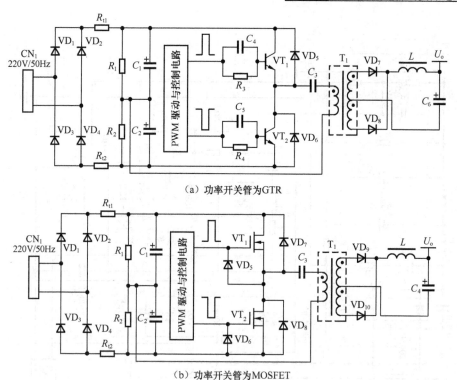

（a）功率开关管为GTR

（b）功率开关管为MOSFET

图 4-10 他激型半桥式开关电源的电路结构

电阻 R_5 和电容 C_3 来决定，大约为 300ms。这个电压经射极跟随器 VT_1 输出后，再通过二极管 VD_2 直接加到 PWM 控制与驱动器 IC_1 上，成为 IC_1 的启动电源电压。在这个电路中，当 IC_1 的 15 脚上的电压升高到 5V 时，其输出端就开始发出 PWM 驱动信号。也就是说，当 IC_1 的供电电压达到 10V 时，开关电源开始启动工作。从输入电源电压的投入到整个电路的启动工作所需的时间由时间常数 $R_5 \cdot C_3$ 来决定，大约延迟三个工作周期的时间。这样一来，大容量的滤波电解电容 C_4 和 C_5 就有足够的充电时间，便可使其完全充满电以后主功率变换器才启动。只要 IC_1 一启动工作，驱动晶体管 VT_5 和 VT_6 就开始轮换交替导通与截止，通过驱动变压器 T_1 和 T_2 给功率开关管 VT_3 和 VT_4 加上 PWM 驱动信号，驱动变换器工作。当功率变换器启动工作以后，输入直流电压经二极管 VD_3 和电阻 R_4 加到晶闸管 VS_1 的控制栅极上，使其导通。因为这时滤波电解电容 C_4 和 C_5 已完全充满电，故晶闸管 VS_1 导通时就不会有较大的冲击电流出现。

另一方面，只要功率变换器一启动，IC_1 的供电电源就会由加在功率开关变压器 T_3 上的一个辅助绕组 N_f 所产生的感应电压经二极管 VD_8 和 VD_9 以及滤波电容 C_{15} 整流滤波后来提供。VT_1 是启动用的晶体管，当电源接通时，输入直流电压经电阻 R_1 和 R_5 加到晶体管 VT_1 的基极上，其最大电压由连接于基极的钳位二极管 VD_1 限制为 13V。该电压经 VT_1 组成的射极跟随器进行电流放大后，成为 IC_1 的电源。为了减小电阻 R_5 上的功率损耗，该电阻的阻值要取得大一些。VT_1 采用具有超高 β 值和超高 h_{fe} 值的开关管 2SD982，其特性曲线如图 4-12 所示。它具有集电极电流减小时，h_{fe} 值降低很少的优点，因此使用这种开关晶体管可以得到低损耗的驱动电路。值得注意的是图 4-12 中达林顿晶体管的特性在集电极电流小的区域内，h_{fe} 值很小，因而就起不到这样的作用。

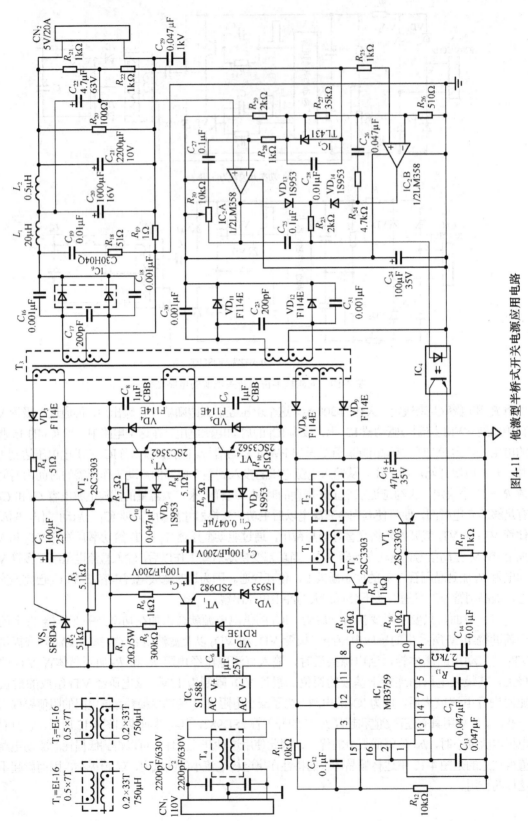

图4-11　他激型半桥式开关电源应用电路

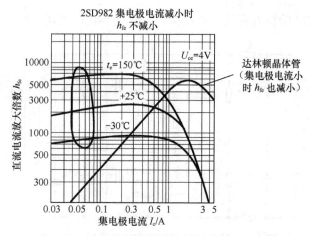

图 4-12　2SD982 开关管与达林顿管的特性曲线

② 稳压调节过程。接在功率开关变压器次级绕组中的放大器 IC_{2A} 是稳压用的反馈放大器，其输出电压经电阻 R_{20} 和 R_{21} 组成的分压器 1/2 分压后，与 IC_3 产生的 2.5V 基准电压进行比较，差值经放大后驱动光耦合器 IC_4 中的发光二极管，从而将输出的不稳定波动耦合到初级的 IC_1 的控制端来控制其输出的 PWM 驱动信号的脉冲宽度，最后完成稳压调节功能。

③ 过流保护过程。电路中的放大器 IC_{2B} 是供过流保护用的反馈放大器，2.5V 基准电压经电阻 R_{25} 和 R_{26} 分压后所取出的 0.035V 电压与电流检测电阻 R_{18} 上的电压降进行比较。当输出端一旦出现过流而使该电流检测电阻 R_{18} 上的电压降超过 0.035V 时（相当于电流约为 23.6A），放大器 IC_{2B} 的输出就变为高电平，同样驱动二极管 VD_{14} 和光耦合器 IC_4 中的发光二极管，其结果是使输出电压下降，把输出电流限定在 23.6A 以下，从而起到过流保护的作用。

④ 输出滤波电路。由电感 L_1、L_2 和电容 C_{20}、C_{21} 组成的输出滤波器是二级滤波器电路，可将输出直流电压中的纹波电压降至 30mV（峰-峰值）以下。晶体管 VT_2 的作用是在输入电源电压瞬时关断后再接通的场合，当输入电压峰值与电容 C_4 上的电压差过大时，将电容 C_3 上的电荷放掉，推迟晶闸管 VS_1 的导通时间，以防止开机时的浪涌冲击电流。

（3）几个要讨论的问题

① 如何进一步增加输出功率。当需要进一步增加输出功率时，可采用如图 4-13 所示的倍压整流电路。如果功率开关管的发射极-集电极的耐压不成问题时，那么通过这种方法，在使用相同功率开关管的条件下，就可以得到 2 倍于原输出功率的功率。在半桥式变换器电路中功率开关管上所加的电压较低，不会高于输入的直流电源电压的数值。因此，在输入电压高，输出功率大的场合，可以充分发挥其特点。

② 高频功率电容的选择。半桥式变换器电路中，与两个功率开关管配对的两个高频功率电容 C_8 和 C_9 是向功率开关变压器 T_3 传输能量的隔直流耦合电容。因这两个电容上所传输的是高频电流信号，因此一定要注意选择合适的电容种类。作为允许高频电流信号大功率通过的电容，选择聚丙烯薄膜电容（CBB 电容）是最为适宜的。图 4-14 所示的电路中，将这两个电容减少为一个电容 C，虽然其工作原理完全相同，但这种电路在耦合电容 C 上的电荷为零时，若功率开关管 VT_3 导通，则在功率开关变压器 T_3 的初级绕组上会加上比稳态时高出一倍的瞬态脉冲电压，其结果是使次级的整流二极管 VD_{10} 上出现比稳态时高出 1 倍的尖峰电压，因此一定要注意选择二极管的耐压。在图 4-11 所示的电路中，因为变换器启动前电容

C_8 和 C_9 就已充满了 1/2 的输入直流电源电压，因此就不存在上述问题。

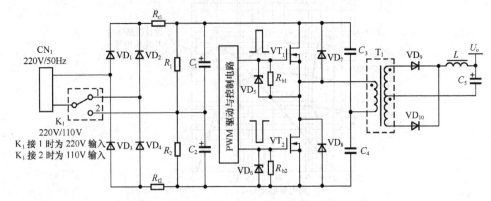

图 4-13　输入电压 220V/110V 的通用转换电路

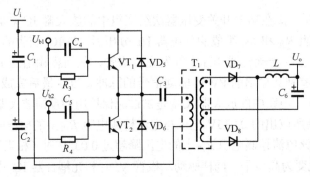

图 4-14　启动时整流二极管上出现尖峰电压的电路

③　如何防止启动时出现尖峰电压。如果像图 4-15 所示的那样在输入直流电路中加入分压电阻 R_1 和 R_2，则因启动前耦合电容 C_3 上就已充好了 1/2 的输入直流电源电压，因此在启动时就不会发生瞬态过电压现象。电路中的二极管 VD_5 和 VD_6 是为了防止驱动变压器 T_1 次级绕组输出驱动电压过高而击穿 MOSFET 功率开关管，一般均采用 15V/0.5W 的稳压二极管。加入的分压电阻 R_1 和 R_2 有两个作用，一方面为大电解电容器 C_1 和 C_2 的充当放电电阻，若阻值选得过低，则功耗就会增大；另一方面为电容 C_3 提供充电回路，若选得过大，则充电时间就会太长，在输入电源电压开启后，若不经过足够的等待时间后再启动，则仍然是无效的。

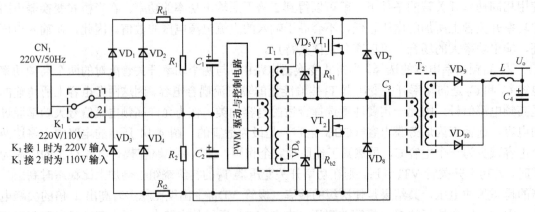

图 4-15　防止启动时出现尖峰电压的电路

④ 如何减小驱动功率。为了以小的驱动功率获得较大的输出功率，如图 4-16 所示，可在驱动变压器的 T_1 中增加一个反馈绕组 N_f，以加大正反馈力度。在这个电路中，加于驱动晶体管 VT_5 和 VT_6 基极上的驱动信号的相位刚好相反。当输入电源电压接通时，由 IC_1 发出 PWM 驱动脉冲信号，则功率开关管 VT_5 或 VT_6 中任意一个导通，而另一个就会截止时，通过电阻 R_{15} 和 R_{16} 就会给驱动变压器初级绕组加上电，其结果是使功率开关管 VT_3 或 VT_4 导通，在功率开关变压器 T_3 的初级绕组中产生电流 I_o，这时驱动变压器作为电流互感器工作。设反馈绕组的匝数为 N_f，基极绕组的匝数为 N_b，变换器的输出电流为 I_o，则功率开关管 VT_3 或 VT_4 中导通的一只功率开关管的基极电流就为

$$I_b = I_o \frac{N_f}{N_b} \tag{4-9}$$

从而使该功率开关管完全导通。在功率开关管已导通时间 t_{ON} 后，处于截止状态的驱动晶体管重新导通，使驱动变压器的初级绕组成为短路状态，这样，驱动变压器的次级绕组电压也变为零，在功率开关管的基极电路中，充在电容 C_b 上的电压 U_{cd} 以反方向加在功率开关管的基极上，使其截止。经过这样的反复动作，变换器就会按照驱动电路输出的脉冲宽度周期性工作。

（4）驱动变压器参数的计算

设功率开关管的基极电流为 I_b，集电极电流为 I_c，基极绕组的匝数为 N_b，反馈绕组的匝数为 N_f，则驱动变压器 T_1 的匝数比为

$$\frac{N_b}{N_f} = \frac{I_c}{I_b} \tag{4-10}$$

对于不同的功率开关管，基极电流 I_b 与集电极电流 I_c 之比虽然有所不同，但一般均为 5 倍左右。此外，若令驱动电路的电源电压为 U_d，功率开关管基极的正向压降为 U_{eb}，串联在基极内部的二极管压降为 U_{cb}，则初级绕组的匝数 N_p 可按下式计算：

$$\frac{N_b}{N_p} = \frac{U_{eb} + U_{cb}}{U_d} \tag{4-11}$$

在匝数比确定后，各绕组的匝数就可采用与普通变压器一样的方法来确定了。

这个电源电路通过正反馈减小驱动功率，并使功率开关管的基极电流与集电极电流成比例，因而始终能以最合适的电流来驱动功率开关管，可制作成高效率低损耗的电源电路。使用这样的电路技术生产出来的额定输出功率为 5kW、峰值功率为 20kW 的大功率开关电源已在实际中得到了广泛使用。

4.2.2　他激型半桥式开关电源电路的设计

1．一次整流与滤波电路的设计

（1）整流二极管的选择

我国的工频电网均采用 220V/50Hz 的输电电网，欧洲一些国家的电网为 110V/60Hz，因此在无工频变压器的开关电源电路中，经过全波整流和滤波以后所得到的直流供电电压就为：我们国家为 300V，欧洲一些国家为 150V。若已知的输出功率为 P_o，功率变换器的转换效率为 80%，依据这些条件就可以确定出所选用的整流二极管来。

① 反向峰值电压 U_d 的计算。不论是单端式开关电源电路，还是双端式开关电源电路，所选用的工频整流二极管的反向峰值电压 U_d 的计算方法都是相同的。不管是在原理电路，还

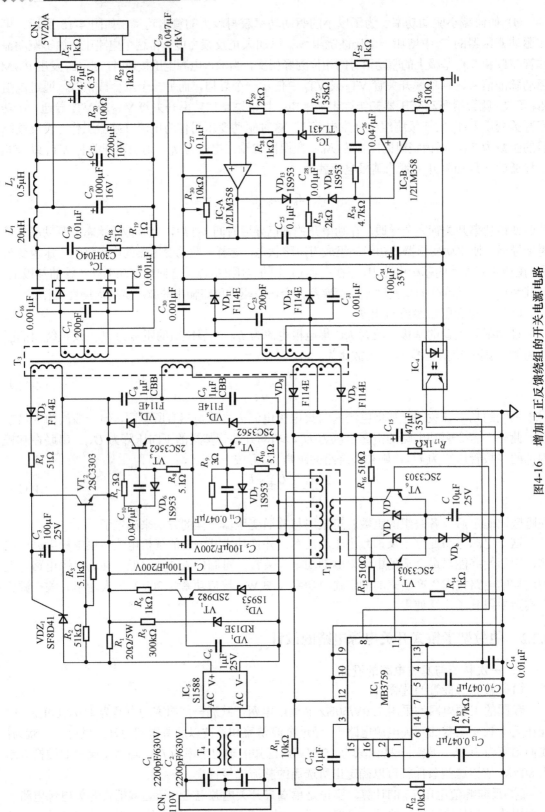

图4-16 增加了正反馈绕组的开关电源电路

是在实际应用电路中，工频整流和滤波以后所得到的直流供电电压不是直接与储能电感线圈相连，就是与功率开关变压器的初级绕组或功率开关管的集电极相连，所以均为感性负载。这样在确定整流二极管的反向峰值电压时，就要考虑到这些与之相连的感性负载在关机和开机瞬间所产生的反向电动势问题。一般均将整流二极管的反向峰值电压选为 300V（150V）的两倍，即 600V（300V），这样做是比较安全可靠的。

② 正向导通电流的计算。整流二极管的正向导通电流可由下式计算：

$$I_d = \frac{P_o}{0.8 \times 300} = \frac{P_o}{240} \tag{4-12}$$

式（4-12）中的 0.8 为变换器的转换效率；300 为 220V/50Hz 的输入电网电压经全波整流与滤波后所得到的 300V 直流电压。若为 110V/60Hz 电网时，上式中的 300 则为 150。另外在计算整流二极管的正向导通电流时，还必须要注意到整流二极管的散热问题。在大功率输出时，整流二极管的正向导通电流也会相应增大。这样就会引起二极管发热，而二极管的散热问题一直是设计人员最为头疼的问题。例如，设大功率输出电源的整流二极管的正向导通电流为 5A，由于正向压降最小为 0.7V，此时整流二极管的功率损耗就为 3.5W。因此为了解决整流二极管的散热问题，提高电源的转换效率，降低它内部的损耗，在选择整流二极管时，除了要选择正向压降小的以外，其正向导通电流也要留有 2～3 倍的裕量，即为

$$I_d = (2 \sim 3) \times \frac{2P_o}{0.8 \times 300} = (2 \sim 3) \times \frac{P_o}{120} \tag{4-13}$$

（2）滤波电容的计算

滤波电容的容量与耐压值的确定与计算在第 1 章中已经讨论过，这里仅对电解电容的寿命对整个开关电源电路可靠性的影响问题进行一些论述。

在开关电源电路中，除电解电容以外的其他元器件，如电阻、电感、无极性电容、变压器、二极管和晶体管等，它们只会发生人为的或偶发的破坏和故障。而对电解电容来说，它的大容量的生成是其内部化学反应的结果，因此就会发生损耗性故障。与其他元器件人为的或偶发的破坏和故障模式相比，这种故障模式的问题更加严重。就损耗性故障来说，即使将元器件的数量减少到最少，电路设计得再合理，电解电容的寿命也不会得到提高和延长，同时偶发性故障又总是无法避免的。而损耗性故障的出现又像时钟一样的准确，只要这种电解电容的寿命一到，这种故障就会发生和出现，除非在整个电路中全部不采用电解电容，否则电解电容的故障率总是较高的。

目前市场上的电解电容一般可保证在 105℃的温度下有 1000～2000h 的寿命。近几年来，有些发达国家，如日本、美国、德国、俄罗斯等国家虽然生产出了长寿命的电解电容，但由于价格十分昂贵，难以推广和普及。与其他的元器件相比，电解电容的寿命要短好几个数量级。

电解电容的寿命受温度的影响非常大。其随温度的变化规律遵从"阿类尼厄斯 10°法则"，即温度每升高 10℃，电解电容的寿命就会缩短一半。根据这一法则，在 65℃的环境温度下，寿命为 1600h 的电解电容，放到 105℃的环境温度下，寿命将降为 400h。电解电容的寿命将影响电源的寿命，而温度又是影响电解电容寿命最关键的因素。这就给电源的设计和生产提出了一个必须要注意的问题，那就是要注意元器件的合理布局问题。为了最大限度降低它的工作温度，应使电解电容远离电路中的热源，选择漏电流最小的质量最好的高温电解电容。图 4-17 给出了电解电容的容量随时间和温度的变化曲线。一般市场上出售的开关电源，虽然

标有允许环境温度为 0~60℃，但是若在上限温度附近连续工作，其寿命也将会大大缩短，很快将会出现故障或无法使用。对这些电源如果要长期使用，必须要增加裕量，或者采用风机强制通风冷却，以降低电解电容的工作环境温度。从电源整体可靠性的角度出发，就会发现电解电容是一个电源电路中必不可缺少的，也是最不可靠的元件，可以说电源电路中电解电容的寿命就决定了电源的寿命。

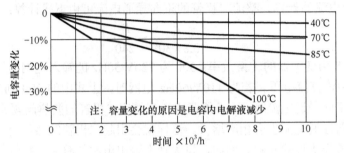

图 4-17　电解电容的容量随时间和温度的变化曲线

（3）共模电感的确定

在第 1 章中已经讲述了共模电感的作用、电感量的计算和磁性材料的选择原则等。这里再着重强调一下共模电感的作用。目前国内市场上出售的价格很便宜、功率在 200~1000W 的计算机电源中，共模电感有的都用两根短路镀银线来代替，这可能是生产厂家为降低成本而采取的偷工减料措施，但这将会导致工频电网被污染。随着计算机技术的普及应用，将会造成严重的后果。可喜的是国家有关管理部门目前已出台了对新型电源产品的 EMC 标准，这将对我国开关电源的开发与普及应用起到推动作用，也是建立和谐社会不可缺少的举措。要坚决禁止和杜绝以上行为和现象的出现，净化我们的工频电网，净化我们周围的工作和生活环境。

2. 开关电源的设计

（1）功率开关管的选择

① 集电极峰值电压的计算。从图 4-1 所示的半桥式开关电源的基本电路结构中可以看出，由于两只功率开关管在一个工作周期内轮换导通和截止，每一个功率开关管导通或截止的时间各占一个工作周期的一半（理想状态），因此功率开关管集电极上所加的电压就为输入直流供电电压 U_i，这样一来就大大降低了对功率开关管的要求。半桥式开关电源电路采用了两只高频功率电容来代替两只功率开关管，因此是非常经济的。虽然两只功率开关管有时要比两只高频功率电容所占的体积小，但是电容却是无源器件，并且不需外加散热片的。所以总的来说，采用半桥式开关电源电路既降低了成本，又减小了体积和重量。在高速度、高反压、大电流晶体管十分昂贵的现实情况下，采用半桥式开关电源电路，电容器的中点充电到输入直流电源电压的 1/2，而全桥式变换器电路则采用两只功率开关管来代替这两个电容，所以在同样的输出功率下，半桥式开关电源电路中功率开关变压器的初级绕组中的电流就是全桥式变换器电路的 2 倍，这一点还要在后面的全桥式变换器电路中详细讲到。

在半桥式脉宽调制型变换器电路中，功率开关管所承受的电压为输入直流电源电压 U_i，但是由于功率开关变压器的漏感以及集电极回路中引线电感的影响，在功率开关管关断的瞬间就会引起较大的反峰尖刺电压，电路中采取加入缓冲或吸收电路等措施后，一般能将这些反峰尖刺电压降低到稳态的 20% 以内。此外，还应考虑到 10% 的电网波动的影响，因此功率开关管所承受的峰值电压就应该为 $1.2 \times 1.1 U_i = 1.32 U_i$。

功率开关管实际应用时，最好用在其额定值的 50% 为最佳，再考虑到现有器件的现状，降低到用在其额定值的 80%，则有

$$1.32 U_i = 0.8 U_{ce}$$

所以可得

$$U_{ce} = 1.65 U_i \tag{4-14}$$

将 U_i 的计算公式代入上式就可以得到

$$U_{ce} = 1.65 \times \sqrt{2} \times 220 = 513\text{V} \tag{4-15}$$

可见半桥式脉宽调制型开关电源电路中功率开关管的集电极峰值电压应大于 500V。

② 集电极电流的计算。假定现在给定了半桥式脉宽调制型开关电源的转换效率为 80%～85%，输出功率为 P_o 或者输出电流为 I_o 和输出电压为 U_o，则稳压电源输入功率为

$$P_i = \frac{P_o}{\eta} = \frac{P_o}{0.8} = \frac{U_o I_o}{0.8} \tag{4-16}$$

当工频电网电压经过整流、滤波后所得到的输入直流电压为 300V，并且假定脉冲驱动信号的占空比为 D 时，则脉冲电流的幅值就为

$$I_m = \frac{2P_i}{U_i D} = \frac{2U_o I_o}{0.8 \times 300} \cdot \frac{1}{D} = \frac{U_o I_o}{120 D} \tag{4-17}$$

另外，考虑到次级整流二极管反向恢复时间的影响以及容性和感性负载等所引起的功率开关管启动和关闭时所产生的电流尖刺、冲击电流等，设计时要留有一定的裕量，因此应取功率开关管集电极电流的最大值为

$$I_{cmax} \geqslant 2I_m = \frac{U_o I_o}{60 D} \tag{4-18}$$

（2）分压电容的计算

他激型半桥式开关电源电路中与两只功率开关管配对的两只分压电容在电路的工作过程中起着非常重要的作用，有时也称其为高频功率电容。该电容的计算包括容量和耐压的计算，可采取下列的步骤分别进行计算和确定。

① 从对输出直流电压中纹波值的要求出发计算分压电容。从图 4-18 所示的半桥式开关电源的基本电路结构中可以看出，分压电容的值可以从已知的初级电流和工作频率来计算。这样，若总的输出功率为 P_o（包括变压器的损耗），初级电流为 $I = P_o/(U_i/2)$，工作频率为 f，功率开关变压器初级电压由分压电容 C_1、C_2 并馈。当功率开关管 VT_1 导通时，流过初级的电流流入 A 点；当功率开关管 VT_2 导通时，从 A 点取出电流。在一个工作周期中由两个分压电容相互补充电荷的损失，因此分压电容上的电压变化可由下式来表示：

$$\Delta U = \frac{I \Delta t}{C} = \left[\frac{2P_o}{U_i (C_1 + C_2)} \right] \cdot \frac{1}{2f} = \frac{P_o}{2U_i f C} \tag{4-19}$$

式（4-19）中的 $C = C_1 = C_2$，$\Delta t = \dfrac{T}{2} = \dfrac{1}{2f}$。分压电容上直流电压变化的百分数与次级整流输出直流电压变化的百分数是相同的，实际上次级整流输出直流电压变化的百分数就是纹波电压值，因此次级整流输出直流电压变化的百分数 U_r 为

$$U_r = \frac{100\Delta U}{\frac{U_i}{2}} = \frac{100P_o}{\frac{U_i}{2} 2U_i fC} = \frac{100P_o}{U_i^2 fC} \qquad (4\text{-}20)$$

为了将次级输出直流电压中的纹波电压降低到所要求的程度，分压电容的大小应按下式来选择：

$$C = \frac{100P_o}{U_i^2 fU_r} \qquad (4\text{-}21)$$

实际应用电路中，可以将滤波电容与分压电容分别设置，滤波电容常取上百微法的电解电容直接连接在工频全波整流器输出的两端，也就是 U_i 的两端。二分压电容 C_1、C_2 常取几微法的高频功率电容，一般均选用 CBB（聚丙烯电容）无极性电容作为高频通路及桥路分压电容。

② 单纯从桥路的等效电路出发来计算分压电容。当分压电容 C_1、C_2 的容量相等（$C_1 = C_2 = C$）、负载电路完全相同时（如功率开关管 VT_1、VT_2 均截止或者均导通），分压电容上的电压均为输入直流电压的一半，中点电位为 $U_a = U_i/2$。在半桥式变换器电路中，两只主功率开关管是交替轮换工作的，当处于高电位的功率开关管 VT_1 导通时，电容 C_1 将通过 VT_1 和功率开关变压器 T 放电。同时电容 C_2 却由输入直流电源 U_i 经 VT_1、T 充电，这样中点电位就按指数规律上升，一直上升到 $(U_i/2) + \Delta U_i$，功率开关管 VT_1 截止，该点电位保持不变。然后当功率开关管 VT_2 导通时，电容 C_2 放电，C_1 充电，中点电位下降到 $(U_i/2) - \Delta U_i$，如图 4-19 所示。在中点电位 U_a 下降期间，该点的电位可由下式表示：

$$U_a = \left(\frac{U_i}{2} + \Delta U_i\right) \cdot e^{-\frac{1}{2R_l C}} \qquad (4\text{-}22)$$

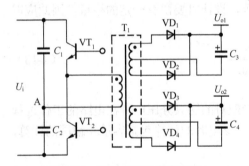

图 4-18 半桥式开关电源电路

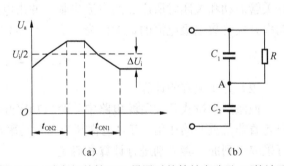

图 4-19 功率开关管 VT_1 导通时的等效电路及 U_a 的波形

在通常情况下，选择 $\Delta U_i = (1\% \sim 10\%) \cdot (U_i/2)$。这里，取 $\Delta U_i = (U_i/2) \times 2\%$。由于 ΔU_i 较小，故满足 $t_{ON} \ll 2R_l C$，因此就有 $t_{ON}/(2R_l C) \ll 1$，将式（4-22）中的指数项 $e^{-1/(2R_l C)}$ 展开并简化后就可得到

$$e^{-\frac{t_{ON}}{R_l C}} = 1 - \frac{t_{ON}}{2R_l C} + \frac{1}{2}\left(-\frac{t_{ON}}{2R_l C}\right)^2 + \cdots \approx 1 - \frac{t_{ON}}{2R_l C} \qquad (4\text{-}23)$$

在 $t = t_{ON}$ 时，$U_a = \frac{U_i}{2} - \Delta U_i = \left(\frac{U_i}{2} + \Delta U_i\right) \cdot \left(1 - \frac{t_{ON}}{2R_l C}\right)$，由此可得

$$\frac{U_i t_{ON}}{4R_l C} = 2\Delta U_i - \Delta U_i \frac{t_{ON}}{2R_l C} \approx 2\Delta U_i \qquad (4\text{-}24)$$

由式（4-24）就可以得到分压电容的计算公式为

$$C = \frac{U_i t_{ON}}{8 \Delta U_i R_l} \tag{4-25}$$

在上式中，若取 $\Delta U_i = 0.02 \times \dfrac{U_i}{2} = 0.02 \times \dfrac{300}{2} = 3\text{V}$，$t_{ON} = TD$ 时，上式就可以简化为

$$C = \frac{300 \times TD}{8 \times 3 R_l} = 12.5 \times \frac{TD}{R_l} \tag{4-26}$$

另外，再将 $R_l = U_o / I_o$ 代入上式中还可以得到分压电容的另一个计算公式为

$$C = 12.5 \times \frac{U_o TD}{I_o} \tag{4-27}$$

③ 分压电容的估算法。在半桥式开关电源电路中，等效电容为 $2C$。在 $\Delta t = t_{ON}$ 期间，分压电容上的电压为 U_C，压降为 $\Delta U_C = 2\Delta U_i = 40\%(U_i/2)$，因为 $I_C = C\dfrac{dU_C}{dt}$，所以就可以得到 $I_C = 2C\dfrac{\Delta U_C}{\Delta t}$，故

$$C = \frac{I_C \Delta t}{2 \Delta U_C} = \frac{I_C t_{ON}}{2 \times 0.04 \times \dfrac{U_i}{2}} = \frac{25 I_C t_{ON}}{U_i} \tag{4-28}$$

再将 $U_i = 300\text{V}$ 和 $t_{ON} = TD$ 分别代入公式（4-28）中，可以得到分压电容 C_1、C_2 的估算公式为

$$C = C_1 = C_2 = \frac{I_C TD}{12} \tag{4-29}$$

④ 分压电容耐压值的确定。分压电容上所承受的耐压值与电路中功率开关管集电极上所承受的耐压值完全相同，因此分压电容耐压值的确定方法也与功率开关管集电极峰值电压的确定方法完全相同，这里就不再重述。

3. 功率开关变压器的设计

下面所讲述的功率开关变压器的设计内容包括半桥、全桥和推挽等双端式开关电源电路中的功率开关变压器。设计时应给出以下的基本条件：

① 开关电源的电路形式或者电路结构。

② 工作频率或者工作周期。

③ 功率开关变压器的输入电压幅值。

④ 功率开关管的占空比。

⑤ 输出电压和电流。

⑥ 输出整流电路形式

⑦ 初、次级隔离电位。

⑧ 要求的漏感和分布电容的大小。

⑨ 工作环境条件。

除以上的条件外，还应具备有关磁性材料、漆包线、绝缘材料以及变压器骨架等方面的参数和数据供查阅。

（1）磁芯尺寸的确定

功率开关变压器的输出功率与下列一些因素有关：

① 磁芯的磁性材料及截面积。它影响磁芯损耗、工作磁感应强度和各绕组的匝数。

② 漆包线的截面积。它影响电流密度和绕组的铜耗。

③ 变压器的体积和表面积。它影响变压器的温升。

④ 绕制与加工工艺。它影响变压器的分布电容和漏感。

功率开关变压器的输出功率（可传输功率）与磁芯磁性材料的性质、几何形状以及尺寸之间的关系可以采用磁芯面积的乘积 A_p 来表示，其计算公式为

$$A_p = A_c A_m \qquad (4\text{-}30)$$

式中，A_p 为磁芯面积的乘积，单位为 cm^4；A_c 为磁芯的截面积，单位为 cm^2；A_m 为磁芯窗口的截面积，单位为 cm^2。磁芯面积乘积 A_p 与其他参数之间的关系为

$$A_p = \frac{P_t \times 10^4}{4 B_m f k_w k_j} \times 1.16 \qquad (4\text{-}31)$$

式中，P_t 为变压器的计算功率，单位为 W；B_m 为工作磁感应强度，单位为 T；f 为工作频率，单位为 Hz；k_w 为变压器磁芯窗口的占空系数；k_j 为变压器的电流密度系数。由式（4-31）可以得到功率开关变压器的工作要求，决定磁性材料和磁芯结构形式，选择与磁芯面积乘积 A_p 值相等或相近的规格磁芯。如果没有现成的产品供设计者选用，那么就要自行设计与磁芯面积乘积 A_p 值相当的磁芯尺寸，并提出具体要求，由生产厂家加工制作。

① 变压器的计算功率 P_t 的计算。功率开关变压器工作时，磁芯所需要的功率容量就称为变压器的计算功率，一般用符号 P_t 表示。变压器的计算功率 P_t 的大小取决于输出功率及整流电路的形式。根据变压器工作电路的不同类型，计算功率 P_t 可在 2～2.8 倍的输出功率 P_o 范围内变化。不同电路类型功率开关变压器的计算功率 P_t 的计算方法不同，其不同电路类型所对应的计算方法请参见表 4-1。在表中特将推挽式开关电源电路的功率开关变压器的计算功率 P_t 一同列出，供设计者参考。另外，在第 3 章推挽式开关电源电路的分析和讲述中该部分内容没有列出，特此说明。

表 4-1　不同电路类型所对应的变压器计算功率 P_t 的计算方法

电路类型	电路结构形式	计算功率的计算公式
推挽式电路全波整流		$P_o = U_o I_o$ $P_t = P_o \left(\frac{\sqrt{2}}{\eta} + \sqrt{2} \right)$
半桥式电路全波整流		$P_o = U_o I_o$ $P_t = P_o \left(\frac{1}{\eta} + \sqrt{2} \right)$

续表

电路类型	电路结构形式	计算功率的计算公式
全桥式电路 桥式整流		$P_o = U_o I_o$ $P_t = P_o \left(\dfrac{1}{\eta} + 1 \right)$
说　明	U_o 为输出直流电压，单位为 V；I_o 为输出直流电流，单位为 A；η 为开关电源的转换效率；P_o 为开关电源的输出功率，单位为 W	

② 工作磁感应强度的确定。功率开关变压器的工作磁感应强度 B_m 是功率开关变压器设计中一个重要的磁性参数，它与磁性材料的性质、磁芯结构形式、工作频率、输出功率等因素有关。确定工作磁感应强度 B_m 时，应满足温升对损耗的限制，使磁芯不饱和。工作磁感应强度 B_m 若选得太低，则功率开关变压器的体积和重量就要增加许多，并且由于匝数的增多就会引起和造成分布电容和漏感的增加。在不同工作频率下所对应的工作磁感应强度 B_m 值请查阅第 1 章中相关的内容。

③ 电流密度系数 k_j 的确定。电流密度系数 k_j 的确定与选择取决于磁芯的形式、表面积和温升等参数。在设计功率开关变压器时，若没有确定的磁芯体积，要确定电流密度系数 k_j 就有一定的困难。因此应首先确定磁芯的体积和结构外形，然后再确定所选用的磁芯电流密度系数 k_j。不同形式磁芯的电流密度系数 k_j 请查阅第 1 章中相关的内容。

④ 磁芯窗口占空系数 k_w 的确定。功率开关变压器初、次级绕组铜线截面积在磁芯窗口截面积中所占的比值就被称为窗口占空系数，可由符号 k_w 表示。磁芯窗口占空系数 k_w 取决于功率开关变压器的工作电压、隔离电位、漆包线的直径、加工工艺、绕制技术以及对漏感和分布电容的要求。设计时应根据不同的情况和参数要求，选取合适的磁芯窗口占空系数 k_w。一般情况下，低压功率开关变压器磁芯窗口占空系数 k_w 的取值范围为 0.2～0.4。当采用环形磁芯，并且磁芯的外径与内径的尺寸比值为 1.6 时，磁芯窗口占空系数 k_w 可按下式来计算：

$$k_w = 0.569 \left[0.75 - \frac{17.1(M_o + 1)b_t}{d_o} \right] \cdot \left(\frac{D}{D_z} \right)^2 \tag{4-32}$$

当采用环形磁芯，并且磁芯的外径与内径的尺寸比值为 2 时，磁芯窗口占空系数 k_w 又可按下式来计算：

$$k_w = 0.569 \left[0.75 - \frac{20.9(M_o + 1)b_t}{d_o} \right] \cdot \left(\frac{D}{D_z} \right)^2 \tag{4-33}$$

式（4-32）和式（4-33）中，M_o 为功率开关变压器的绕组个数；d_o 为环形磁芯的内径，单位为 mm；D 为漆包线的直径，单位为 mm；D_z 为包括绝缘层在内的漆包线的直径，单位为 mm；b_t 为绕组间半叠包绝缘材料的厚度，单位为 mm。

（2）绕组匝数的计算

功率开关变压器绕组匝数的计算主要包括初级绕组匝数和次级绕组匝数的计算。而次级绕组一般情况下有多个，因此计算时应该逐一进行计算。

① 初级绕组匝数的计算。半桥式开关电源电路中功率开关变压器初级绕组的匝数可由下式来计算：

$$N_p = \frac{U_p t_{ON}}{2 B_m A_c} \times 10^{-2} \qquad (4-34)$$

式中，U_p 为功率开关变压器初级绕组的输入电压，单位为 V；N_p 为功率开关变压器初级绕组的匝数；A_c 为功率开关变压器所选用磁芯的有效截面积，单位为 cm^2。进行磁芯计算时，应考虑磁芯占空系数的影响。

② 次级绕组匝数的计算。在功率开关变压器的设计中，一般情况下功率开关变压器都具有多个次级绕组。因此可利用下列的公式对每一个绕组分别进行计算，然后按照所计算出的数据进行加工和绕制。加工和绕制时应注意选择漆包线的直径不能太粗。如果要求流过大电流而采用单根粗漆包线时，由于趋肤效应的影响不但可导致漏感和分布电容增加，而且还可导致铜损增加，从而引起变压器温升的升高。这时应采用细线多股并绕或细线多股绞扭绕制的方法。

$$N_{s1} = \frac{U_{s1}}{U_{p1}} \cdot N_p \qquad (4-35)$$

$$N_{s2} = \frac{U_{s2}}{U_{p1}} \cdot N_p \qquad (4-36)$$

$$\vdots$$

$$N_{si} = \frac{U_{si}}{U_{p1}} \cdot N_p \qquad (4-36)$$

式中，N_{s1}、N_{s2}、$\cdots$、N_{si} 分别为功率开关变压器各次级绕组的匝数；U_{s1}、U_{s2}、$\cdots$、U_{si} 分别为各次级绕组的输出电压，单位为 V。 $\qquad (4-37)$

（3）电流密度的计算

功率开关变压器的电流密度 J 可由下式来计算：

$$J = k_j A_p^{-0.14} \times 10^{-2} \qquad (4-38)$$

式中，J 为功率开关变压器的电流密度，单位为 A/mm^2。

（4）漆包线的选择

功率开关变压器中各绕组所选用的漆包线是根据变压器中的工作电流和电流密度确定的。可用下式来计算：

$$S_1 = \frac{I_1}{J} \qquad (4-39)$$

$$S_2 = \frac{I_2}{J} \qquad (4-40)$$

$$\vdots$$

$$S_i = \frac{I_i}{J} \qquad (4-41)$$

式中，S_1、S_2、$\cdots$、S_i 分别为功率开关变压器各绕组中所选漆包线的截面积，单位为 mm^2；I_1、

I_2、…、I_i 分别为功率开关变压器各绕组中所通过电流的有效值，单位为 A。采用上面的公式计算功率开关变压器各绕组所选漆包线的截面积时，不论是初级绕组还是次级绕组均适用。按照上面的公式计算出所需漆包线的截面积后，在选择漆包线时还应该考虑趋肤效应的影响，要采用多股并绕或多股绞扭绕制的方法，然后从第 1 章中所给出的漆包线规格表中查出符合要求的漆包线。

（5）分布参数的计算

在功率开关变压器的设计和加工过程中，为了校验所设计和加工的功率开关变压器的分布参数是否在所规定的要求之下，就必须进行计算。计算的内容包括漏感和分布电容的计算。有关它们的具体计算方法详见第 1 章的相关内容。

（6）变压器损耗的计算

功率开关变压器的损耗包括绕组的铜耗和磁芯的磁耗。绕组的铜耗取决于绕组线圈的材料、匝数和所选用绕组导线的粗细以及股数。此外，当传输功率固定时，在计算和设计功率开关变压器的过程中，一定要将各种参数的影响都尽可能考虑进去，最后使得铜耗与磁耗保持相等和平衡。只有这样才能保证功率开关变压器中的磁芯温升与绕组线包的温升达到平衡或一致。

① 绕组铜耗的计算。功率开关变压器各个绕组的铜耗取决于每一个绕组线圈中所流过的电流有效值和每一个绕组线圈导线的交流电阻。可用下式来计算：

$$P_{m1} = I_1^2 R_{m1} \tag{4-42}$$

$$P_{m2} = I_2^2 R_{m2} \tag{4-43}$$

$$\vdots$$

$$P_{mi} = I_i^2 R_{mi} \tag{4-43}$$

式中，P_{m1}、P_{m2}、…、P_{mi} 分别为各个绕组的铜耗，单位为 W；I_1、I_2、…、I_i 分别为各个绕组中所流过的电流有效值，单位为 A；R_{m1}、R_{m2}、…、R_{mi} 分别为各个绕组的交流电阻，单位为 Ω。

② 磁芯磁耗的计算。功率开关变压器磁芯的磁耗由工作频率、工作磁感应强度和磁性材料的性质等参数来决定。可用下式来计算：

$$P_c = P_{c0} m_c \tag{4-45}$$

式中，P_c 为功率开关变压器磁芯的磁耗，单位为 W；P_{c0} 为在工作频率和工作磁感应强度下单位质量的磁芯损耗，单位为 W/kg；m_c 为磁芯的重量，单位为 kg。

③ 功率开关变压器总损耗的计算。功率开关变压器的总损耗 P_z 就等于绕组的铜耗 P_m 和磁芯的磁耗 P_c 值之和。可用下式来计算：

$$P_z = P_m + P_c \tag{4-46}$$

其中绕组的铜耗 P_m 为各个绕组铜耗之和，即

$$P_m = P_{m1} + P_{m2} + \cdots + P_{mi} \tag{4-47}$$

（7）功率开关变压器温升的计算

功率开关变压器的温升有下列两个含义：

① 在磁芯的各个磁性参数都符合设计要求条件下的正常温升。

② 在特定条件下的温升。

在选择磁芯时，由于受到某些外界因素和条件的限制，如价格、外形尺寸以及磁芯的加工制作工艺等的限制，所选用磁芯的某些性能参数不能达到设计要求，如传输功率低于所计

算的传输功率，磁芯的面积乘积小于所要求的数值，窗口面积小于所要求的数值使绕组的铜耗增大等，这样就会造成功率开关变压器的温升急剧升高。在这种情况下，必须采取强制风冷的方法，把变压器的温度降下来，使变压器强行来完成所要求传输的功率。但是这种做法是不应当提倡的，是没有办法的办法。

功率开关变压器输入功率的一部分由于损耗而将要变成热量，从而使功率开关变压器的温度升高，并通过辐射和对流的共同作用从变压器的外表面将这些热量的一部分散发掉。因此，变压器的温升与变压器表面积的大小关系十分密切。变压器的温升可以参照变压器结构形式按下列的方法进行计算：

$$S_1 = k_s A_p^{0.5} \tag{4-48}$$

式中，S_1 为变压器的表面积，单位为 cm^2；A_p 为磁芯面积的乘积，单位为 cm^4；k_s 为表面积系数，与磁芯结构形式有关。各种不同磁芯结构所对应的表面积系数列于表 4-2 中，可供设计者查阅。

表 4-2　各种不同磁芯结构所对应的表面积系数

磁 芯 结 构	罐 形 磁 芯	E 形 磁 芯	C 形 磁 芯	环 形 磁 芯
表面积系数 k_s 值	33.8	41.3	39.2	50.9

功率开关变压器表面单位面积所损耗的平均功率 P_{avg} 为

$$P_{avg} = \frac{P_z}{S_1} \tag{4-49}$$

式中，P_{avg} 为功率开关变压器表面单位面积所损耗的平均功率，单位为 W/cm^2。由该公式求得 P_{avg} 值后，从图 4-20 所示的曲线上可查出变压器的温升 Δt。例如当 $P_{avg} = 0.03W/cm^2$ 时，查得变压器的温升为 25℃；$P_{avg}=0.07W/cm^2$ 时，查得变压器的温升为 50℃。图 4-21 所示的曲线表示了对应于变压器温升为 25℃和 50℃时，变压器表面积 S_1 和总功率损耗 P_z 之间的关系曲线。

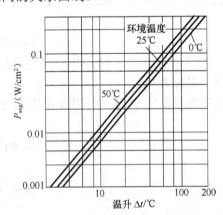

图 4-20　变压器的温升与 P_{avg} 之间的关系曲线

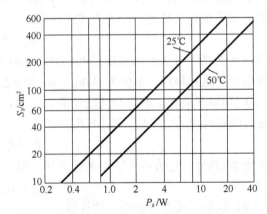

图 4-21　变压器温升为 25℃和 50℃时内表面积 S_1 和总功率损耗 P_z 之间的关系曲线

（8）功率开关变压器设计中的一些重要技术性能参数

功率开关变压器设计中的一些重要技术性能参数主要包括绝缘导线的技术性能、磁芯磁性材料的技术参数、绝缘材料及骨架材料的技术性能参数和功率开关变压器的装配及绝缘处理等内容。这些均在第 1 章的最后一节中讨论和叙述过，这里就不再重述。

4.2.3　多路他激型半桥式开关电源电路

用于电子装置中的电源，输出路数少，因而电路结构简单，价格便宜。过去像 IC 存储器等电源需要多达三种不同的电源电压来供电，有的还要求供电电压按一定的顺序和比例加上。现在的 IC 存储器和 CPU 绝大部分已统一于单一的 5V 供电，或 3.3V 等更低的其他电压，而且消耗的电流也在作数量级地减小。随着 LCD 显示技术和 CMOS 节电器件研发技术与集成技术的惊人发展，现在采用电池供电的低电压（3.3V 或 3.3V 以下供电）计算机及数字电路已在推广应用。从这些方面看来，结合计算机及数字电路的发展过程考虑，可以认为，在不久的将来也可能不需要电源电路，而全部采用源电池或太阳能电池来供电。

但是，如果从计算机和通信等方面来考虑，由于处理的信息量及处理速度的急剧增加，这些方面的供电电源不但对输出功率、输出电压以及输出直流电压的质量（如纹波峰值、转换效率、负载调整率）等方面有要求以外，还对输出电压的种类，也就是输出的路数存在着一定的要求。特别是在供光纤通信用的电源装置中，要求回路多，有不少场合要求的回路数多达 6 路以上。而且光纤通信虽然抗干扰能力强，但在装置中处理的信号，其单位频带宽度内的功率却非常小，因此要求电源的噪声电平必须比以往的其他电源要小得多。

1.　一个主变换器同时得到多路输出的他激型半桥式开关电源电路

以下虽然讲述的是一个主变换器同时得到多路输出的他激型半桥式开关电源电路，但是作为主变换器来说，它可以是单端反激式的变换器、单端正激式的变换器，也可以是双端推挽式变换器、半桥式变换器、全桥式变换器等。因此，这里将一并进行讨论，在其他的章节中就不再进行专门的讨论和叙述。这种通过控制主变换器的初级电路就能够控制次级多路输出电压的方法，除具有电路结构简单、元器件少、成本低的特点以外，由于只使用了一个主变换器，因此绝不会发生拍频干扰。不过在负载变化大的场合，由于其他回路的负载变化，会在输出上引起横向影响，严重时会使电源无法使用。不过对用途确定了的内部专用电源来说该电路是完全可用的，而且还是一种降低成本和压缩体积的有效方法和途径。

（1）电流和电压都较为对称的正、负两路输出电源

在输出正、负两路直流电压，输出电流相互连通的场合，如图 4-22 所示，可以从一个主变换器中同时取出两路输出。在该电路中运算放大器 IC_1 按各输出电压值进行稳压控制，当负载为运算放大器等这样的正、负对称的负载时，便能获得与独立电源相同的稳定度。但在正、负负载不平衡的应用场合，其稳定度就会差一些。另外，还可通过把在上、下两路输出滤波的扼流圈绕制在同一个磁芯上，以及输出电流变化的相互关联来获得较高的稳定度。

（2）电流和电压不对称的正、负两路输出电源

对于不对称的负载，如图 4-23 所示，只要加上可变负载就可以提高稳定度。在这个电路中，当正、负电源的负载对称时，电阻 R_3、R_4 上的电压之和为零，故放大器 IC_1 的输出也为零，晶体管 VT_1、VT_2 都不工作。当负载电流发生变化时，例如当正电源的负载电流增加时，放大器 IC_1 的输出变为低电平，使晶体管 VT_2 导通，让电流流过假负载电阻 R_2 阻止负电源的输出电压升高。同理，当输出电流的情况与上述相反时，晶体管 VT_1 就导通，从而减小由于

负载不平衡而引起的输出电压的变化。在正、负电源两边最大电流不相等的场合，只要改变电阻 R_3、R_4 的比值，就可得到与正、负两路负载平衡时相同的稳压效果。

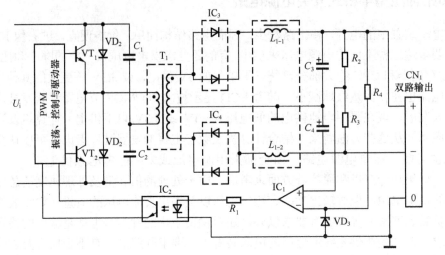

图 4-22　从一个变换器中同时取出正、负两路输出的电源电路

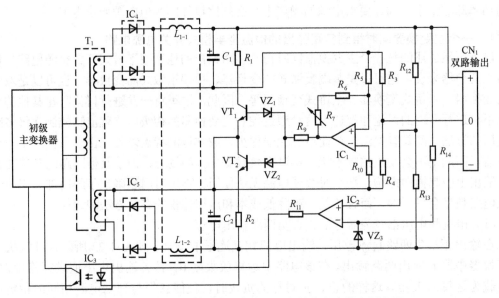

图 4-23　用可变假负载改善负载不平衡的稳定度的电源电路

（3）接入斩波器的多路输出电源电路

图 4-24 所示的电路是在输出回路中接入斩波器来提高输出稳定度的应用电路实例。在每一个输出回路中都接入同样的斩波器电路，就可彻底消除由于负载不对称而引起的输出电压不稳定。这个电路的特点就是对各输出回路进行各自独立的控制，故横向影响的问题极小，即使对于剧烈变化的负载也同样可以使用，并能获得较好的稳压效果。另外，由于次级回路中的斩波器是按照初级主变换器的工作频率工作的，也就是同步于初级的主变换器，因此彻底解决了拍频干扰问题。在这个电路中，同步信号由接在功率开关变压器次级的二极管 VD_1 和 VD_2 取出，经电阻 R_1 加到晶体管 VT_3 的基极上。该信号又经反相后加到晶体管 VT_4 的基

极上，其结果是使电容 C_1 的两端出现频率为主变换器频率两倍的三角波。这个三角波信号与误差放大器 IC_2 的输出一起加到电压比较器 IC_1 上，构成脉冲宽度控制信号，该控制信号经晶体管 VT_2 放大后来控制斩波器中的功率开关管 VT_1 的工作。该电路在控制脉冲宽度时，在初级主变换器中的功率开关管由导通状态向截止状态转换期间，是不让次级回路中斩波器的功率开关管 VT_1 导通的。因此，就可以将初级主变换器中功率开关管的损耗减小到最小。但是，这种电路因为在输出回路中串联了斩波器，而斩波器中功率开关管的饱和电压将会引起功率损耗，因此就会降低整个电源的转换效率。

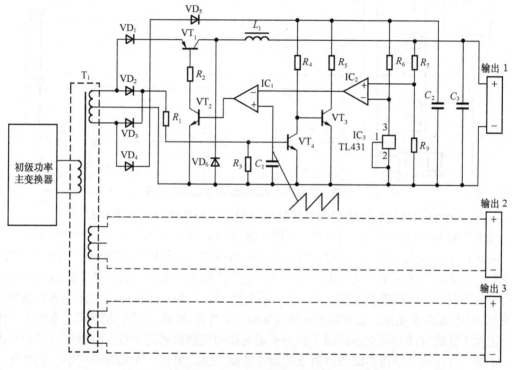

图 4-24　输出回路中接入斩波器的多路输出电源电路

（4）使用磁放大器的多路输出电源电路

图 4-25 所示的电源电路是一个在次级回路中使用了磁放大器的多路输出稳压电源电路。该稳压电源电路的初级主变换器是一个自激型变换器电路。这里使用自激型变换器的理由是在输入电压上升时，该电路可以缩短初级变换器中功率开关管的导通时间，减轻次级回路中磁放大器 M_g 的负担。不过，在使用自动恢复型过电流保护电路时，使用自激型变换器的电路中，磁放大器的负担会大大增加，如果进一步按输出电压降低到零来设计磁放大器时，那么不仅磁放大器的线圈匝数要增多，稳态时的控制死角也要加大，造成功率开关管和功率开关变压器的利用率降低，磁放大器的损耗增大，整机的功率转换效率降低。这个稳压电源电路在过载时用运算放大器 IC_1 来检测过电流信号，其输出电压不是去控制磁放大器，而是通过光耦合器 IC_2 去控制初级回路中 PWM 驱动信号的脉宽，以防止过电流现象的发生。采取这种措施后，在设计磁放大器时，可以不考虑发生过电流以及输入出现高电压的情况，从而可获得比较高的转换效率。

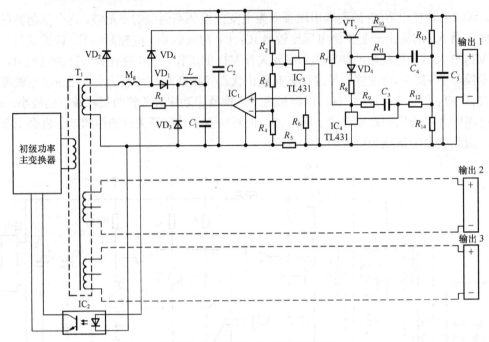

图 4-25　使用磁放大器的多路输出电源电路

2. 由几个独立的变换器组成的多路输出的他激型半桥式开关电源电路

要用开关电源制作多回路电源时，如图 4-26 所示，可以将几个独立的开关电源安装在一起。由这种方法构成的多回路电源电路元器件用得最多，电源的尺寸也最大，但电源电路设计简单，功率开关变压器的设计也容易。这种电路的最大缺点是，由于各变换器的电路是独立的，若它们的振荡频率有差异，就会发生拍频干扰，在输出直流电压上出现各振荡频率之间的差频和倍频纹波电压。这种拍频干扰现象与元器件在 PCB 上的装配状况关系很大。作为消除拍频干扰的方法，可把各路独立的变换器电路的振荡频率调节得完全相同或者相互错开几十千赫，并在次级采用多级滤波器来滤除掉拍频干扰。但是，在实际应用中人们发现，消除拍频干扰最好的方法是给各振荡器外加上同步电路，使其振荡频率保持一致，都同步于其中一个变换器的振荡频率上。

3. 具有同步工作功能的多路输出的他激型半桥式开关电源电路

消除拍频干扰最好的方法是给各振荡器外加上同步电路，使其振荡频率一致起来。图 4-27 所示的多路稳压电源电路就是一个使用了将 PWM 振荡、控制与驱动电路集成在一起的 TL494 集成芯片，并使其工作于外同步工作状态的多回路稳压电源电路。不过即使在这种电路中，如果元器件布局不当，在相互连线中引入噪声的话，仍然会发生拍频干扰。元器件的布局技术也就是 PCB 的设计技术在开关电源的设计过程中是一个非常关键的环节，必须引起设计者的高度重视。其大体的原则为：各 PWM 振荡、控制与驱动器 IC 的位置一定要尽量靠近；主变换器回路所围成的面积要尽量小；各独立回路的接地线一定要短而宽；控制信号地与功率地最后采用单点连接；各回路的外出引线除了一定要采用同类型、同长度的绝缘导线以外，最后还要各自独立绞扭；各回路输入端和输出端的滤波电解电容一定要独立、分开，各自用各自的滤波电容，不能公用或合用同一个滤波电解电容；各回路中的电解电容一定要远离发热器件。

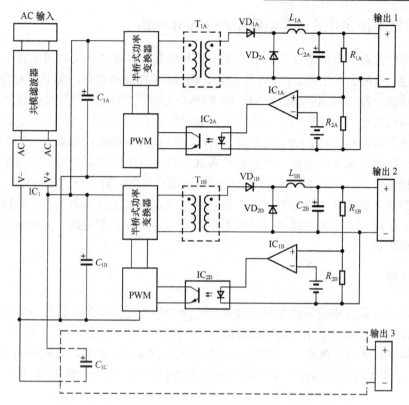

图 4-26 由几个独立变换器组成的多路输出开关电源电路

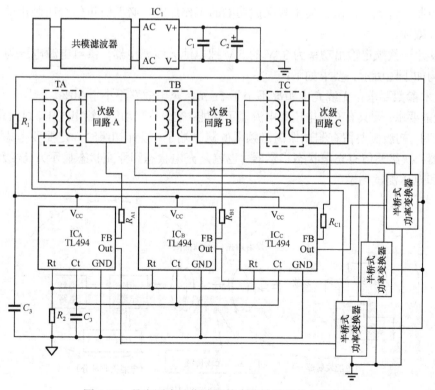

图 4-27 具有同步工作功能的多路输出开关电源电路

4.2.4　他激型半桥式开关电源电路中的 PWM 电路

　　他激型半桥式开关电源电路中的 PWM 电路与他激型推挽式开关电源电路中的 PWM 电路一样，也包括 PWM 发生器、PWM 驱动器、PWM 控制器等电路，都具有相位相差 180° 的双端驱动输出。具有双端驱动输出的这些 PWM 电路除能构成他激型推挽式开关电源电路以外，还能构成其他类型的双端式开关电源，如半桥式、全桥式等开关电源电路。随着微电子技术的飞速发展，包含有 PWM 发生器、PWM 驱动器、PWM 控制器等电路的 PWM 集成电路 20 世纪 80 年代末就已问世，并且品种各式各样，有电压控制型的，有电流控制型的，还有软开关控制型的，使设计人员在设计双管他激式开关电源时十分方便。另外，由于 PWM 控制与驱动集成电路是开关电源的核心，也是开关电源技术及应用学术方面的热门话题和讨论的焦点，介绍这一方面的书籍和资料非常多，本书后面的参考文献中也列举了许多，因此这里也就不再多说了。

4.2.5　练习题

　　（1）设计一款具有推挽式或半桥式变换器电路结构的稳压电源，使其输出正、负两路对称电源电压，功率在 100W 左右的电源电路。

　　（2）根据 PWM 发生器的工作原理，试设计一款 SPWM（正弦波脉宽调制器）发生器电路。再使用该 SPWM 发生器作为全桥功率变换器的驱动器，设计一款 50W 的 D 类音频功率放大器电路。

　　（3）从网上下载一款计算机电源电路，对其工作原理进行简述，特别是 ±5V 和 ±15V 各路的稳压控制和过流、过压、欠压等保护功能的工作原理，必要时可结合所画出的工作时序波形图进行叙述。

　　（4）设计一款额定输出功率为 3 W 的 5 V 锂电池无线充电器，供电电源电压为 24V DC，其电路结构如下图所示。要求如下：

　　① 技术参数要求：无线充电距离不小于 5mm；充电效率不小于 30%。

　　② 功能要求：要具有充电电压和电流显示功能；空载休眠功能；输出过压、过流保护功能。

　　③ 说明：初级侧要留有测试振荡器频率的测试端子；设计初级时一定要要考虑具有加电工作指示器；次级要留有充电状态指示器（也就是充电状态和浮充状态显示）；次级侧要留有充电电流和电压测试端子。

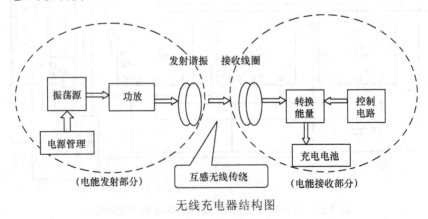

无线充电器结构图

（5）使用双端输出式 PWM 驱动芯片设计推挽式和半桥式功率变换器时，两者的最大区别是什么？

4.3 全桥式开关电源实际电路

4.3.1 全桥式开关电源电路的工作原理

在讨论半桥式开关电源电路时，曾经提到过一个半桥式开关电源电路是由两个推挽式开关电源电路组成的。在功率开关管截止时虽然加在功率开关管集电极与发射极之间的电压减小到输入直流电源电压的一半，比推挽式开关电源电路的承受能力提高了 1 倍，但其代价是另一只功率开关管导通时，集电极电流却增加了 1 倍。因此，使得半桥式开关电源电路的应用范围仅局限于中、小功率输出的应用场合。从半桥式开关电源的电路结构中还可以看出，处于导通的功率开关管其传输的电流能量一部分通过开关电源变压器的初级传输给负载，另一部分还要用来为高频功率分压电容充电，因此电路中的功率开关管导通时所承受的峰值电流要比负载电流大得多。虽然功率开关管集电极峰值电压降低了一半，但峰值电流却又增加了 1 倍以上，功率开关管的成本几乎没有被降低。为了解决这一问题，设计人员又设计出了全桥式开关电源电路，其基本电路结构如图 4-28 所示。从电路结构中可以看出，全桥式开关电源电路与半桥式开关电源电路在结构上的差别只是将两只高频功率分压电容改换为两只功率开关管，形成一个全桥式推挽电路结构，对角两两同步工作。这样就使得导通功率开关管上所流过的电流全部通过功率开关变压器传输给负载，使功率开关管集电极峰值电压和电流

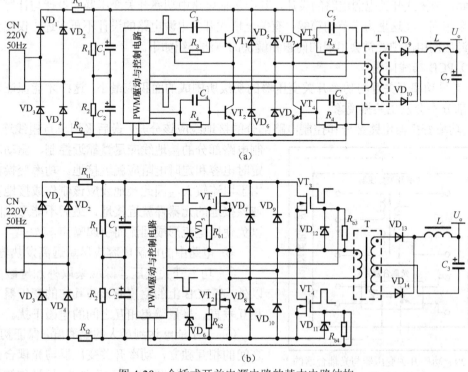

图 4-28 全桥式开关电源电路的基本电路结构

均降低了一半。全桥式开关电源电路用增加了两只功率开关管的代价，换来了输出功率增大1倍、集电极电压和电流应力降低一半等的好处，从根本上弥补了半桥式开关电源电路存在的不足，因此在中、大功率输出的场合得到了广泛的应用。

从半桥式开关电源电路与全桥式开关电源电路的电路结构对比中会发现，全桥式开关电源电路的工作原理、工作过程、构成应用电路时应注意的问题以及驱动、控制等均完全相同，因此这里就不再重述，这里仅给出推挽式、半桥式和全桥式开关电源电路的比较结果，如表4-3所示。

表4-3　推挽式、半桥式和全桥式开关电源电路的比较结果

电路结构形式	功率开关管		输出电压	应用场合
	集电极峰值电压	集-射极峰值电流		
推挽式变换器	$2U_i$	$\dfrac{P_o}{U_i}\cdot\dfrac{1}{D}$	$\dfrac{N_s}{N_p}\cdot\dfrac{t_{ON}}{t_{OFF}}\cdot U_i$	中、小功率
半桥式变换器	$2U_i$	$\dfrac{2P_o}{U_i}\cdot\dfrac{1}{D}$	$\dfrac{N_s}{N_p}\cdot\dfrac{t_{ON}}{T}\cdot U_i$	中、小功率
全桥式变换器	U_i	$\dfrac{P_o}{U_i}\cdot\dfrac{1}{D}$	$\dfrac{N_s}{N_p}\cdot\dfrac{t_{ON}}{T}\cdot U_i$	中、大功率

4.3.2　全桥式开关电源电路的设计

由于全桥式开关电源电路的工作原理和工作过程与半桥式开关电源电路完全相同，并且从表4-3中还可以看出，在选择全桥式开关电源电路中的功率开关管时，除集电极所能承受的峰值电压额定值与半桥式的相同以外，集-射极所能承受的峰值电流额定值比半桥式的又低了一半，因此，全桥式开关电源电路的设计，其中包括电路中功率开关变压器的设计与计算和半桥式均完全相同。在这里为了节约篇幅，有关全桥式开关电源电路的设计不再多述，仅就全桥式开关电源应用电路中经常会出现的问题和解决的方法介绍如下。

（1）PCB 布线问题

① 4 只功率开关管与功率开关变压器的初级所围成的面积应最小，这样才能保证功率变换电路部分不会发生共振现象。

② 功率变换器电路部分和控制电路部分的接地线应该分开，最后采用单点粗线连接。控

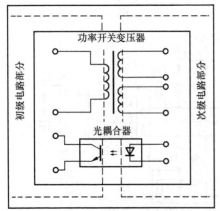

图 4-29　功率开关变压器与光耦合器的摆放位置

制电路部分的接地线应尽量靠近控制、驱动芯片，定时电容和定时电阻应就近接地。功率变换器部分由于电流较大，因此接地线应该制作成接地宽板，使该接地的元器件就近接地，最后不能形成回路，以免使地电流形成回流而引起噪声。

③ 电路中的电解电容应尽量远离发热器件。

④ 功率开关变压器除应采取外加屏蔽金属带以外，在 PCB 上的位置应该与其它的变压器的磁路相互垂直，尽量避免相互之间的电磁干扰。

⑤ 为了能够达到最大的隔离度，保证初、次级之间的相互独立，功率开关变压器与光耦合器的摆放位置应遵循如图 4-29 所示方式，尽量使初级电路

与次级电路以功率开关变压器和光耦合器为界线各占一边。

（2）MOSFET 驱动电路

若变换器中的功率开关管采用的是 MOSFET，驱动电路与 MOSFET 栅极的连接应如图 4-30 所示。除了应外加正反向串联的保护稳压二极管，以保证 MOSFET 的栅极不被过高的驱动电压击穿以外，还应该在电源与栅极、栅极与地之间各外加一个反向吸收二极管，以吸收和旁路掉寄生在驱动信号上的尖峰毛刺。这些吸收和旁路用的二极管必须选用肖特基快恢复、低压差二极管。

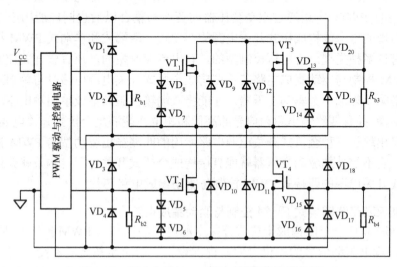

图 4-30　驱动电路与 MOSFET 栅极的连接电路

（3）输出整流与滤波电路

① 在大功率输出的情况下，为了使整流二极管外加散热片较为方便，应采用共阳或共阴型快速整流半桥或肖特基半桥作为整流二极管。另外，为了保证在大电流输出的条件下，滤波电解电容的 ESR 也能够满足要求，必须采用多个电解电容并联的方法来获得大容量滤波电解电容。

② 在大功率、多路输出的情况下，输出滤波电感应尽量绕制在同一个磁芯上，并保证电流都从一个方向进而从另一个方向出。这样就可以将由于负载所引起的共模噪声抵消掉。

③ 在低电压、大电流输出的场合，采用一般的二极管整流电路将会降低整机的转换效率，因此应采用同步整流或异步整流技术才能提高整机的转换效率。另外，在较大功率输出时，采用 MOSFET 作为功率开关管不但可以减小驱动功率和提高整机的转换效率，而且还可以获得多只直接并联的好处。

（4）散热设计

在散热冷却方面，宁可散热片选得大一些，使整机的体积和重量大一些，也应采用自然冷却的方法，尽量避免采用强制风冷的方法。因为强制风冷中所选用风机的可靠性将直接影响到电源整机的可靠性。

（5）双管共态导通现象的消除

全桥式开关电源电路中防止和避免双管共态导通现象的方法和措施与推挽式、半桥式开关电源的方法和措施完全相同，这里就不再赘述。

（6）调试中应注意的问题

在调试时，由于功率开关变压器初级电路部分是从工频电网直接进行输入和整流滤波的，没有隔离，因此，在使用示波器等测量仪器时，必须要注意人身和测量仪表的安全，必要时应使用隔离变压器后再进行调试和测量。

4.3.3　全桥式开关电源电路中的 PWM 电路

全桥式开关电源中的 PWM 电路除专用的四路输出以外，能构成他激型半桥式、单端式开关电源电路的 PWM 电路通过驱动变压器的变换和耦合以后也同样能构成全桥式开关电源。市场上出现的这些能构成桥式开关电源的四端式、双端式和单端式 PWM 控制与驱动集成电路芯片有许多种类型，有电压控制型的，有电流控制型的，还有软开关控制型的。这些双端式的 PWM 控制与驱动集成电路芯片在构成全桥式开关电源电路时与单端式集成电路芯片一样，都必须要外加一个驱动变压器，才能将双端输出驱动型或单端输出驱动型转换成为四端输出驱动型，并且四路输出驱动信号的高低和相位才能满足全桥式开关电源电路的要求。目前市场上又出现了一种全桥式开关电源电路专用的四端输出驱动型的 PWM 控制与驱动集成电路芯片，它不需外加驱动变压器就能直接构成全桥式开关电源。本节就介绍几种典型的能构成全桥式开关电源的四端式 PWM 控制与驱动集成电路芯片。

1. UC3875/6/7/8 四端式 PWM 控制与驱动集成电路

UC3875/6/7/8 是一个能构成全桥式开关电源电路的四端式 PWM 控制与驱动集成电路。该集成电路在输出驱动信号的相位方面，内部设置了防止全桥式功率变换器电路中容易产生而导致功率器件损坏的双管共态导通电路。它具有固定频率的脉宽调制功能和高频特性良好的零压开关功能。在构成的全桥式 DC/DC 变换器或者开关电源电路中，芯片既可以以电压控制模式工作，又可以以电流控制模式工作，以不同的模式工作时均具有独立的过流快速保护功能。其内部的一个可控的延迟时间电路能够为每一路输出驱动级的导通提供一个可防止共态导通的死区时间，并且每一组（A-B、C-D）输出驱动信号死区时间的控制均是相互独立的。内部振荡器的工作频率可高达 2MHz，而每一路功率开关管的工作频率则减小为 1MHz。在正常工作模式下，由于该芯片具有同步时钟端，所以用户可以使用多片同步于一个外部时钟源，或者可将多达 5 片的同步时钟端连接在一起，使其同步于这些芯片中频率最高的一个。该芯片的保护功能包括一个低电平激活的欠压封锁电路，门限值为 10.75V，具有 1.5V 的延迟。过流保护电路具有 70ns 的延迟时间，电流故障电路具有周期性复位启动功能。另外，该芯片内部还包括一个增益带宽在 7MHz 以上的误差放大器、一个 5V 高精度基准电压源、一个具有一定规定的软启动电路、一个固定斜坡发生器和一个斜率补偿电路。该芯片在外形封装方面具有 DIP-20 双列直插式、SOIC-28 双列表贴式和 PLCC-28 型表贴式三种封装形式，在产品系列方面具有军品级、工业级和民品级三个系列可供用户根据不同的需要进行灵活选择。

（1）主要性能

① 具有 0～100%的占空比控制范围。

② 具有可控的输出导通延迟功能。

③ 具有完整的电压和电流控制模式。

④ 功率开关管的工作频率典型值为 1MHz。

⑤ 具有四路图腾柱输出电路结构，其驱动能力可达 2A。

⑥ 内部具有增益带宽为 10MHz 的误差放大器和一个高精度基准电压源。

⑦ 具有欠压封锁功能，在欠压封锁期间输出端可全部被锁定在低电平。

⑧ 具有非常低的启动电流，其启动电流值为 150μA。

⑨ 具有软启动可控功能，内部含有一个周期性复位启动过电流触发比较器。

（2）技术参数

① UC3875/6/7/8 重要参数的极限值见表 4-4。

表 4-4　UC3875/6/7/8 重要参数的极限值

技术参数	符 号	极 限 值	单 位
输入电源电压(10/14/28，11/15/1)	U_i	20	V
两路输出端输出/吸收的直流电流(14/18/4，13/17/3，9/13/27，8/12/26)	—	0.5	A
两路输出端输出/吸收的脉冲(0.5μs)电流 (14/18/4，13/17/3，9/13/27，8/12/26)	—	3	A
模拟端的输入/输出电压 (1/1/19，2/2/20，3/3/21，4/4/22，5/5/23，6/6/24，7/10/25，15/23/7，16/24/6，17/25/9，18/26/10，19/27/11)	—	−0.3～5.3	V
存储温度范围	T_{stg}	−65～150	℃
结点温度（工作）	T_j	−55～150	℃
焊接温度(焊接时间不超过 10s)	T_l	300	℃

② UC3875/6/7/8 产品系列的欠压封锁门限值见表 4-5。

表 4-5　UC3875/6/7/8 产品系列的欠压封锁门限值

产品系列	欠压封锁门限（导通）	欠压封锁门限（关闭）	延 迟
UC3875	10.75V	9.25V	有
UC3876	15.25V	9.25V	有
UC3877	10.75V	9.25V	无
UC3878	15.25V	9.25V	无

（3）引脚引线与外形封装

① UC3875/6/7/8 的引脚引线功能简介见表 4-6。

表 4-6　UC3875/6/7/8 的引脚引线功能简介

符 号	引 脚 号			引脚引线功能简介
	DIP-20	SOIC-28	PLCC-28	
VREF	1	1	19	5V 高精度基准电压源的输出端。该端对外具有 60mA 的带载能力，并且内部还具有短路限流功能。当输入电源电压低到能使欠压封锁电路工作的程度时，该 5V 基准电压源电路也同样被欠压封锁，直到该基准电压达到 4.75V 为止。为了得到较好的稳定度和消除内部高频开关噪声的串扰，该端到信号地之间应外接一个等效串联电阻和等效串联电感都非常小的 0.1μF 的滤波电容
E/AOUT	2	2	20	误差放大器的输出端。通过该端可实现对整个系统的反馈增益控制，误差放大器的输出电压低于 1V 时，将会导致零相位触发。由于误差放大器的电流驱动能力相对较低，所以输出将会被一个有效的低阻抗源所代替

符　号	引　脚　号			引脚引线功能简介
	DIP-20	SOIC-28	PLCC-28	
EA-	3	3	21	误差放大器的反向输入端。正常工作时该端为输出电源电压的取样输入端。输出电源与控制地之间所连接的分压电阻的输出端应该连接到该端
EA+	4	4	22	误差放大器的正向输入端。正常工作时该端应该连接到一个固定的基准电源上，实现与反向输入端的电源电压取样信号的比较
CS+	5	5	23	取样放大器的正向输入端，也就是电流-故障比较器的正向输入端，该比较器的基准电压被内部电路设置为 2.5V。当该端的电压超过 2.5V 时，电流-故障比较器就会被触发，输出便被关断，软启动周期结束。如果一个低于 2.5V 的恒定电压施加到该端时，输出便失去开关功能而保持低电平状态，直到该端的电压降至 2.5V 以下为止。输出端在软启动电压开始上升之前，又会从零相位开始工作，这种工作方式将会实现不过早地将能量释放给负载的功能
SOFTSTART	6	6	24	软启动端。当输入电源电压低于欠压封锁门限时，该端将一直保持在低电平状态。当输入电源电压恢复正常后，内部一个 9μA 的电流源将把该端的电压拉向 4.8V。在过电流故障期间（CS+端电压超过 2.5V），该端被拉向低电平，斜坡可达 4.8V。在软启动期间如果出现一个故障，输出端将会失去开关功能，而该端必须被完全充电使故障触发器复位。对于并联控制，该端必须并联一个电容，但是充电电流同样也会被累加
DELAYSET C-D	7	10	25	参见 DELAYSET A-B 所介绍的内容
OUTD	8	12	26	参见 OUTB 和 OUTA 所介绍的内容
OUTC	9	13	27	
VC	10	14	28	输出功率开关管的电源电压端。输入电源电压通过该端施加到输出驱动器上从而形成最基本的偏置电路。要能够正常工作，该端必须连接到一个 3V 以上的稳压源上，如将该端连接到 12V 的稳压电源上时，便能够得到最佳的工作性能。构成应用电路时，该端应通过一个 ESB 和 ESL 均较小的旁路电容接地
VIN	11	15	1	芯片的输入电源电压端。该端把输入电源电压直接加到其内部的数字和逻辑电路上，这些电路与输出驱动级电路不发生直接关系。在正常工作的情况下，该端被直接连接到一个稳定的 12V 电源上。为了确保该芯片的所有功能，在该端的输入电源电压达到欠压封锁门限之前，将一直保持关闭状态。该端到地之间应就近外接一个 ESR 和 ESL 均较小的旁路电容
PWRGND	12	16	2	功率地。VC 端应该通过一个电容直接旁路到所设计好的、与该端相连的接地板上。功率地和信号地之间应该采用单点宽线连接，以消除交流噪声和降低直流压差
OUTB	13	17	3	输出驱动级 B 和输出驱动级 A 端。该输出级为图腾柱输出结构，具有 2A 峰值电流的驱动能力，特别适合驱动双路的功率 MOSFET 和通过变压器来改变驱动极性和幅度。每一路输出在正常工作情况下都具有 50%的占空比，A-B 部分被内部电路设置为可以驱动一个由外部功率开关管组成的全桥电路的一半，并且还可以同步于外部时钟。C-D 部分被内部电路设置为可以驱动一个由外部功率开关管组成的全桥电路的另一半，并且该部分输出驱动信号的相位与 A-B 部分输出驱动信号的相位完全相同，可以互换
OUTA	14	18	4	

续表

符　号	引　脚　号			引脚引线功能简介
	DIP-20	SOIC-28	PLCC-28	
DELAYSET A-B	15	23	7	输出延迟控制端。用户可通过控制从该端到地之间流过的电流从而实现对输出电路导通延迟的统一控制。其中延迟是指在同一个全桥电路的同一个臂上的两个功率开关管，一个导通而另一个关断之间所加的死区时间。死区时间主要是为了防止共态导通现象发生而设置。通过为两个半桥提供各自独立的延迟，从而适应由于结电容充电电流所引起的差异
FREQSET	16	24	8	振荡器频率控制端。从该端到信号地之间所连接的一个电阻和一个电容构成对振荡器频率的控制和调节电路
CLOCKSYNC	17	25	9	双向时钟和外同步端。把该端作为一种输出时，就能提供一种时钟信号；把该端作为一种输入时，就能构成一种同步工作方式。在该芯片最简单的多路应用中，要具有它们各自固有的振荡频率时，就必须将各自的 CLOCKSYNC 端连接在一起。这样这些芯片就同步于它们中振荡频率最高的一个时钟源。该端也可以被用作为同步于一个外部同步时钟源，从该端输入的外部同步时钟信号的频率要比内部振荡频率高，同时从该端到信号地之间必须外接一个电阻用以限制最小时钟脉冲宽度
SLOPE	18	26	10	斜坡斜率控制/斜率补偿端。从该端到输入电源电压端的一个电阻将能够控制产生斜坡的电流，把该电阻连接到输入的直流线电压上将能构成负反馈功能
RAMP	19	27	11	PWM 比较器的输入端。从该端到信号地之间外接一个电容，该端就会产生一个具有一定斜率的斜坡电压。对于电流控制模式的电路，使用最简单的外部电路在该端就可以获得斜率补偿。由于在斜坡输入和 PWM 比较器之间具有 1.3V 的失调电压，所以误差放大器的输出电压不能超越有效的斜坡峰值电压，另外通过选择适当的电阻 R_{SLOPE} 和电容 C_{RAMP} 的大小就可以实现对占空比的钳位功能
GND	20	7～9 20～22 28	12～18	信号地端。各端的电压值均是以该端为基准进行测量的。在 FREQSET 端的定时电容、VREF 端的旁路电容、VIN 端的旁路电容和 RAMP 端的斜坡电容都应该直接连接到靠近该芯片的信号地的接地板上
N/C	—	11，19	5，6	空脚

② UC3875/6/7/8 的外形封装如图 4-31 所示。

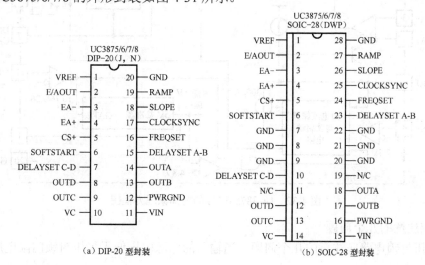

（a）DIP-20 型封装　　　　（b）SOIC-28 型封装

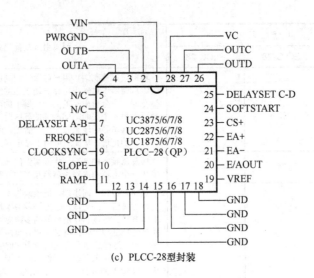

(c) PLCC-28型封装

图 4-31　UC3875/6/7/8 的外形封装

（4）内部原理方框图

UC3875/6/7/8 的内部原理方框图如图 4-32 所示。

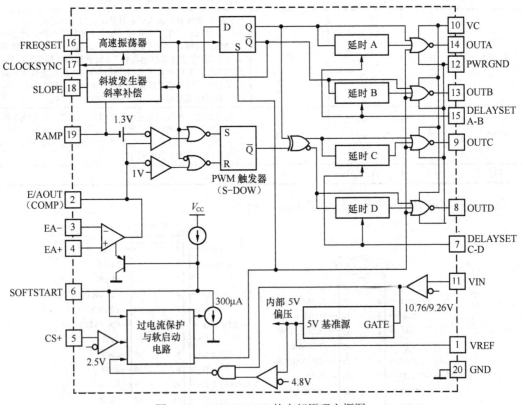

图 4-32　UC3875/6/7/8 的内部原理方框图

（5）应注意的几个问题

① 欠压封锁电路应注意的几个问题。当输入的电源电压低于欠压封锁门限电压的上限

时，基准电压源将被关闭，故障触发器
将复位，软启动端放电，输出将被激活
为低电平，同时输入电流将低于 600μA。
当输入的电源电压高于欠压封锁门限电
压的上限时，首先基准电压源开始工作。
在基准电压源的输出电压还没有达到
4.75V 时，其他电路均处于关闭状态。
其内部等效电路如图 4-33 所示。

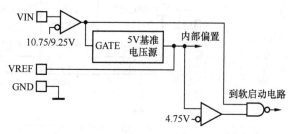

图 4-33　欠压封锁电路的内部等效电路

② 振荡器频率的确定。内部高频振荡器既可以自己工作又可以外同步式工作。对于自己工
作的状态，振荡频率可由连接于 FREQSET 端到信号地之间的定时电阻和定时电容来决定。振
荡器的内部等效电路与外接定时电阻和电容的连接电路如图 4-34（a）所示，振荡器频率与外接
定时电阻和电容之间的关系曲线如图 4-34（b）所示，各点的工作波形如图 4-34（c）所示。

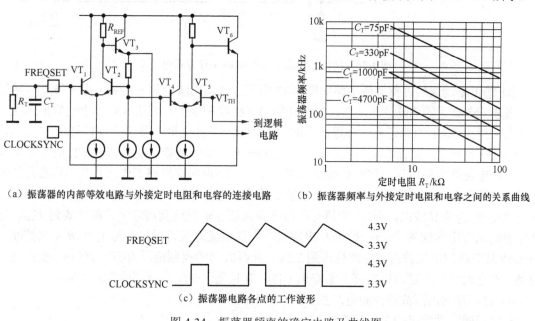

（a）振荡器的内部等效电路与外接定时电阻和电容的连接电路　　（b）振荡器频率与外接定时电阻和电容之间的关系曲线

（c）振荡器电路各点的工作波形

图 4-34　振荡器频率的确定电路及曲线图

③ 同步工作方式。

· 芯片自身同步的工作方式。把多个 UC3875/6/7/8 的 CLOCKSYNC 端连接在一起就可
以构成多芯片的自身同步工作方式。这些芯片将会同步于其中频率最高的一个，所需的电阻
$R_1 \sim R_N$ 能够限定在线电容所决定的最小同步脉冲宽度。另外，对于选择一个合适的 R_{SYNC}，
电阻 $R_1 \sim R_N$ 也是必需的。其连接电路如图 4-35 所示。

· 同步于外部 TTL/CMOS 工作方式。多个 UC3875/6/7/8 可以同步于外部的一个频率较
高的时钟源，这种电路为构成多路 DC/DC 变换器和多路开关电源中最简单的结构，如图 4-36
所示。在 CLOCKSYNC 端的容性负载将会增加同步时钟的脉宽和影响系统的性能，所以给
该端到地之间外接一个电阻就可以消除这种影响。这些电阻与该芯片的连接方法如图 4-36 中
所示，注意一定要一一对应。

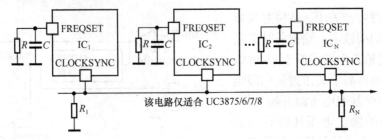

图 4-35　多个 UC3875/6/7/8 自身同步的工作方式电路

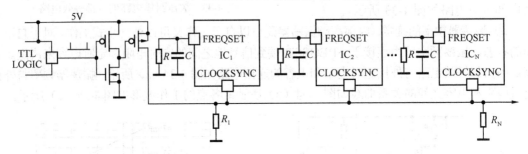

图 4-36　同步于外部 TTL/CMOS 工作方式电路

④ 输出驱动级的内部等效电路如图 4-37 所示。在输出级的每一路中，晶体管 VT_3 通过 VT_6 形成一个高速的图腾柱驱动器，其驱动能力（吸收和输出）可达 1A 以上的峰值电流，并具有大约为 30ns 的总延迟。在导通之前为了获得一个低电平，晶体管 VT_7 通过 VT_9 形成一个自偏压驱动器，从而在电源电压未达到它的导通门限时就能保证晶体管 VT_6 处于导通状态。这种电路在电源电压为零时也同样能够工作，VT_6 也同样能够工作，并且当该芯片的故障逻辑电路部分取样到一个故障信号时也能维持为低电平状态。能够提供死区时间的延迟主要是靠电容 C_1 来完成的，而 C_1 中所充的电必须保证在输出达到高电平之前被放到 V_{TH}。这个延迟时间可由内部的一个电流源 I_1 来决定，而该电流源又可通过外部电阻 R_{TD} 来控制。DELAYSET 端的电压被内部电路稳压到 2.5V，死区时间的控制范围为 50～200ns。值得注意的是，在任何情况下延迟电路都不能停止工作，并且死区时间必须都能得到控制。

⑤ 该芯片的内部故障控制电路主要具有下列两个功能：
• 完成四路功率级的关闭功能；
• 完成相位触发器的钳位功能，使其相位每次都能从零开始。

根据过电流或电源电压低于门限值中的一种情况来完成对输出的关闭。当 SOFTSTART 端的电压达到其底线门限时，功率开关管才开始工作，这时相位触发器从零也达到了它的正常值，而正常值又是由软启动电容所决定的一个时间常数确定的。当存在一个连续故障时，故障逻辑电路就会在由软启动电容所决定的周期时间内连续不断地试图复位启动，直到故障被排除以后这种复位启动才能成功，其内部等效电路如图 4-38（a）所示，工作波形如图 4-38（b）所示。

⑥ 斜坡发生器具有电压模式、电压反馈模式、电流模式和具有斜率补偿的电流模式这几种工作方式。电压模式如图 4-39 所示。将一个电阻 R_{SLOPE} 连接到一恒定的电压源上，在电容 C_{RAMP} 上将会形成一个具有恒定斜率的斜坡波形，最后就形成了传统的电压控制模式。如果将电阻 R_{SLOPE} 连接到输入电源上，一个可变斜率的斜坡将会构成电压反馈模式。在 V_{IN} 端和

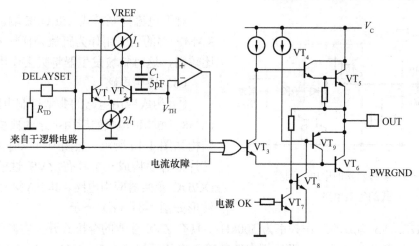

图 4-37 输出驱动级的内部等效电路

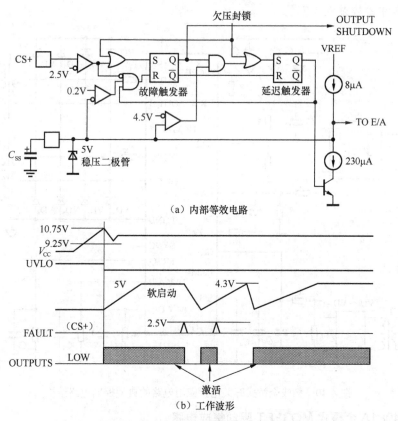

（a）内部等效电路

（b）工作波形

图 4-38 故障与软启动电路的内部等效电路和工作波形

SLOPE 端之间加入一个电阻 R_{SLOPE} 就可以获得简单的电压模式工作方式。对于 UC3875 芯片，在电源电压与 SLOPE 端之间加入一个电阻 R_{SLOPE} 就可以获得电压反馈模式。其斜坡的斜率可由下式来决定：

$$\frac{\mathrm{d}V}{\mathrm{d}T} \approx \frac{V_{R\,SLOPE}}{R_{SLOPE}C_{RAMP}} \qquad (4\text{-}50)$$

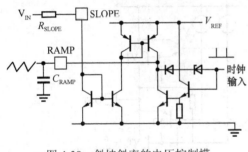

图 4-39　斜坡斜率的电压控制模
式的等效电路

对于电流控制模式，SLOPE 端被接地，把
RAMP 端的信号用作为直流采样输入到 PWM
比较器，这时斜坡发生器将失去作用和功能。

（6）应用电路

① 构成应用电路的典型控制电路结构。由
UC3875/6/7/8 构成的应用电路的典型控制电路
结构如图 4-40 所示。从图中可以看出，采用该
芯片很容易构成一个具有 ZVS 性能的全桥式
DC/DC 变换器应用电路，其 PWM 驱动信号的
波形如图 4-41（b）所示。

② 由 UC3875 构成的工作频率为 500kHz、具有 ZVS 性能的全桥式开关电源的应用电路
如图 4-42 所示。该全桥式开关电源应用电路的输入电压范围为 110～220V，输出功率为 250W，
电路中的元器件参数见表 4-7。

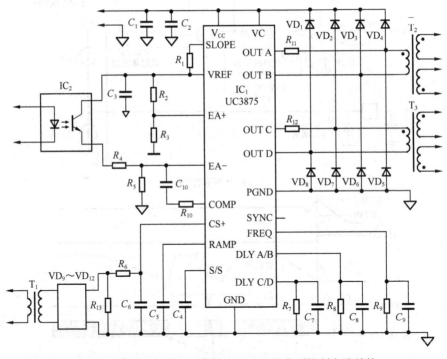

图 4-40　构成全桥式开关电源应用电路的典型控制电路结构

2. HIP4081A 全桥式 MOSFET 驱动集成电路

HIP4081A 是一个高频、中电压全桥式 N-MOSFET 驱动集成电路，具有 DIP-20 和 SOIC-20
两种封装形式。该芯片在驱动各种功率开关管时可以消除过冲现象，工作频率可高达 1MHz。
另外，该芯片还可以用作为无声电机驱动器、高频开关功率放大器和电源电路。由于该芯片具
有 55ns 的最短可控延迟时间，并且死区时间可调至接近于零的最小值，因此驱动负载时具有速
度快、精度高等优点。与该芯片类似的 HIP4080A，其内部还包含了一个输入比较器，可与外部
输入的斜坡信号一起产生 PWM 信号，因此非常容易实现"延迟模式"的开关工作方式。

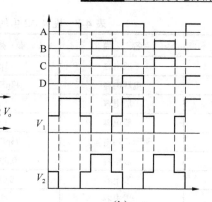

图 4-41 具有 ZVS 性能的全桥式 DC/DC 变换器及 PWM 驱动信号的波形

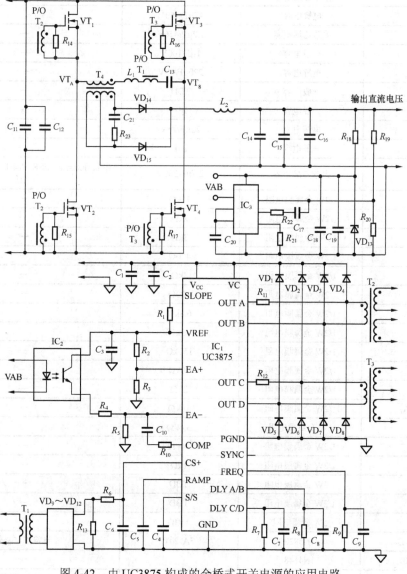

图 4-42 由 UC3875 构成的全桥式开关电源的应用电路

表 4-7 图 4-42 中的元器件参数

表 示 符 号	名　　称	参 数 值	备　　注
C_1	一般电容	1μF	—
C_2	电解电容	47μF/25V	—
C_3	一般电容	1μF	—
C_4	一般电容	1μF	—
C_5	聚苯乙烯电容	75pF/16V	—
C_6	一般电容	0.001μF	—
C_7, C_8	一般电容	0.01μF	—
C_9	一般电容	47pF	—
C_{10}	一般电容	0.1μF	—
C_{11}	聚苯乙烯电容	1μF/450V	
C_{12}	电解电容	47μF/450V	
C_{13}	聚苯乙烯电容	1.2μF/450V	
C_{14}	一般电容	1μF/100V	
C_{15}, C_{16}	电解电容	220μF/63V	
C_{17}	一般电容	TBD	
C_{18}	一般电容	1μF	
C_{19}	电解电容	22μF/25V	
C_{20}	一般电容	1μF	
C_{21}	聚苯乙烯电容	2.7nF/200V	串联等效电阻(ESR)和串联电感(ESL)都要求很低
R_1	1/2W 金属膜电阻	75kΩ	—
R_2	1/2W 金属膜电阻	2kΩ	—
R_3	1/2W 金属膜电阻	3kΩ	—
R_4	1/2W 金属膜电阻	470Ω	—
R_5	1/2W 金属膜电阻	3kΩ	—
R_6	1/2W 金属膜电阻	100Ω	—
R_7, R_8	1/2W 金属膜电阻	6.8kΩ	—
R_9	1/2W 金属膜电阻	43kΩ	—
R_{10}	1/2W 金属膜电阻	150kΩ	—
R_{11}, R_{12}	1/2W 金属膜电阻	10kΩ	—
R_{13}	1/2W 金属膜电阻	20Ω	—
R_{14}~R_{17}	1/2W 金属膜电阻	10kΩ	—
R_{18}	1W 金属膜电阻	3.6kΩ	—
R_{19}	1/2W 金属膜电阻	36kΩ	—
R_{20}	1/2W 金属膜电阻	1kΩ	—
R_{21}	1/2W 金属膜电阻	TBD	—
R_{22}	1/2W 金属膜电阻	TBD	—
R_{23}	5W 碳膜电阻	110Ω	—
VD_1~VD_8	1N5820	3A/20V	肖特基二极管
VD_9~VD_{12}	1N4148		
VD_{13}	—	12V/3W	稳压二极管

表示符号	名　称	参 数 值	备　注
VD_{14}、VD_{15}	—	15A/200V	快恢复二极管
L_1	—	47μH/3A	—
L_2	—	100μH/15A	—
$VT_1 \sim VT_4$	—	IRF840	N-MOSFET
T_1	—	—	电流互感器
T_2、T_3	—	—	栅极驱动变压器
T_4	—	—	主开关功率变压器
IC_1	UC1875/UC2875/UC3875	—	具有 ZVS 的 PWM 驱动器
IC_2	OPTO521	—	光耦合器
IC_3	UC19432	—	高精度可调基准源

（1）主要性能

① 可分别驱动两个（板桥式）或四个（全桥式）N-MOSFET 功率开关管。

② 当环境温度为 50℃，输出负载为 1000pF 的容性负载时，输出驱动信号的频率可高达 1MHz，上升与下降时间仅为 10ns。

③ 具有用户可程控的死区时间。

④ 芯片内部具有电荷泵和自举悬浮式偏压电源。

⑤ 具有失效控制输入端，输入逻辑门限兼容 5～15V 的逻辑电平。

⑥ 具有较低的内部功率损耗和欠压保护功能。

（2）技术参数

① HIP4081A 重要参数的极限值见表 4-8。

表 4-8　HIP4081A 重要参数的极限值

技 术 参 数		极 限 值	单 位
输入电源电压（V_{CC}、V_{DD}）		$-0.3 \sim 16$	V
逻辑 I/O 电压		$-0.3 \sim V_{DD}+0.3$	V
AHS、BHS 端电压		$-6.0(GTR) \sim 80(25 \sim 125℃)$	V
		$-6.0(GTR) \sim 70(-55 \sim 125℃)$	
ALS、BLS 端电压		$-2.0(GTR) \sim +2.0(GTR)$	V
AHB、BHB 端电压		$V_{AHS,\ BHS}-0.3 \sim V_{AHS,\ BHS}+V_{DD}$	V
ALO、BLO 端电压		$V_{ALS,\ BLS}-0.3 \sim V_{CC}+0.3$	V
AHO、BHO 端电压		$V_{AHS,\ BLS}-0.3 \sim V_{AHB,\ BHB}+0.3$	V
HDEL、LDEL 端输入电流		$-5 \sim 0$	mA
相位斜率		20	V/ns
热阻	SOIC-20 封装	85	℃/W
	DIP-20 封装	75	
储存温度范围		$-65 \sim 150$	℃
结点温度（工作）		$-55 \sim 150$	℃
焊接温度(焊接时间不超过 10s)		300	℃

② HIP4081A 的推荐工作条件见表 4-9。

表 4-9　HIP4081A 产品系列的推荐工作条件

技 术 参 数	推荐工作值	延　迟
输入电源电压（V_{CC}、V_{DD}）	9.5～15	V
ALS、BLS 端电压	−1.0～1.0	V
AHB、BHB 端电压	$V_{AHS, BHS}+5$～$V_{AHS, BHS}+15$	V
HDEL、LDEL 端输入电流	−500～−50	μA
工作环境温度范围	−40～85	℃

③ HIP4081A 的技术参数值见表 4-10。这些参数均是在 $V_{DD} = V_{CC} = V_{AHB} = V_{BHB} = 12V$，$V_{SS} = V_{ALS} = V_{BLS} = V_{AHS} = V_{BHS} = 0$，$R_{HDEL} = R_{LDEL} = 100kΩ$，$t_A = 25℃$ 的条件下测得的。

表 4-10　HIP4081A 各部分电路的技术参数

技 术 参 数	测 试 条 件	$t_j = 25℃$			$t_{js} = -40～125℃$		单位
		最小值	典型值	最大值	最小值	最大值	
电源电流和电荷泵							
V_{DD} 静态电流	所有端输入=0	8.5	10.5	14.5	7.5	14.5	mA
	输出开关 f=500kHz	9.5	12.5	15.5	8.5	15.5	mA
V_{CC} 静态电流	所有端输入=0，$I_{ALO}=I_{BLO}=0$	—	0.1	10		20	μA
	f = 500kHz，无负载	1	1.25	2.0	0.8	3	mA
AHB、BHB 静态电流	所有端输入=0，$I_{AHO}=I_{BHO}=0$ $V_{DD}=V_{CC}=V_{AHB}=V_{BHB}=10V$	−50	−30	−11	−60	−10	μA
AHB、BHB 工作电流	f=500kHz，无负载	0.6	1.2	1.5	0.5	1.9	mA
AHS、BHS、AHB、BHB 漏电流	$V_{BHS}=V_{AHS}$=80V $V_{AHB}=V_{BHB}$=93V	—	0.02	1.0	—	10	μA
AHB-AHS、BHB-BHS 输出电压	$I_{AHB}=I_{BHB}=0$ 无负载	11.5	12.6	14.0	10.5	14.5	V
ALI、BLI、AHI、BHI 和 DIS 端的输入特性							
低电平输入电压	满足工作条件	—	1.0	—	—	0.8	V
高电平输入电压	满足工作条件	2.5		—	2.7	—	V
输入电压延迟	—		35		—	—	mV
低电平输入电流	$V_{IN}=0$，满足工作条件	−130	−100	−75	−135	65	μA
高电平输入电流	$V_{IN}=5V$，满足工作条件	−1		+1	−10	+10	μA
LDEL 和 HDEL 的导通延迟特性							
LDEL、HDEL 端电压	$I_{HDEL}=I_{LDEL}=-100μA$	4.9	5.1	5.3	4.8	5.4	V
栅极驱动输出端 ALO、BLO、AHO 和 BHO 的特性							
低电平输入电压	I_{OUT}=100mA	0.7	0.85	1.0	0.5	1.1	V
高电平输入电压	I_{OUT}=−100mA	0.8	0.95	1.1	0.5	1.2	V
上拉峰值电流	V_{OUT}=0	1.7	2.6	3.8	1.4	4.1	A
下拉峰值电流	V_{OUT}=12V	1.7	2.4	3.3	1.3	3.6	A

续表

技术参数	测试条件	$t_j = 25℃$			$t_{js} = -40\sim125℃$		单位
		最小值	典型值	最大值	最小值	最大值	
高电平输入电流	$V_{IN}=5V$，满足工作条件	−1		+1	−10	+10	μA
欠压封锁上升门限	—	8.1	8.8	9.4	8.0	9.5	V
欠压封锁下降门限	—	7.6	8.3	8.9	7.5	9.0	V
欠压封锁延迟电压	—	0.25	0.4	0.65	0.2	0.7	V

④ HIP4081A 的开关特性见表 4-11。这些参数均是在 $V_{DD} = V_{CC} = V_{AHB} = V_{BHB} = 12V$，$V_{SS} = V_{ALS} = V_{BLS} = V_{AHS} = V_{BHS} = 0$，$R_{HDEL} = R_{LDEL} = 10k\Omega$，$C_L = 1000pF$ 的条件下测得的。

表 4-11　HIP4081A 的开关特性

技术参数	测试条件	$t_j = 25℃$			$t_{js} = -40\sim125℃$		单位
		最小值	典型值	最大值	最小值	最大值	
关闭下降延迟时间 (ALI-ALO、BLI-BLO)	—	—	30	60	—	80	ns
关闭上升延迟时间 (AHI-AHO、BHI-BHO)	—	—	35	70	—	90	ns
导通下降延迟时间 (ALI-ALO、BLI-BLO)	$R_{HDEL}=R_{LDEL}=10k\Omega$	—	45	70	—	90	ns
关闭上升延迟时间 (AHI-AHO、BHI-BHO)	$R_{HDEL}=R_{LDEL}=10k\Omega$	—	60	90	—	110	ns
上升时间	—	—	10	25	—	35	ns
下降时间	—	—	10	25	—	35	ns
导通输入脉宽	$R_{HDEL}=R_{LDEL}=10k\Omega$	50	—	—	50	—	ns
关闭输入脉宽	$R_{HDEL}=R_{LDEL}=10k\Omega$	40	—	—	40	—	ns
导通输出脉宽	$R_{HDEL}=R_{LDEL}=10k\Omega$	40	—	—	40	—	ns
关闭输出脉宽	$R_{HDEL}=R_{LDEL}=10k\Omega$	30	—	—	30	—	ns
DIS−输出高电平下降沿延迟	—	—	45	75	—	95	ns
DIS−输出高电平上升沿延迟	—	—	55	85	—	105	ns
DIS−输出低电平延迟	—	—	40	70	—	90	ns
ALO 和 BLO 脉冲宽度	—	240	410	550	200	600	ns
DIS-AHO 和 BHO 有效延迟时间	—	—	450	620	—	690	ns

⑤ HIP4081A 的控制真值表见表 4-12。

表 4-12　HIP4081A 的控制真值表

输　入				输　出		输　入				输　出	
ALI BLI	AHI BHI	U/V	DIS	ALO BLO	AHO BHO	ALI BLI	AHI BHI	U/V	DIS	ALO BLO	AHO BHO
X	X	X	1	0	0	0	0	0	0	0	0
1	X	0	0	1	0	X	X	X	1	0	0
0	1	0	0	0	1	—	—	—	—	—	—

⑥ 时序波形。HIP4081A 的输入与输出和 DIS 控制信号之间的时序波形如图 4-43 所示，失效控制模式时序波形如图 4-44 所示，失效控制功能时序波形如图 4-45 所示。

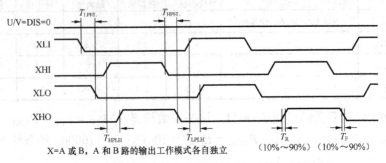

X=A 或 B，A 和 B 路的输出工作模式各自独立

图 4-43　输入与输出和 DIS 控制信号之间的时序波形

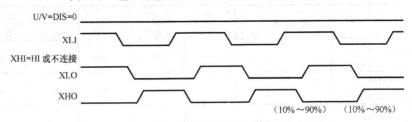

图 4-44　失效控制模式时序波形

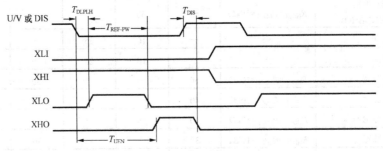

图 4-45　失效控制功能时序波形

（3）引脚引线与外形封装

① HIP4081A 的引脚引线功能简介见表 4-13。

表 4-13　HIP4081A 的引脚引线功能简介

引　脚　号	符　　号	引脚引线功能简介
1	BHB	B 路高端自举电源端。外部需要一个自举二极管和电容，自举二极管的阴极和电容的正端连接到该端，芯片内部的电荷泵从该端输出 30μA 的电流以维持自举电路的工作。另外，芯片内部的钳位电路可将该端的电压钳位到 12.8V
2	BHI	B 路高端输入端，也就是 BHO 驱动器控制逻辑电平的输入端。BLI 端高电平输入时便可覆盖 BHI 端的高电平，以防止半桥/全桥变换器的过冲现象，参见真值表。DIS 高电平输入也可覆盖 BHI 端的高电平。该端可通过一个 0～15V 的信号电平来驱动
3	DIS	使能控制输入端。当该端输入高电平时，芯片的四路输出将都会被设置成低电平。该端输入高电平以后将会覆盖所有的输入，当该端输入为低电平时或接地时，所有的输出驱动信号将取决于其他的输入端控制信号。该端可通过一个 0～15V 的信号电平来驱动
4	V_{SS}	芯片的输入电源电压负端，通常为接地端

续表

引 脚 号	符 号	引脚引线功能简介
5	BLI	B 路低端输入端，也就是 BLO 驱动器控制逻辑电平的输入端。如果 BHI 被驱动为低电平或与外部不连接时，那么该端就会控制 BLO 和 BHO 驱动器，并且死区时间可由 HDEL 和 LDEL 端的延迟电流来设置。DIS 输入高电平时将会覆盖 BLI 端的输入高电平。该端可通过一个 0~15V 的信号电平来驱动
6	ALI	A 路低端输入端，也就是 ALO 驱动器控制逻辑电平的输入端。如果 AHI 被驱动为低电平或与外部不连接时，那么该端就会控制 ALO 和 AHO 驱动器，并且死区时间可由 HDEL 和 LDEL 端的延迟电流来设置。DIS 输入高电平时将会覆盖 BLI 端的输入高电平。该端可通过一个 0~15V 的信号电平来驱动
7	AHI	A 路高端输入端，也就是 AHO 驱动器控制逻辑电平的输入端。ALI 端高电平输入时便可覆盖 AHI 端的高电平，以防止半桥/全桥变换器的过冲现象，参见真值表。DIS 高电平输入也可覆盖 AHI 端的高电平。该端可通过一个 0~15V 的信号电平来驱动
8	HDEL	高端导通延迟端。把一个电阻从该端连接到 V$_{SS}$ 端便可设置能够定义两个高端驱动器导通延迟的定时电流。由于低端驱动器具有不可调的关闭延迟时间，因此该端所连接的电阻将不能保证由高端驱动器导通而引起的过冲现象。该端的基准电压大约为 5.1V
9	LDEL	低端导通延迟端。把一个电阻从该端连接到 V$_{SS}$ 端便可设置能够定义两个低端驱动器导通延迟的定时电流。由于高端驱动器具有不可调的关闭延迟时间，因此该端所连接的电阻将不能保证由低端驱动器导通而引起的过冲现象。该端的基准电压大约为 5.1V
10	AHB	A 路高端自举电源端。外部需要一个自举二极管和电容，自举二极管的阴极和电容的正端连接到该端，芯片内部的电荷泵从该端输出 30μA 的电流以维持自举电路的工作。另外，芯片内部的钳位电路可将该端的电压钳位到 12.8V
11	AHO	A 路高端输出端。构成应用电路时，该端应连接到 A 路高端 N-MOSFET 的栅极上
12	AHS	A 路高端 N-MOSFET 功率开关管的源极 S 连接端。构成应用电路时，该端应连接到高端 N-MOSFET 的源极上，自举电容的负端也应连接到该端
13	ALO	A 路低端输出端。构成应用电路时，该端应连接到 A 路低端 N-MOSFET 的栅极上
14	ALS	A 路低端 N-MOSFET 功率开关管的源极 S 连接端。构成应用电路时，该端应连接到 A 路低端 N-MOSFET 的源极上
15	V$_{CC}$	栅极驱动器输入电源电压的正端。该端必须要保证与 V$_{DD}$ 端具有相同的电位，两个自举二极管的阳极端均应连接到该端
16	V$_{DD}$	低端栅极驱动器输入电源电压的正端。该端必须要保证与 V$_{CC}$ 端具有相同的电位，该端与 V$_{SS}$ 端是配对的
17	BLS	B 路低端 N-MOSFET 功率开关管的源极 S 连接端。构成应用电路时，该端应连接到 B 路低端 N-MOSFET 的源极上
18	BLO	B 路低端输出端。构成应用电路时，该端应连接到 B 路低端 N-MOSFET 的栅极上
19	BHS	B 路高端 N-MOSFET 功率开关管的源极 S 连接端。构成应用电路时，该端应连接到 B 路高端 N-MOSFET 的源极上，自举电容的负端也应连接到该端
20	BHO	B 路高端输出端。构成应用电路时，该端应连接到 B 路高端 N-MOSFET 的栅极上

② HIP4081A 的外形封装如图 4-46 所示。

（4）内部原理方框图

HIP4081A 的内部原理方框图如图 4-47 所示。

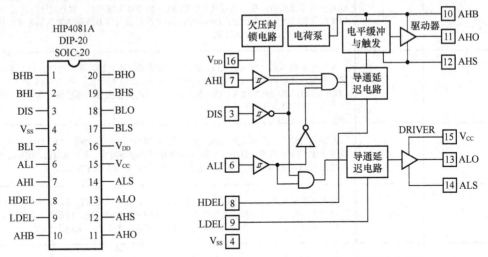

图 4-46　HIP4081A 的外形封装　　　　图 4-47　HIP4081A 的内部原理方框图

（5）应用电路

① 典型应用电路。HIP4081A 的典型应用电路如图 4-48 所示。

② 使用 HIP4081A 构成的驱动 4 个 IGBT 功率模块的应用电路如图 4-49 所示。

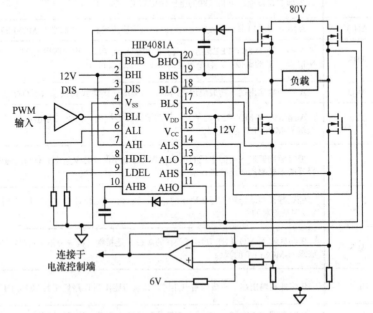

图 4-48　HIP4081A 的典型应用电路

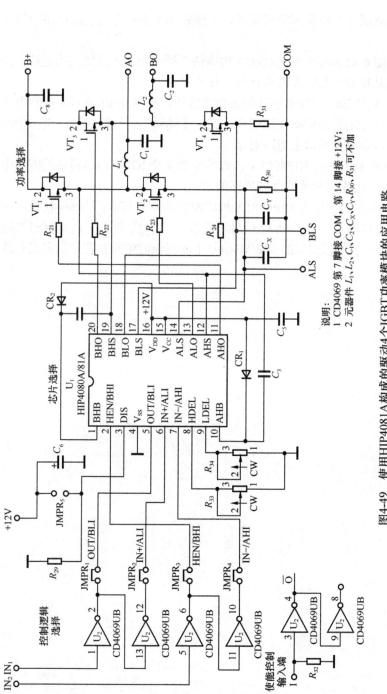

图4-49 使用HIP4081A构成的驱动4个IGBT功率模块的应用电路

说明:
1 CD4069 第 7 脚接 COM, 第 14 脚接 +12V;
2 元器件 L_1、L_2、C_1、C_2、C_X、C_Y、R_{30}、R_{31} 可不加。

4.3.4　练习题

（1）分别推导表 4-3 中所列的推挽式、半桥式和全桥式开关电源电路中技术参数的计算公式。

（2）试装调图 4-42 所示的由 UC3875 构成的全桥式开关电源的应用电路，并写出功率开关管选择步骤和功率开关变压器的设计与计算步骤。

（3）认真阅读 UC3875/6/7/8 芯片相关技术资料，将图 4-40 所示的控制电路设计成一款全桥式开关电源的专用控制驱动电路模块，其中驱动输出、反馈控制、供电电源等端口均需采用标准接插件与功率变换器主电路对接。

（4）图 4-49 所示的使用 HIP4081A 构成的驱动 4 个 IGBT 功率模块的应用电路中，分别说明电阻 R_{30} 和 R_{31} 的作用和选取时应遵循的原则。

（5）在图 4-49 所示的使用 HIP4081A 构成的驱动 4 个 IGBT 功率模块的应用电路中，在输入 IN_1 和 IN_2 端口输入一个 SPWM 信号，并且当 L_1、C_1 和 L_2、L_2 选择得当时，整机电路 AO、BO 输出端口是否能够输出 SPWM 信号中的正弦波信号？若要输出正弦波功率信号，应如何改进电路？

参 考 文 献

[1] 吕广平，徐笑貌. 集成电路应用 500 例. 北京：人民邮电出版社，1988.

[2] 《实用电子电路手册》编写组. 实用电子电路手册（模拟分册）. 北京：高等教育出版社，1991.

[3] 王剑英，常敏慧，何希才. 新型开关稳压电源实用技术. 北京：电子工业出版社，2000.

[4] 〔美〕R.F.格拉夫. 电子电路百科全书.《电子电路百科全书》编译组，译. 北京：科学出版社，1991.

[5] 沙占友，等. 特种集成电路最新应用技术. 北京：人民邮电出版社，2000.

[6] 李爱文，张承惠. 现代逆变技术及其应用. 北京：科学出版社，2000.

[7] 王水平，刘畅生，王亚民等. 集成稳压器使用指南与应用电路. 西安：西安电子科技大学出版社，2003.

[8] 王水平，田庆安，昌现兰等. PWM 控制与驱动器使用指南及应用电路——单端控制与驱动部分. 西安：西安电子科技大学出版社，2004.

[9] 王奇岗. 低成本高效率电源设计. 电源技术应用，1998（8）.

[10] 薛红兵，等. 一种输出（4～16）V 开关稳压电源的设计. 电源技术应用，2002（9）.

[11] 正颖楠，等. 两次稳压软开关多路 DC/DC 变换电源. 电源技术应用，1998（1）.

[12] 尹雪飞，陈可安. 集成电路速查大全. 西安：西安电子科技大学出版社，1997.

[13] 杨振江，蔡德芳. 新型集成电路使用指南与典型电路. 西安：西安电子科技大学出版社，1998.

[14] 叶虹，叶治政，罗方林. 高效、宽可调高压稳压电源. 电源技术应用，1998 年合订本.

[15] 叶虹，叶治政，罗方林. 宽可调负高压稳压电源. 电源技术应用，1998 年合订本.

[16] 曾铭杰. 三相智慧型 IGBT 驱动器. 电源技术应用，1998 年合订本.

[17] Wang Mike. 使用 UC/AS384X 时，对噪声和稳定性的考虑. 电源技术应用，1998 年合订本.

[18] 王学纪. 双路低功耗电流型 PWM 控制器 UCC3810 及其应用. 电源技术应用，1998 年合订本.

[19] 史平均，等. IGBT 半、全桥 PWM 型开关电源控制与驱动板. 电源技术应用，1998 年合订本.

[20] 顾亦磊，陈世杰，吕征宇. Boost 电路的一种实现方法. 电源技术应用，2004（4）.

[21] 范建伟. TPS5120 型双端输出同步降压 DC/DC 控制器. 国外电子元器件，2002（3）.

[22] 李成章，李波. 微机及其外设电源原理与维修. 北京：电子工业出版社，1997.

[23] 王国华，王鸿麟，羊彦等. 便携电子设备电源管理技术. 西安：西安电子科技大学出版社，2004.

[24] 胡存生，胡鹏. 集成开关电源的设计制作调试与维修. 北京：人民邮电出版社，1995.

[25] 叶慧贞，杨兴洲. 开关稳压电源. 北京：国防工业出版社，1993.

[26] 施重芳，段玉平，耿文学. 新型电源. 北京：中国广播电视出版社，1990.

[27] 杨承丰，尹凤鸣. 开关电源. 北京：人民邮电出版社，1987.

[28] 李成章. 电源. 北京：电子工业出版社，1990.

[29] 〔日〕长谷川彰. 开关式稳压器的设计技术. 施仁, 译. 北京：科学出版社, 1989.

[30] 王鸿麟. 直流变换器的原理和设计. 北京：人民邮电出版社, 1978.

[31] 叶慧贞. 脉冲调制型开关稳压电源减小噪声的措施. 1982 年电源年会论文, 1982.

[32] 叶慧贞. 光电耦合稳压电源. 1979 年 1014 所第二届科技报告会论文, 1979.

[33] 卢致皓. 场效应功率管在高速开关电源工作频率中的应用. 计算机研究与发展, 1983 (8).

[34] FEXAS 公司产品手册. Analog/Mixed-Signal Products Designers Guide, 2000.

[35] 王水平, 田庆安, 张耀进等. PWM 控制与驱动器使用指南及应用电路——双端控制与驱动部分. 西安：西安电子科技大学出版社, 2004.

[36] 王其英, 何春华. UPS 不间断电源剖析与应用. 北京：科学出版社, 1996.

[37] 潘靖, 谢晓高等. 一种新颖的完全断续钳位电流模式功率因数校正电路. 电源技术应用, 2004 (6).

[38] 杨益平. 一种新颖的电流连续模式功率因数校正电路的研究. 电源技术应用, 2004 (6).

[39] 桂红云, 吕征宇. 基于 DSP 正弦波调制的三电平变换器. 电源技术应用, 2004 (4).

[40] 李逾辉, 吕征宇. 电力电子装置中模拟信号隔离传输及其串行 D/A 的实现. 电源技术应用, 2004 (4).

[41] 孙立萌, 王华民等. 一种串联谐振逆变器控制方法的探讨. 电源技术应用, 2004 (10).

[42] 任祖德, 苏建徽. 基于 MC68HC908MR16 数字化控制的不间断电源系统. 电源技术应用, 2004 (10).

[43] 汪海宁, 丁明. 双向 SPWM 逆变蓄电池充放电维护装置. 电源技术应用, 2004 (8).

[44] 刘凤君. UPS 逆变模块 N+m 冗余并联结构和均流. 电源技术应用, 2004 (8).

[45] 史平均, 张笠（美）. 电源元器件实用资料汇编. 陕西省电源学会/西安市电源学会, 1999.

[46] 李成章, 王淑芳. 新型 UPS 不间断电源原理与维修技术. 北京：电子工业出版社, 1995.

[47] 李成章. 中小型 UPS 不间断电源及直流稳压电源. 北京：电子工业出版社, 1990.

[48] 史平均, 陈义怀等. 中、大功率 PWM 型 IGBT 开关电源控制及驱动板. 电源技术应用, 1998 年合订本.

[49] 黄和成, 侯振义. 三项正弦脉宽调制器 SA828 及其应用. 电源技术应用, 1998 年合订本.

[50] 张水平, 侯振义. 接口简单的单相逆变调制器. 电源技术应用, 1998 年合订本.

[51] 史平均. 第三代 IGBT 及其并联使用方法. 电源技术应用, 1998 年合订本.

[52] 林雯, 齐长远. 有源功率因数校正技术. 电源技术应用, 1998 年合订本.

[53] 侯振义, 侯传教. UC3854 功率因数校正 IC 及其应用设计. 电源技术应用, 1998 年合订本.

[54] 杨栓科, 张辉. 模块电源电磁兼容性标准简介. 电源技术应用, 1998 年合订本.

[55] 杨栓科, 张辉. 模块电源安全性标准简介. 电源技术应用, 1998 年合订本.

[56] 董延军, 骆光照等. 400Hz 用电设备地面试验电源. 电源技术应用, 1998 年合订本.

[57] 沙占友, 葛家怡等. Ncp1650 型功率因数校正的工作原理. 电源技术应用, 2002 (9).

[58] 谢文刚. 三相正弦波脉宽调制（SPWM）信号发生器. 电源技术应用, 2002 (9).

[59] 王彦伶. EMI 对策元件和电路保护元件的发展与应用. 电子元器件应用, 2003 (5).

[60] 黄天禄, 魏晓玮. 采用 PFC 和 PWM 组合控制器 FAN4803 设计的直流开关. 国外电子元器件, 2004 (4).

[61] 张颖超, 马伟等. MITEL 逆变专用控制 IC 开关板原理及应用. 电源技术应用, 1999 (3).

[62] 周云, 虞培义等. 采用 IGBT 的正弦波中频逆变电源. 电源技术应用, 2004 (5).

[63] 张立，赵永建. 现代电力电子技术，北京：科学出版社，1992.

[64] 中国电源技术学会论文集. 中国电源学会编辑委员会，1993.

[65] 谢勇，袁开见. 新型充电泵高功率因数镇流器. 电源技术应用，2002（5）.

[66] 叶汉民，将存波等. 半桥逆变型电子束焊机用直流高压电源的设计. 电源技术应用，2002（5）.

[67] 张晓滨，钟彦儒等. 基于 VC 环境的变频器联网控制. 电源技术应用，2004（7）.

[68] 王林兵，何湘宁. 两种典型控制方法在逆变器控制器中的比较. 电源技术应用，2004（7）.

[69] 付好名，马皓. 基于 DSP 和增量式 PI 电压环控制的逆变器研究. 电源技术应用，2004（7）.

[70] 李建林，刘兆燊等. Boost 型功率因数校正器的电磁兼容研究. 电源技术应用，2004（7）.

[71] 张乃国. UPS 与 EPS 的应用技术与发展趋势. 电源技术应用，2004（7）.

[72] 陈保艳，王志强. 不对称半桥同步整流 DC/DC 变换器. 电源技术应用，2004（10）.

[73] 杜少武，刘保松等. 基于 UC3846 的大功率 DC/DC 变换器的研究. 电源技术应用，2004（4）.

[74] 王联，潘孟春等. UC3842 应用与电压反馈中的探讨. 电源技术应用，2004（8）.

[75] 王水平，张耀进，周培志，等. PWM 控制与驱动器使用指南及应用电路——SPWM、PFC 和 IGBT 控制和驱动器部分. 西安：西安电子科技大学出版社，2005.

[76] 王水平，付敏江. 开关稳压电源——原理、设计与实用电路. 西安：西安电子科技大学出版社，1997.

[77] 张慧，冯英. 电源大全. 成都：西南交通大学出版社，1993.

[78] 周琼鉴，孙肖子. 晶体管与晶体管放大电路（下册）. 北京：国防工业出版社，1979.

[79] 富士电机技术资料，RH802.P.17.

[80] TDK DATA BOOK No.DLJ83Z-008A.P.54.

[81] 1984 年最新 FET 规格表，P.253.

[82] 徐德高. 单端变换器原理和设计. 第四届电源年会论文集，1982.

[83] Pressman AL.Switching and Linear Power Converter Design.1977.

[84] Precident HR.Applying High-Frequency Technology to Low-Current Regulated HV Supplies.Second National Solid-State Power Conversion Conference，Oct.1975.

[85] Cordon DR.Solving Noise and Leakage Problems in Switching Regulaters.Second National Solid-State Power Conversion Conference，Oct.1975.

[86] Lange J.Tappen Inductor Improves Efficiency for Switching Regulater.Electronic Design，Aug.1979，27(16).

[87] Schwarz FC, Klaassens JB. A 95%-Percent Efficient 1-Kwdc Converter with an Internal Frequency of 50kHz.IEEE Transaction on Industrial Electronics and Control Instrumentation，Nov.1978，IECL25.(4).

[88] King R，Stuar T A.A Normalized Model for the Half-Bridge Series Resonant Converter.IEEE Transaction on Aerosqace and Electronic Systems，Mar.1981，AES-17.

[89] Vorperian V，Cuk S.A Complete DC Analysis of the Series Resonant Converter.IEEE Power Electronics Specialists Conference，1982.

[90] Vorperian V，Cuk S.Small Signal Analysis of Resonant Converter.IEEE Power Electronics Specialists Conference，1983.

[91] Kassakian JG，Coldberg AF，Morett DR. A Comparative Evaluation of Series and Parallel Structures for High Frequency Transistor Inverters. IEEE Power Electronics Specialists

Conference，1982.

[92] Harade K，Sakamoto H.On the High-Speed Swictching of the Free Run DC-to-DC Converter with a Saturating Core.IEEE Power Electronics Specialists Conference，1982.

[93] Chen Dan Y，Wolden JP.Application of Transistor Emitter-Open Tun-off Scheme to High Voltage Power Inverters.IEEE Power Electronics Specialists Conference，1981.

[94] Harada K，Ninomiya T，Kohno M.Optimum Design of RC Snubbers for Switching Regulators.IEEE Transaction on Aerospace and Electronic Systems，Mar.1979，AES-15(2).

[95] 王水平，王保保，贾静. 单片开关电源集成电路应用设计实例. 北京：人民邮电出版社，2008.

[96] 张占松，蔡宣三. 开关电源的原理与设计. 北京：电子工业出版社，2002.

[97] 周志敏，周纪海. 开关电源实用技术. 北京：人民邮电出版社，2006.

[98] 周志敏，周纪海，纪爱华. 便携式电子设备电源设计与应用. 北京：人民邮电出版社，2007.

[99] 王水平，孙柯，王禾等.开关电源原理与设计. 北京：人民邮电出版社，2012.